科学出版社“十三五”普通高等教育本科规划教材

机械制图

（第三版）

主编　刘荣珍　赵　军

主审　武晓丽

科学出版社

北　京

内 容 简 介

本书按照机械类和非机械类专业的机械制图教学的基本要求，并结合编者教学实践编写而成。全书共10章，内容包括：绪论，制图基本知识与技能，几何元素的投影，立体及其交线的投影，组合体，轴测图，机件常用的表达方法，零件图，标准件和常用件，装配图和焊接图。本书通过二维码技术，将各章节重点和难点的讲解视频嵌入书中，供读者参考。

本书同时配套出版了《机械制图习题集(第三版)》(刘荣珍、李艳敏主编，科学出版社)，并通过二维码技术将各章节的难题讲解视频及参考答案嵌入其中，可供读者选用。

本书可作为普通高等学校近机械类和非机类专业48～80学时的教材，也可作为工程技术人员自学的参考书。

图书在版编目(CIP)数据

机械制图 / 刘荣珍，赵军主编. —3版. —北京：科学出版社，2018.6

科学出版社“十三五”普通高等教育本科规划教材

ISBN 978-7-03-057912-6

Ⅰ. ①机… Ⅱ. ①刘… ②赵… Ⅲ. ①机械制图－高等学校－教材 Ⅳ. ①TH126

中国版本图书馆CIP数据核字(2018)第127301号

责任编辑：朱晓颖 / 责任校对：郭瑞芝

责任印制：霍 兵 / 封面设计：迷底书装

科学出版社 出版

北京东黄城根北街16号

邮政编码：100717

http://www.sciencep.com

北京密东印刷有限公司 印刷

科学出版社发行 各地新华书店经销

*

2008年7月第 一 版 开本：787×1092 1/16

2018年6月第 三 版 印张：18 1/4

2022年7月第十八次印刷 字数：467 000

定价：55.00元

(如有印装质量问题，我社负责调换)

前　言

本书是在第二版的基础上修订而成的，此次修订严格贯彻国家最新标准及规范，遵照教育部高等学校工程图学教学指导委员会制定的《高等学校工程图学教学基本要求》，以全面提升高等教育质量、进一步深化教学改革为指导思想，汲取了近年来的教学经验和部分兄弟院校对第二版教材的使用意见。

在本书编写过程中，我们以精选教学内容、注重实践与能力培养为原则。内容方面在保持机械制图理论性和系统性的同时，尽可能做到简明、实用。通过教材例题、配套习题以及综合性大作业等，开阔学生思路、拓宽基础，培养学生几何抽象能力和运用理论解决实际工程问题的能力。

本书的主要特点如下。

(1) 合理编排了教学内容。以够用为原则，突出实用性，注重系统性，对传统的画法几何及机械制图内容进行了优化组合。内容由浅入深、由易到难、由简及繁，符合知识学习的认知规律。

教材内容在几何元素的投影部分削弱了图解法，重点突出图示法，以满足近机械类和非机械类专业的教学需要。

(2) 注重能力的培养。机械制图是一门实践性很强的专业基础课程，在实践环节中，加强尺规绘图，以逐渐培养学生的空间思维能力、动手能力、图形表达和阅读能力，并初步培养学生的工程意识。

(3) 贯彻国家发布的《技术制图》与《机械制图》等最新标准，凡涉及国家标准变动的内容，在第二版的基础上都做了相应的改动。

(4) 书中带有*号的章节，教师可根据不同专业和学时的要求进行取舍和调整。

本书内容与第二版不同的是在章节作了调整，把制图基本知识与技能由原来的第 3 章调整为第 1 章；把零件图调整到标准件和常用件的前面，以便于组织教学及学习；删减了第 11 章房屋建筑图。

本书还增加了各章重点和难点的讲解视频等数字化内容。

本书同时配套出版了《机械制图习题集(第三版)》(刘荣珍、李艳敏主编，科学出版社)，并通过二维码技术关联各章的难题讲解视频和参考答案。力图通过例题和图解过程帮助学生课外学习和课后辅导答疑，提高学生的画图和读图能力，培养学生的空间分析能力和解决工程实际问题的能力。

本书由刘荣珍、赵军主编，武晓丽老师审稿。参加本书编写的人员有：刘荣珍(绪论、第 1 章、第 4 章、第 6 章)、张惠(第 2 章、第 9 章、附录)、赵军(第 3 章、第 5 章、第 10 章)、李艳敏(第 7 章、第 8 章)。微课视频录制人员有：赵军(绪论、第 2 章)、刘荣珍(第 1 章、第 4 章、第 5 章)、张惠(第 3 章)、李艳敏(第 6 章、第 7 章)、蔡江明(第 8 章、第 9 章)。

武晓丽教授审阅了全书并提出宝贵意见和建议，在此表示感谢。此外，还要感谢所有帮助和关心本书出版的人员。

我们虽已尽力将本书编成内容适当、利于教学的教材，书中仍难免有疏漏和不足，敬请广大读者指正。

编　者

2017 年 12 月

目　　录

绪　　论

1. 概述 

1）课程的性质、研究内容和任务

“机械制图”课程是高等院校工科专业学生必修的一门技术基础课，主要包括画法几何、制图基础、机械图。画法几何主要研究在二维平面上表达三维形体的图示法和解决空间几何问题的图解法。制图基础包括国家标准《机械制图》和《技术制图》的基本规定，组合体的画图、读图、尺寸标注及机件的表达方法等。机械图部分包括标准件和常用件、零件图、装配图的绘图和读图方法等内容。

通过该课程的学习，培养学生的空间思维能力、创新能力和工程意识，达到绘制和阅读机器零部件图与装配图的目的。本课程的主要任务：

(1) 培养学生图解空间几何问题的能力。

(2) 培养学生绘制和阅读机械工程图样的能力。

(3) 培养学生的空间想象能力、工程设计的表达能力以及工程实践能力。

(4) 培养学生的质量意识、创新意识和良好的“工程素质”。

(5) 培养学生认真负责、一丝不苟的工作态度和团队协作精神。

2）本课程的特点和学习方法

本课程的特点是用正投影原理图解空间几何问题和图示空间形体，初学者应在学习中注意培养自己的空间思维能力和抽象思维能力。学习时应注意以下几方面。

(1) 理论联系实际，提高空间想象能力和图形表达能力。

本课程研究的是空间三维形体与其二维平面投影图之间的关系。在掌握投影理论的基础上，坚持理论联系实际的原则，善于观察，勤于思考，由空间到平面，再由平面到空间反复思考，逐步提高图形表达能力和空间想象能力。

(2) 循序渐进，打好理论基础。

本书按点、线、面、基本立体、组合体、零件等内容，由浅入深、循序渐进，由基本投影理论的学习，逐步过渡到能够绘制和阅读专业图。

(3) 重视实践，按时完成作业。

完成一定数量的习题和工程图样绘制，是巩固基本理论、培养绘图和读图能力的基本保证。因此，应及时、认真、正确地完成作业。制图作业要求必须用绘图工具来完成，并养成作图准确、图线分明、字体工整和图面整洁的习惯。

(4) 严格遵守国家标准。

国家标准是规范图样画法和标注的指导性文件，应认真学习国家标准的相关内容并严格遵守，牢固树立标准化意识，培养责任心和质量意识。

2. 投影法

1) 投影法的基本概念

在自然界中，物体在光的照射下会在地面或墙壁上产生影子，如图 1 所示。把这种自然现象抽象、归纳得出投影法，即把光线抽象为投射线，把地面或墙壁抽象为投影面，把影子抽象为投影，用投射线照射物体，向投影面投射，在投影面上得到投影的方法，称为投影法。要产生投影必须有物体、投射线和投影面，因此，物体、投射线和投影面是形成投影的三要素。

2) 投影法分类

(1) 中心投影法。

如图 2 所示，所有的投射线汇交于有限远处一点的投影法称为中心投影法。投射线汇交点 S 称为投射中心。

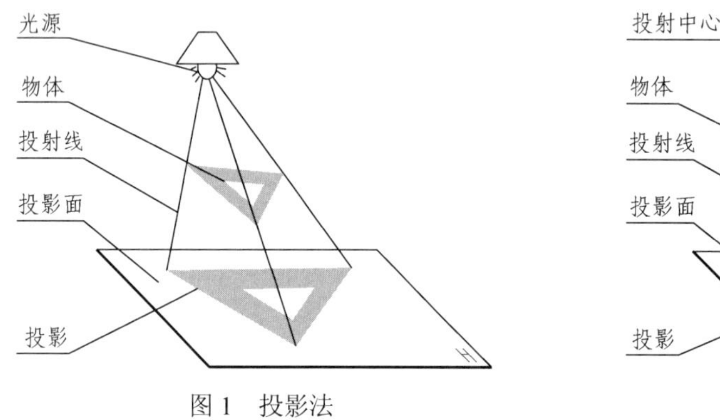

图 1　投影法　　　图 2　中心投影法

(2) 平行投影法。

如果保持图 2 中的投影面不动，将投影中心 S 移至无穷远处，投射线则相互平行，这种用互相平行的投射线在投影面上得到物体投影的方法称为平行投影法。用平行投影法得到的投影称为平行投影。平行投影分为平行正投影和平行斜投影，如图 3 所示。

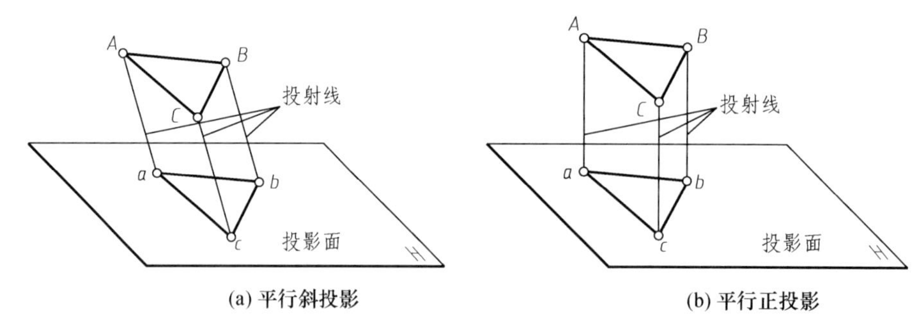

(a) 平行斜投影　　(b) 平行正投影

图 3　平行投影法

互相平行的投射线倾斜于投影面时，在投影面上得到的投影称为平行斜投影，简称斜投影，如图 3(a) 所示。

互相平行的投射线垂直于投影面时，在投影面上得到的投影称为平行正投影，简称正投影，如图 3(b) 所示。

3. 工程上常用的投影图

1) 多面正投影图

表达工程设计的图样必须能确切、唯一地反映物体的形状、大小及相对位置关系。然而，如图 4 所示，不同点(如 A、A_1、A_2)、不同线(如 BC、B_1C_1、B_2C_2)、不同面(如 P_1、P_2)和不同形体(如 T_1、T_2)，在水平投影面上有相同的投影，因此，仅靠一个投影不能唯一确定物体的空间状况。为了满足工程上的要求，需用多面正投影来表达工程物体，如图 5(a)所示为一个形体在空间三投影面体系中的正投影，工程上用如图 5(b)所示的多面投影图表达工程物体。

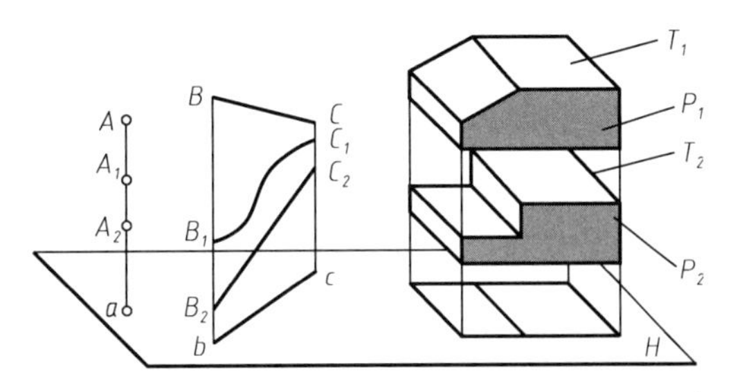

图 4　物体的一个投影不能确定其空间位置和形状

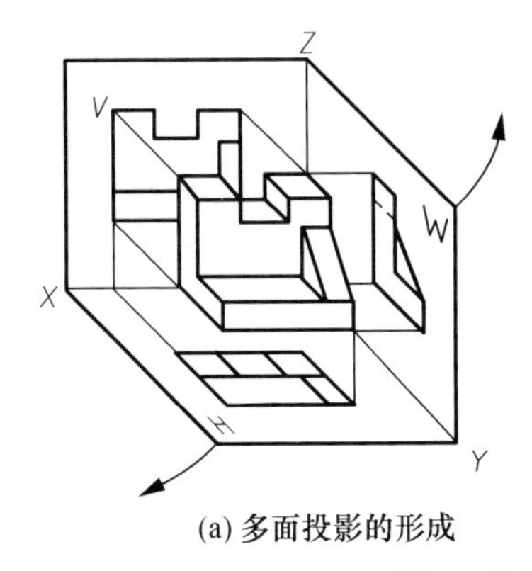

(a) 多面投影的形成

(b) 多面投影图

图 5　物体的多面正投影图

虽然多面正投影图直观性较差，但由于其度量性好，能够反映物体的完整形状，符合生产对工程图样的要求，故在工程上广泛应用，也是本课程学习的重点，在后续章节中将正投影简称投影。

2) 轴测图

用平行投影法将空间物体及描述其空间位置的直角坐标系一起向一个投影面上投射，得到能够同时反映物体的长、宽、高三个方向的图形称为轴测投影图，简称轴测图，如图 6 所示。轴测图的优点是能较直观、形象地表达物体的形状，但对物体形状表达不完全，且表面形状发生变化(如矩形变成平行四边形、圆变成椭圆)。工程中常用轴测图作为多面正投影图的辅助图样。

3) 标高投影图

标高投影图是正投影的一种。将一组与投影面平行的平面与曲面的交线投射到投影面上，并在相应的投影上用数字标注交线到基准面的高度，称为标高投影图。标高投影图常用来表示地形，如图 7 所示。不规则曲面，如船舶和汽车的外形等也常采用标高投影图的方法来表达。

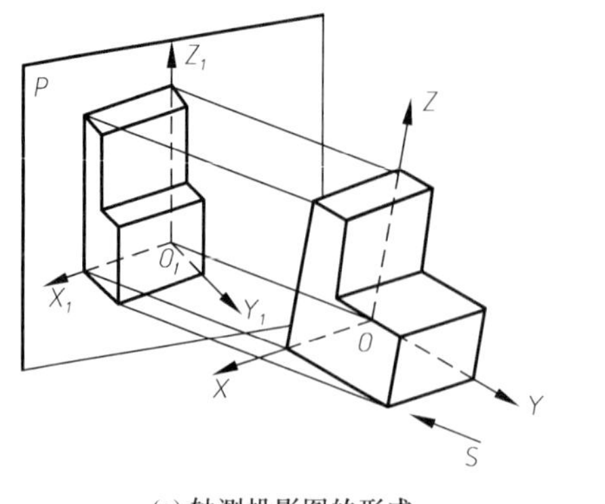

(a) 轴测投影图的形成

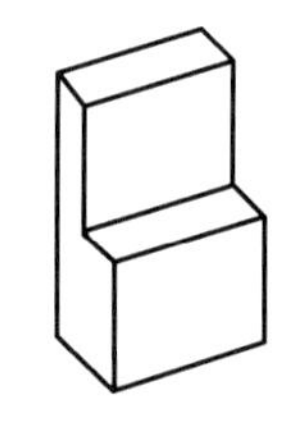

(b) 轴测投影图

图 6　物体的轴测图

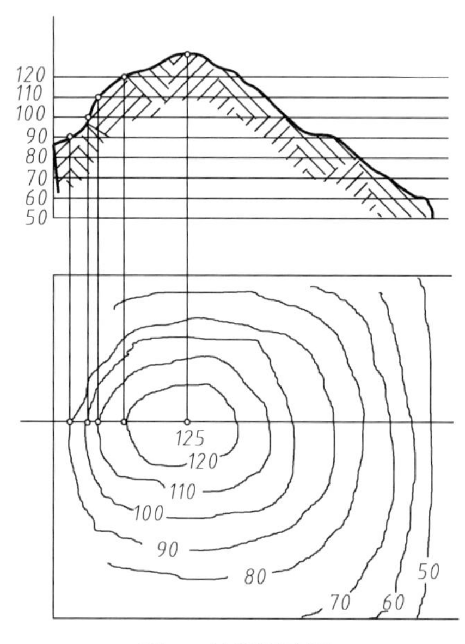

图 7　地形标高图

4）透视图

透视图采用中心投影法绘制，可近似于用人的一只眼睛看物体的视觉效果，形象、逼真、立体感强。其特点是物体近大远小，近和远相对于人眼而言。透视图常用来画房屋、桥梁等大型建筑物及园林规划的效果图，图 8 是一物体的透视图。透视图也是工程图样的辅助图，作图较复杂。

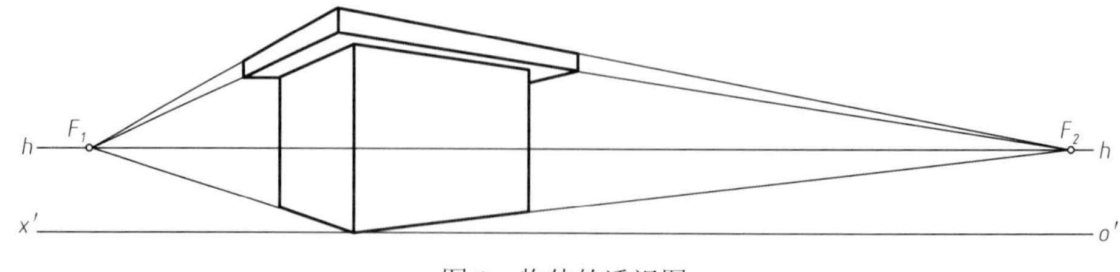

图 8　物体的透视图

第 1 章　制图基本知识与技能

工程图样是现代工业生产的主要技术文件之一，是交流技术思想的重要工具，是工程界的语言。为了便于生产和进行技术交流，必须对图样的画法、尺寸标注等做出统一规定。机械图样是工程图样的一种，它是设计、生产制造、使用、维修机器或设备的主要技术资料，对于机械图样，我国制定并实施《技术制图》和《机械制图》国家标准。《技术制图》国家标准是工程界各专业(包括机械、建筑等)领域制图通用性基本规定，《机械制图》国家标准是为了适应机械领域自身的特点，在选用《技术制图》国家标准若干基本规定，或不违背《技术制图》国家标准的前提下做出一些必要的具体补充规定。制图标准也会适时进行修订。每一个工程技术人员都必须树立标准化的概念，严格遵守，认真执行国家标准。

本章重点介绍国家标准《技术制图》和《机械制图》中的基本规定，它是绘制图样的依据。同时还介绍绘图方法、几何作图和平面图形的绘图步骤等。

1.1　国标的基本规定

1.1.1　图纸幅面(GB/T 14689—2008)和标题栏(GB/T 10609.1—2008)

1. 图纸幅面及格式

绘制工程图样时，应优先采用表 1-1 中规定的基本幅面尺寸。

表 1-1　图纸幅面　(单位：mm)

幅面代号	A0	A1	A2	A3	A4
$B \times L$	841×1189	594×841	420×594	297×420	210×297
e	20		10		
a	25				
c	10			5	

图幅确定后，还需在图纸上用粗实线画出图框以确定绘图区域，图框格式分为不留装订边和留有装订边两种，如图 1-1 所示，但同一产品的图样只能采用一种格式。

必要时允许加长图纸幅面，但加长幅面的尺寸是由表 1-1 中所列基本幅面的短边成整数倍增加后得出的。加长图纸幅面相应的图框尺寸，按所选用的基本幅面大一号的图框尺寸确定。加长幅面尺寸和相应的图框尺寸可查阅《技术制图 图纸幅画和格式》(GB/T 14689—2008)。

2. 标题栏

每张图纸都必须画出标题栏。《技术制图 标题栏》(GB/T 10609.1—2008)对标题栏的内容、格式和尺寸等做了规定。标题栏的位置应位于图框的右下角，如图 1-1 所示。学校的制图作业建议采用图 1-2 所示的格式。标题栏的外框画粗实线，分栏线画细实线。

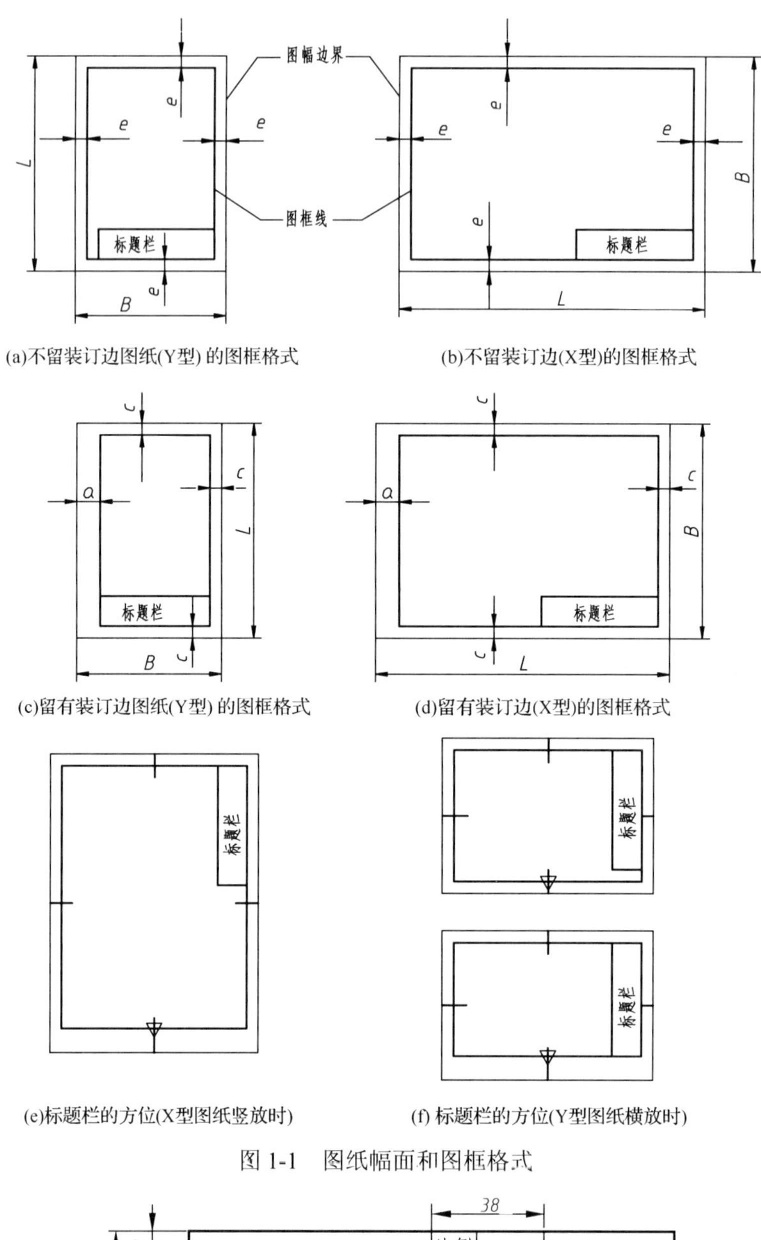

(a)不留装订边图纸(Y型) 的图框格式　　(b)不留装订边(X型)的图框格式

(c)留有装订边图纸(Y型) 的图框格式　　(d)留有装订边(X型)的图框格式

(e)标题栏的方位(X型图纸竖放时)　　(f) 标题栏的方位(Y型图纸横放时)

图 1-1　图纸幅面和图框格式

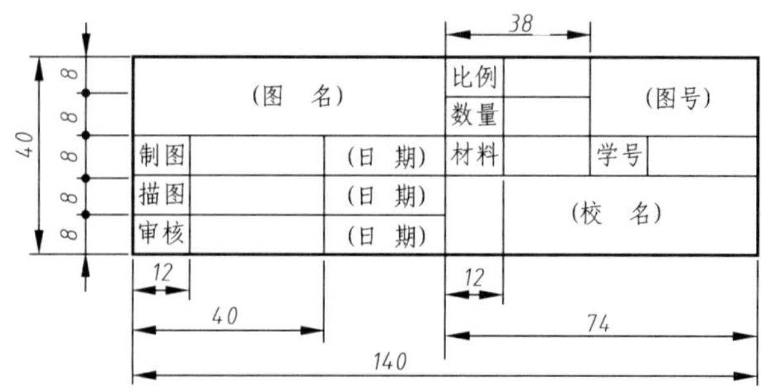

图 1-2　学生用标题栏

当题栏的长边置于水平方向并与图纸的长边平行时，构成X型图纸，如图1-1(b)、(d)。当标题栏的长边与图纸的长边垂直时，构成Y型图纸，如图1-1(a)、(c)。在此情况下，看图的方向与看标题栏的方向一致。

为了利用预先印制的图纸，允许将X型图纸的短边置于水平位置使用，如图1-1(e)所示，或将Y型图纸的长边置于水平位置使用，如图1-1(f)所示。

3. 附加符号

1)对中符号

为了使图样复制或缩微摄影时定位方便，应在图纸各边长的中点处绘制对中符号。对中符号是从周边画入图框内5mm的一段粗实线，如图1-1(e)、(f)所示。当对中符号在标题栏范围内时，深入标题栏的部分省略不画。

2)方向符号

按图1-1(e)、(f)使用预先印制的图纸时，为了明确绘图与看图时图纸的方向，应在图纸的下边对中符号处画出一个方向符号，如图1-1(e)、(f)所示。方向符号是用细实线绘制的等边三角形。

1.1.2 比例(GB/T 14690—1993)

比例是指图中图形与其实物相应要素的线性尺寸之比。绘制图样时，应优先选取表1-2规定的“优先采用的比例”，必要时也可在“允许选用的比例”中选取。

表1-2 绘图比例

种类	优先采用的比例	允许选用的比例
原值比例	1∶1	
放大比例	5∶1，2∶1 5×10^n∶1，2×10^n∶1，1×10^n∶1	4∶1，2.5∶1 4×10^n∶1，2.5×10^n∶1
缩小比例	1∶2，1∶5，1∶10^n 1∶2×10^n，1∶5×10^n，1∶1×10^n	1∶1.5，1∶2.5，1∶3，1∶4，1∶6，1∶1.5×10^n 1∶2.5×10^n，1∶3×10^n，1∶4×10^n，1∶6×10^n

比例一般应填写在标题栏中比例一栏内。必要时，在视图名称的下方或右侧标注。当图样中的某个视图采用的比例与标题栏中的比例不同时，必须在视图名称的下方(或右侧)标注其比例。

1.1.3 字体(GB/T 14691—1993)

在图样中书写字体必须做到：字体工整、笔画清楚、间隔均匀、排列整齐。

字体高度(用h表示)的公称尺寸系列为1.8mm、2.5mm、3.5mm、5mm、7mm、10mm、14mm、20mm。如需书写更大的字，其字体高度应按$\sqrt{2}$的比率递增。字体的号数用字的高度表示。

1. 汉字

汉字应写长仿宋体，并采用国家正式公布的简化字。汉字的高度h不应小于3.5mm。字宽一般为$h/\sqrt{2}$。

长仿宋体的书写要领：横平竖直、注意起落、结构均匀、填满方格。图1-3为用长仿宋体书写的汉字示例。

7号字

横平竖直注意起落结构均匀填满方格

10号字

字体工整笔画清楚间隔均匀排列整齐

图 1-3　用长仿宋体书写的汉字示例

2. 字母和数字

字母和数字分 A 型 B 型。A 型字体的笔画宽度(d)为字高(h)的十四分之一；B 型字体的笔画宽度(d)为字高(h)的十分之一。字母和数字可写成斜体或直体(机械工程图样中常采用斜体)。斜体字字头向右倾斜，与水平基准线成 75°。在同一图样上字型应统一。图 1-4 为字母和数字的结构形式。

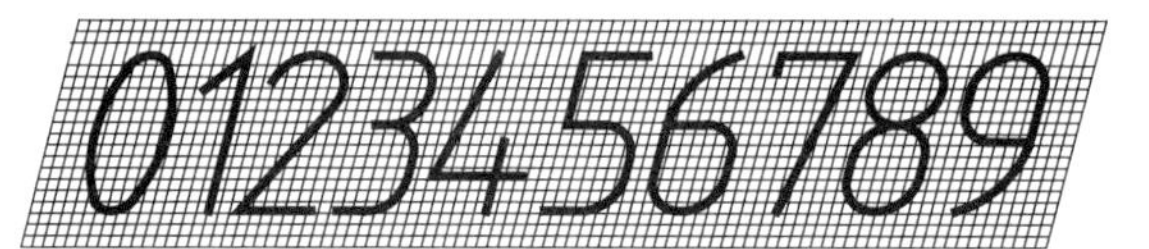

(a) 阿拉伯数字及其书写笔序

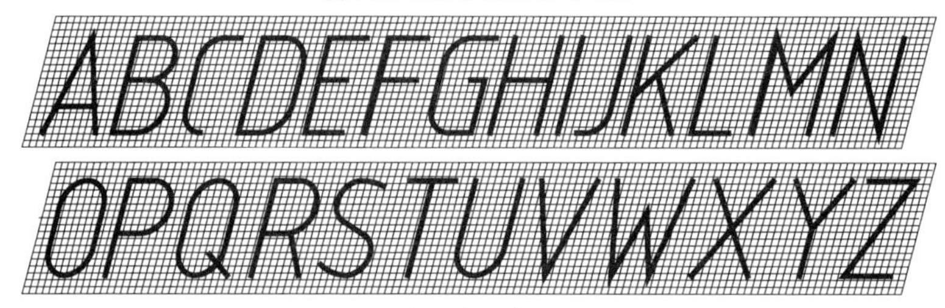

(b) 大写拉丁字母

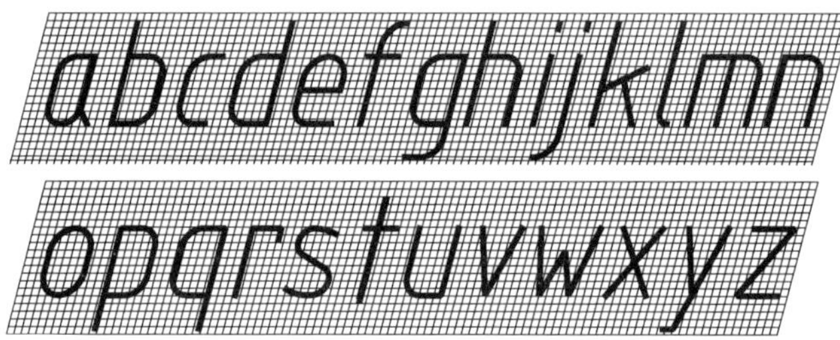

(c) 小写拉丁字母

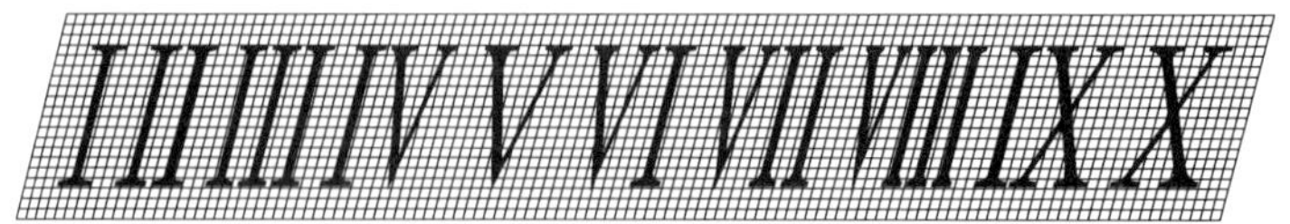

(d) 罗马数字

10^3　S^{-1}　D_1　T_d　$\phi 20^{+0.010}_{-0.023}$　$7^{\circ}{}^{+1^{\circ}}_{-2^{\circ}}$　$\frac{3}{5}$

(e) 综合应用

图 1-4　字母和数字的结构形式

1.1.4 图线(GB/T 4457.4—2002、GB/T 17450—1998)

1. 图线的形式及应用

绘制机械图样时，一般使用如表 1-3 所示的九种图线形式。按《机械制图 图样画法 画线》GB/T 4457.4—2002 的规定，采用粗、细两种线宽，两种线宽的比为 2∶1。粗线宽度(d)应根据图样的类型、大小、比例和缩微复制的要求在 0.25mm、0.35mm、0.5mm、0.7mm、1mm、1.4mm 和 2mm 中选用，并优先采用 0.5mm 和 0.7mm 的线宽。在同一图样中，同类图线的线宽应一致。

表 1-3 图线形式及应用

图线名称	图线形式	线宽	线素	一般应用
细实线		$0.5d$	无	(1)尺寸线及尺寸界线；(2)剖面线；(3)重合剖面的轮廓线；(4)螺纹的牙底线及齿轮的齿根线；(5)引出线；(6)辅助线等
波浪线		$0.5d$	无	(1)断裂处的边界线；(2)视图和剖视图的分界线
双折线		$0.5d$	无	断裂处的边界线
粗实线		d	无	可见轮廓线
细虚线		$0.5d$	画、短间隔	不可见轮廓线
粗虚线		d		有特殊要求表面的表示线
细点画线		$0.5d$	长画、短间隔、点	(1)轴线；(2)对称中心线；(3)轨迹线
粗点画线		d		表示限定范围的表示线
细双点画线		$0.5d$		假想投影轮廓线，中断线
长画 = $24d$，画 = $12d$，短间隔 = $3d$，点≤$0.5d$				

不连续线的独立部分称为线素，如点、长度不同的画和间隔。九种图线形式所包含的线素及各种线素的长度见表 1-3。手工绘图时，线素的长度宜符合《技术制图 图线》(GB/T 17450—1998)的规定。图 1-5 为机械图样中图线的应用举例。本书为了叙述方便，将细虚线、细点画线、细双点画线简称虚线、点画线、双点画线。

2. 图线画法

图 1-6 用正误对比的方法说明图线画法的要求。

(1)不连续的线型，如细虚线、细点画线等应恰当地相交于画或长画处。

(2)绘制圆的中心线或图形的对称线时，细点画线首末两端应是长画，并超出圆或图形外 2～5mm。在较小的图形上绘制点画线或双点画线有困难时，可用细实线代替。

(3)当细虚线是粗实线的延长线时，在连接处应留出空隙。

(4)两条平行线之间的最小间隙不得小于 0.7mm。

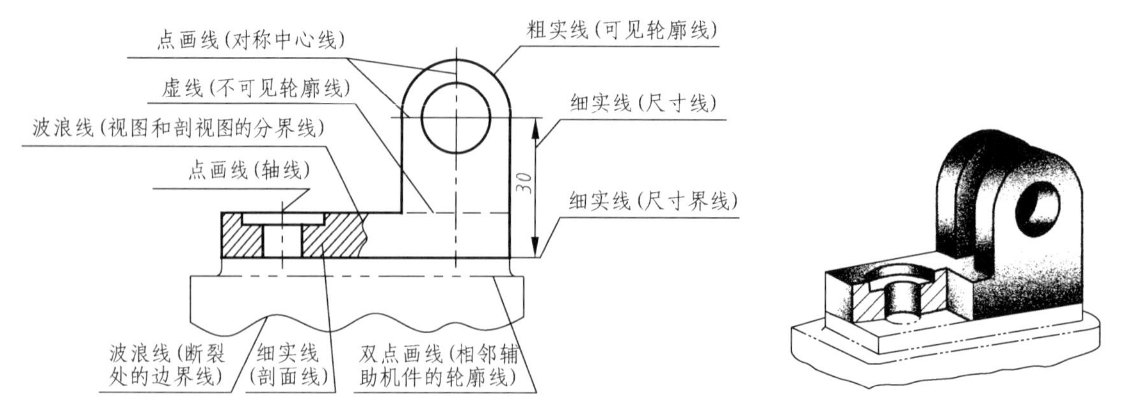

图 1-5　图线及其应用

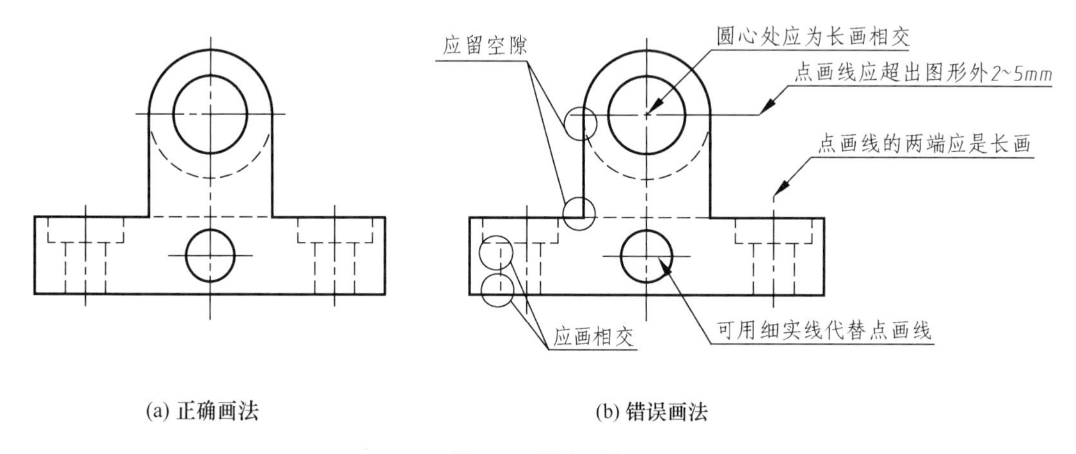

图 1-6　图线画法

(5) 当各种线型重合时，应按粗实线、虚线、点画线的优先顺序画出。

1.1.5　尺寸注法(GB/T 4458.4—2003 和 GB/T 16675.2—2012)

在工程图样中，视图只能表达零件各部分的形状，而其大小则必须通过尺寸标注来表达，因此尺寸与视图都是工程图样的重要内容，《机械制图 尺寸注法》(GB/T 4458.4—2003)和《技术制图 简化表示法 第 2 部分：尺寸注法》(GB/T 16675.2—2012)对尺寸标注作了一系列规定。

1. 基本规则

(1) 机件的真实大小应以图样上所注的尺寸数值为依据，与图形的大小及绘图的准确度无关。

(2) 图样中(包括技术要求和其他说明)的尺寸，以 mm 为单位时，不需标注计量单位的代号或名称，若采用其他单位，则必须注明相应计量单位的代号或名称。

(3) 图样中所标注的尺寸，为该图样所示机件的最后完工尺寸，否则应另加说明。

(4) 机件的每一尺寸，一般只标注一次，并应标注在反映该结构最清晰的图形上。

2. 尺寸组成

一个完整的尺寸应包括尺寸界线、尺寸线、尺寸数字和表示尺寸线终端的箭头或斜线，如图 1-7 所示。

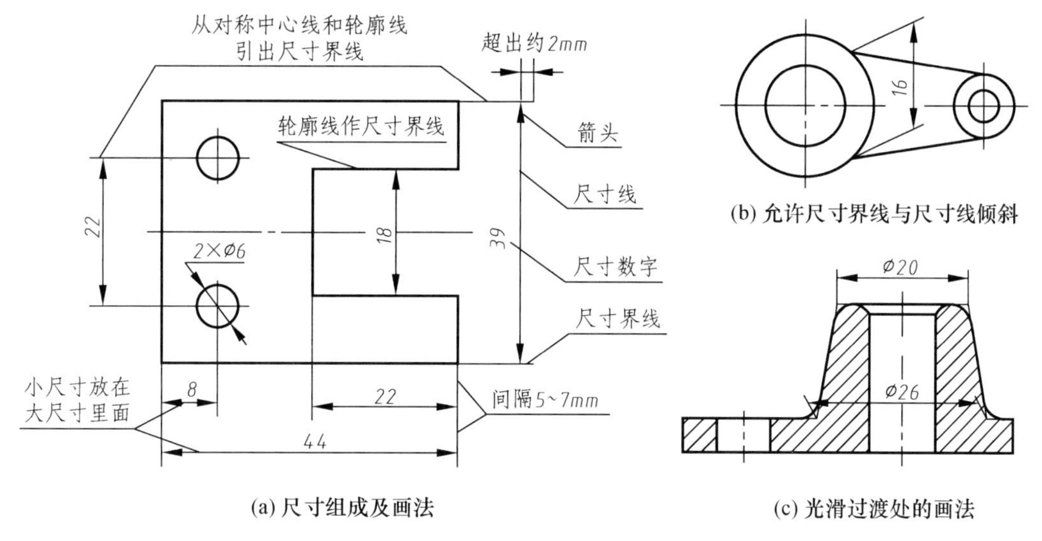

(a) 尺寸组成及画法

(b) 允许尺寸界线与尺寸线倾斜

(c) 光滑过渡处的画法

图 1-7　尺寸的组成

1) 尺寸界线

尺寸界线用细实线绘制，并应由图形的轮廓线、轴线或对称中心线处引出，也可利用轮廓线、轴线或对称中心线作为尺寸界线。尺寸界线应超出尺寸线约 2mm，如图 1-7(a)所示。尺寸界线一般应与尺寸线垂直，必要时也允许倾斜，如图 1-7(b)所示。在光滑过渡处标注时，必须用细实线将轮廓线延长，从它们的交点处引出尺寸界线，如图 1-7(c)所示。

2) 尺寸线

尺寸线用细实线绘制，且不能用其他图线代替，不得与其他图线重合或画在其延长线上。线性尺寸的尺寸线必须与所标注的线段平行，且尺寸线与图形轮廓线以及两平行尺寸线之间的距离应大致相等，一般以不小于 5mm 为宜。相互平行的尺寸，应使较小的尺寸靠近图形，较大的尺寸依次向外分布，以免尺寸线与尺寸界线相交，如图 1-7(a)所示。在圆或圆弧上标注直径或半径尺寸时，尺寸线或其延长线应通过圆心。

尺寸线终端可以有两种形式：箭头和斜线，它们的画法如图 1-8 所示。斜线形式只能用于尺寸线与尺寸界线垂直的情况。当尺寸线与尺寸界线垂直时，在同一张图样上，尺寸线终端只能采用一种形式，且应大小一致。

3) 尺寸数字及其符号

尺寸数字按国标规定的字体书写。同一张图样中，尺寸数字的高度(即字号)要一致。尺寸数字一般应注写在尺寸线上方或尺寸线的中断处，但同一图样中只允许采用一种形式。尺寸数字不允许被任何图线通过，否则必须将该图线断开。若图线断开后影响图形表达，则需调整尺寸标注的位置。

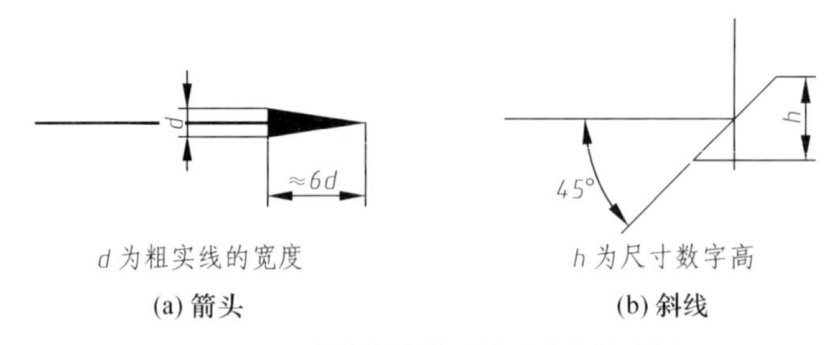

(a) 箭头　　(b) 斜线

图 1-8　尺寸线终端的两种形式的放大图

标注尺寸时，应尽量使用符号和缩写词。常用的符号和缩写词见表 1-4。利用符号的尺寸注法见表 1-5。

表 1-4　常用符号和缩写词

符号和缩写词	含义	符号和缩写词	含义
ϕ	直径	⌵	埋头孔
R	半径	⌴	沉孔或锪平
$S\phi(SR)$	球直径(球半径)	↧	深度
EQS	均布	□	正方形
C	45°	∠	斜度
t	厚度	◁	锥度

3. 各类尺寸标注示例(GB/T 4458.4—2003 和 GB/T 16675.2—2012)(表 1-5)

表 1-5　各类尺寸的标注示例

线性尺寸注法	示例	(a)　(b)　(c)　(c)
	说明	(1)线性尺寸的数字应按如图(a)所示的方向注写，并尽可能避免在阴影所示的 30°范围内标注尺寸，当无法避免时，也可水平注写在尺寸线中断处或用旁注法注出，如图(b)所示； (2)对于非水平的线性尺寸，其数字的方向一般采用如图(c)所示的注法；也可采用如图(d)所示的注法

续表

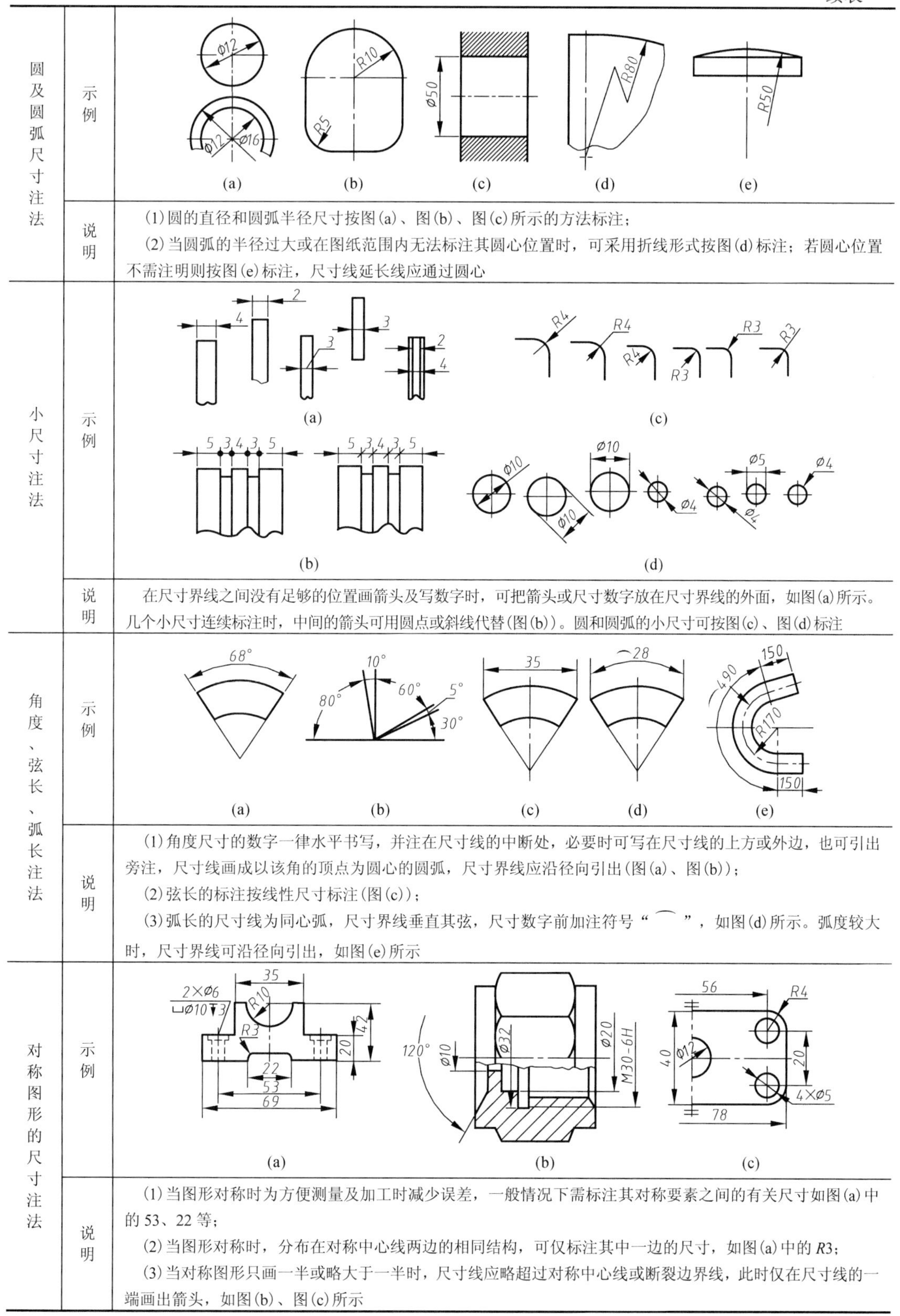

圆及圆弧尺寸注法	示例	(a) (b) (c) (d) (e)
	说明	(1) 圆的直径和圆弧半径尺寸按图(a)、图(b)、图(c)所示的方法标注； (2) 当圆弧的半径过大或在图纸范围内无法标注其圆心位置时，可采用折线形式按图(d)标注；若圆心位置不需注明则按图(e)标注，尺寸线延长线应通过圆心
小尺寸注法	示例	(a) (c) (b) (d)
	说明	在尺寸界线之间没有足够的位置画箭头及写数字时，可把箭头或尺寸数字放在尺寸界线的外面，如图(a)所示。几个小尺寸连续标注时，中间的箭头可用圆点或斜线代替(图(b))。圆和圆弧的小尺寸可按图(c)、图(d)标注
角度、弦长、弧长注法	示例	(a) (b) (c) (d) (e)
	说明	(1) 角度尺寸的数字一律水平书写，并注在尺寸线的中断处，必要时可写在尺寸线的上方或外边，也可引出旁注，尺寸线画成以该角的顶点为圆心的圆弧，尺寸界线应沿径向引出(图(a)、图(b))； (2) 弦长的标注按线性尺寸标注(图(c))； (3) 弧长的尺寸线为同心弧，尺寸界线垂直其弦，尺寸数字前加注符号“⌒”，如图(d)所示。弧度较大时，尺寸界线可沿径向引出，如图(e)所示
对称图形的尺寸注法	示例	(a) (b) (c)
	说明	(1) 当图形对称时为方便测量及加工时减少误差，一般情况下需标注其对称要素之间的有关尺寸如图(a)中的 53、22 等； (2) 当图形对称时，分布在对称中心线两边的相同结构，可仅标注其中一边的尺寸，如图(a)中的 *R*3； (3) 当对称图形只画一半或略大于一半时，尺寸线应略超过对称中心线或断裂边界线，此时仅在尺寸线的一端画出箭头，如图(b)、图(c)所示

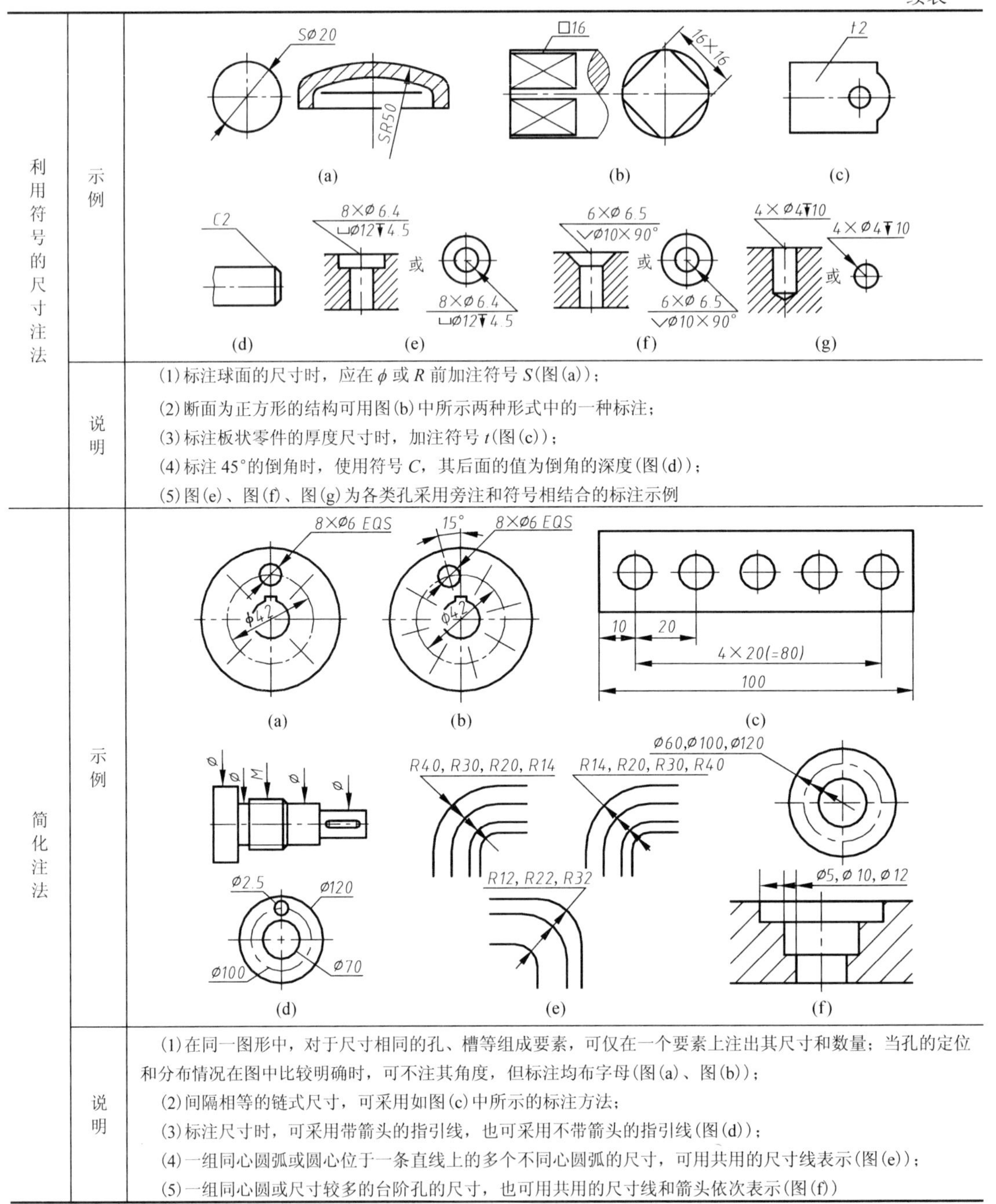

利用符号的尺寸注法	示例	图(a)～图(g)（见上图）
	说明	(1)标注球面的尺寸时，应在 ϕ 或 R 前加注符号 S(图(a))； (2)断面为正方形的结构可用图(b)中所示两种形式中的一种标注； (3)标注板状零件的厚度尺寸时，加注符号 t(图(c))； (4)标注 45°的倒角时，使用符号 C，其后面的值为倒角的深度(图(d))； (5)图(e)、图(f)、图(g)为各类孔采用旁注和符号相结合的标注示例
简化注法	示例	图(a)～图(f)（见上图）
	说明	(1)在同一图形中，对于尺寸相同的孔、槽等组成要素，可仅在一个要素上注出其尺寸和数量；当孔的定位和分布情况在图中比较明确时，可不注其角度，但标注均布字母(图(a)、图(b))； (2)间隔相等的链式尺寸，可采用如图(c)中所示的标注方法； (3)标注尺寸时，可采用带箭头的指引线，也可采用不带箭头的指引线(图(d))； (4)一组同心圆弧或圆心位于一条直线上的多个不同心圆弧的尺寸，可用共用的尺寸线表示(图(e))； (5)一组同心圆或尺寸较多的台阶孔的尺寸，也可用共用的尺寸线和箭头依次表示(图(f))

1.2 绘图方法

1.2.1 尺规绘图

尺规绘图是指使用绘图工具和仪器绘制图样，虽然目前大部分的工程图样都用计算机来绘制，但尺规绘图既是工程技术人员必备的基本技能，又是学习和巩固图学理论知

识不可缺少的方法，应熟练掌握。本节介绍几种常用绘图工具和仪器的用法以及尺规绘图的步骤。

1. 图板和丁字尺

图板用于铺放图纸，其工作表面必须平坦，左右两导边必须平直，以保证与丁字尺尺头的内侧边良好接触。尺规绘图时须用胶带纸将图纸固定在图板上(图 1-9)。

丁字尺用来画水平线。丁字尺由尺头和尺身组成(图 1-9)。丁字尺尺头的内侧边及尺身的工作边必须平直。使用时应手握尺头，使其紧靠图板的左侧导边做上下移动，沿尺身的工作边自左向右画水平线(图 1-9)。当画较长水平线时，应将左手移至尺身，并按牢尺身。用铅笔沿尺边画直线时，笔杆应稍向外倾斜，尽量使笔尖贴靠尺边。

2. 三角板

三角板的规格不小于 25cm，45° 和 30°(60°)各一块，三角板与丁字尺配合使用，可画竖直线和 15° 倍角的斜线(图 1-10、图 1-11)。

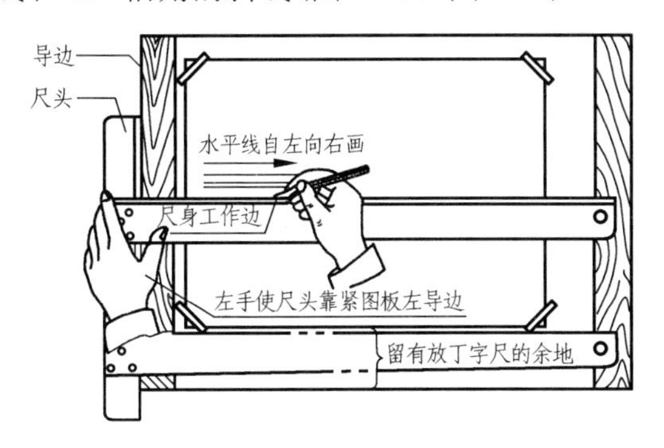

图 1-9 用丁字尺画水平线

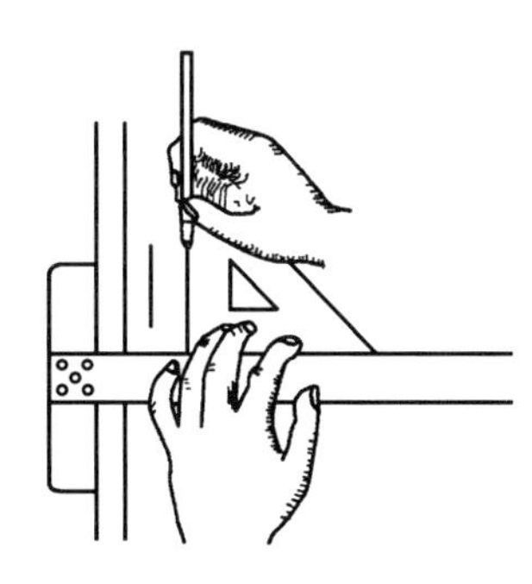

图 1-10 用三角板和丁字尺配合画竖直线

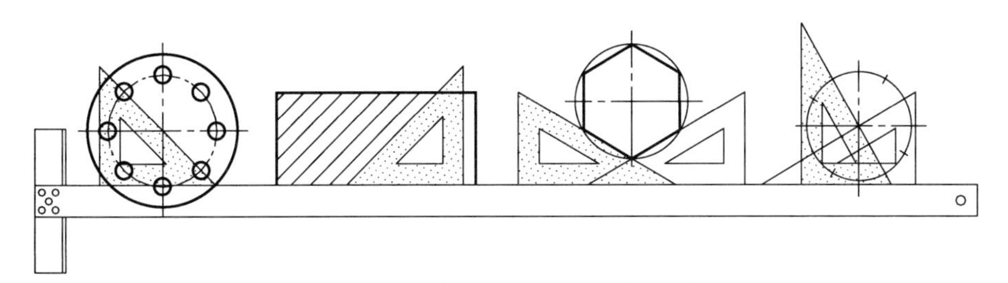

(a) 三角板与丁字尺配合画 45°、30° 和 60° 线

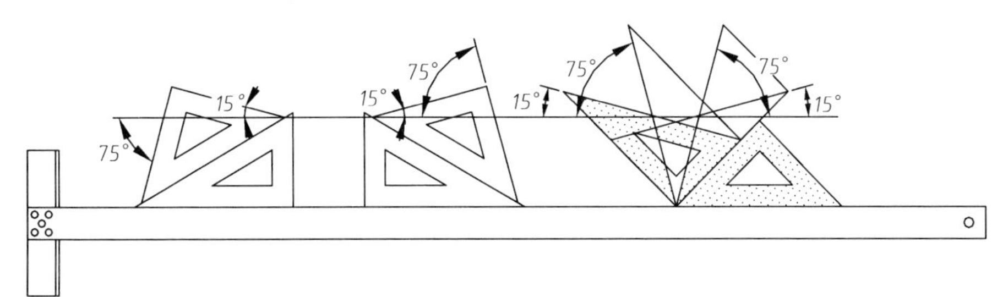

(b) 三角板与丁字尺配合画 15° 和 75° 线

图 1-11 用三角板和丁字尺配合画 15° 倍角的斜线

画竖直线时，将三角板的一直角边靠紧在丁字尺尺身的工作边，再用左手按住尺身和三角板，铅笔沿三角板的另一直角边自下而上画线。

3. 比例尺

当绘图时采用的绘图比例不是 1∶1 时，用比例尺来量取尺寸，可省去计算的麻烦。

比例尺的形状为三棱柱体。在尺的三个棱面上分别刻有六种不同比例的刻度尺寸。量取尺寸时，常按所需比例用分规在比例尺上截取所需长度(图 1-12(a))，也可直接把比例尺放在图纸上量取所需长度。

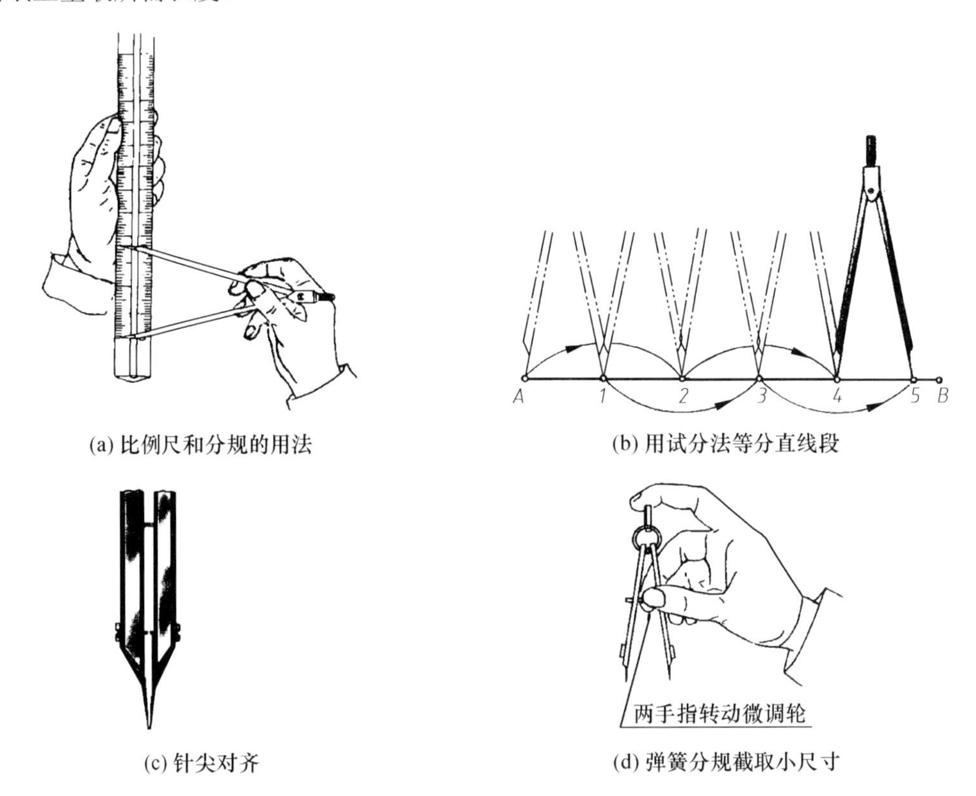

(a) 比例尺和分规的用法

(b) 用试分法等分直线段

(c) 针尖对齐

(d) 弹簧分规截取小尺寸

图 1-12　分规及其使用方法

4. 分规

分规是用来量取尺寸和等分线段的工具，其用法如图 1-12(a)、图 1-12(b)所示。为了准确地量取尺寸，分规的两针尖靠拢后应平齐(图 1-12(c))。

当要截取小而精确的尺寸时，最好使用弹簧分规，转动微调轮可作微调(图 1-12(d))。

5. 圆规及其附件

圆规是画圆和圆弧的工具。圆规有大圆规、小圆规、弹簧规及点圆规四种。圆规均附有铅芯插腿、带针插腿、鸭嘴笔插腿和画大圆时用的延伸杆(图 1-13(a))。圆规的定心针(钢针)两端有不同的针尖，有台阶一端用于画圆时定心，另一尖端作分规用(图 1-13(a))。弹簧规(图 1-12(d))、点圆规(图 1-13(b))用来画较小的圆。图 1-14 示范了画圆方法。

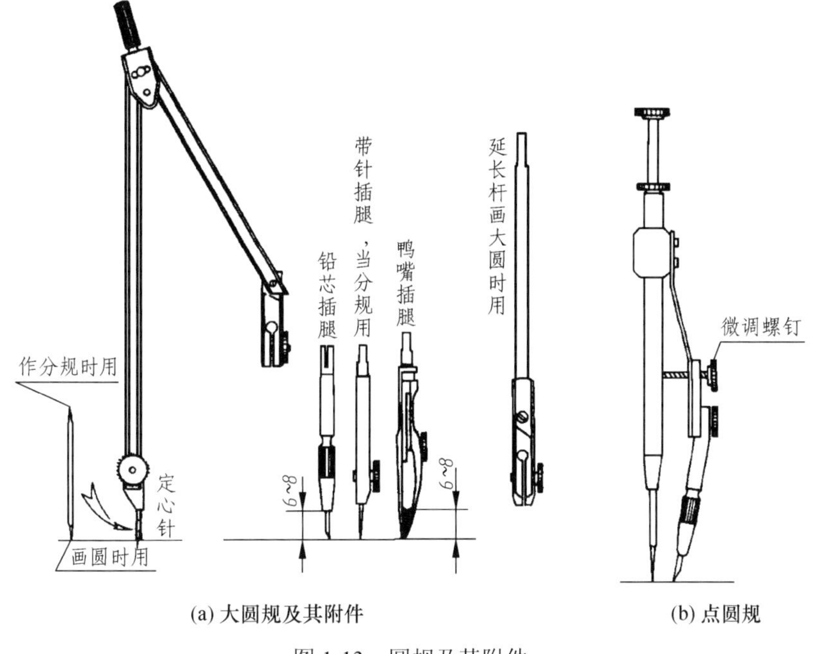

(a) 大圆规及其附件　　(b) 点圆规

图 1-13　圆规及其附件

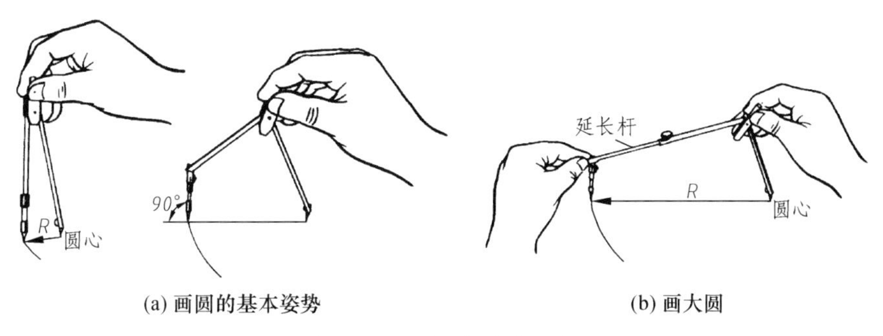

(a) 画圆的基本姿势　　(b) 画大圆

图 1-14　圆规及画圆方法

6. 绘图铅笔

绘制图样一般采用 2H、H、HB、B 和 2B 的铅笔。铅芯的软硬用字母 B、H 表示，B 越多表示铅芯越软(黑)，H 越多表示铅芯越硬。绘制粗实线或写字宜用 2B、B 或 HB 铅笔；绘制各种细线及画底稿可用 HB、H 或 2H 铅笔。画底稿、绘制各种细线及写字和画箭头的笔芯常削磨成圆锥状；绘制粗实线的笔芯宜削磨成四棱柱或扁铲状，其厚度与所画图线的粗细一致；削铅笔时应注意保留铅笔上的硬度标记，以便使用时识别。画图时，铅笔可略向画线方向倾斜，尽量使铅笔靠紧尺边。

7. 曲线板

曲线板是画非圆曲线的工具，其轮廓线由多段不同曲率半径的曲线组成(图 1-15)。作图时，先徒手用铅笔轻轻地把曲线上一系列的点顺次地连接起来，然后选择曲线板上曲率合适的部分与徒手连接的曲线贴合，并将曲线描深。每次连接应至少通过曲线上三个点，并注意每画一段线时，都要使所画线段比曲线板边与曲线贴合的部分稍短一些，这样才能使所画的曲线光滑。

图 1-15　曲线板及其使用

8. 尺规绘图的步骤

1）准备工作

绘图前应准备好必要的绘图工具、仪器和用品，整理好工作地点。熟悉和了解所画图形的内容，按图样大小和比例选择适当的图幅，并将图纸固定在图板的适当位置（以丁字尺和三角板移动比较方便为准）。

2）合理布图

先按照国标规定，在图纸上用细实线画出选定的图幅边界线及图框和标题栏。再根据每个图形的长、宽尺寸合理布置图面，即画出各图形的基准线。应使图形在图面中的布局匀称。

3）画底稿

用 H 铅笔先画出中心线，再画主要轮廓线，然后画细节。画线时应“细、轻、准”。画好底稿后应仔细校核，修正错误，并擦去多余图线。

4）描深（或上墨）

描深时，按线型选择铅笔，尽可能将同样粗细的图线一起描深。描深的一般顺序：先圆（圆弧），后直线；先小圆（圆弧）后大圆（圆弧）；先上后下，先左后右；先粗实线后虚线、点画线和细实线；最后描深图框及标题栏。

5）检查

全面检查无错误后，画箭头，注写尺寸数字及文字说明，最后填写标题栏。

1.2.2　徒手绘图 

以目测来估计图形与实物的比例，徒手（不使用或部分使用绘图工具和仪器）绘制工程图样，这种用徒手目测的方法绘制工程图样称徒手绘图。用徒手绘图的方法绘制的工程图样称为草图。工程技术人员在设计、测绘和修配机器时都要绘制草图，所以应掌握徒手绘图的技能。

草图作为工程图样的一种也应做到：

（1）图线粗细分明，图形正确、清晰、布图合理。

（2）尺寸标注要完整、清晰、字体工整。

徒手绘图时，图纸不必固定，可随时转动图纸使欲画图线正好是顺手方向。运笔应力求自然，画短线以手腕运笔，画长线则以手臂动作。画直线时常将小拇指靠着纸面，以保证能画直线条，如图 1-16 所示。当画 30°、45°、60°等常见角度斜线时，可根据斜线的斜度近似定出两端点，然后连接两点即为所需角度的斜线(图 1-17)。

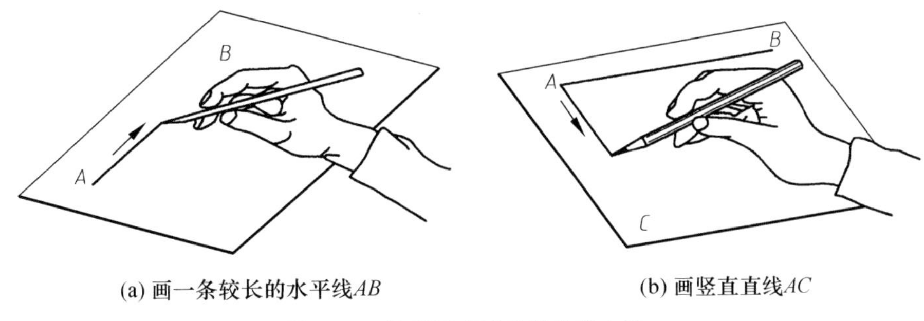

(a) 画一条较长的水平线*AB*　　(b) 画竖直直线*AC*

图 1-16　徒手画直线的姿势和方法

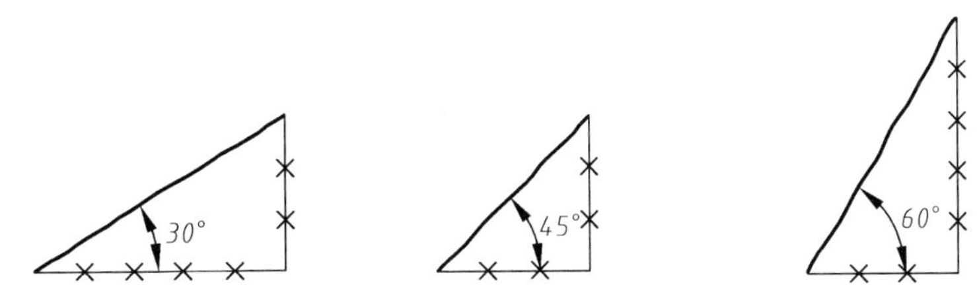

图 1-17　徒手画 30°、45°、60°的斜线

画圆时，先定圆心并画出两条互相垂直的中心线，再根据半径大小，在中心线上截得四点，徒手连接成圆(图 1-18(a))；对于较大半径的圆，还应再画一对 45°且过圆心的斜线，并按半径大小在斜线上定出四个点(图 1-18(b))。画椭圆时，如图 1-19 所示，可先根据长、短轴的大小，定出 a、a_1、b、b_1 四个顶点，还可利用如图所示长方形的对角线，大致定出椭圆上另外四个点，然后通过八个点徒手连接成椭圆，还应注意图形的对称性。

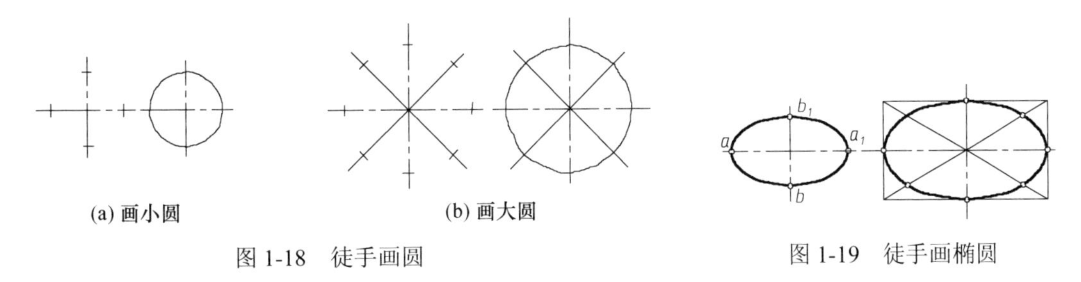

(a) 画小圆　　(b) 画大圆

图 1-18　徒手画圆　　图 1-19　徒手画椭圆

练习徒手绘图时，可在方格纸上进行，并尽可能使图形上主要的水平或垂直轮廓线、对称线以及圆的中心线与方格纸上的分格线重合，以便于控制图线的平直、图形的大小以及图形各部分的比例关系。

1.2.3　计算机绘图

随着科学技术的进步，尤其是计算机科学技术的迅速发展，计算机绘图和计算机辅助设计已经在世界各国各行业广泛应用。在设计过程中人们可以借助计算机辅助设计系统建立描述对象的模型，进行对象的仿真，生成表达对象的图形，以代替人的手工设计计算和绘图，提高设计的效率和质量。从 20 世纪末以来，我国各设计部门已从手工绘图转变到计算机绘图，因此，计算机绘图技术也是现代工程技术人员必须掌握的基本技能之一。

计算机绘图系统应具备图形输入、输出、存储、图形数据计算等功能。一般由硬件系统(计算机、输入设备、输出设备、存储设备等，如图 1-20 所示)和软件系统(系统软件、应用软件)组成。

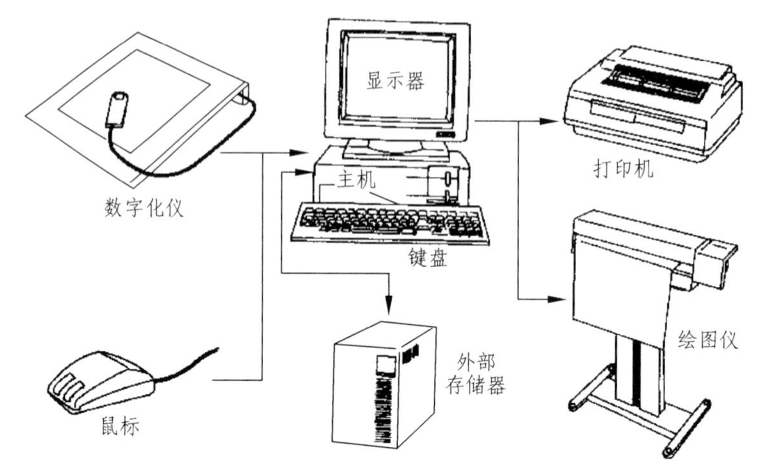

图 1-20　计算机绘图系统示意图

交互式绘图软件 AutoCAD 是目前我国广泛使用的绘图软件之一，为了集中教学，把它作为本课程的后续课程。

1.3　几 何 作 图

在绘制工程图样时，常会遇到等分线段、等分圆周、作正多边形、作斜度和锥度、圆弧连接以及绘制非圆曲线等几何作图问题，现介绍几种常用的作图方法。

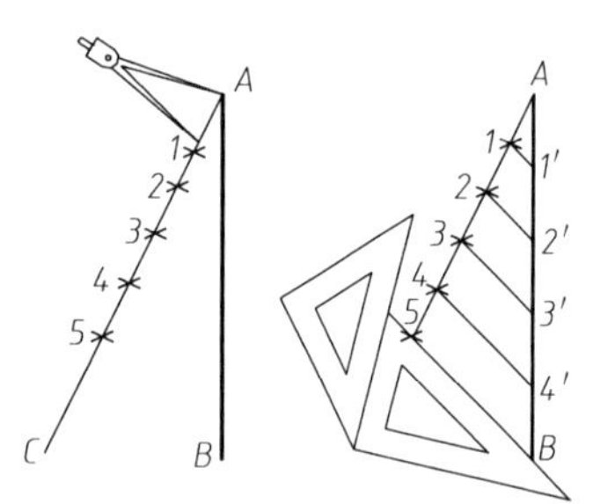

图 1-21　等分已知直线段

1.3.1　等分已知直线段

等分已知直线段的一般方法，如图 1-21 所示。在实际绘图过程中，为了提高绘图速度和避免较多的作图线，也常采用试分法等分直线段。即先凭目测估计，大致使分规两针尖距离接近等分段的长度，若试分后的最后一点未与线段的另一端重合，则需根据超出或留空的距离，调整两针尖距离，再进行试分，直到满意。

1.3.2　等分圆周与正多边形画法

1. 六等分圆周与画正六边形

1) 已知正六边形的对角线距离 D

已知对角线距离 D 画正六边形，实质上是画直径为 D 的圆的内接正六边形。如图 1-22

所示以 D 为直径作一圆，然后用分规以半径 $R=D/2$ 的距离在圆周上作等分，连接各等分点即得正六边形。

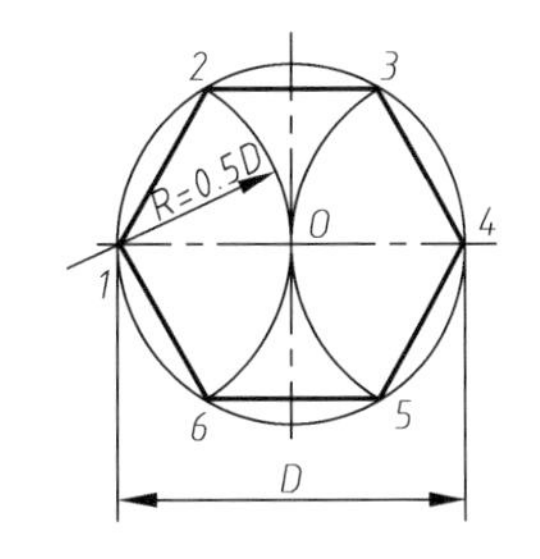

图 1-22　已知对角线距离 D 画正六边形的作图过程(一)

在实际制图中，也常使用 30°(60°)三角板与丁字尺配合直接做出正六边形，这时外接圆可以省略不画。具体作图过程如图 1-23 所示。

2)已知正六边形的对边距离 S

已知正六边形的对边距离 S 画正六边形，可以看作画直径为 S 的圆的外切正六边形，以 S 为直径作一圆，并等分六等分，然后过各等分点作该圆的切线，两两相交即得正六边形。在实际作图过程中，可利用 30°(60°)三角板与丁字尺配合直接做出正六边形，内切圆省略不画。具体作图过程如图 1-24 所示。

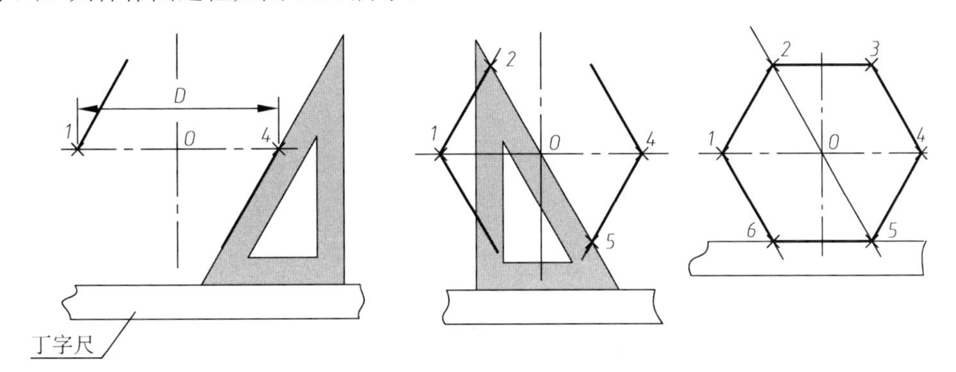

图 1-23　已知对角线距离 D 画正六边形的作图过程(二)

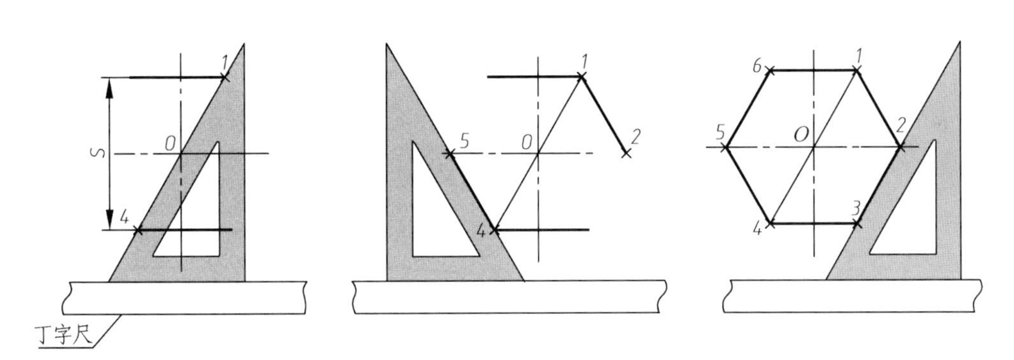

图 1-24　已知对边距离 S 画正六边形的作图过程

2. 五等分圆周及画正五边形

将直径为 ϕ 的圆周五等分并作正五边形，如图 1-25 所示。

(1)将圆的半径 OB 平分得点 P。

(2)以点 P 为圆心，PC 为半径画弧交 OA 于点 H。

(3)以 CH 为边长自点 C 开始等分圆周，得出 E、F、G、I 等分点，依次连接各等分点即得正五边形。

3. n 等分圆周及画正 n 边形

如果想一次性准确画出正 n 边形，可用"任意等分圆周的方法"。当然圆周也可用试分法等分。现以七等分圆周(图 1-26)为例说明任意等分圆周的作图步骤。

(1) $ABCD$ 四点是已知圆水平方向和垂直方向直径与圆周的交点。

(2) 以 D 为圆心，以已知圆直径 CD 为半径画圆弧，交 AB 的延长线于点 E 和 F。

(3) 用等分线段的方法将直径 CD 七等分得 1、2、3、4、5、6 等分点。

(4) 分别自点 E、F 与 CD 上的奇数或偶数点(图中为奇数点 1、3、5、D)连接，连线与圆周的交点即为圆周上的各等分点。连接各等分点可得正七边形。

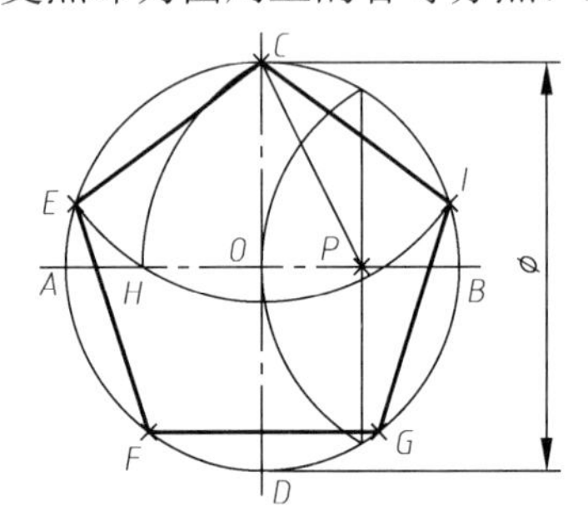

图 1-25　正五边形的画法

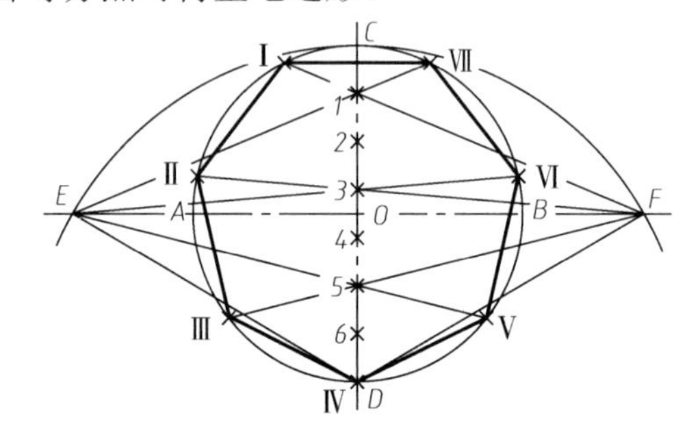

图 1-26　七等分圆周的方法

1.3.3　斜度和锥度

1. 斜度

斜度是指一直线(或平面)对另一直线(或平面)的倾斜程度。通常用两直线(或平面)间夹角的正切 $\tan\alpha$ 来表示斜度的大小(图 1-27(a))。在图中标注时，一般将此值化为 1∶n 的形式，即斜度= $\tan\alpha = H/L = 1:n$。

斜度符号的画法如图 1-27(b)所示。标注时，符号方向应与图形的斜度方向一致(图 1-27(c))。过已知点作斜度的方法如图 1-28 所示。

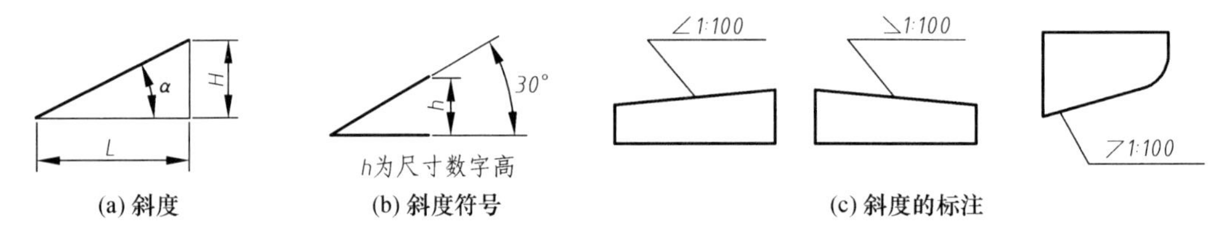

(a) 斜度　(b) 斜度符号　(c) 斜度的标注

图 1-27　斜度、斜度符号及其标注

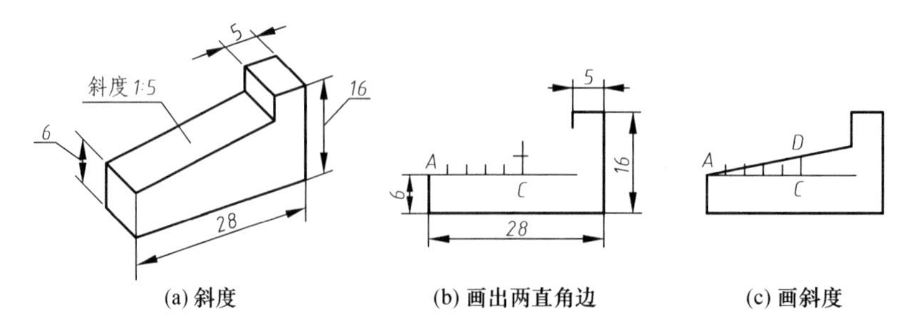

(a) 斜度　(b) 画出两直角边　(c) 画斜度

图 1-28　斜度的作图方法

2. 锥度

锥度是正圆锥体的底圆直径 D 与其高度 L 之比或正圆锥台的两底圆直径之差 $(D-d)$ 与其高度 l 之比（图 1-29(a)）。在图中标注时，一般将此值化为 1∶n 的形式，即锥度 $=D/L=(D-d)/l=2\tan(\alpha/2)=1:n$，其中 α 为锥顶角。

锥度符号如图 1-29(b)所示。锥度标注如图 1-29(c)所示。标注时，锥度符号的方向要与图形的锥度方向一致。

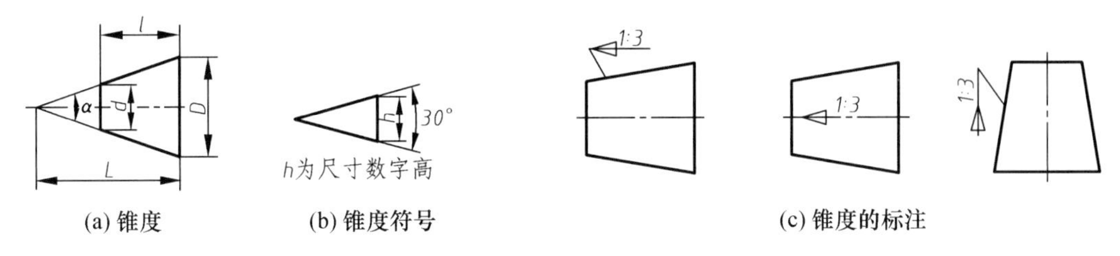

(a) 锥度　(b) 锥度符号　(c) 锥度的标注

图 1-29　锥度、锥度符号及其标注

锥度的作图如图 1-30 所示，先根据圆台的高度尺寸 20 和底圆直径 ϕ20 做出 AO 和 FG 线，过 A 点用分规任取一个单位长度 AB，并使 $AC=3AB$(图 1-30(b))，过点 C 作垂线，并取 $CD=CE=AB/2$，连接 AD 和 AE，并过点 F 和 G 作直线分别平行于 AD 和 AE(图 1-30(c))。

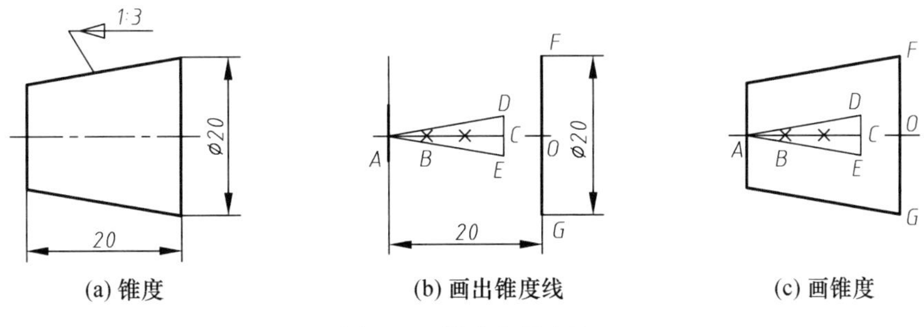

(a) 锥度　(b) 画出锥度线　(c) 画锥度

图 1-30　锥度作图方法

1.3.4　圆弧连接

工程上为了便于制造，在可能的情况下，将任意曲线和复杂的平面图形简化为由若干段直线和圆弧光滑连接而成。用圆弧光滑连接两已知线段(圆弧或直线)称为圆弧连接，连接两已知线段的圆弧称为连接圆弧，其连接点就是两线段相切的切点。连接圆弧是根据其与已知线段的相切关系求作的。

当连接圆弧(半径为 R)与已知直线 AB 相切时，其圆心的轨迹是一条与已知直线 AB 平行的直线 L，距离为连接圆弧半径 R。过连接弧圆心向被连接线段作垂线可求出切点 T，切点是直线与圆弧的分界点(图 1-31(a))。

当连接圆弧(半径为 R)与已知圆弧 A(圆心为 O_A，半径为 R_A)相切时，其圆心的轨迹为与已知圆弧 A 同圆心的圆弧 B，其半径 R_B 随相切情况而定：两圆外切时，$R_B=R_A+R$；两圆内切时，$R_B=|R-R_A|$。连心线 OO_A 与圆弧 A 的交点为切点 T(图 1-31(b)、(c))。

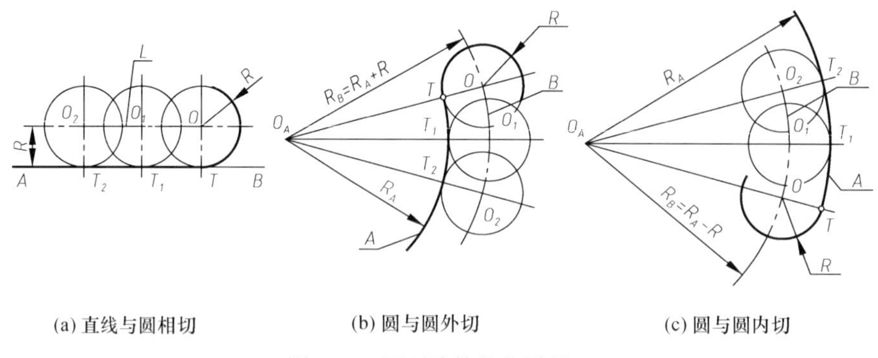

(a) 直线与圆相切　　(b) 圆与圆外切　　(c) 圆与圆内切

图 1-31　圆弧连接的作图原理

连接圆弧的作图方法如图 1-32 所示，作图过程如下。

(1) 求连接圆弧的圆心。

(2) 找切点位置。

(3) 求作连接圆弧。

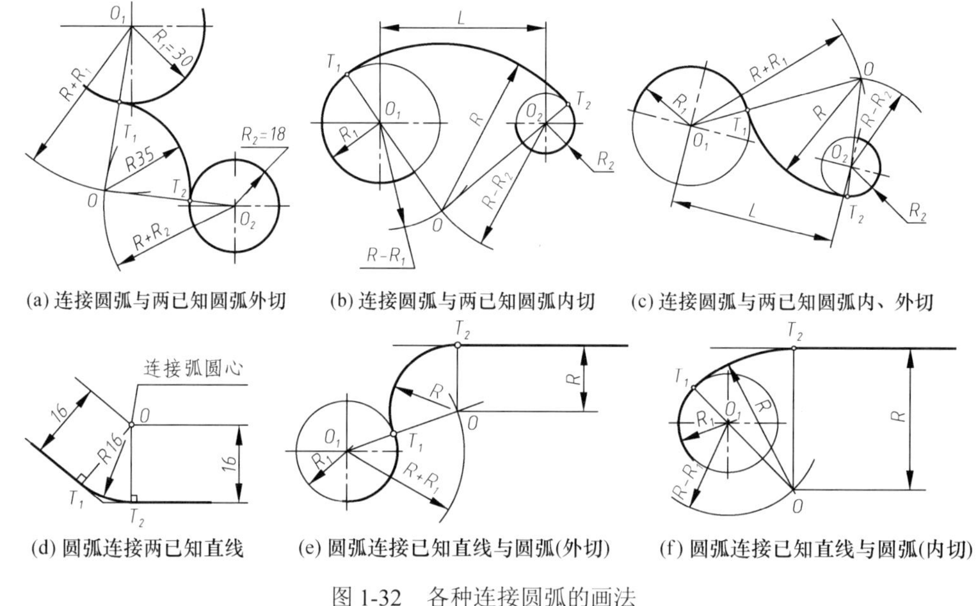

(a) 连接圆弧与两已知圆弧外切　　(b) 连接圆弧与两已知圆弧内切　　(c) 连接圆弧与两已知圆弧内、外切

(d) 圆弧连接两已知直线　　(e) 圆弧连接已知直线与圆弧(外切)　　(f) 圆弧连接已知直线与圆弧(内切)

图 1-32　各种连接圆弧的画法

1.3.5　常见的平面曲线

工程上常用的非圆平面曲线：椭圆、抛物线、双曲线、阿基米德螺线、圆的渐开线、摆线和四心涡线等二次曲线，可用相应的二次方程或参数方程表示。画图时则按其运动轨迹求作一系列点或根据参数方程描点，然后用曲线板把所求各点光滑地连接起来。下面以椭圆和圆的渐开线为例说明非圆平面曲线的画法。

1. 椭圆

1) 同心圆法

如图 1-33(a) 所示，已知椭圆长轴 *AB* 和短轴 *CD*，分别以 *AB*、*CD* 为直径作同心圆，过圆

心 O 作一系列射线与两圆相交，过大圆上各交点Ⅰ，Ⅱ，…作短轴的平行线，过小圆上各交点 1，2，…作长轴的平行线，两对应直线交于 M_1，M_2，…各点，用曲线板光滑连接各点。

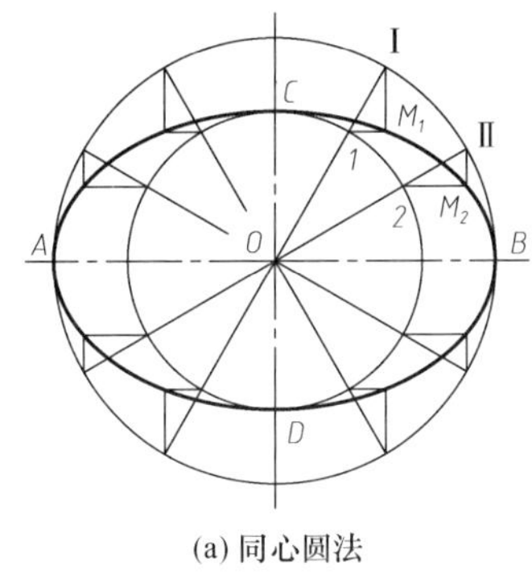

(a) 同心圆法

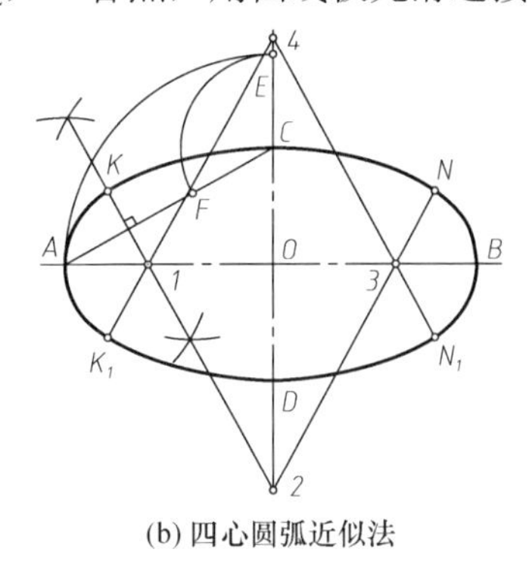

(b) 四心圆弧近似法

图 1-33 椭圆的画法

2) 四心圆弧法

如图 1-33(b)所示，已知椭圆的长轴 AB 和短轴 CD，连接 AC，在 OC 延长线上取 $OE=OA$，再在 AC 上取 $CF=CE$，然后作 AF 的垂直平分线，与长、短轴分别交于 1、2 两点，并做出其对称点 3、4。分别以 2、4 为圆心，以 $2C(=4D)$ 为半径画两段大圆弧，以 1、3 为圆心，以 $1A(=3B)$ 为半径画两段小圆弧，四段圆弧相切于点 K、K_1、N_1、N，组成一个近似的椭圆。

2. 圆的渐开线

一直线(圆的切线)在圆周上作连续无滑动的滚动，则该直线上任一点的轨迹即为这个圆的渐开线。已知直径为 D 的圆周，如图 1-34 所示，首先将圆周展开(过圆上一点作圆的切线，长度为圆的周长πD)，将圆周及其展开线为分相同等分(该例为 12 等分)。过圆周上各等分点作圆的切线，并自切点开始，使其长度依次等于圆周的 1/12，2/12，…，得Ⅰ，Ⅱ，…，光滑连接各点所得曲线即为渐开线。

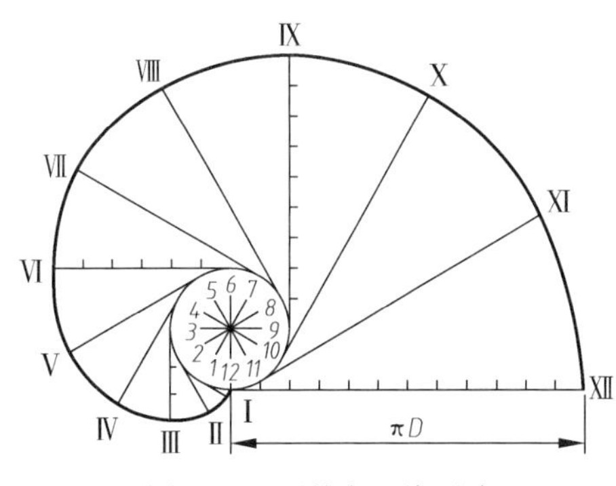

图 1-34 圆的渐开线画法

1.4 平面图形的尺寸分析及画图步骤

平面图形是由若干段直线和圆弧连接而成的。构成平面图形各线段的大小及其相对位置是由图形中的尺寸来确定的。因此，绘制平面图形时，应根据图中所注尺寸，确定画图步骤。标注平面图形尺寸时，应根据各线段的连接关系，确定需要标注的尺寸，做到“正确、完整、清晰”。使所注尺寸既符合国家标准的规定，又要保证图形的尺寸齐全(即不遗漏、不重复)，否则都会给生产带来困难。

1.4.1 平面图形的尺寸分析和线段分析

1. 尺寸基准

尺寸基准是标注尺寸的起点。平面图形中至少应在上下、左右两个方向上各有一个基准。

一般对称图形的对称线、圆的中心线、图形中的重要轮廓线等均可作为尺寸基准，如图 1-35 所示。

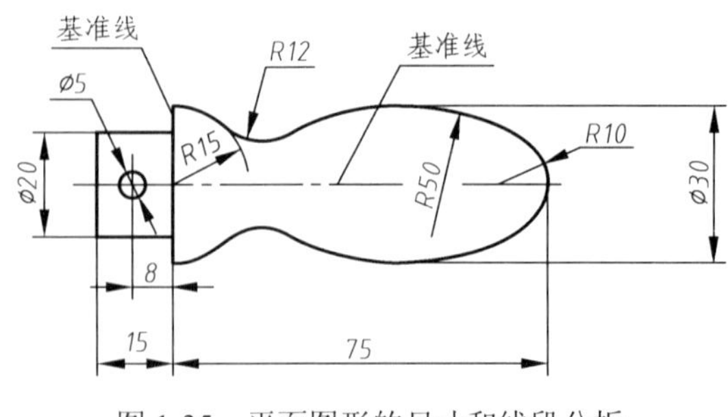

图 1-35　平面图形的尺寸和线段分析

2. 尺寸分类

平面图形的尺寸，按其在图中所起的作用可分为定形尺寸和定位尺寸两类。

(1) 定形尺寸。确定平面图形上各线段长度或线框形状大小的尺寸称为定形尺寸，如直线的长度、圆及圆弧的直径(半径)、角度尺寸等。图 1-35 中的 ϕ20、ϕ5、R15、R12 等为定形尺寸。

(2) 定位尺寸。平面图形中确定各线段与基准间距离的尺寸称为定位尺寸。如图 1-35 中所示的确定 ϕ5 小圆位置的尺寸 8 和确定 R10 圆弧位置的尺寸 75 等为定位尺寸。

3. 尺寸分析和线段分析

对平面图形中各线段的尺寸进行分析可知：有的线段定位尺寸齐全，有的线段缺少一个定位尺寸，有的线段没有定位尺寸。因此，平面图形中的线段，根据其定位尺寸是否齐全，可分为已知线段、连接线段和中间线段三种。

1) 已知线段

凡是定形尺寸和定位尺寸齐全的线段称为已知线段，如图 1-35 中所示的 ϕ5、R15、R10 的圆弧和长度为 15、75 的直线等。

2) 连接线段

只有定形尺寸而无定位尺寸的线段称为连接线段。连接线段需根据与其相邻的两条线段的相切关系，用几何作图的方法绘制，如图 1-35 中所示的 R12 的圆弧。

3) 中间线段

有定形尺寸和定位尺寸但定位尺寸不全的线段称为中间线段。中间线段需要根据与其相邻的已知线段的相切关系绘制。如图 1-35 中所示的 R50 的圆弧，该圆弧只有一个定位尺寸 ϕ30，根据 ϕ30 只能确定其圆心的上下位置，还需根据它与已知圆弧 R10 的相切关系作图确定其圆心的左右位置。

1.4.2　平面图形的画图步骤

一般是根据平面图形的尺寸，对平面图形进行线段分析，按线段分析的结果确定画图步骤，以图 1-35 中手柄的轮廓图为例归纳如下。

(1) 根据平面图形的尺寸作线段分析，从而确定出已知线段、中间线段和连接线段，并确定平面图形的基准。

(2) 绘制基准线(图 1-36(a))。

(3) 绘制已知线段(图 1-36(b))。

(4) 绘制中间线段(图 1-36(c))。

(5) 绘制连接线段(图 1-36(d))。

(6)检查全图，标注尺寸(图 1-36(e))。

(7)加深图线，填写数字箭头(图 1-36(f))。

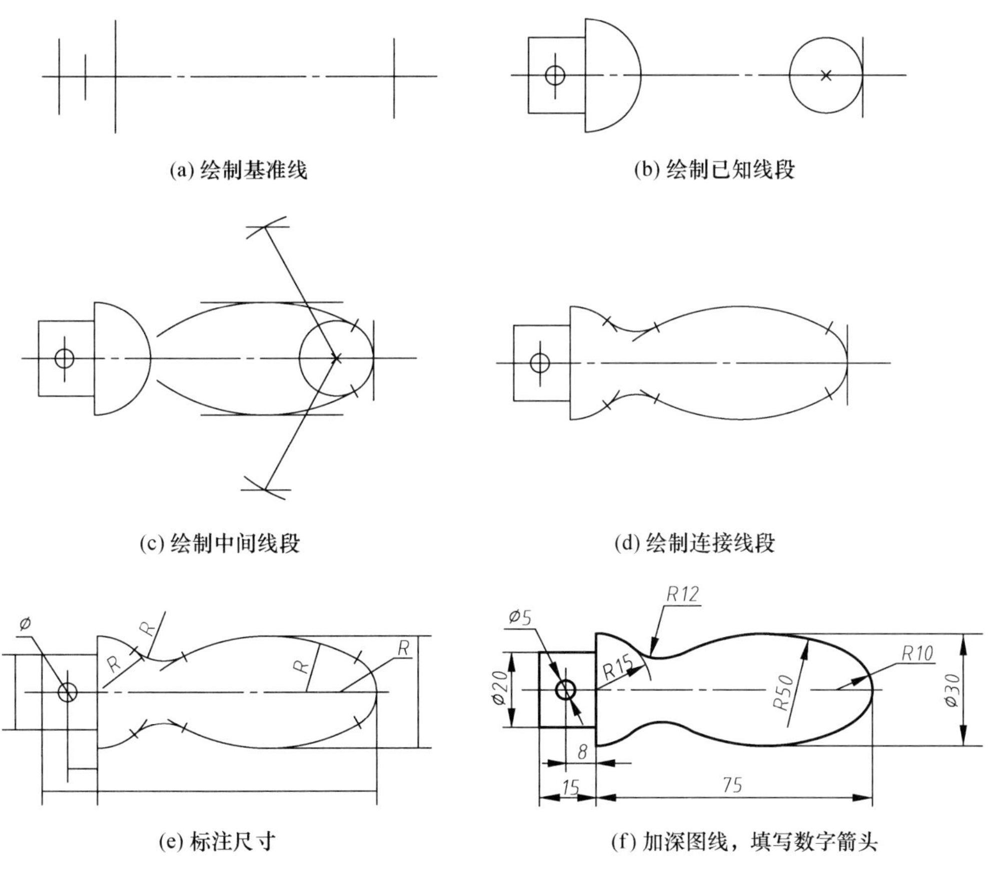

图 1-36　手柄的画图步骤

1.4.3　平面图形的尺寸标注

平面图形尺寸标注的要求：正确、完整、清晰。

1. 正确

平面图形的尺寸标注必须符合国家标准《机械制图》和《技术制图》中的有关规定。

2. 完整

尺寸标注要齐全，即尺寸不遗漏、不重复。不遗漏图形中各要素的定形尺寸和定位尺寸；不重复标注可以按已标注的尺寸计算出的尺寸、不重复标注可根据相切关系确定的连接线段的定位尺寸。

3. 清晰

尺寸注写要清晰，位置明显，布局整齐。

通过下面的例子说明平面图形的尺寸标注正确、完整、清晰的一般方法和步骤。

例 1-1 标注如图 1-37 所示的平面图形的尺寸。

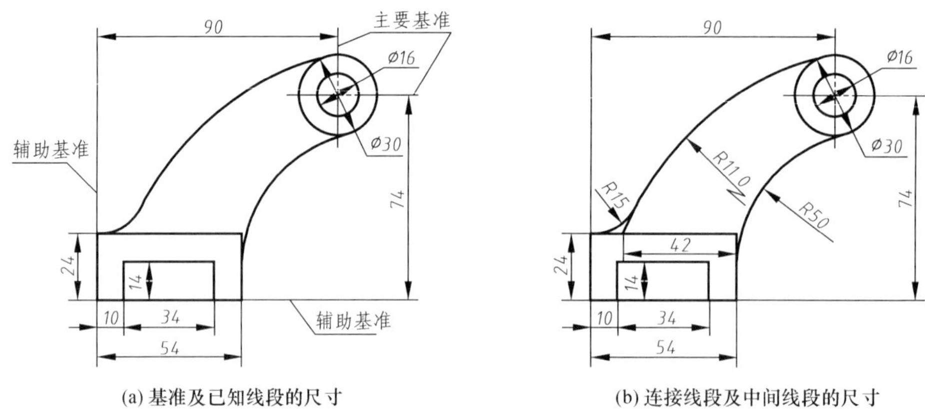

(a) 基准及已知线段的尺寸　(b) 连接线段及中间线段的尺寸

图 1-37　平面图形的尺寸标注

1) 分析图形，确定基准

图形由左下的双层矩形线框和右上的两同心圆及三段圆弧组成。可以同心圆的中心线为主要基准，也可以外层矩形线框的底边和左侧边界线为主要基准。本例以两同心圆的中心线为主要基准，以外层矩形线框的底边和左侧边界为辅助基准(图 1-37(a))。

2) 标注已知线段的尺寸(图 1-37(a))

两同心圆的中心线定为主要基准，则两同心圆的位置由基准确定，所以两同心圆虽为已知线段，但不标注定位尺寸，仅标注定形尺寸 ϕ30、ϕ16；水平方向标注 90，竖直方向标注 74，以确定矩形线框与主要基准的相对位置，外层矩形线框的定形尺寸为 54、24；标注水平尺寸 10 以确定内、外层矩形线框的相对位置，内层矩形线框的定形尺寸为 34、14。

3) 标注其他线段的所需尺寸(图 1-37(b))

圆弧 *R*50 与 ϕ30 的圆及外层矩形线框的右侧边界线相切，其圆心位置可根据此相切条件确定，故 *R*50 为连接线段，不需标注圆心位置的定位尺寸。在两已知线段 ϕ30 的圆和外层矩形框的上边线之间，有圆弧 *R*110 和圆弧 *R*15 两段圆弧，按尺寸标注必须完整的要求，两段圆弧中只能有一段连接线段，另一段应是中间线段。该两段圆弧定位尺寸的标注决定了线段的种类，所以此处定位尺寸的标注可有多种标注方案供选择。图 1-38 为其中三种不同的标注方案，采用哪一种标注方案，应以所注尺寸便于作图和在生产中便于度量为原则。

4) 按正确、完整、清晰的要求校核所注尺寸

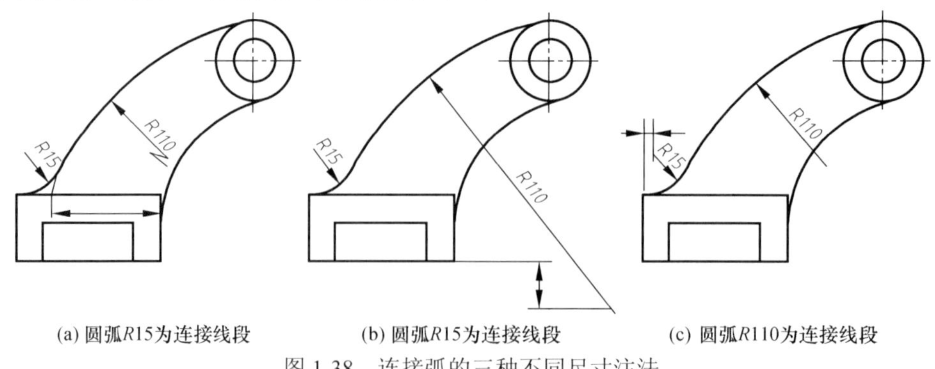

(a) 圆弧*R*15为连接线段　(b) 圆弧*R*15为连接线段　(c) 圆弧*R*110为连接线段

图 1-38　连接弧的三种不同尺寸注法

第 2 章　几何元素的投影

根据几何学的观点，凡是有形物体都可看作由点、线(直线和曲线)、面(平面和曲面)这些几何元素构成，而线和面都可看作点的集合。因此，在研究工程物体的图示法之前，首先要研究点、直线、平面这些常见几何元素的投影规律和投影特性。

2.1　点 的 投 影

如绪论中图 4 所示，几何元素的一个投影不能确定其在空间的位置，因此工程上采用多面投影。

2.1.1　点的两面投影

1. 两面投影体系

如图 2-1 所示，以两个互相垂直的平面作为投影面，便形成了两面投影体系。其中，水平放置的投影面称为水平投影面，用 H 表示(简称 H 面或水平面)；与水平投影面垂直的投影面称为正立投影面，用 V 表示(简称 V 面或正面)；两个投影面的交线 OX 称为投影轴。两个投影面把空间分为四部分，每一部分称为分角。在 H 面上方，V 面前方的这一分角称为第一分角，其他三个分角的排列顺序见图 2-1。

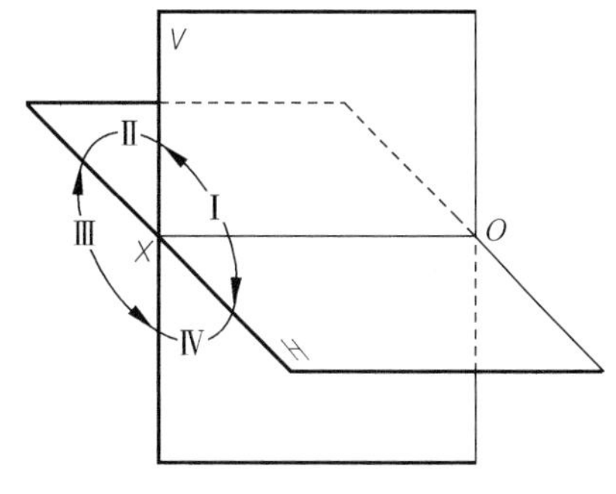

图 2-1　两投影面体系

采用将物体置于第一分角内，使其处于观察者与投影面之间而得到正投影的方法画图称为第一分角画法。采用将物体置于第三分角内，使投影面处于物体与观察者之间而得到正投影的方法画图称为第三分角画法。我国《技术制图》标准规定采用第一分角画法。因此，本章仅讨论第一分角内点、直线、平面的投影。

2. 点的两面投影

如图 2-2(a)所示，由空间点 A 分别向 H 面和 V 面作投射线 Aa、Aa'，与 H 面的交点 a 称为空间点 A 的水平投影，与 V 面的交点 a' 称为空间点 A 的正面投影(画法几何中约定：空间点用大写字母 A、B、C、…表示，其水平投影用相应的小写字母 a、b、c…表示，正面投影用相应的小写字母加一撇 a'、b'、c'…表示)。

为了将点 A 的两个投影画在同一平面上，规定 V 面保持不动，将 H 面绕 OX 轴向下旋转 90°，使之与 V 面共面，便得到点 A 的两面投影展开图，如图 2-2(b)所示。由于投影面是无限延展的，故在投影图中不画出投影面的边框，仅画出投影轴 OX，如图 2-2(c)所示。

3. 点的两面投影规律

从图 2-2(a)中可证明，分别自 a、a' 向 OX 轴所作的垂线 aa_x、$a'a_x$ 与 Aa、Aa' 组成为一

矩形平面。所以，当 H 面向下绕轴旋转 90° 与 V 面共面时，a'、a_x 和 a 三点必在与 OX 轴垂直的同一直线上，投影图中的 aa' 称为投影连线，用细实线画出。

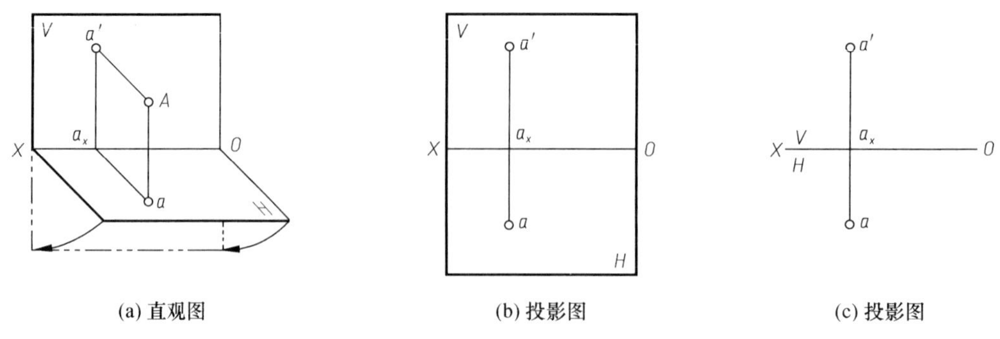

(a) 直观图　　(b) 投影图　　(c) 投影图

图 2-2　两投影面体系中第一分角点的投影图

由此可以得出，点的两投影规律如下：

(1) 点的水平投影与正面投影的连线必垂直 OX 轴，即 $a'a \perp OX$。

(2) 点的水平投影到 OX 轴的距离等于该点到 V 面的距离；点的正面投影到 OX 轴的距离等于该点到 H 面的距离。即 $aa_x = Aa'$，$a'a_x = Aa$。

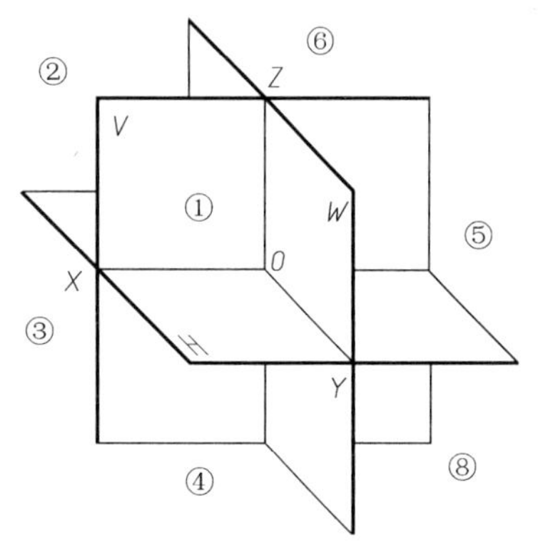

图 2-3　三投影面体系与其分角

2.1.2　点的三面投影

1. 三面投影体系

在两投影面体系的基础上增加一个与 V、H 面均垂直的第三个投影面，即侧立投影面(简称 W 面或侧面)，形成三投影面体系，如图 2-3 所示。在三投影面体系中，每两个投影面的交线称为投影轴(分别以 OX、OY 和 OZ 表示)，三根投影轴的交点 O 称为原点。

V、H 和 W 三个投影面将空间分为八个分角，各分角位置见图 2-3。我国《技术制图》标准规定采用第一分角画法。

2. 点的三面投影

如图 2-4(a)所示，由空间点 A 分别向 V、H 和 W 面作投射线，得到点 A 的三个投影 a'、a 和 a''，其中 a'' 为点 A 在 W 面上的投影，称为侧面投影(用小写字母加两撇表示，如 a''、b''、c'' 等)。

为了将点的三个投影画在同一平面内，规定 V 面不动，将 H 面绕 OX 轴向下旋转 90°，将 W 面绕 OZ 轴向右旋转 90°，使三个投影面展开在一个平面内，如图 2-4(b)所示。由于 OY 轴是 H 面和 W 面的交线，展开时，OY 轴同时随 H 面和 W 面旋转。画三面投影图时，只画出投影轴，不画出投影面的边框，如图 2-4(c)所示。

3. 点的三面投影规律

如图 2-4(a)所示，分别自三个投影在投影面内向投影轴作垂线，这些垂线和自点 A 向 V、H 和 W 面所作的投射线 Aa'、Aa、Aa'' 构成为一个长方体 $Aa'a_za''a_yaa_xO$。因此将 H

面绕 OX 轴向下旋转 90°，W 面绕 OZ 轴向右旋转 90° 后得到点的三投影图具有以下投影规律：

(1) $a'a \perp OX$，即点的正面投影和水平投影的连线垂直于 OX 轴。

(2) $a'a'' \perp OZ$，即点的正面投影和侧面投影的连线垂直于 OZ 轴。

(3) $aa_x = a''a_z$，即点的水平投影到 OX 轴的距离等于该点的侧面投影到 OZ 轴的距离。

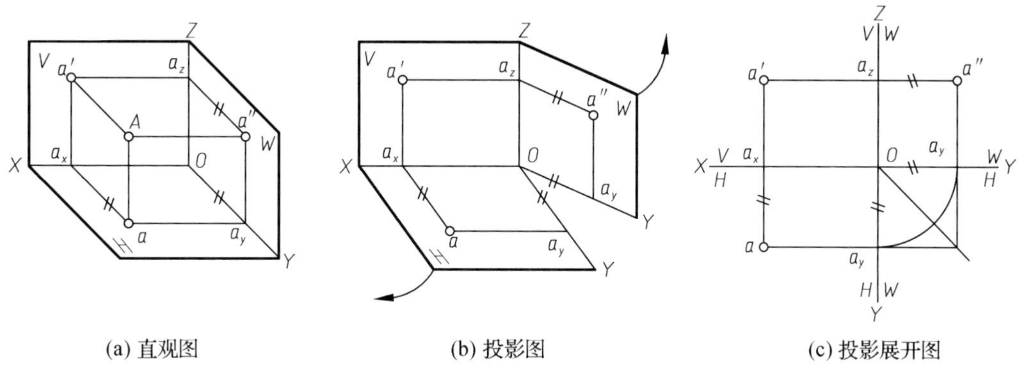

(a) 直观图　(b) 投影图　(c) 投影展开图

图 2-4　三面体系中第一分角点的投影图

4. 点的三面投影与直角坐标之间的关系

从图 2-5 可知，如果把三个投影面 V、H 和 W 作为坐标面，三个投影轴 OX、OY 和 OZ 作为坐标轴，则点 A 的三个坐标 X_A、Y_A、Z_A 可用点 A 到三投影面的距离 Aa''、Aa' 和 Aa 来确定，且有点 A 的水平投影 a 反映该点的 X 和 Y 坐标，正面投影 a' 反映该点的 X 和 Z 坐标，侧面投影 a'' 反映该点的 Y 和 Z 坐标。因此点的投影与点的三个坐标之间的关系如下。

(1) $X_A = aa_y = a'a_z = a_xO = Aa''$，$X_A$ 是空间点 A 到 W 面的距离。

(2) $Y_A = aa_x = a''a_z = a_yO = Aa'$，$Y_A$ 是空间点 A 到 V 面的距离。

(3) $Z_A = a'a_x = a''a_y = a_zO = Aa$，$Z_A$ 是空间点 A 到 H 面的距离。

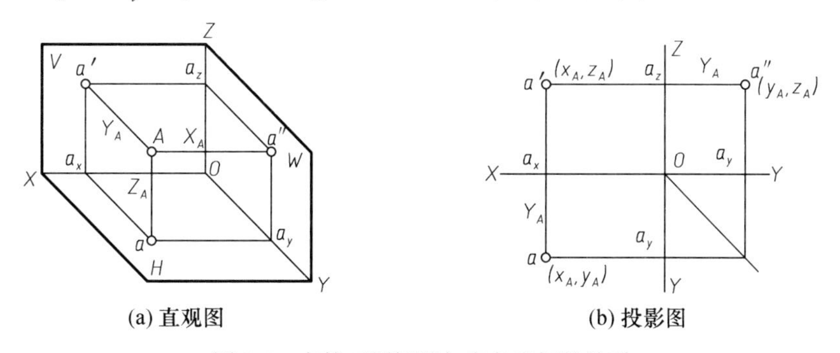

(a) 直观图　(b) 投影图

图 2-5　点的三面投影与直角坐标的关系

根据点的投影规律或投影与直角坐标之间的关系，在点的三面投影中，只要知道点的任意两个投影，就可求出第三个投影。

例 2-1　如图 2-6(a)所示，已知点 B 的正面投影 b' 及侧面投影 b''，试求其水平投影 b。

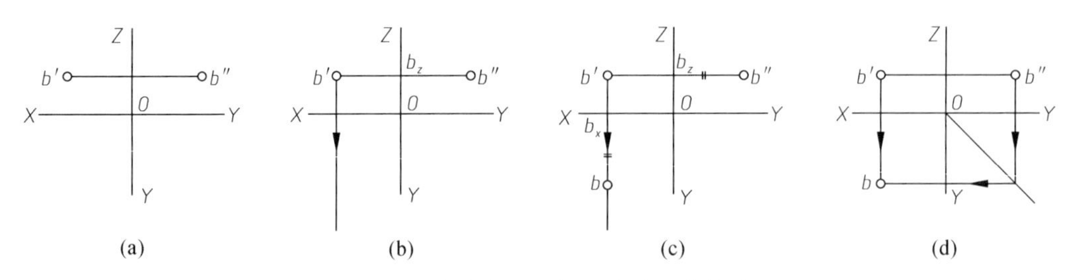

图 2-6　已知点的两个投影求第三个投影

分析　根据点的三面投影规律，b 与 b' 的连线应该与 OX 轴垂直；又由于 b 到 OX 的距离等于 b''到 OZ 轴的距离，故可在 bb' 连线上截取 b，使 $b_xb = b_zb''$。

作图

(1) 过 b' 作投影连线垂直于 OX 轴，如图 2-6(b) 所示。

(2) 在投影连线上截取 b，使 $b_xb = b_zb''$，如图 2-6(c) 所示。作图时，也可用 45° 辅助线来保证这一相等关系，如图 2-6(d) 所示。

(3) 用空心小圆“◦”表示点的投影，并擦去多余的线段，得到最终结果，如图 2-6(c) 或(d) 所示。

例 2-2　已知空间点 D(20，15，10)，试作出其投影图。

分析　点 D 的水平投影反映该点的 X 和 Y 坐标，正面投影反映该点的 X 和 Z 坐标，侧面投影反映该点的 Y 和 Z 坐标。

作图

(1) 如图 2-7(a) 所示，在 OX 轴上由 O 向左量取 20 确定点 d_x，过点 d_x 作一条与 OX 轴垂直的投影连线。

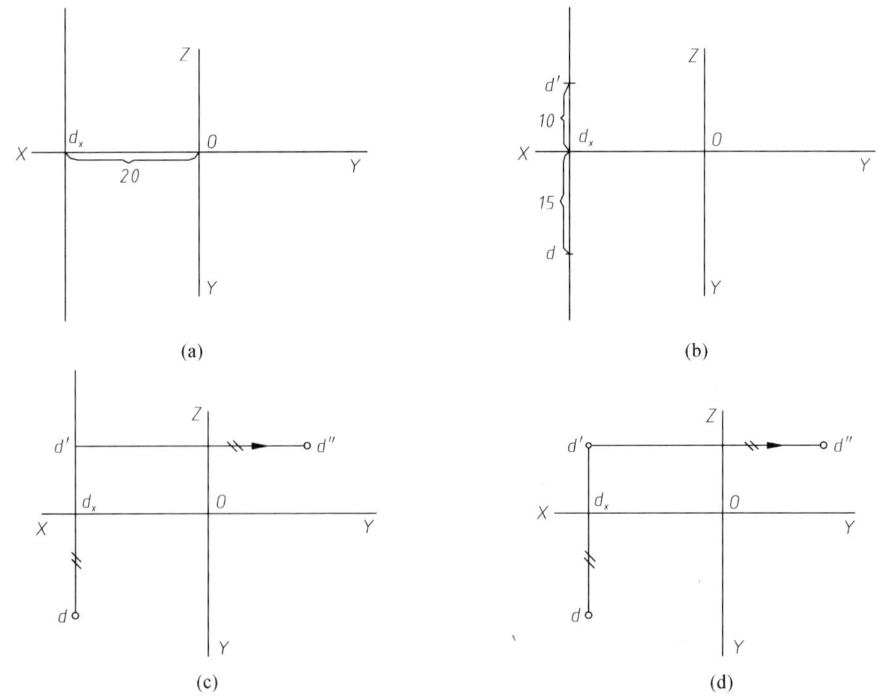

图 2-7　已知点的坐标，求作其投影图

(2) 自 d_x 向下量取 15 确定水平投影点 d，再向上量取 10 确定正面投影点 d'，如图 2-7(b) 所示。

(3) 根据已画出的水平投影和正面投影，补出侧面投影点 d''，如图 2-7(c) 所示。

(4) 用空心小圆“◦”表示点的投影，并擦去多余的线段，得到最终结果，如图 2-7(d) 所示。

2.1.3 两点相对位置的确定

两点的相对位置是指空间两点的上下、前后、左右位置关系。这种位置关系可通过两点到投影面的距离或它们坐标的大小来确定，即 X 坐标大的点在左；Y 坐标大的点在前；Z 坐标大的点在上。

如图 2-8 所示，由于 $Z_B>Z_A$，点 B 在点 A 的上方；$X_B<X_A$，点 B 处于点 A 的右方；$Y_B<Y_A$，点 B 在点 A 的后方。因此，点 B 在点 A 的右后上方。

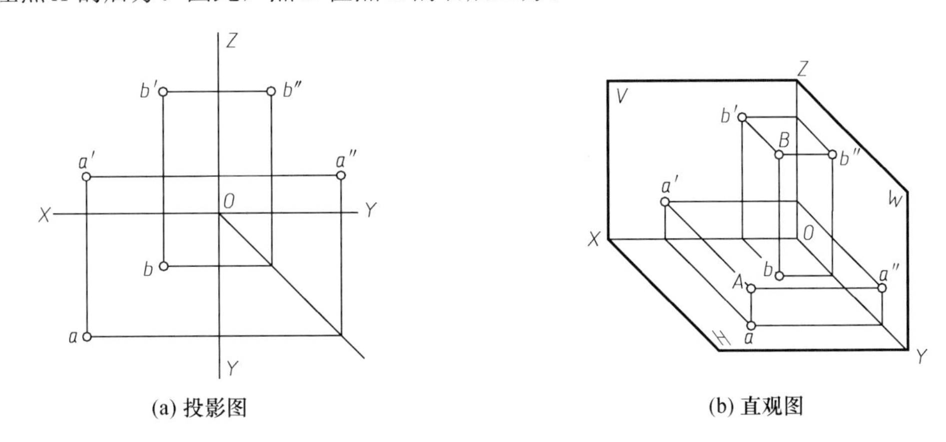

(a) 投影图　　(b) 直观图

图 2-8　A、B 两点的相对位置

例 2-3　如图 2-9(a) 所示，已知点 A 的两面投影 a 和 a'，以及点 B 在点 A 的右方 10mm、上方 8mm、前方 6mm，试确定点 B 的投影。

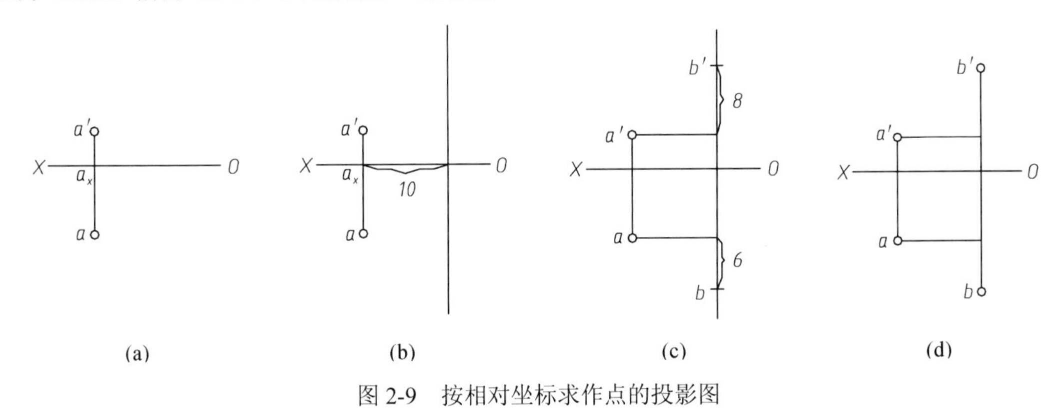

(a)　(b)　(c)　(d)

图 2-9　按相对坐标求作点的投影图

分析　由于点 A 位置和点 B 相对于点 A 位置是已知的，因此以点 A 为参照点，根据点 B 到点 A 的相对位置确定点 B 的投影。

作图

(1) 由 a_x 沿 OX 轴向右量取 10mm，并作线垂直于 OX 轴，如图 2-9(b) 所示。

(2) 过 a' 作水平线与(1)中所作的线相交，然后由交点向上量取 8mm，即得点 B 的正面投影 b'；过 a 作水平线与(1)中所作的线相交，然后由交点向前方量取 6mm，即得水平投影 b，如图 2-9(c) 所示。

(3) 用空心小圆“。”表示点的投影，并擦去多余的线段，如图 2-9(d) 所示。

2.1.4 重影点

如果两个或两个以上的点某一投影面上的投影重合，则这些点称为该投影面的重影点。如图 2-10(a) 中所示的 A、B 两点为 H 面的重影点。

两点在某一投影面投影重合时，为了在重合的投影上表示它们的相对位置及遮挡关系，应判别重影点的可见性。如图 2-10(a) 所示，A、B 的水平投影 a、b 重合，A、B 两点之间的坐标关系：$X_A = X_B$、$Y_A = Y_B$、$Z_A > Z_B$。因此，当两点的水平投影重影时，把 Z 坐标大的点视为可见，Z 坐标小的点视为不可见；在水平投影上把不可见点的投影写在一对圆括号“( )”中，如图 2-10(b) 所示。

同理，当两点的正面投影重影时，两点的 Y 坐标不等，在投影重影的正面投影上，把 Y 坐标大的点视为可见，Y 坐标小的点视为不可见，把不可见点的投影写在一对圆括号“( )”中，如图 2-10(c) 中所示的 C、D 两点；当两点的侧面投影重影时，两点的 X 坐标不等，在投影重影的侧面投影上，把 X 坐标大的点视为可见，X 坐标小的点视为不可见，把不可见点的投影写在一对圆括号“( )”中，如图 2-10(c) 中所示的 E、F 两点。

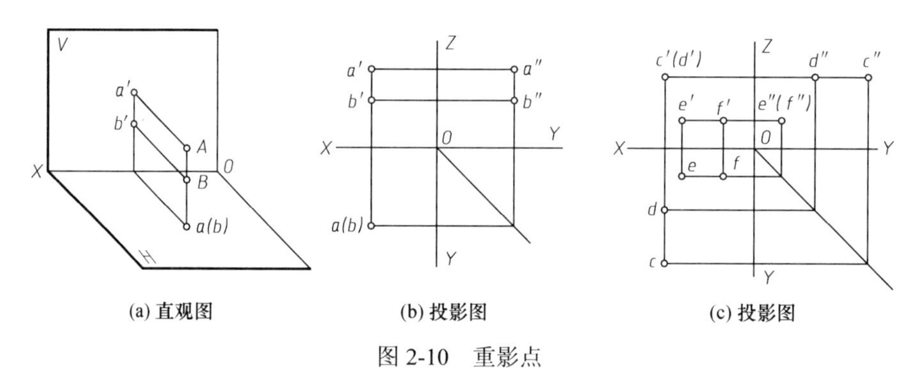

(a) 直观图　　(b) 投影图　　(c) 投影图

图 2-10　重影点

2.2 直线的投影

2.2.1 直线的投影特性

1. 积聚性

如图 2-11(a) 所示，当直线垂直于投影面时，其投影积聚为一点，这种投影特性称为积聚性。

2. 实形性

如图 2-11(b)所示，当直线平行于投影面时，其投影反映空间线段的实长，这种投影特性称为实形性。

3. 类似性

如图 2-11(c)所示，当直线倾斜于投影面时，其投影为直线，且其投影比空间线段短，即 $ab = AB\cos\alpha$，这种投影特性称为类似性。

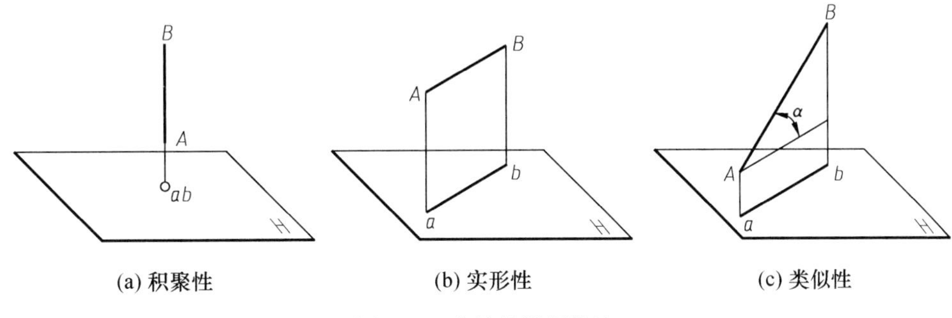

图 2-11　直线的投影特性

4. 直线上点的投影的从属性

如图 2-12 所示，点在直线上，则点的各个投影必在该直线的同面投影上，直线上点的这一投影特性称为从属性。

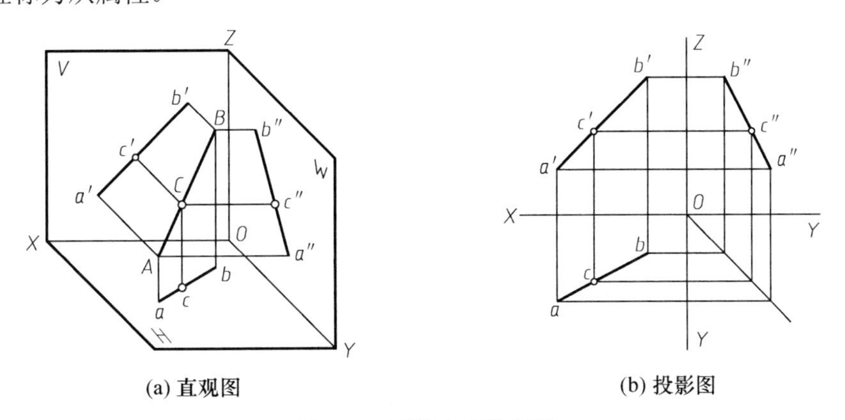

图 2-12　直线上点的投影

5. 直段上点的投影的定比规律

如图 2-12 所示，点在直线段上，则分割线段长度之比等于其各段同面投影长度之比，即 $AC : CB = ac : cb = a'c' : c'b' = a''c'' : c''b''$。线段上点的这一投影特性称为定比规律。

在画直线投影时，常用直线上两点(如 A、B)的投影连线来表示，如图 2-13 所示，但 A、B 两点的投影不必用“。”表示。

空间直线与投影面之间的夹角称为倾角，直线与 H 面、V 面和 W 面的倾角分别用 α、β 和 γ 表示，如图 2-13(c)所示。

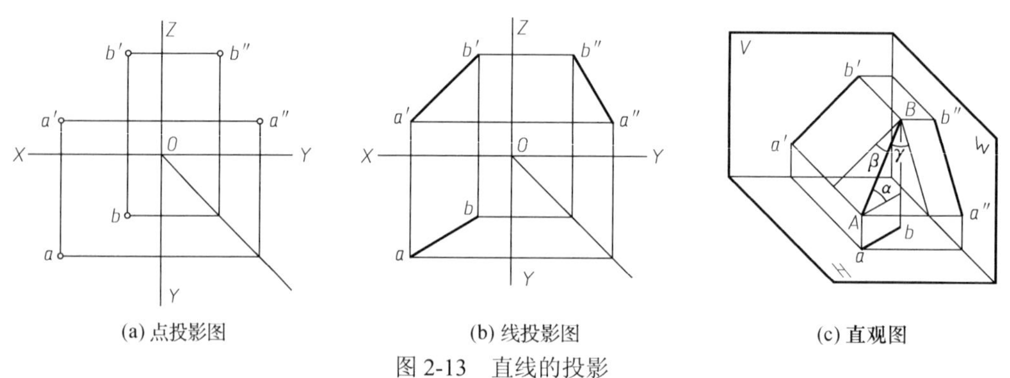

(a) 点投影图　　(b) 线投影图　　(c) 直观图

图 2-13　直线的投影

2.2.2　直线与投影面的相对位置

在三投影面体系中，根据直线与投影面之间的相对位置，将直线分为三类：投影面的平行线、投影面的垂直线和投影面的倾斜线。前两类直线称为特殊位置直线，后一类称为一般位置直线。

1. 投影面平行线

平行于一个投影面而倾斜于另外两个投影面的直线称为投影面平行线。其中，平行于 *H* 面的直线称为水平线，平行于 *V* 面的直线称为正平线，平行于 *W* 面的直线称为侧平线。根据几何知识，可证明投影面平行线的投影特性，见表 2-1。

表 2-1　投影面平行线

名称	水平线	正平线	侧平线
定义	//*H*，对 *V*、*W* 倾斜	//*V*，对 *H*、*W* 倾斜	//*W*，对 *V*、*H* 倾斜
直观图	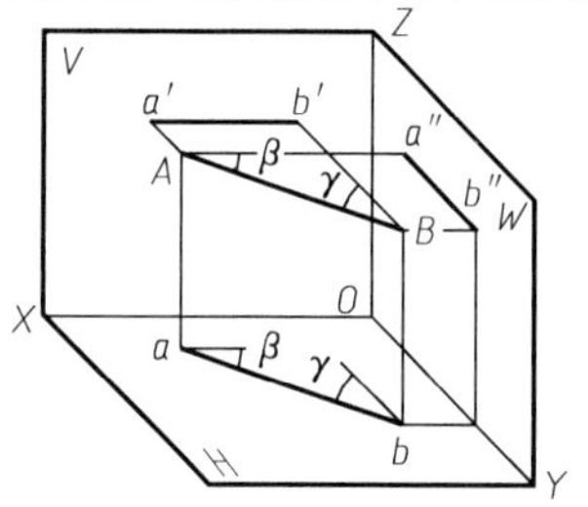	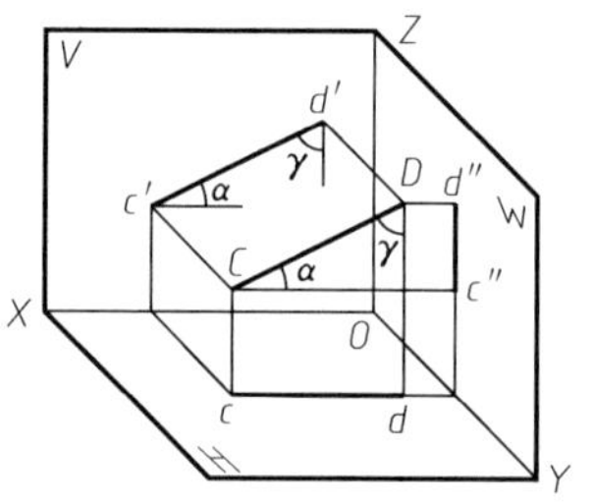	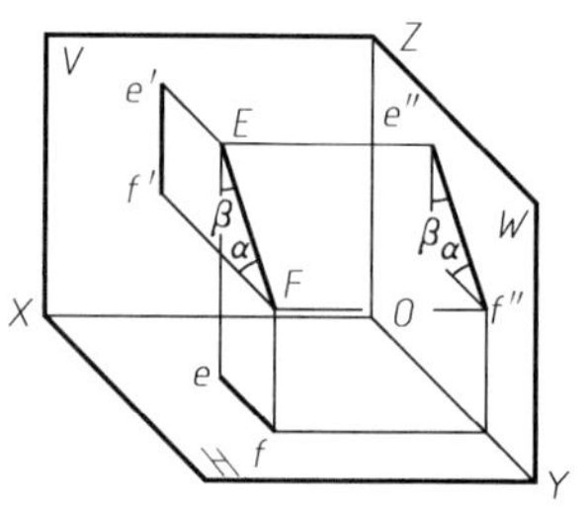
投影图	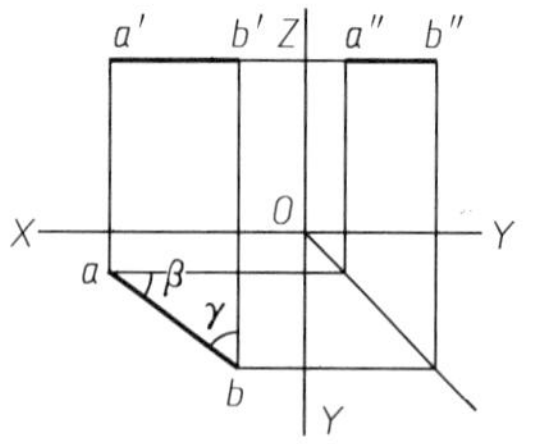	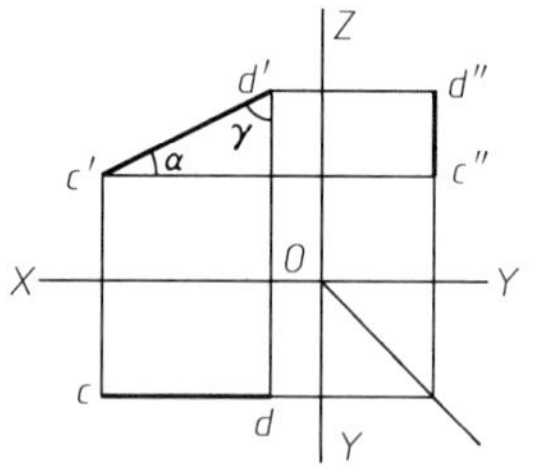	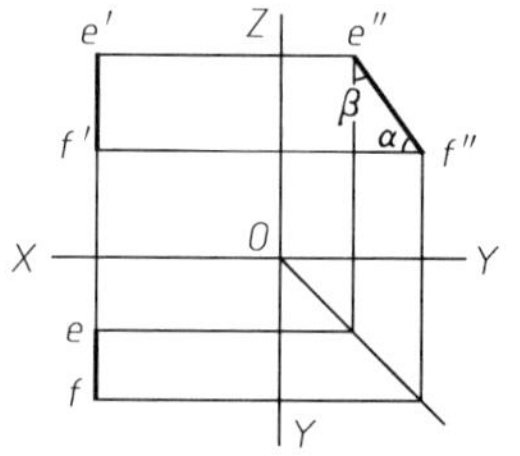
投影特性	(1) 水平投影反映线段的实长；水平投影与 *OX*、*OY* 轴的夹角，反映对 *V* 面、*W* 面的真实倾角 β、γ (2) 正面投影平行于 *OX* 轴，侧面投影平行于 *OY* 轴，且正面投影和侧面投影到其平行轴的距离都反映直线的 *Z* 坐标，即直线与水平投影面间的距离	(1) 正面投影反映线段的实长；正面投影与 *OX*、*OZ* 轴的夹角，反映对 *H* 面、*W* 面的真实倾角 α、γ (2) 水平投影平行于 *OX* 轴，侧面投影平行于 *OZ* 轴，且水平投影和侧面投影到其平行轴的距离都反映直线的 *Y* 坐标，即直线与正面投影面间的距离	(1) 侧面投影反映线段的实长；侧面投影与 *OZ*、*OY* 轴的夹角，反映对 *V* 面、*H* 面的真实倾角 β、α (2) 正面投影平行于 *OZ* 轴，水平投影平行于 *OY* 轴，且正面投影和水平投影到其平行轴的距离都反映直线的 *X* 坐标，即直线与侧面投影面间的距离

根据表 2-1 中三种投影面平行线的投影特性，归纳投影面平行线的投影特性：

(1) 直线在其平行的投影面上的投影反映实长；反映实长的投影与该投影面上两投影轴的夹角分别反映直线与另外两个投影面的真实倾角。

(2) 直线的另外两个投影分别平行于不同的投影轴，且投影到其平行的投影轴的距离反映直线与其平行投影面间的距离。

2. 投影面垂直线

垂直于一个投影面的直线(必然平行于另外两个投影面)称为投影面垂直线。其中，垂直于 *H* 面的直线称为铅垂线，垂直于 *V* 面的直线称为正垂线，垂直于 *W* 面的直线称为侧垂线。三种投影面垂直线的投影特性，见表 2-2。

表 2-2 投影面垂直线

名称	正垂线	铅垂线	侧垂线
定义	⊥*V*、//*H*、//*W*	⊥*H*、//*V*、//*W*	⊥*W*、//*V*、//*H*
直观图			
投影图			
投影特性	(1) 正面投影积聚成一点 (2) 水平投影、侧面投影平行于 *OY* 轴，并反映其实长	(1) 水平投影积聚成一点 (2) 正面投影、侧面投影平行于 *OZ* 轴，并反映其实长	(1) 侧面投影积聚成一点 (2) 正面投影、水平投影平行于 *OX* 轴，并反映其实长

根据表 2-2 中三种投影面垂直线的投影特性，归纳投影面垂直线的投影特性：

(1) 直线在其垂直的投影面上的投影积聚为一点。

(2) 直线在另外两个投影面上的投影平行于同一投影轴，且反映线段的实长。

3. 一般位置直线

一般位置直线对三个投影面都是倾斜的，如图 2-13 所示。一般位置直线的投影特性：

(1) 三个投影都与投影轴倾斜且投影长都小于线段的实长。

(2) 各个投影与投影轴的夹角都不反映直线对投影面的倾角。

2.2.3 直线上的点

根据线段上点的投影的从属性和定比规律，可求作直线上点的投影和判断点是否在直线上。

例 2-4 已知线段 AB 的水平投影 ab 和正面投影 $a'b'$，如图 2-14(a)所示。试在 AB 上定一点 C，使 AC∶CB=3∶1。

分析 根据线段上点的投影的定比规律，可先将线段 AB 任一投影分为 3∶1，从而得出点 C 的一个投影，然后再根据直线上点的投影的从属性，作出点 C 的另一投影。

作图

(1)过点 a 作任意直线，在其上量出四个单位长得 ab_0，在 ab_0 上取 c_0。使 ac_0∶c_0b_0=3∶1。

(2)连接 b_0b，作 $c_0c//b_0b$，与 ab 交于 c。

(3)由 c 作投影连线，与 $a'b'$ 交出 c'。

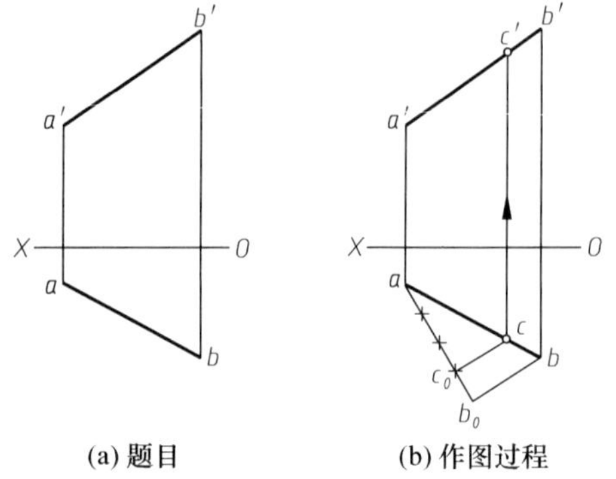

(a) 题目　　(b) 作图过程

图 2-14　求线段 AB 上的点 C

例 2-5 如图 2-15(a)所示，已知线段 AB 及点 M 的水平投影和正面投影，判断 M 是否在 AB 上。

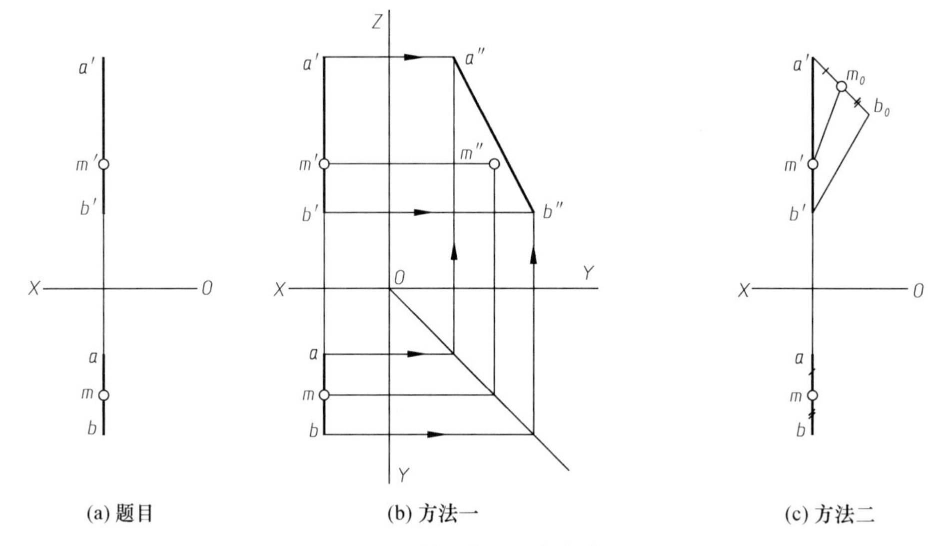

(a) 题目　　(b) 方法一　　(c) 方法二

图 2-15　判断点是否在直线上

分析 由于线段 AB 为特殊位置直线侧平线，不能直观地判断点 M 是否在直线上(因不能直观地判断点 M 是否分割 AB 线段长度之比等于其各段同面投影长度之比)。可用求侧面投影的方法或用判断各段同面投影长度之比是否相等的方法来解决问题。

作图

方法一：

(1)分别求出线段 AB 及点 M 的侧面投影，如图 2-15(b)所示。

(2)从侧面投影可知：m''不在 $a''b''$上，故 M 不在线段 AB 上。

方法二：

(1)过点 a' 作直线 $a'b_0$，使 $a'b_0=ab$；并在 $a'b_0$ 上量取一段 $a'm_0$，使 $a'm_0=am$。

(2)连 b_0b' 和 m_0m'，如图 2-15(c)所示。

(3)从图 2-15(c)可知：am∶$mb \neq a'm'$∶$m'b'$，故 M 不在线段 AB 上。

2.2.4　两直线的相对位置

空间两条直线的相对位置有三种情况：平行、相交和交叉(交叉又称异面)。

1. 平行

两直线平行，其投影特性如下：

(1)两条直线平行，它们的同面投影必互相平行。如图 2-16 所示，两直线 $AB//CD$，有 $a'b'//c'd'$，$ab//cd$ 和 $a''b''//c''d''$。反之，若两直线的各同面投影互相平行，则此两直线必互相平行。

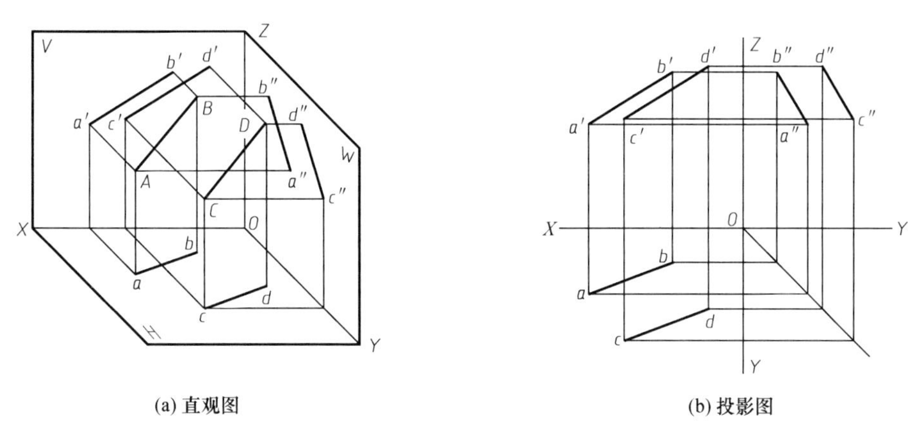

(a) 直观图　　(b) 投影图

图 2-16　两直线平行

(2)两线段互相平行，它们同面投影的长度之比等于空间线段长度比，如图 2-16 所示，两直线段 $AB//CD$，有 $ab:cd=a'b':c'd'=a''b'':c''d''$。

例 2-6　如图 2-17(a)所示，已知两条侧平线 AB、CD 的两面投影，其中，$ab//cd$、$a'b'//c'd'$，试判断两直线 AB 与 CD 是否平行?

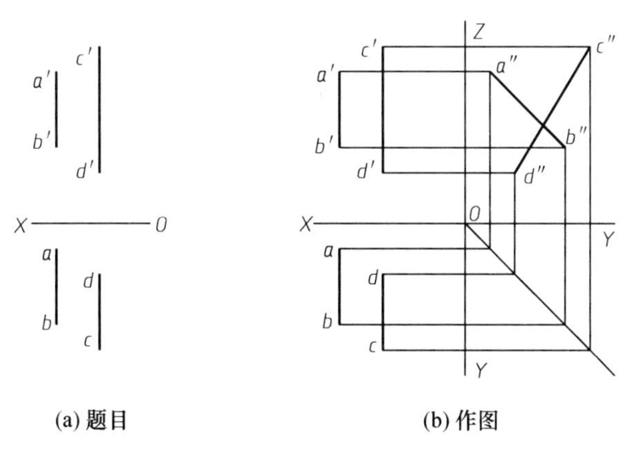

(a) 题目　　(b) 作图

图 2-17　判断两直线是否平行

分析　由于 AB 与 CD 均为侧平线，它们的正面投影和水平投影互相平行是必然的，但并不能由此得出 $AB//CD$，还需知道 AB 与 CD 的侧面投影是否平行。如果侧面投影 $a''b''//c''d''$ 平行，则 AB 与 CD 平行；否则不平行。

作图

(1)分别求出两直线的侧面投影，如图 2-17(b)所示。

(2)看侧面投影 $a''b''$与 $c''d''$是否平行。显然，图 2-17(b)中 $a''b''$与 $c''d''$不平行，故 *AB* 与 *CD* 不平行。

2. 相交

如图 2-18 所示，空间两直线 *AB* 与 *CD* 相交于点 *K*。交点 *K* 是两直线的公共点，根据直线上点的投影特性，两直线水平投影的交点一定是点 *K* 的水平投影，两直线正面投影的交点一定是 *K* 点的正面投影 k'，两直线侧面投影的交点一定是 *K* 点的侧面投影 k''。由此可得相交两直线的投影特性如下。

若两直线相交，则它们的三对同面投影都相交，且三对同面投影的交点符合点的投影规律。反之，若两直线的三对同面投影都相交，且同面投影的交点符合点的投影规律，则此两直线必定相交，如图 2-18(b)所示。

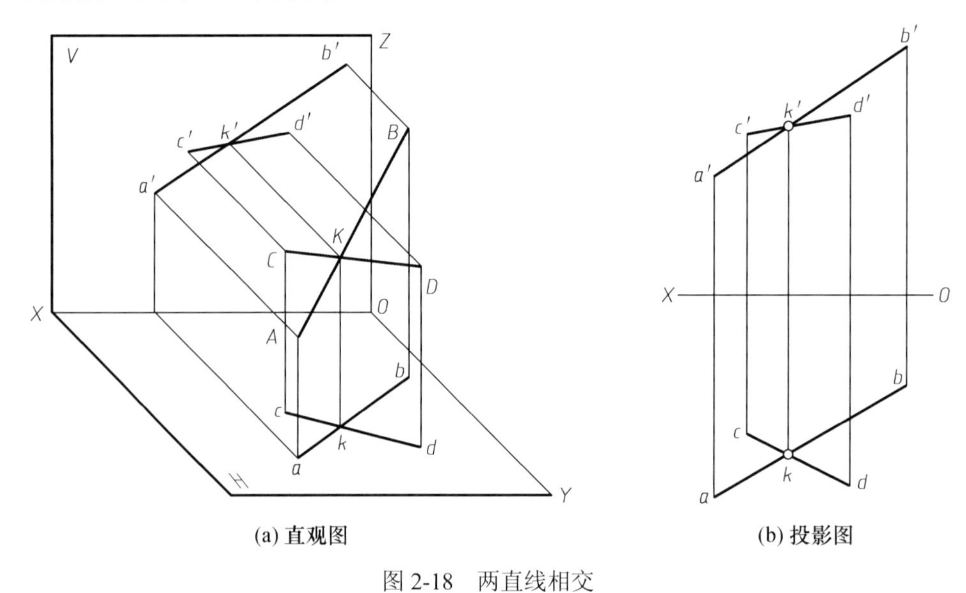

(a) 直观图　　(b) 投影图

图 2-18　两直线相交

3. 交叉

如果两条直线的投影既不符合两平行直线的投影特性，又不符合两相交直线的投影特性，则它们一定交叉。

如图 2-19 所示直线 *AB* 和 *CD* 为交叉两直线，虽然它们的同面投影也相交了，但同面投影的交点不符合点的投影规律。

交叉两直线同面投影的交点是两直线上各有一点的投影在该投影面上重影，两直线在该投影面上有一对重影点。例如，图 2-19 中 *ab* 与 *cd* 的交点实际上是 *AB* 上的点Ⅱ和 *CD* 上的点Ⅰ的水平投影重合于该点。由于 $Z_{Ⅰ}>Z_{Ⅱ}$，点 1 可见，点 2 不可见。同理，$a'b'$与 $c'd'$的交点，实际上是 *AB* 直线上的点Ⅳ和 *CD* 直线上的点Ⅲ的正面投影重合于该点。由于 $Y_{Ⅲ}<Y_{Ⅳ}$，点 3′ 不可见，点 4′ 可见。

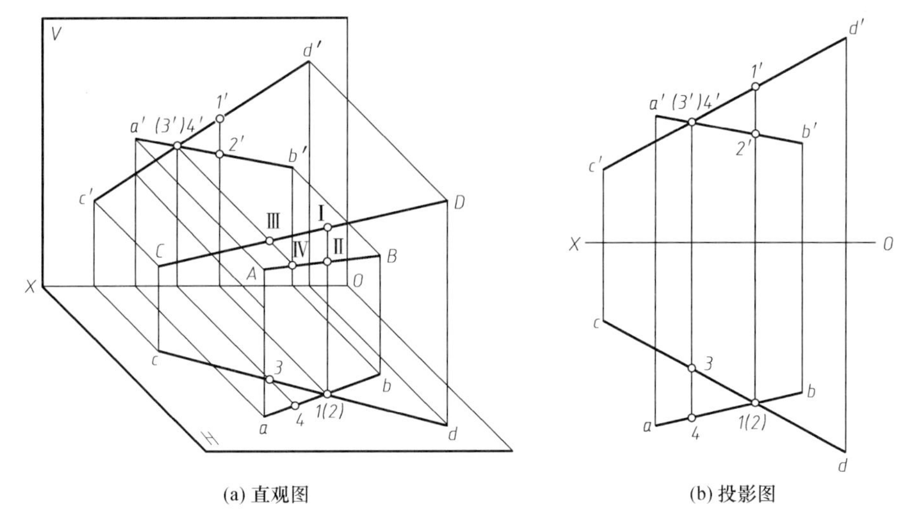

(a) 直观图　　(b) 投影图

图 2-19　两直线交叉

例 2-7　如图 2-20(a)所示，*AB* 为一般位置直线，*CD* 为侧平线，试判别这两条直线是否相交?

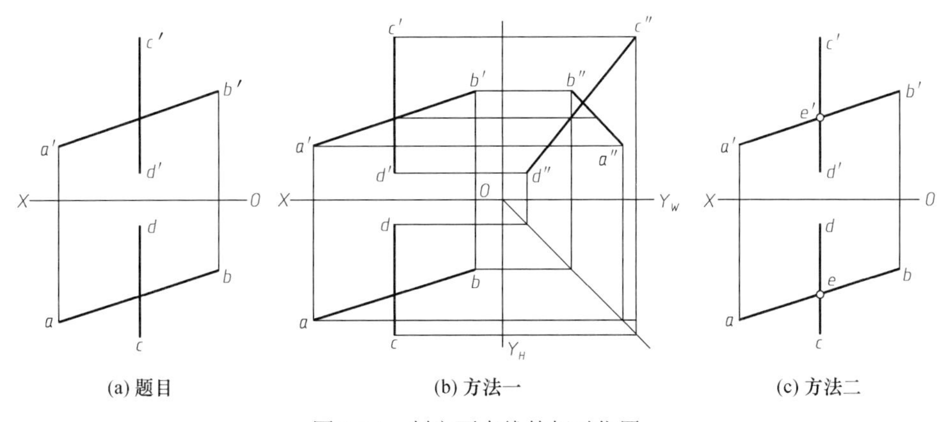

(a) 题目　　(b) 方法一　　(c) 方法二

图 2-20　判定两直线的相对位置

分析　从图 2-20(a)可以看出，其正面投影和水平投影都是相交的，但鉴于 *CD* 为侧平线这一特殊性，所以根据所给的两对同面投影还不能确定两直线是否相交。可用两种方法判断：①检查侧面投影的情况；②检查两组同面投影的交点是否是两直线公共点的投影，若不是，则两直线无公共点，一定不相交。

作图

方法一：

(1)根据给定的两面投影，求出直线 *AB* 和 *CD* 的侧面投影 $a''b''$、$c''d''$，见图 2-20(b)。

(2)检查侧面投影。虽然图 2-20(b)中 $a''b''$与 $c''d''$相交，但侧面投影的交点与正面投影的交点不在同一条垂直于 *OZ* 轴的投影连线上，故可判定 *AB* 与 *CD* 不相交。

方法二：

如图 2-20(c)所示，把两对同面投影的交点看作空间点 *E* 的两个投影，很明显，

$ce:ed \neq c'e':e'd'$。根据直段上点的定比规律可知：点 E 不在直线 CD 上，因此点 E 不是两直线的公共点，AB 与 CD 不相交。

通过以上对平行、相交、交叉两直线的投影分析及讨论可知：对于两条一般位置直线，根据两面投影就可以直接判别它们的相对位置，若两直线中有投影面的平行线，有时只根据两面投影还不能直接判别它们的相对位置，需用第三面投影或其他方法来解决，如例 2-6 和例 2-7。

2.3 平面的投影

2.3.1 平面的表示法

1. 用几何元素表示

平面通常用确定该平面的点、直线或平面图形等几何元素的投影表示，如图 2-21 所示。在图 2-21 中有五种用几何元素表示平面的方法，这五种表示平面的方法是可以相互转换的。

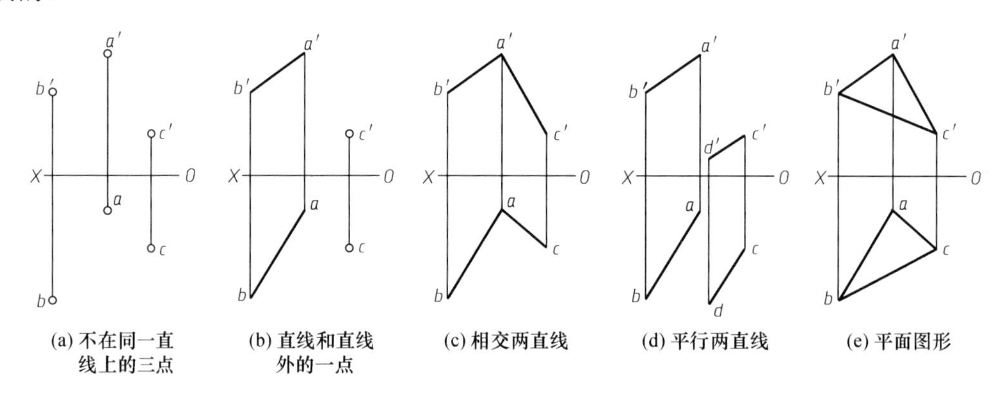

图 2-21 用几何元素表示平面

2. 用迹线表示

平面与投影面的交线称为平面的迹线。如图 2-22 所示，若平面用 P 标记，则平面与 H 面的交线称为水平迹线，用 P_H 标记；与 V 面和 W 面的交线分别称为正面迹线和侧面迹线，

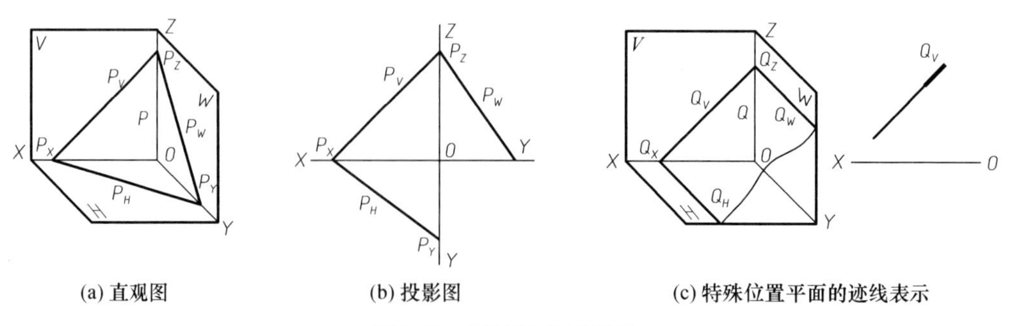

图 2-22 用迹线表示平面

正面迹线和侧面迹线分别用 P_V 和 P_W 标记。在投影图上用迹线表示平面时，只画出迹线本身，而不画出其他投影，如图 2-22(b)所示。在后续内容中，还将常用平面的一条具有积聚性的迹线来表示特殊位置平面，如图 2-22(c)所示。

2.3.2　平面对投影面的相对位置

如图 2-23(a)所示，当平面垂直于投影面时，其投影为一直线，平面的这种投影特性称为积聚性。

如图 2-23(b)所示，当平面平行于投影面时，其投影反映平面图形的实形，平面的这种投影特性称为实形性。

如图 2-23(c)所示，当平面倾斜于投影面时，其投影为与原平面图形类似的平面图形，平面的这种投影特性称为类似性。

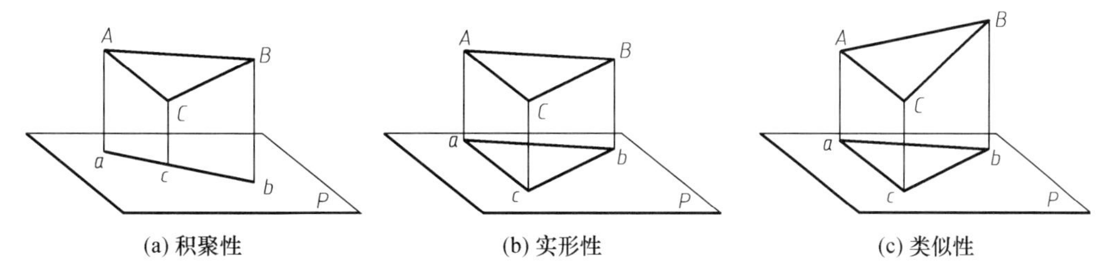

(a) 积聚性　(b) 实形性　(c) 类似性

图 2-23　平面投影的三种特性

在三投影面体系中，根据平面与投影面之间的相对位置不同可将平面分为三类：投影面的垂直面、投影面的平行面和一般位置平面。投影面的平行面和投影面的垂直面又称为特殊位置平面。

平面与投影面的夹角称为倾角。平面对 H、V 和 W 面的倾角分别用 α、β 和 γ 表示。当平面平行于投影面时，倾角为 0；垂直于投影面时，倾角为 90°。

1. 投影面垂直面

垂直于某一个投影面而倾斜于另外两个投影面的平面称为投影面的垂直面。其中，垂直于 H 面的平面称为铅垂面，垂直于 V 面的平面称为正垂面，垂直于 W 面的平面称为侧垂面。表 2-3 列表说明了投影面垂直面的投影特性。

根据表 2-3 中三种投影面垂直面的投影特性，归纳投影面垂直面的投影特性：

(1) 在其垂直的投影面上的投影积聚为一条与投影轴倾斜的直线；该投影与投影轴的夹角分别反映平面对另外两个投影面的倾角。

(2) 在另外两个投影面上的投影反映平面的类似形。

2. 投影面平行面

平行于某一个投影面的平面(必然垂直于另外两个投影面)称为投影面的平行面。其中，平行于 H 面的平面称为水平面，平行于 V 面的平面称为正平面，平行于 W 面的平面称为侧平面。表 2-4 列表说明了投影面平行面的投影特性。

表 2-3 投影面垂直面

名称	铅垂面	正垂面	侧垂面
定义	⊥H 且与 V 面、W 面倾斜	⊥V 且与 H 面、W 面倾斜	⊥W 且与 H 面、V 面倾斜
直观图			
投影图			
投影特性	(1) 水平投影积聚为一条倾斜直线段，该线段与 OX、OY 轴的夹角即为该平面对 V、W 面的倾角 β 和 γ (2) 正面、侧面投影为该平面的类似形	(1) 正面投影积聚为一条倾斜直线段，该线段与 OX、OZ 轴的夹角即为该平面对 H、W 面的倾角 α 和 γ (2) 水平、侧面投影为该平面的类似形	(1) 侧面投影积聚为一倾斜直线段，该线段与 OY、OZ 轴的夹角即为该平面对 H、V 面的倾角 α 和 β (2) 水平、正面投影为该平面的类似形

表 2-4 投影面平行面

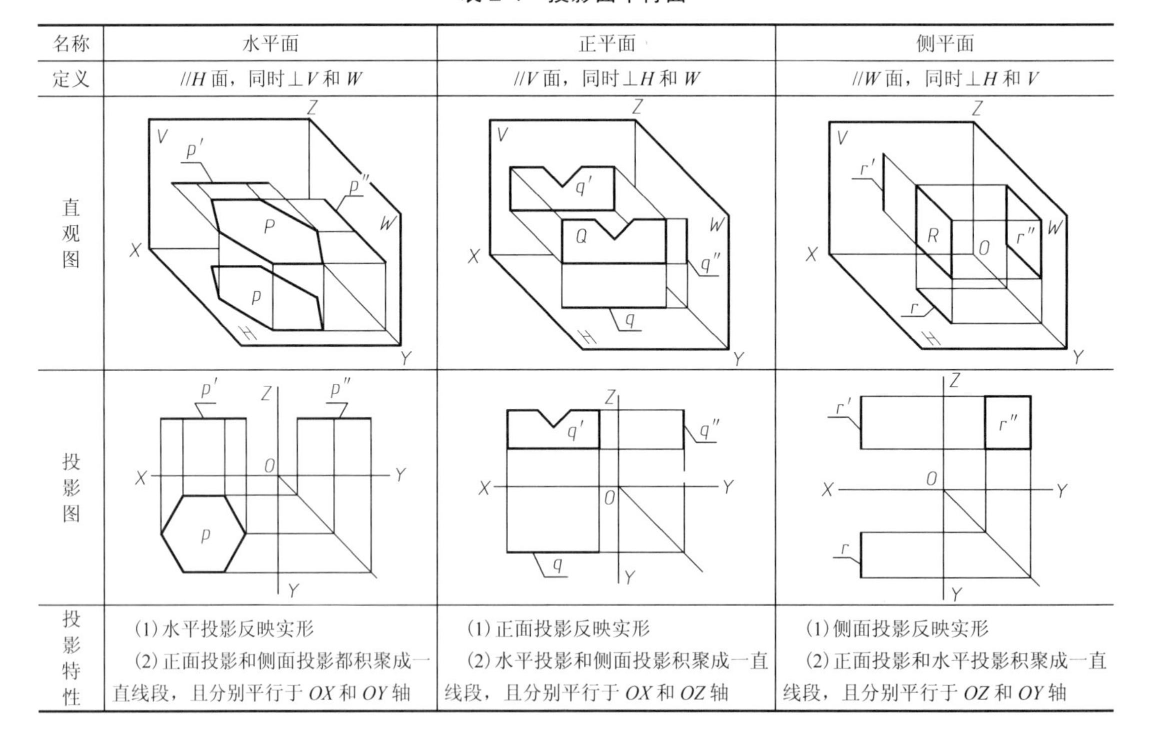

名称	水平面	正平面	侧平面
定义	//H 面，同时⊥V 和 W	//V 面，同时⊥H 和 W	//W 面，同时⊥H 和 V
直观图			
投影图			
投影特性	(1) 水平投影反映实形 (2) 正面投影和侧面投影都积聚成一直线段，且分别平行于 OX 和 OY 轴	(1) 正面投影反映实形 (2) 水平投影和侧面投影积聚成一直线段，且分别平行于 OX 和 OZ 轴	(1) 侧面投影反映实形 (2) 正面投影和水平投影积聚成一直线段，且分别平行于 OZ 和 OY 轴

根据表 2-4 中三种投影面平行面的投影特性，归纳投影面平行面的投影特性：

(1) 在其平行的投影面上的投影反映平面的实形。

(2) 在另外两个投影面上的投影均积聚为直线，且平行于不同的投影轴。

3. 一般位置平面

如图 2-24 所示，一般位置平面倾斜于三个投影面 H、V 和 W。

一般位置平面的三个投影均为空间平面的类似形，且投影不反映平面对投影面的倾角。

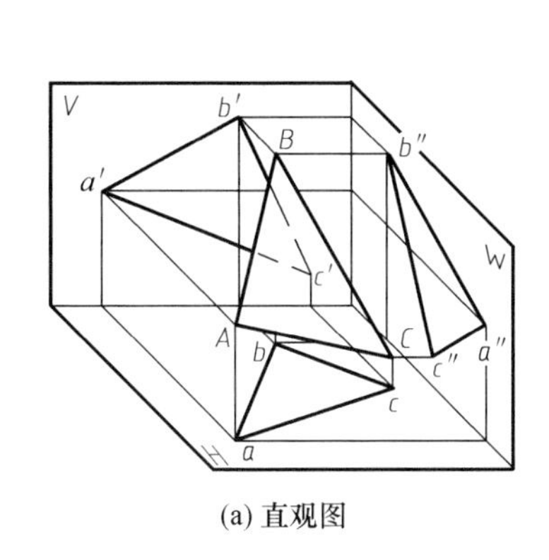

(a) 直观图

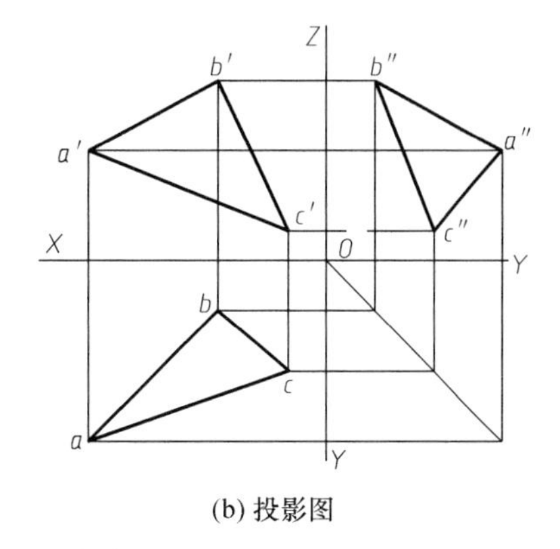

(b) 投影图

图 2-24　一般位置平面的投影

2.3.3　平面上的点和直线

点在平面上的几何条件是：点从属于平面上的某条直线。

直线在平面上的几何条件是：直线通过平面上的两个点，或直线通过平面上的一个点且平行于平面上的某条直线。

根据直线和点在平面上的几何条件可知：要在平面上定点，必须先在平面上定线；要在平面上定线，必须先在平面上定点。因此平面上的点和线是相互依存的。

1. 一般位置平面上定点、定线

例 2-8　如图 2-25(a) 所示，已知△ABC 内点 D 的水平投影 d，求其正面投影 d'。

分析　因为点 D 在△ABC 面上，故点 D 一定在该面上的一条直线上，因此，先要在面上找一条通过点 D 的直线。过点 D 的直线可以通过△ABC 面上的两个已知点或通过一个已知点且平行于△ABC 面上的一条已知直线来求作，因此，有两种作图方法。

作图

方法一：

(1) 连接 ad，并延长使之与 bc 相交于点 1。

(2) 自点 1 作 OX 轴的垂线交 $b'c'$ 于点 1′。

(3) 连接 $a'1'$，然后在 $a'1'$ 线上确定 d'，结果如图 2-25(b) 所示。

方法二：

(1) 过点 d 作 ab 的平行线分别交 ac、bc 于点 2、点 3。

(2) 确定点 2′ 或点 3′。

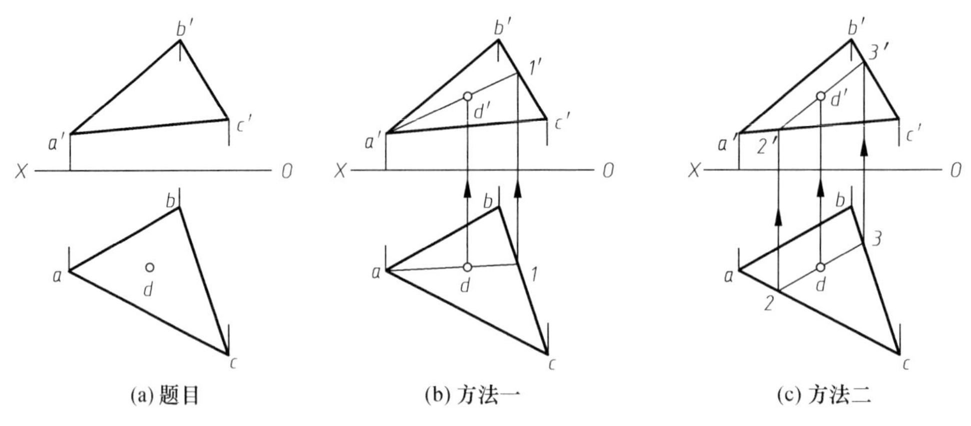

图 2-25　在平面上定点

(3) 过点 2′ 或点 3′ 作 $a'b'$ 的平行线 2′3′，并在其上确定 d'，结果如图 2-25(c)所示。

例 2-9　试完成图 2-26(a)中平面四边形 $ABCD$ 的正面投影。

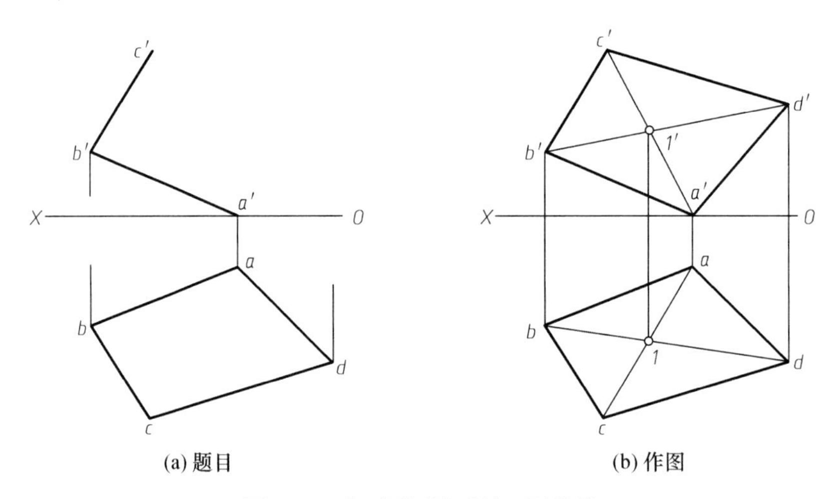

图 2-26　求平面四边形的正面投影

分析　从图 2-26(a)可以看出，A、B 和 C 三点的两面投影都已知，由这三点就确定了该平面，这样问题就转化为面内定点 D 的问题。

作图

(1) 连接 ac、$a'c'$。

(2) 连接 bd 交 ac 于点 1，自点 1 作 OX 轴的垂线与 $a'c'$ 于 1′。

(3) 连接 1′b'，在直线 BⅠ上确定点 D(d'、d)，并连接相应边形成四边形，如图 2-26(b)所示。

例 2-10　如图 2-27(a)所示，已知△ABC 的两投影，求作该平面上距 H 面距离为 10mm 的水平线。

分析　过平面上的任一个给定点都可以作一条水平线，但要保证水平线到 H 面的距离是 10mm，其正面投影到 OX 轴的距离应为 10mm。

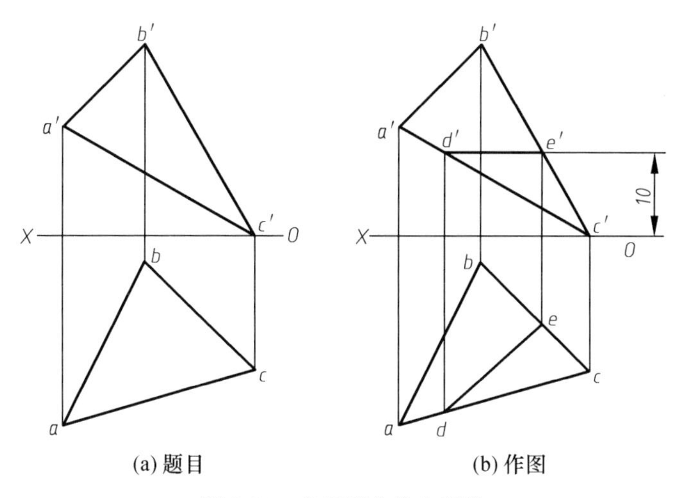

图 2-27 在平面上作水平线

作图

(1) 如图 2-27(b)所示，在正面投影上作一条与 *OX* 轴平行且距离为 10mm 的直线，交 *a′c′* 和 *b′c′* 于点 *d′* 和 *e′*。

(2) 分别过 *d′* 和 *e′* 作 *OX* 轴的垂线与 *ac* 和 *bc* 交于点 *d* 和 *e*。

(3) 连接 *d′e′* 和 *de* 得所求水平线 *DE*。

2. 特殊位置平面上定线、定点

特殊位置平面是指投影面的平行面与垂直面。由于这两类平面的三投影中至少有一个投影具有积聚性，故可以利用平面积聚性的投影在平面上定点和定线。

如图 2-28 所示，正平面 *ABC* 的水平投影积聚为直线段 *abc* 且平行于 *OX* 轴。如要在此平面上取点 *E*(*e*，*e′*)、*F*(*f*，*f′*)，只要把点 *E* 和点 *F* 的水平投影取在平面积聚性的投影 *abc* 线段或其延长线上，点 *E* 和点 *F* 就一定在 *ABC* 所确定的平面上。对直线也是如此，如图 2-28 中所示的直线 *MN* 就是正平面 *ABC* 上的线。

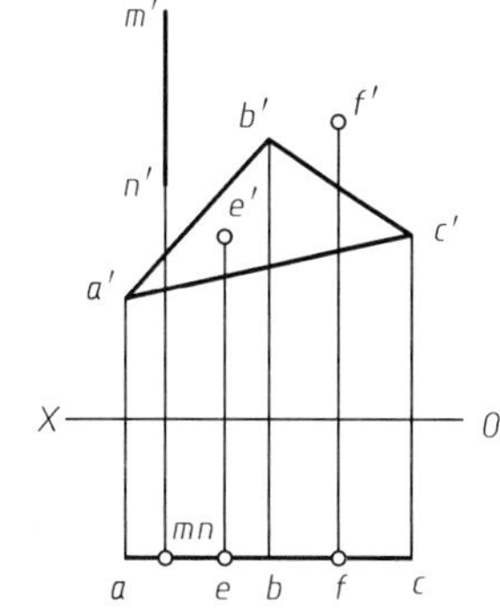

图 2-28 特殊位置平面上的点和线

例 2-11 如图 2-29(a)所示，已知直线 *AB* 的两投影，包含直线 *AB* 作铅垂面(用几何要素表示)和正垂面(用迹线表示)。

分析 包含一般位置直线可作一个平面垂直于某一投影面。包含直线 *AB* 作铅垂面时必须保证平面的水平投影(或水平迹线)与直线 *AB* 的水平投影 *ab* 重合；包含直线 *AB* 作正垂面时必须保证平面的正面投影(或正面迹线)与直线 *AB* 的正面投影 *a′b′* 重合。

作图

(1) 如图 2-29(b)所示，*ABC* 平面即为所求的铅垂面。

(2) 如图 2-29(c)所示，*P* 平面即为所求的正垂面。

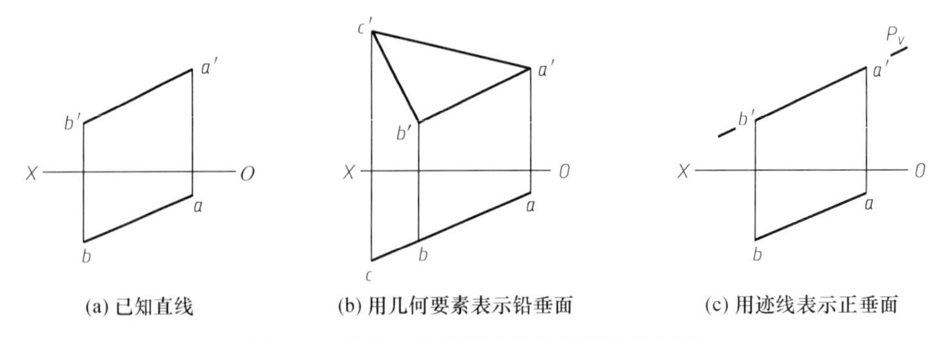

图 2-29　包含一般位置直线作投影面垂直面

*2.4　换　面　法

从直线和平面的投影特性可知：当直线、平面等几何要素在投影体系中处于一般位置时，其在投影面上的投影不能反映其真实大小或没有积聚性，不利于图解空间几何问题。因此，若空间几何要素在投影体系中处于一般位置，可保留投影体系中的一个投影面，用一个垂直于被保留投影面的新投影面替代另一个投影面，组成一个新的两面投影体系，使几何要素相对新投影面处于便于解题的特殊位置，这种通过更换投影面来图解空间几何问题的方法称为变换投影面法，简称换面法。

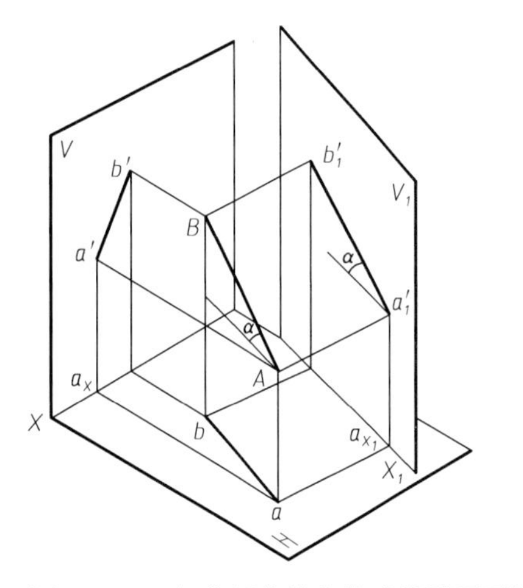

图 2-30　一般位置直线变换成投影面平行线

如图 2-30 所示，在 V/H 两投影面体系中有一般位置直线 AB，新建投影面 V_1 面，使 V_1 面平行于直线 AB，且垂直于 H 面。若用 V_1 面代替 V 面，建立新投影体系 V_1/H，在 V_1/H 中 AB 为 V_1 面的平行线。求作出 AB 在 V_1 面上的投影 $a'_1b'_1$，新投影 $a'_1b'_1$ 便可反映 AB 的实长，且 $a'_1b'_1$ 与 X_1 的夹角反映直线 AB 对 H 面的倾角 α。

显然，新投影面的选择不能是任意的，应符合下面两个条件：

(1) 新投影面必须垂直于保留投影面，从而与保留投影面构成新投影体系。

(2) 新投影面必须处于使空间几何元素有利于解题的位置，即使几何元素(线和面)平行或垂直新投影面。

2.4.1　点的换面

点是最基本的几何要素，也是作图的基础。因此，点的投影变换是直线和平面投影变换的基础。

1. 点的一次换面

如图 2-31(a)所示，空间点 A 在 V/H 两投影面体系中的投影为 a' 和 a。若保留 H 面不动，

并引入一个与 H 面垂直的新投影面 V_1，则 V_1 代替 V 与 H 形成新的两投影面体系 V_1/H。将点 A 向 V_1 面投影得到新投影 a_1'。

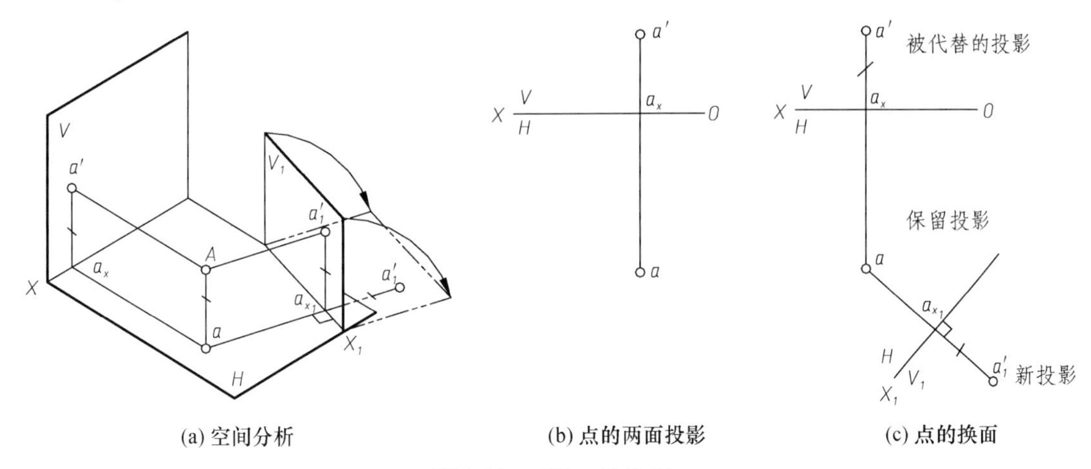

(a) 空间分析　　(b) 点的两面投影　　(c) 点的换面

图 2-31　点的一次换面

为了便于描述与说明，这里引入换面的几个名词或术语。

(1) 新投影面、新投影：在原有投影面体系中新建立的投影面称为新投影面(图 2-31 中 V_1)，在该投影面上的投影称为新投影(图 2-31 中 a_1')。

(2) 保留投影面、保留投影：新旧投影面体系共用的投影面称为保留投影面(图 2-31 中 H)，在该投影面上的投影称为保留投影(图 2-31 中 a)。

(3) 被代替的投影面、被代替的投影：在新投影面体系中不再被使用的投影面(图 2-31 中 V)和投影(图 2-31 中 a')。

(4) 新投影轴、旧投影轴：新投影面体系中的投影轴为新投影轴，即新投影面和保留投影面的交线(图 2-31 中 X_1)，旧投影面体系中的投影轴为旧投影轴(图 2-31 中 OX 轴)。

如图 2-31(a)所示，在新投影体系 V_1/H 中，当 V_1 面绕 X_1 轴旋转到与 H 面共面展开时，形成点的投影图同样符合点的两面投影规律，即 a 和 a_1' 的连线垂直于新投影轴 X_1；新投影到新投影轴的距离 $a_1'\ a_{x_1}$ 等于空间点到 H 面的距离。由于旧投影体系 V/H 和新投影体系 V_1/H 共用保留投影面 H，被代替的投影到旧投影轴的距离 $a'a_x$ 也等于空间点到 H 面的距离。因此，新投影到新投影轴的距离 $a_1'\ a_{x_1}$ 等于被代替的投影到旧投影轴的距离 $a'a_x$。综上所述，点的换面规律为：

(1) 点的新投影与保留投影的连线垂直于新投影轴。

(2) 点的新投影到新投影轴的距离=被代替的投影到旧投影轴的距离=空间点到保留投影面的距离。

运用上述规律，对如图 2-31(b)所示的投影图进行一次换面，其作图步骤如下：

(1) 选取新投影轴 X_1。

(2) 过保留投影 a 向新投影轴 X_1 作垂线，交 X_1 轴于 a_{x_1}。

(3) 在垂线上量取 $a_1'\ a_{x_1}$ 等于 $a'a_x$ 得到新投影 a_1'，如图 2-31(c)所示。

如图 2-32 所示，保留 V 用新投影面 H_1 代替投影面 H，也可以换面。

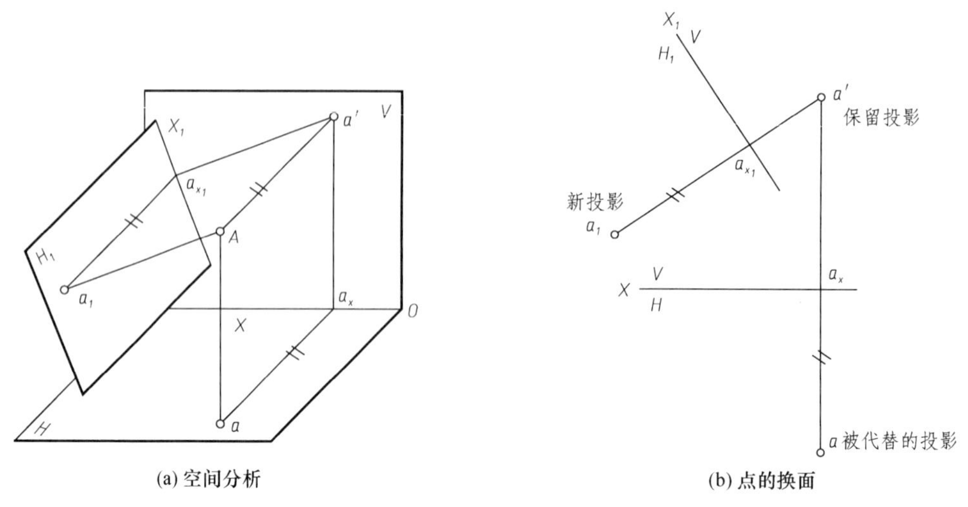

(a) 空间分析　　(b) 点的换面

图 2-32　变换 H 面

2. 点的二次换面

在一次换面的基础上，再次进行的换面称为二次换面。在图 2-31 一次换面的基础上，再引入一个新的投影面(如 H_2)替换一次换面时的保留投影面(如 H)，可以再次构成新投影体系 H_2/V_1，如图 2-33 所示。点的二次换面仍符合点的换面规律。由于二次换面是在第一次换面的基础上进行的，因此，旧投影体系、旧投影轴、被代替的投影等都跟着发生了变化，如图 2-33(b)所示，其作图步骤如下：

(1) 选取新投影轴 X_2。

(2) 过保留投影 a_1' 向新投影轴 X_2 作垂线，交 X_2 轴于 a_{x_2}。

(3) 在垂线上量取 $a_2 a_{x_2}$(新投影到新投影轴的距离)等于 aa_{x_1}(被代替的投影到旧投影轴的距离)得到新投影 a_2。

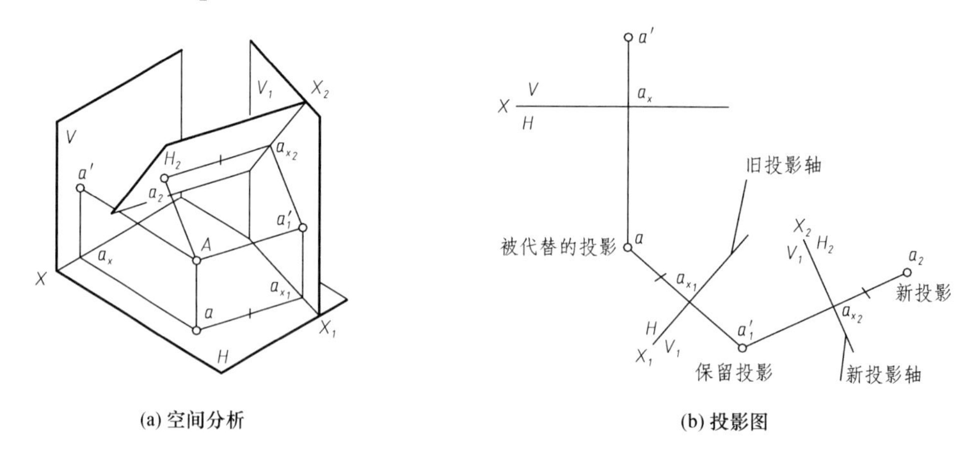

(a) 空间分析　　(b) 投影图

图 2-33　点的二次换面

在二次换面的基础上还可继续换面，换面是可以连续的。在图解空间几何问题时，有时需要多次换面。

2.4.2 直线的换面

两点确定一条直线，因此直线的换面实质是直线上两点的换面。直线换面的目的是将一般位置直线变成特殊位置直线，即投影面的平行线和垂直线，以便解决线段实长、倾角及距离等问题。

1. 将一般位置直线变换为新投影面的平行线

分析 为了将一般位置直线变换为新投影面的平行线，引入的新投影面除了与保留投影面垂直，还应与空间直线平行。如图 2-34(a)所示，引入新投影面 V_1，使 V_1 垂直 H 面，且平行于直线 AB。根据投影面平行线的投影特性，一个投影反映实长，另一个投影一定平行于投影轴。因此，当新投影轴与直线的保留投影平行时，新投影一定反映实长，这时直线平行于新投影面。

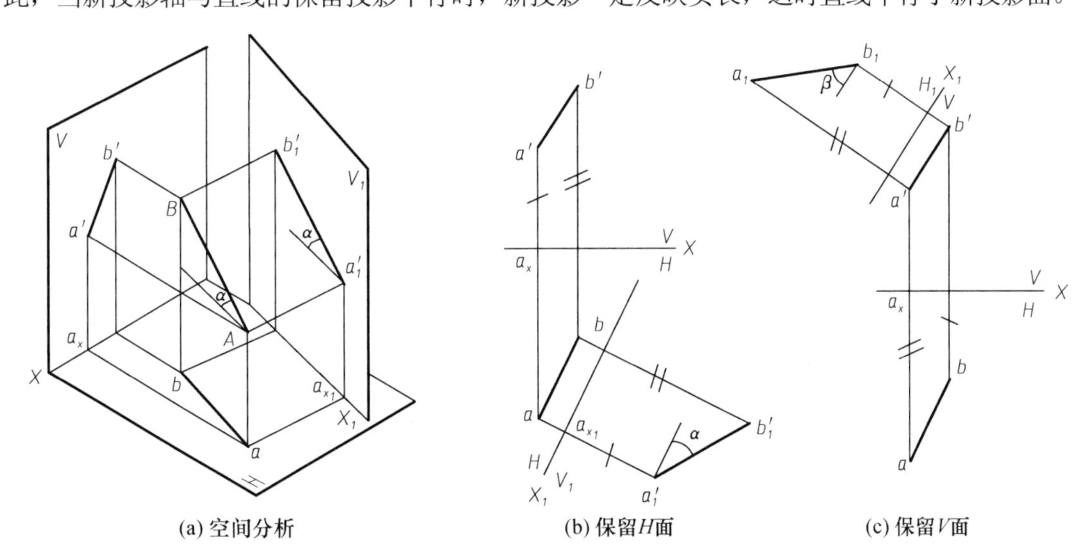

(a) 空间分析　(b) 保留H面　(c) 保留V面

图 2-34　将一般位置直线变换成投影面平行线

作图

(1) 如图 2-34(b)所示，选择新投影轴 X_1，使其与 ab 平行(选择新投影轴时，应使保留投影与新投影位于新投影轴的两侧，且尽量避免投影重叠)。

(2) 按点的换面规律作出点 a_1' 和 b_1'。

更换投影面后，直线 AB 在 V_1/H 体系中平行于 V_1 面，其投影 $a_1'b_1'$ 反映直线 AB 的实长。$a_1'b_1'$ 与 X_1 的夹角反映直线 AB 与 H 面的倾角 α。

欲求直线 AB 与 V 的倾角 β，只能引入新的 H_1 面代替 H 面，使直线 AB 变换为 H_1 的平行线，如图 2-34(c)所示。这时，投影 a_1b_1 反映直线 AB 的实长，a_1b_1 与 X_1 的夹角反映直线 AB 与 V 面的倾角 β。

2. 将投影面平行线变换为新投影面的垂直线

分析 要使新投影面垂直于投影面平行线，则新投影面必然垂直于投影面平行线所平行的投影面，因此，只需一次换面就可完成。换面时，保留直线所平行的投影面，即保留反映实长的投影，并让新轴承垂直反映实长的投影。换面的作图过程见例 2-12 的(2)。

例 2-12　如图 2-35(b)所示，将一般位置直线变换为新投影面的垂直线。

分析　因为一般位置直线倾斜于投影体系中的每一个投影面，不可能存在一个平面，既垂直于一般位置直线又垂直于某一投影面。因此，一次换面不可能将一般位置直线变换为新投影面的垂直线，而投影面平行线经一次换面可变换为新投影面的垂直线。故需先把一般位置直线经一次换面变换为新投影面的平行线，然后第二次换面使其由投影面的平行线变换为新投影面的垂直线，如图 2-35(a)所示。

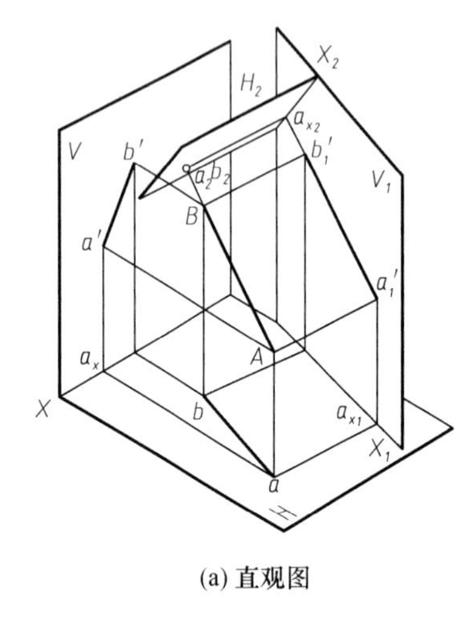

(a) 直观图

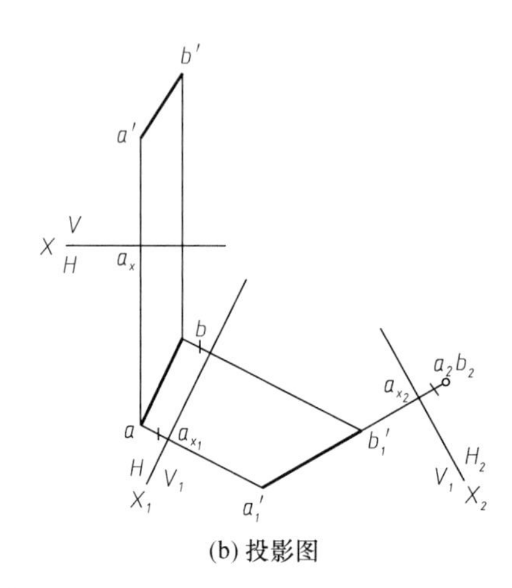

(b) 投影图

图 2-35　将一般位置线变换为投影面垂直线

作图

(1) 如图 2-35(b)所示，保留水平投影 ab，使新投影轴 X_1 平行于 ab，经过一次换面，使 AB 变换为 V_1 的平行线，新投影 $a_1'b_1'$ 反映直线段的实长。

(2) 作新投影轴 X_2 垂直于 $a_1'\ b_1'$，经第二次换面，将 AB 变换为 H_2 的垂直线，新投影 a_2b_2 积聚为一点。

2.4.3　平面的换面

平面可用平面上的几何元素点、直线表示，其换面的实质就是点、直线的换面。平面换面的目的是将一般位置平面变换为特殊位置平面，即投影面的平行面或垂直面。

1. 将一般位置平面变换为新投影面的垂直面

分析　如图 2-36(a)所示，△ABC 平面为一般位置平面，只要把△ABC 内的一条直线变换为新投影面垂直线，△ABC 平面就一定为该新投影面的垂直面。因此，把平面变换为新投影面的垂直面，实际上就是把平面内的直线变换为新投影面的垂直线。由直线换面可知，一般位置直线要变换为投影面的垂直线，需要经两次换面，而投影面的平行线只需一次换面就可以变换为新投影面的垂直线。为此，可以在△ABC 上先取一条投影面的平行线，如取一条正平线 CⅠ，以新投影面 H_1 代替 H，使 H_1 同时垂直于直线 CⅠ和 V 面。那么，在 V/H_1 体系中，△ABC 垂直于 H_1 面，在 H_1 面的投影积聚为直线 $a_1b_1c_1$。

作图

(1) 作平面内的平行线。作 $c1$ 平行于 OX 轴，得相应投影 $c'1'$，如图 2-36(b)所示。

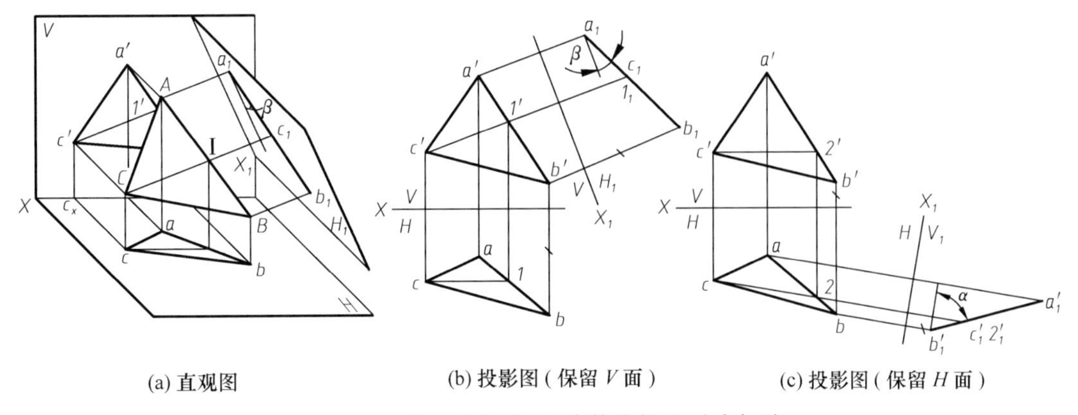

图 2-36　将一般位置平面变换为投影面垂直面

(2) 作新投影轴 X_1 垂直于 $c'1'$。

(3) 按点的变换规律作出新投影 $a_1b_1c_1$。

c_11_1 一定积聚为一点，$a_1b_1c_1$ 积聚为一直线(实际作图时，只要找出两点即可)。根据投影面垂直面的投影特点：平面积聚性的投影与轴线的夹角反映平面与另一投影面的倾角。因此，$a_1b_1c_1$ 与 X_1 轴的夹角反映△ABC 与 V 面的倾角 β。

同样，也可以选新投影面 V_1 代替 V，将△ABC 换成新投影面 V_1 的垂直面。这时，V_1 应垂直于△ABC 上的某条水平线(如 CⅡ)，又垂直于 H 面，如图 2-36(c) 所示。新投影 $a_1'b_1'c_1'$ 与新轴的夹角反映△ABC 与 H 面的倾角 α。

2. 将投影面垂直面变换成新投影面的平行面

分析　如图 2-37(a) 所示，△ABC 为铅垂面，因此，平行于△ABC 的平面一定垂直于 H 面。于是保留 H 面，引入新投影面 V_1，V_1 面与△ABC 平行且垂直于 H 面。根据投影面平行面的投影特性，即在平面所平行的投影面上的投影反映实形，而另一投影一定积聚为一条与投影轴平行的直线。因此，新投影轴一定平行平面积聚性的投影。

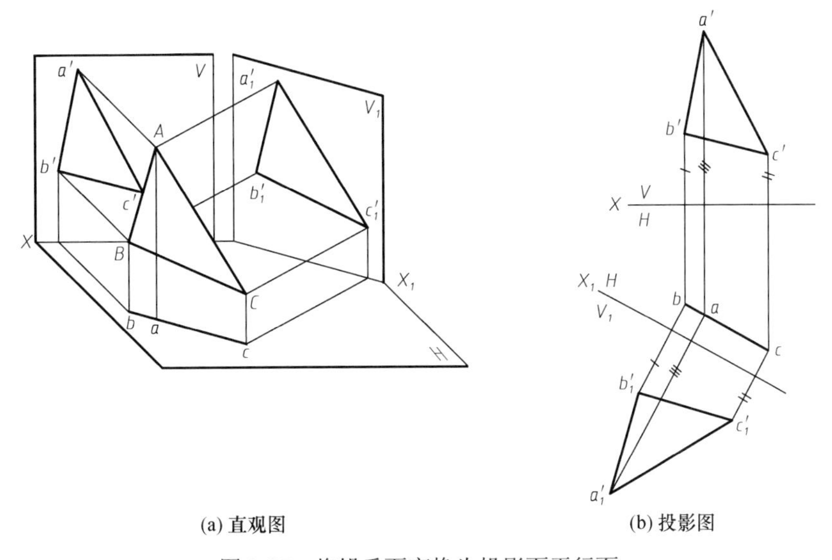

图 2-37　将铅垂面变换为投影面平行面

作图

(1) 作新投影轴 X_1 平行于积聚性投影 abc，如图 2-37(b) 所示。

(2) 按点的变换规律作出△ABC 平面的新投影 $a_1'b_1'c_1'$，△$a_1'b_1'c_1'$ 反映△ABC 的实形。

例 2-13 如图 2-38(b) 所示，将一般位置平面换为新投影面的平行面。

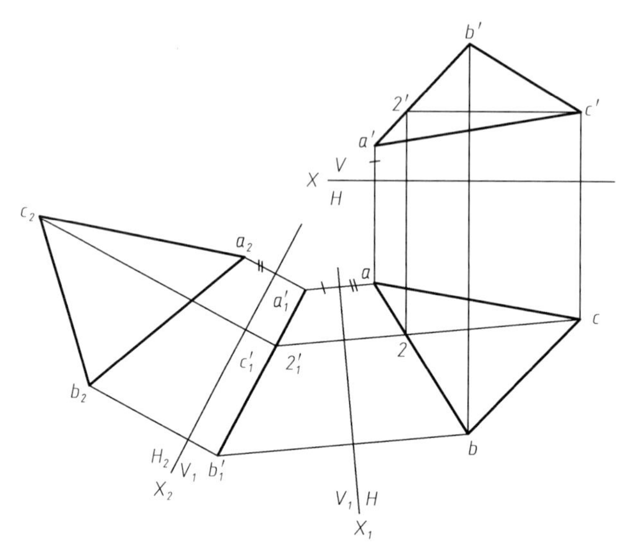

图 2-38 将一般位置面变换为投影面平行面

分析 因为一般位置平面倾斜于旧投影面体系中的各个投影面，不可能存在一个平面，它既平行于已知的一般位置平面又垂直于某个投影面。因此，不可能通过一次换面将一般位置平面换成新投影面的平行面，而投影面的垂直面经一次换面可变换为新投影面的平行面，故需先把一般位置平面经一次换面变换为新投影面的垂直面，然后第二次换面使其由垂直面换成新投影面的平行面。

作图

(1) 如图 2-38 所示，首先将一般位置平面△ABC 变换为新投影面 V_1 的垂直面(作图过程参考图 2-36)。

(2) 在一次换面的基础上增加新轴 x_2，使 x_2 轴平行积聚性报影 $a_1'b_1'c_1'$，作二次换面。新投影△$a_2b_2c_2$ 反映△ABC 实形(作图过程参考图 2-37)。

*2.5 直线与平面以及两平面的相对位置

直线与平面及两平面在空间的相对位置有：平行、相交和垂直三种情况。其中，垂直是相交的特殊情况。下面将分别讨论平行和相交的投影特性及作图方法。

2.5.1 平行

1. 直线与平面平行

直线与平面平行的几何条件是：直线平行于平面上的某条直线。

如图 2-39 所示，△*ABC* 外的一条直线 *DE* 和该平面上的直线 *A*Ⅰ平行，故直线 *DE* 和△*ABC* 平面平行。

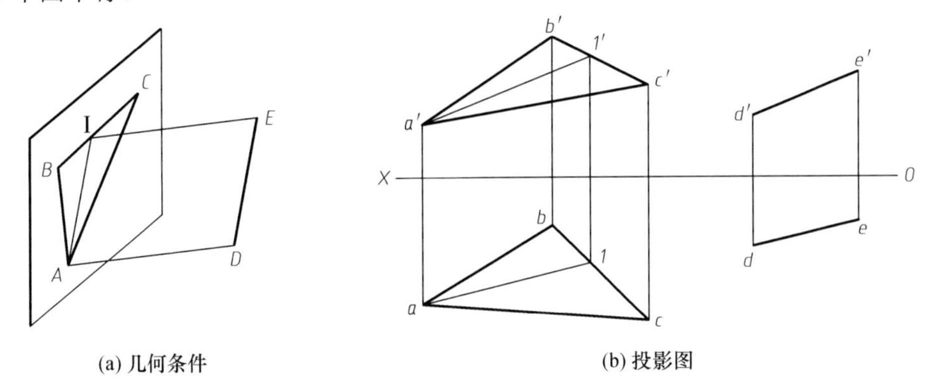

(a) 几何条件　　(b) 投影图

图 2-39　直线与平面平行

例 2-14　如图 2-40(a)所示，过点 *D* 作一条水平线与△*ABC* 平行。

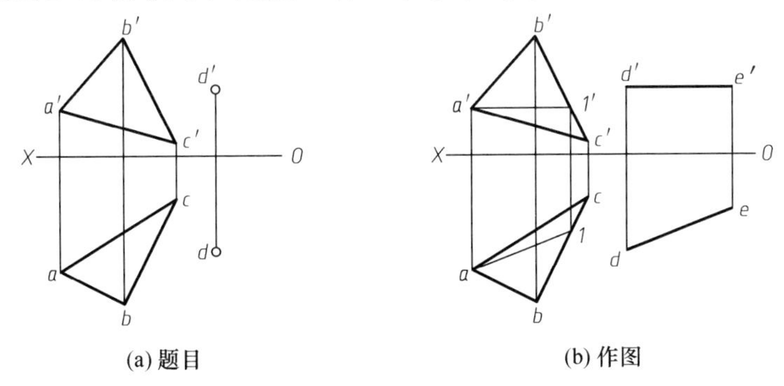

(a) 题目　　(b) 作图

图 2-40　过点作水平线平行于平面

分析　过点 *D* 可作无数条直线与△*ABC* 平行，但是过点 *D* 与△*ABC* 平行的水平线只有一条。

作图

(1) 如图 2-40(b)所示，在△*ABC* 上作一条水平线 *A*Ⅰ(*a*1，*a*′1′)。

(2) 过点 *D*(*d*，*d*′)作水平线 *A*Ⅰ的平行线 *DE*，即 *d*′*e*′//*a*′1′//*OX*，*de*//*a*1。

例 2-15　如图 2-41(a)所示，试包含直线 *EF* 作一个平面，使之平行于已知直线 *AB*。

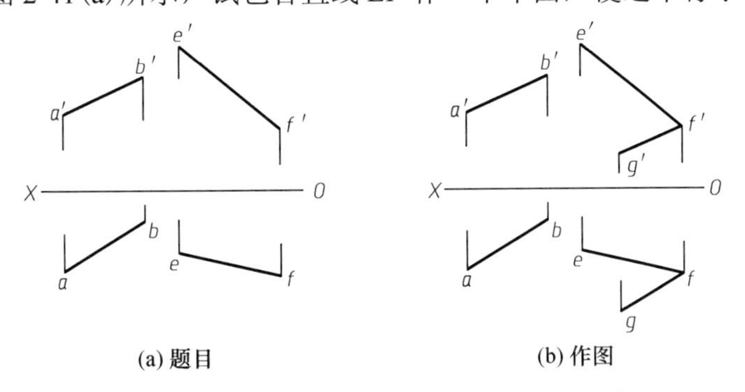

(a) 题目　　(b) 作图

图 2-41　包含已知直线作平面平行于已知直线

分析　欲使所作的平面与 *AB* 平行，则该平面上必须有一条直线与 *AB* 平行。因此，过

EF 上任一点(如 *F*)作 *AB* 的平行线 *FG*，那么 *EF* 与 *FG* 两条相交直线所确定的平面就是所求的平面。

作图

(1) 如图 2-41(b)所示，过点 *f* 和 *f′* 作 *f′g′* 和 *fg*，使 *f′g′*//*a′b′*、*fg*//*ab*。

(2) *EF* 与 *FG* 两条相交直线构成的平面就是所求的平面。

2. 两平面平行

两平面平行的几何条件是：一个平面上的两条相交直线分别与另一平面上的两条相交直线对应平行。

如图 2-42(a)所示，由于 *AB*//*DE*、*AC*//*DF*，故 *P*、*Q* 两平面平行。

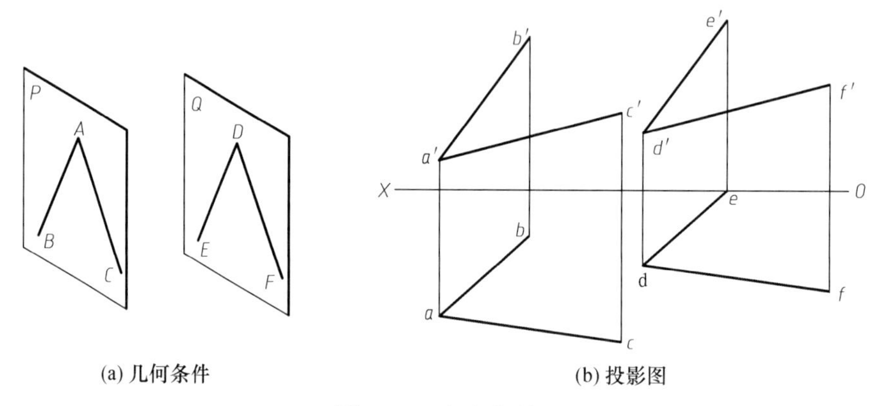

图 2-42 两平面平行

当相互平行的两平面与某一投影面垂直时，它们在该投影面上的积聚性投影互相平行，如图 2-43 所示。

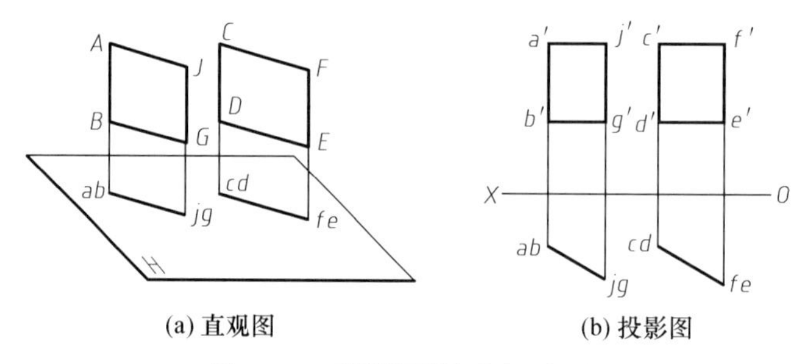

图 2-43 两投影面的垂直面平行

例 2-16 如图 2-44 所示，试判断△*ABC* 与△*DEF* 是否平行。

分析 根据两平面平行的几何条件，先在△*ABC* 上任作一对相交直线(为了便于作图，一般取投影面的平行线)，然后再看能否在△*DEF* 上作出一对相交直线与△*ABC* 上的一对相交直线相互平行。若能作出，则这两个平面就平行，否则两平面不平行。

作图

(1) 在△*ABC* 上作正平线 *A*Ⅰ(*a*1，*a′*1′)及水平线 *C*Ⅱ(*c*2，*c′*2′)。

(2) 在△*DEF* 上作正平线 *F*Ⅲ(*f*3，*f′*3′)及水平线 *D*Ⅳ(*d*4，*d′*4′)。因 *c*2//*d*4，*a′*1′//*f′*3′，即 *C*Ⅱ//*D*Ⅳ，*A*Ⅰ//*F*Ⅲ，所以△*ABC*//△*DEF*。

例 2-17　如图 2-45 所示，试过点 *D* 作一个平面与△*ABC* 平行。

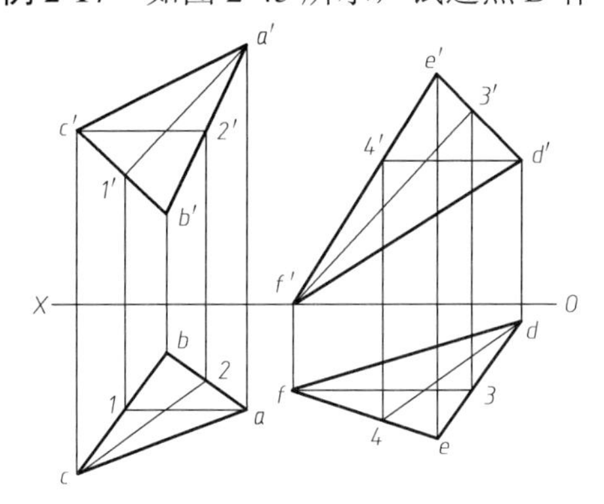

图 2-44　判断两平面是否平行

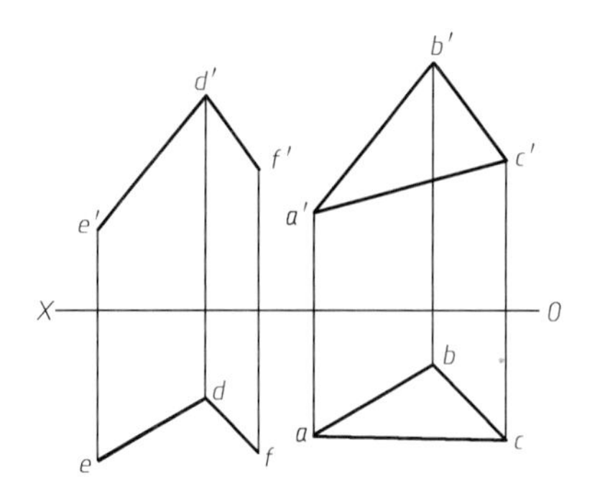

图 2-45　过点作平面平行于已知平面

分析　过点 *D* 作两条相交直线分别与△*ABC* 的两条边对应平行，则这两条相交直线所确定的平面与△*ABC* 平行。

作图

(1)过点 *D*(*d*，*d*′)作直线 *DE* 与 *AB* 平行，即 *de*//*ab*、*d*′*e*′//*a*′*b*′。

(2)过点 *D* 作直线 *DF* 与 *BC* 平行，即 *df*//*bc*、*d*′*f*′//*b*′*c*′。

2.5.2　相交

直线与平面以及两平面若不平行，则必然相交。直线与平面相交必然存在唯一的公共点交点。两平面相交必然存在公共线交线。求两平面的交线，只要求出属于两平面的两个公共点，或求出一个公共点和交线的方向，即可求出交线。

1. 特殊情况下求交点、交线

当直线或平面的投影具有积聚性时，可利用投影的积聚性求交点和交线。

例 2-18　如图 2-46 所示，正垂线 *DE* 与一般位置平面△*ABC* 相交，求其交点 *K*。

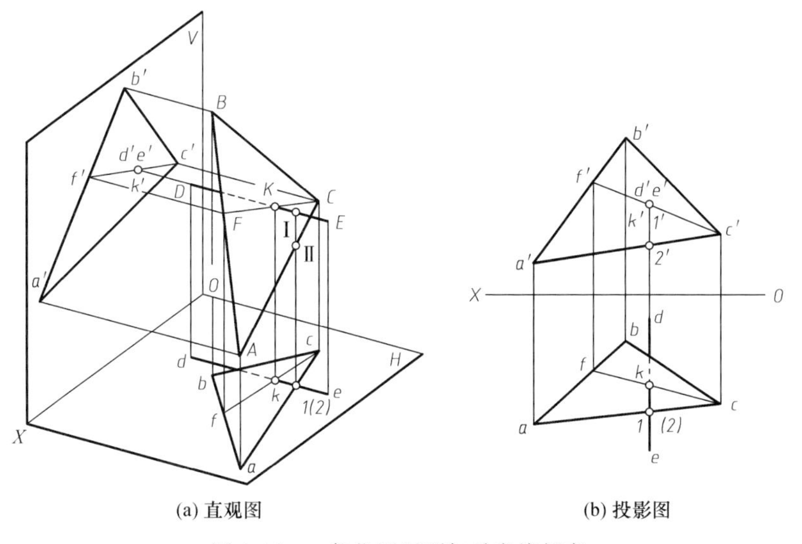

(a) 直观图　　　　(b) 投影图

图 2-46　一般位置平面与垂直线相交

分析 交点 K 是直线 DE 与△ABC 的共有点，因此可用点在线上和点在面上的作图方法求交点 K。由于正垂线 DE 的正面投影积聚成一点，故点 K 的正面投影 k' 与 $d'e'$ 重合；点 K 又在△ABC 内，那么可利用平面上定点的方法，根据 K 的正面投影 k'，在△ABC 上确定点 K 的水平投影 k。

作图

(1) 确定交点 K 的正面投影 k'：k' 与 $d'e'$ 重合。

(2) 过点 K 在△ABC 上作线：过 k' 作直线 $c'f'$，并作出其水平投影 cf。

(3) 确定交点 K 的水平投影 k：cf 与 de 的交点即为 k。

(4) 判别可见性。

当直线 DE 的投影与△ABC 的投影重影时，直线 DE 的投影可能有一部分被平面的投影挡住，被挡住部分的投影用虚线表示其不可见，且交点是可见与不可见的分界点，如图 2-46(a) 所示。若在交点的一侧直线上有一点被平面遮盖不可见，则直线在这一侧重影区域内不可见，因此常用一对重影点判别可见性。如图 2-46(b) 所示，直线 DE 与△ABC 平面的水平投影有重影部分，在直线 DE 与△ABC 平面的边上找一对水平投影的重影点Ⅰ、Ⅱ(Ⅰ在直线 DE 上、Ⅱ在 AC 上)，从它们的正面投影可以确定其上下关系(即点Ⅰ在上，点Ⅱ在下)。故点 1 可见、点 2 不可见。由此可以推断直线水平投影上的 $1k$ 段可见，而交点是可见与不可见的分界点，故跨过点 k 的另一段不可见(用虚线表示)。

例 2-19 如图 2-47 所示，一般位置直线 AB 与铅垂面 DEF 相交，求其交点 K。

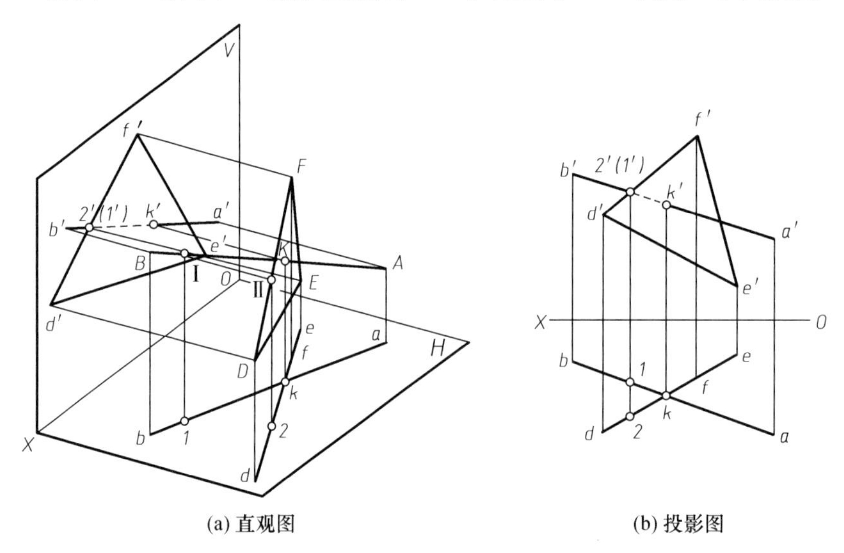

图 2-47 一般位置直线与垂直面相交

分析 由于交点 K 是直线 AB 与 DEF 的共有点，平面 DEF 的水平投影积聚为 def 直线，故 ab 与 def 的交点就是交点 K 的水平投影 k。再根据交点 K 在直线 AB 上，便可确定交点 K 的正面投影 k'。

作图

(1) 确定交点 K 的水平投影 k：ab 与 def 的交点即为 k。

(2) 确定交点 K 的正面投影 k'：根据交点 K 在直线 AB 上，由 k 作 OX 轴垂线交 $a'b'$ 于 k'。

(3) 判断可见性。

如图 2-47(b)所示，直线 *AB* 与铅垂面 *DEF* 的正面投影有重影部分，用一对正面投影的重影点Ⅰ、Ⅱ判别 *AB* 直线正面投影的可见性。但当平面投影有积聚性时，还可根据积聚性投影直接判断，如图 2-47 所示，交点 *K* 把直线 *AB* 分成两段，由水平投影 *ak* 与 *def* 的位置可知，*AK* 位于 *DEF* 平面之前，故其正面投影 *a′k′* 可见，画成粗实线；则 *k′b′* 在投影重影的区域内画成虚线。

例 2-20 如图 2-48 所示，垂直面 *DEFG* 与一般位置面△*ABC* 相交，求其交线。

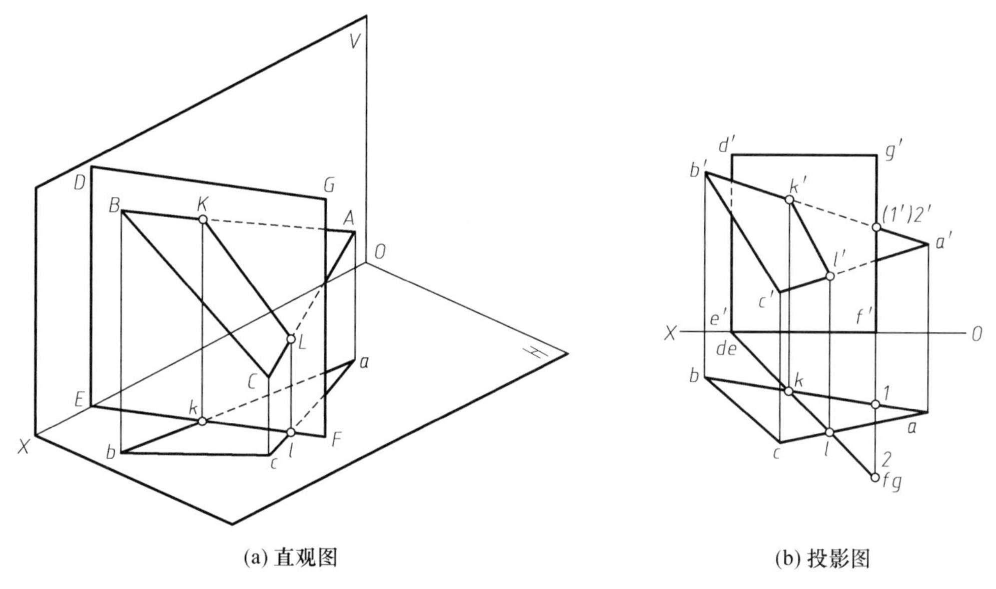

(a) 直观图　　(b) 投影图

图 2-48 投影面的垂直面与一般位置面相交

分析 因两平面的交线为直线，故只要求出交线上的两个点，就可确定交线。因此，可分别求平面△*ABC* 中的边 *AB* 和 *AC* 与垂直面 *DEFG* 的交点，两交点的连线即为要求的交线，所以将求交线问题便可转化为两次求直线与平面的交点问题。

作图

(1) 求 *AB* 与垂直面 *DEFG* 的交点 *K*(*k*、*k′*)。

(2) 求 *AC* 与垂直面 *DEFG* 的交点 *L*(*l*、*l′*)。

(3) *k′l′* 和 *kl* 即为交线的两个投影。

(4) 判断可见性。

两平面投影重影时，重影区域的边界均要判别可见性。交线是同一平面在重影区域内可见与不可见的分界线；在交线的同一侧两平面的可见性相反。若在交线的一侧某平面上有一点被另一平面遮盖不可见，则该平面在交线这一侧重影区域内的边界均不可见。因此可用一对重影点(图 2-48(b)中Ⅰ、Ⅱ)判别两平面投影重影区域的可见性。但对特殊情况，即当平面投影有积聚性时，还可根据积聚性直接判断。如图 2-48 所示，交线 *KL* 把平面 *ABC* 分成两部分，由于 *DEFG* 平面的水平投影积聚为直线 *defg*，因此，由水平投影 *bckl* 与 *defg* 的位置可知，*ABC* 平面的 *BCKL* 部分位于 *DEFG* 之前，故 *b′c′*、*b′k′* 和 *c′l′* 可见，画成粗实线，在交线的另一侧 *a′k′*、*a′l′* 在重影区域内则为不可见。然后根据重影区域 *ABC* 平面的可见性，判断另一平面的可见性。

2. 一般情况下求交点、交线

当直线和平面的投影没有积聚性时(一般情况)，可通过换面法，使直线或平面相对于新投影面处于特殊位置(即使直线或平面的新投影有积聚性)，然后在新投影中利用积聚性求解交点和交线。

例 2-21 如图 2-49(a)所示，已知一般位置直线 *DE* 与一般位置平面△*ABC* 相交，求其交点。

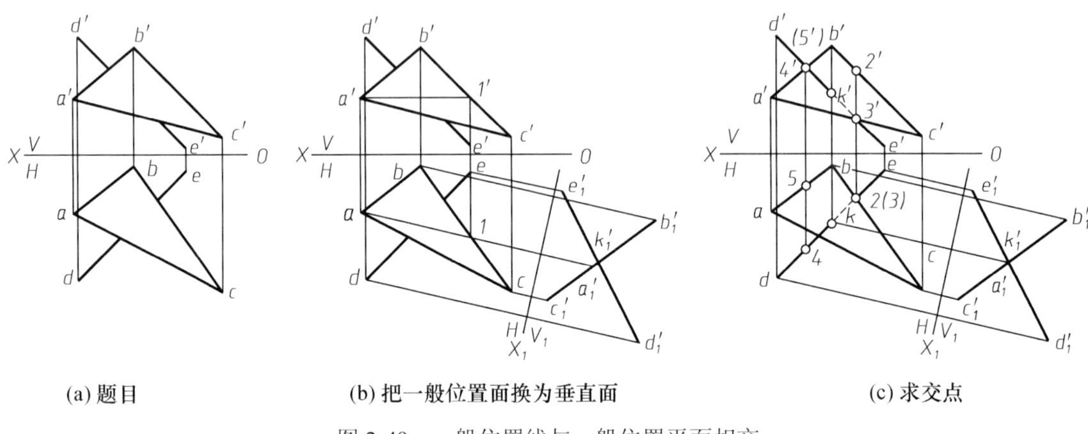

(a) 题目　　(b) 把一般位置面换为垂直面　　(c) 求交点

图 2-49　一般位置线与一般位置平面相交

分析　把一般位置平面△*ABC* 换成投影面的垂直面，然后利用积聚性在新投影体系求出交点的投影，并返回在旧投影体系中求出交点。

作图

(1) 设立新投影面 V_1，把一般位置平面△*ABC* 变换成 V_1 的垂直面，同时求出直线 *DE* 在 V_1 的投影，如图 2-49(b)所示。

(2) 利用积聚性求出交点的新投影 k_1'，如图 2-49(b)所示。

(3) 由 k_1' 求出 k、k'，并判别可见性，如图 2-49(c)所示。

可见性的具体判别过程此处不再赘述，但应注意：当直线和平面的两个投影均有重影区域时，需要分别根据相应投影面的重影点判别其可见性。如图 2-49(c)所示，根据一对水平投影的重影点Ⅱ、Ⅲ，判别水平投影的可见性；根据一对正面投影的重影点Ⅳ、Ⅴ，判别正面投影的可见性。不能由一个投影的可见性来推断另一个投影的可见性。

例 2-22 如图 2-50(a)所示，求两个一般位置平面△*ABC* 和△*DEF* 的交线。

分析　把其中一个平面换成投影面的垂直面，然后利用积聚性在新投影体系求出交线的投影，并将交线返回到旧投影体系中。

作图

(1) 设立新投影面 V_1，把一般位置平面△*ABC* 变换成 V_1 的垂直面，同时求出△*DEF* 在 V_1 的投影，如图 2-50(b)所示。

(2) 利用积聚性求出交线的新投影 $k_1'\ l_1'$，如图 2-50(b)所示。

(3) 根据 $k_1'l_1'$ 求出 $k'l'$ 和 kl，即为交线的两个投影，并用重影点判别可见性，结果如图 2-50(c)所示。

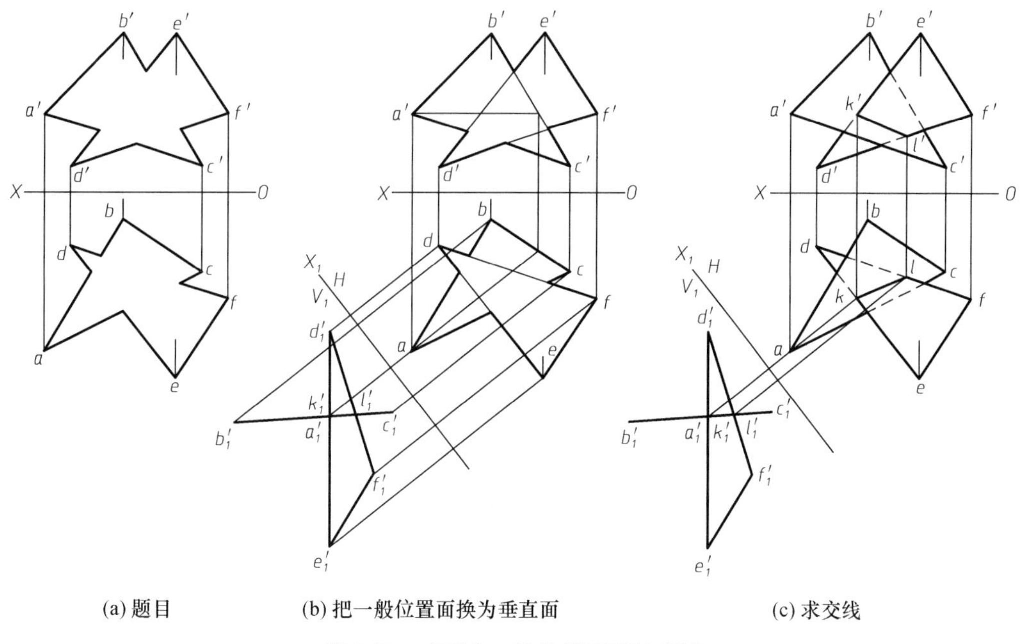

图 2-50　求两个一般位置平面的交线

第 3 章　立体及其交线的投影

从几何意义上来说，立体是由若干表面围成的封闭空间，立体的投影就是立体各个表面的投影。

根据围成立体表面的性质，立体可分为两大类。

平面立体：由若干平面所围成的几何体，如棱柱、棱锥等。

曲面立体：由曲面或曲面与平面所围成的几何体，如圆柱、圆锥、球和圆环等。

棱柱、棱锥、圆柱、圆锥、球和圆环等统称为基本立体。本章主要内容包括几种基本立体的图示及其表面定点、求平面截切立体的表面交线、求两曲面立体的表面交线。

3.1　平面立体的投影及其表面上的点

平面立体的表面都是多边形，平面立体的投影是各个多边形表面的投影，而多边形表面的投影是多边形的边和顶点的投影，所以绘制平面立体的投影图，可归结为绘制其各表面的边及各顶点的投影。

由于立体是由若干表面围成的封闭空间，因此，立体在某个投影面上的投影一定是可见与不可见表面的投影重影。如图 3-1 所示，四棱柱的正面投影一定是其前表面和后表面的重影，前表面可见，后表面不可见；水平投影一定是上表面和下表面的重影，上表面可见，下表面不可见；侧面投影一定是左表面和右表面的重影，左表面可见，右表面不可见。不可见的棱线用虚线表示，两不可见表面的交线一定不可见。

由于平面立体的表面都是平面，所以，可以根据平面上点的作图方法，在平面立体的表面上定点。

3.1.1　棱柱的投影及其表面上的点

1. 棱柱的投影

如图 3-1(a)所示，四棱柱的顶面和底面为水平面，四个棱面为铅垂面，四条棱线为铅垂线。作投影图时，先画顶面和底面的投影，其水平投影反映其实形，其正面和侧面的投影分别积聚为一直线段，且垂直于 OZ 轴；然后画四条棱线的投影，其水平投影积聚在四边形的四个顶点上，其正面、侧面投影为反映棱柱高的直线段。

如图 3-1(b)所示，在四棱柱的正面投影图中，$d'd_1'$ 因被前面的棱面挡住而不可见，故画成虚线。在侧面投影图中，$c''c_1''$ 也因被左面的棱面遮挡而画成虚线。

在投影体系中，若改变立体与投影面间的距离，立体的各投影与投影轴之间的距离随着发生了变化，但各投影的大小、形状始终保持不变。因此，投影图中的投影轴对表达立体的形状并无实际意义。为了作图简便，投影图上的投影轴可省略不画，如图 3-1(c)所示。

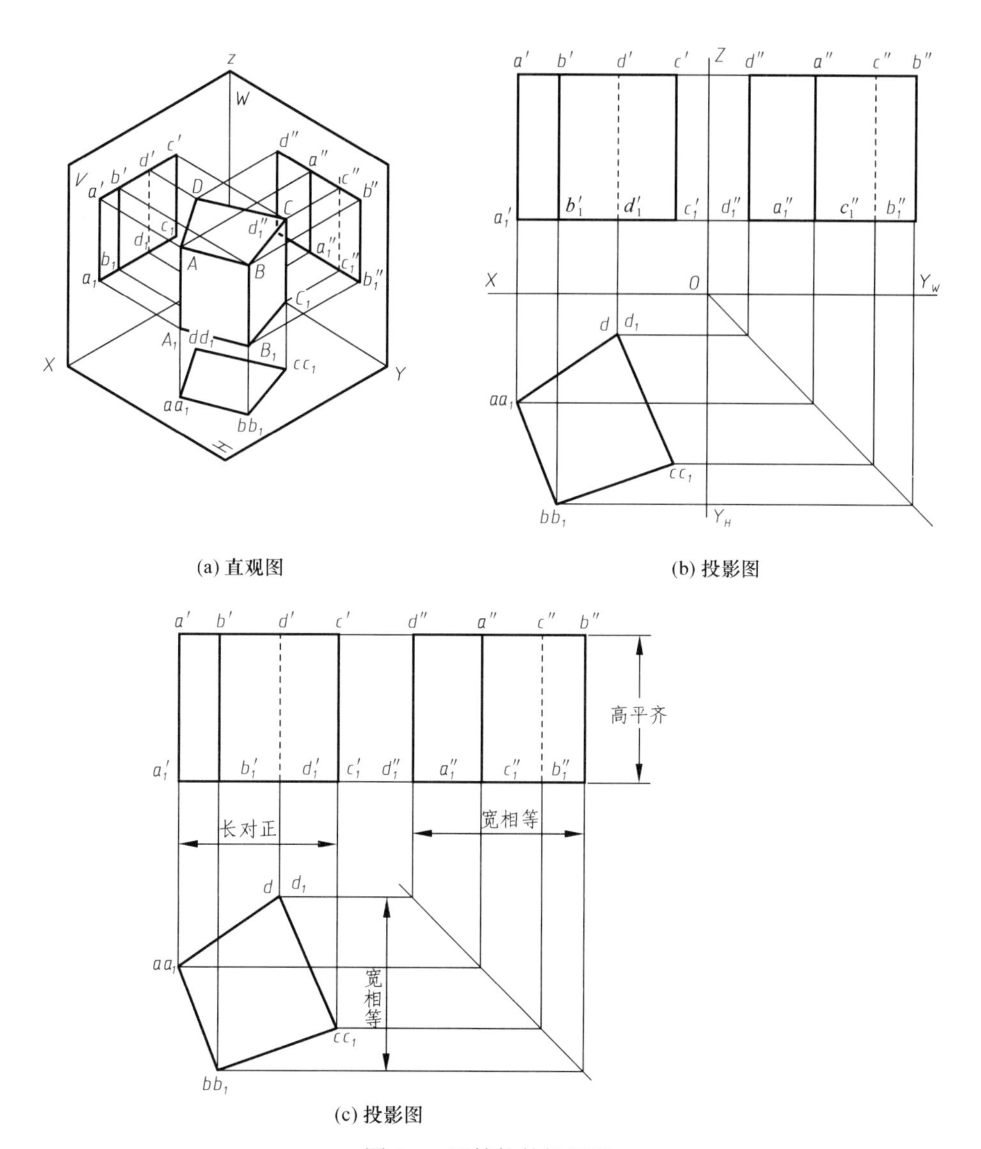

(a) 直观图

(b) 投影图

(c) 投影图

图 3-1 四棱柱的投影图

在机械制图中将物体的正面投影、水平投影和侧面投影分别又称为主视图、俯视图和左视图。三个视图之间的投影关系通常归纳如下(图 3-1(c)):

(1) 主视图与俯视图——长对正。

(2) 主视图与左视图——高平齐。

(3) 俯视图与左视图——宽相等。

三个视图之间的投影关系，是画图和读图的依据，不论对整个立体的投影，还是对立体的局部(如立体的表面、棱线、点)的投影都要遵循投影规律。

2. 棱柱表面上的点

例 3-1 如图 3-2(a)所示,已知四棱柱的三面投影及其表面上的点 E、F 的正面影 e' 和 f'，求作它们的另外两个投影。

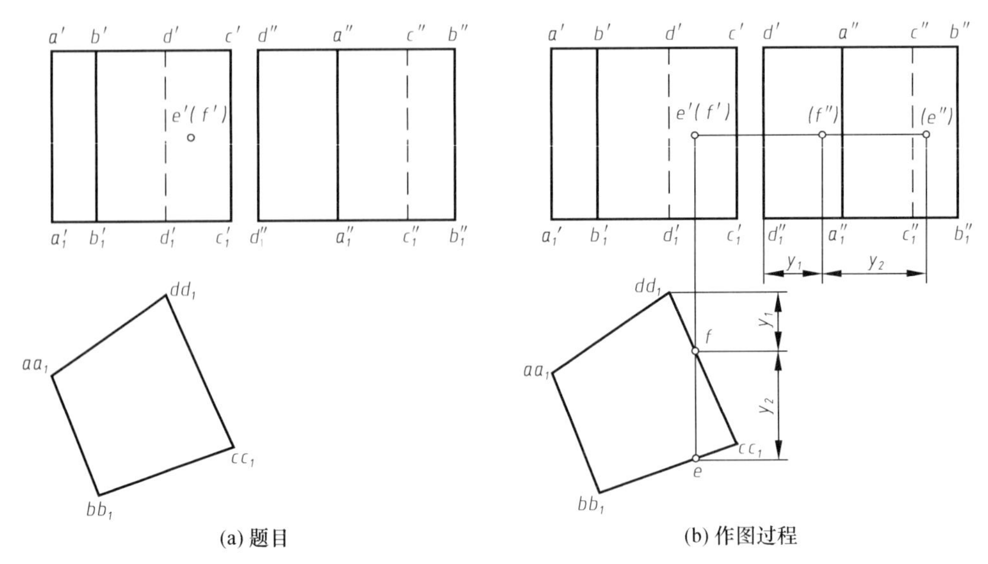

(a) 题目

(b) 作图过程

图 3-2　四棱柱表面上定点

分析　由于四棱柱的各棱面为铅垂面，其水平投影有积聚性，根据点 E 和点 F 正面投影的可见性（e' 可见、f' 不可见），对照水平投影可以看出：点 E 在棱面 BB_1C_1C 上，而点 F 在棱面 DD_1C_1C 上。

作图

(1) 由 e' 和 f'，利用两个棱面水平投影的积聚性和长对正的投影关系作出 e 和 f，如图 3-2(b)所示。

(2) 由 f' 和 f，并根据宽相等的投影关系作出 f''（由于棱面 DD_1C_1C 的侧面投影不可见，故 f'' 亦不可见）。

(3) 由 e' 和 e，并根据宽相等的投影关系作出 e''（由于棱面 BB_1C_1C 的侧面投影不可见，故 e'' 亦不可见）。

3.1.2　棱锥的投影及其表面上的点

1. 棱锥的投影

如图 3-3(a)所示，三棱锥的底面是一个平行于 H 面的三角形，棱线 SA、SB 和 SC 为一般位置线。如图 3-3(b)所示，作投影图时，先画底面的投影，其水平投影反映实形，正面及侧面投影都积聚成直线段；然后再画锥顶 S 的投影；最后，连接锥顶 S 和底面各顶点，即得该三棱锥的三面投影图。由于该三棱锥的三个棱面都为一般位置平面，故它们的各个投影都为其本身的类似形——三角形。侧面投影中，棱线 $s''c''$ 因被左棱面挡住而画成虚线。

2. 棱锥表面上的点

例 3-2　如图 3-4(a)所示，已知三棱锥的三面投影及其表面上的点 E、M、N 的正面投影 e'、m'、n'，求点 E、M、N 的其余两个投影。

分析　从已知的投影图可知，点 E 的正面投影 e' 为不可见，故点 E 在棱线 SB 上。利用点 E 在线上的投影特性求点 E 的另外两投影。点 M 的正面投影 m' 可见，所以点 M 必在三棱

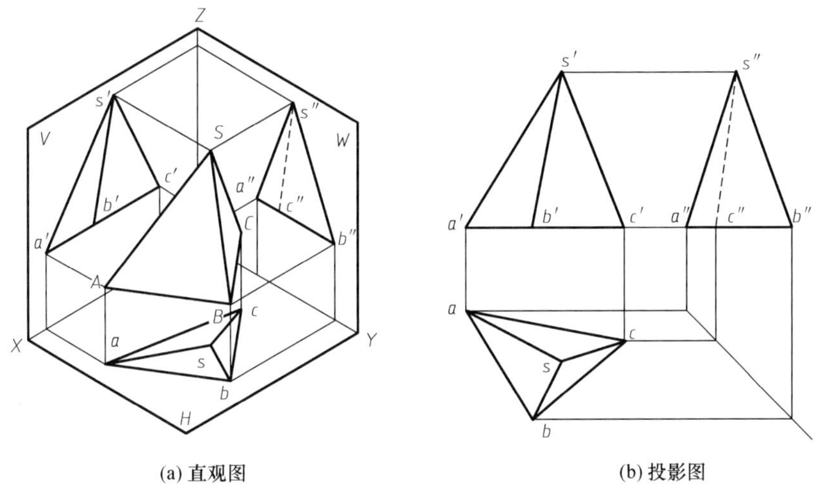

(a) 直观图　　(b) 投影图

图 3-3　三棱锥的投影图

锥的前棱面 *SAC* 上，另一点 *N* 的正面投影 *n′* 不可见，点 *N* 必在三棱锥的后棱面 *SAB* 上，通过平面上定点的作图方法求点 *M*、*N* 的其他投影。

作图

(1) 确定点 *E* 的投影。利用点 *E* 在棱线上 *SB*，由 *e′* 求出 *e*、*e″*，如图 3-4(b)所示。

(2) 确定点 *M*、*N* 的投影。

方法一：

过 *M*、*N* 分别在 *SAC* 棱面和 *SAB* 棱面内作底边 *AC*、*AB* 的平行线，如图 3-4(b)所示，过 *m′* (*n′*) 作 *f′m′* 和 *f′n′* 平行于 *a′c′* 和 *a′b′*，*f′m′* 和 *f′n′* 重合，且交 *s′a′* 于 *f′*。由 *f′* 在 *sa* 上求出 *f*，再过 *f* 作 *ac* 和 *ab* 的平行线，在其上求出 *m*、*n*。然后，根据 *M*、*N* 的正面投影和水平投影求出其侧面投影 *m″* 和 *n″*。

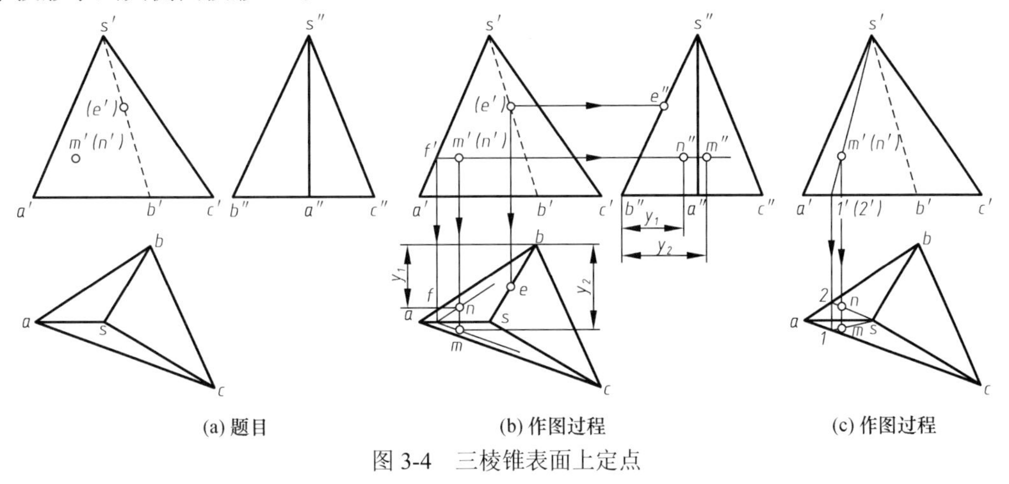

(a) 题目　　(b) 作图过程　　(c) 作图过程

图 3-4　三棱锥表面上定点

方法二：

过 *M*、*N* 分别在 *SAC* 棱面和 *SAB* 棱面内作任意直线，如图 3-4(c)中所示的 *S*Ⅰ、*S*Ⅱ。则 *m*、*n* 必位于 *s*1、*s*2 上，然后再根据 *M*、*N* 的正面投影和水平投影求出其侧面投影 *m″* 和 *n″*(侧面投影同图 3-4(b))。

3.2 平面与平面立体相交

平面与立体相交，可以看成是立体被平面所截切，如图 3-5(a)所示，所截平面称为截平面，所截得交线为截交线。

3.2.1 平面立体截交线的性质

由于截交线是截平面与立体表面的交线，故平面立体的截交线具有以下基本性质。

(1)截交线是截平面与平面立体表面的共有线。

(2)当一个截平面和平面立体相交时，截交线的形状是一个封闭的平面多边形。多边形的顶点是截平面与平面立体棱线的交点，如图 3-5(b)所示。

(3)当多个截平面与平面立体相交，形成具有缺口或穿孔的平面立体时，相邻两截平面相交产生交线，交线的端点是平面立体表面的点，如图 3-5(c)所示。各截平面上的截交线及其与相邻截平面的交线构成多边形，多边形的顶点是截平面与平面立体棱线的交点及与相邻截平面交线的端点，如图 3-5(c)所示。

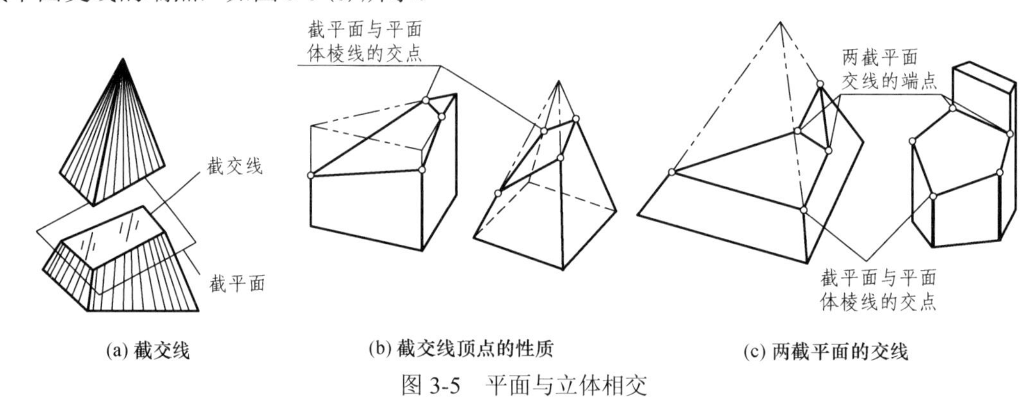

图 3-5 平面与立体相交

3.2.2 求平面立体截交线的方法和步骤

根据平面立体截交线的性质，求平面立体截交线的方法和步骤如下。

(1)首先根据截平面与平面立体的相对位置，分析出截交线的形状。

(2)求截交线。

当一个截平面和平面立体相交时，截交线为多边形，多边形的顶点是平面立体的边与截平面的交点。可利用直线和平面求交点的方法，求出平面立体的边与截平面的交点，并按可见性依次连接同一表面上两顶点的同面投影，从而求出截交线(多边形)的投影。

当多个截平面与平面立体相交形成具有缺口或穿孔的平面立体时，逐个作出各截平面的投影，各截平面的形状都是封闭的多边形。

(3)补全立体被截切后的投影。

1. 平面与棱柱相交

例 3-3 如图 3-6(a)所示为三棱柱被一正垂面 P 截切，求截切后立体的侧面投影，并补全水平投影。

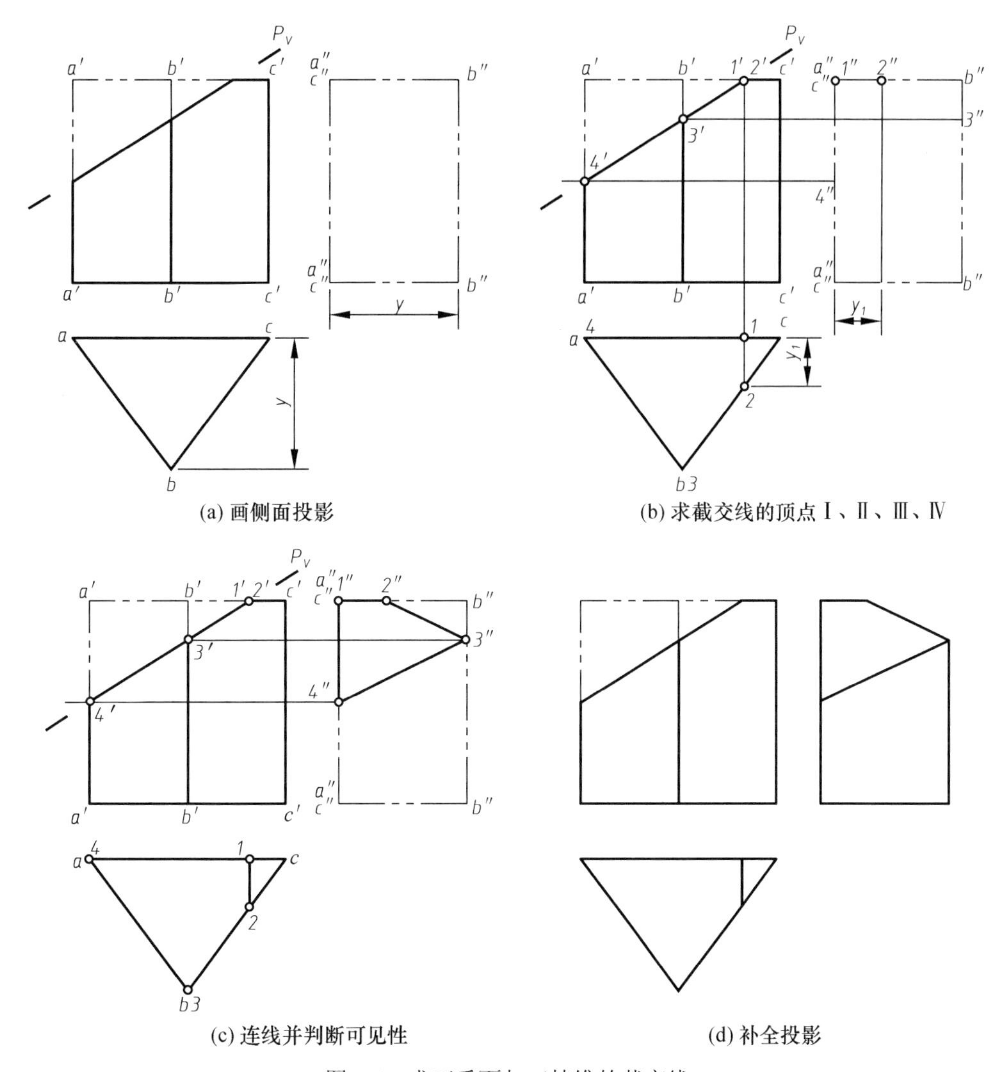

(a) 画侧面投影　　(b) 求截交线的顶点Ⅰ、Ⅱ、Ⅲ、Ⅳ

(c) 连线并判断可见性　　(d) 补全投影

图 3-6　求正垂面与三棱锥的截交线

分析　从正面投影中可看出，截平面 *P* 与三棱柱的 *AA*、*BB* 棱线以及与上表面的 *AC*、*BC* 边相交，因此截交线是一个四边形。

作图

(1) 画出三棱柱的侧面投影，如图 3-6(a)所示。

(2) 求截平面 *P* 与上表面的两条边 *AC*、*BC* 的交点Ⅰ、Ⅱ，如图 3-6(b)所示。

(3) 求截平面 *P* 与棱线 *AA*、*BB* 的交点Ⅲ、Ⅳ，如图 3-6(b)所示。

(4) 连线并判断可见性，求出截交线，如图 3-6(c)所示。连线时注意同一表面的两点才可连线。

(5) 补全投影(加深三棱柱被截切后的投影，擦除被切除部分的投影)，如图 3-6(d)所示。

例 3-4　如图 3-7(a)所示，用 *P*、*Q* 两平面截切五棱柱，求截切后立体的侧面投影。

分析　如图 3-7(a)所示，*P* 平面为正垂面，*Q* 平面为侧平面。*P* 平面与 *Q* 平面相交，交线的端点为五棱柱前后表面上的两点Ⅲ、Ⅳ。Ⅲ、Ⅳ既在 *Q* 平面上，也在 *P* 平面上。*Q* 平面与五棱柱的上表面的两条边有交点为Ⅰ、Ⅱ，因此 Q 平面的截交线为四边形ⅠⅡⅢⅣ；P 平面与五棱柱的三条棱线有交点为Ⅴ、Ⅵ、Ⅶ，因此 P 平面的截交线为五边形ⅢⅣⅤⅥⅦ。

作图

(1)画出完整五棱柱的侧面投影，如图 3-7(a)所示。

(2)求出 Q 平面与五棱柱的截交线ⅠⅡⅢⅣ，如图 3-7(b)所示。

(3)求出 P 平面与五棱柱的截交线ⅢⅣⅤⅥⅦ，如图 3-7(c)所示。

(4)补全投影(加深五棱柱被截切后的投影，擦除被切除掉部分的投影)，如图 3-7(d)所示。

注意：不要漏画两截平面的交线。

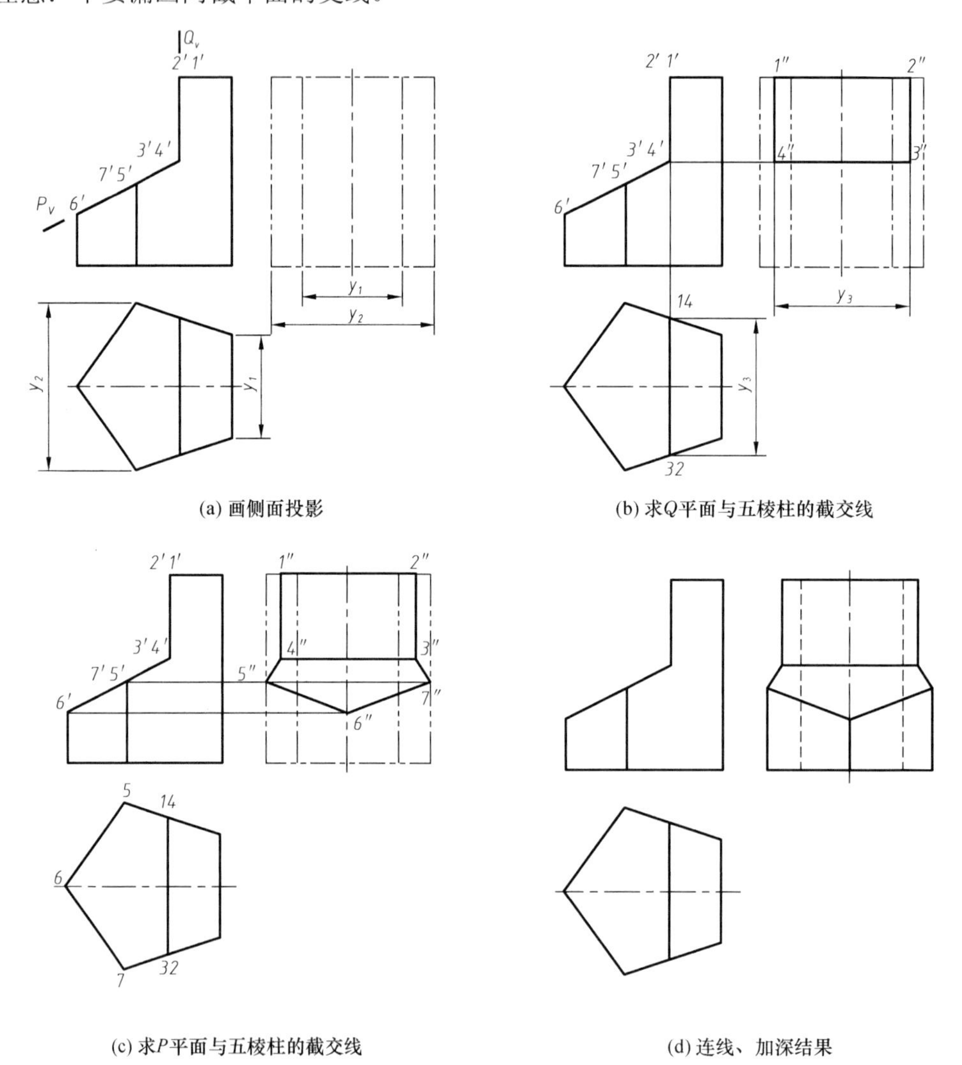

图 3-7 正垂面 P 和侧平面 Q 截切五棱柱

2. 平面与棱锥相交

例 3-5 如图 3-8(a)所示为一四棱锥用 P 平面截切，补全截切后立体的水平投影，并求其侧面投影。

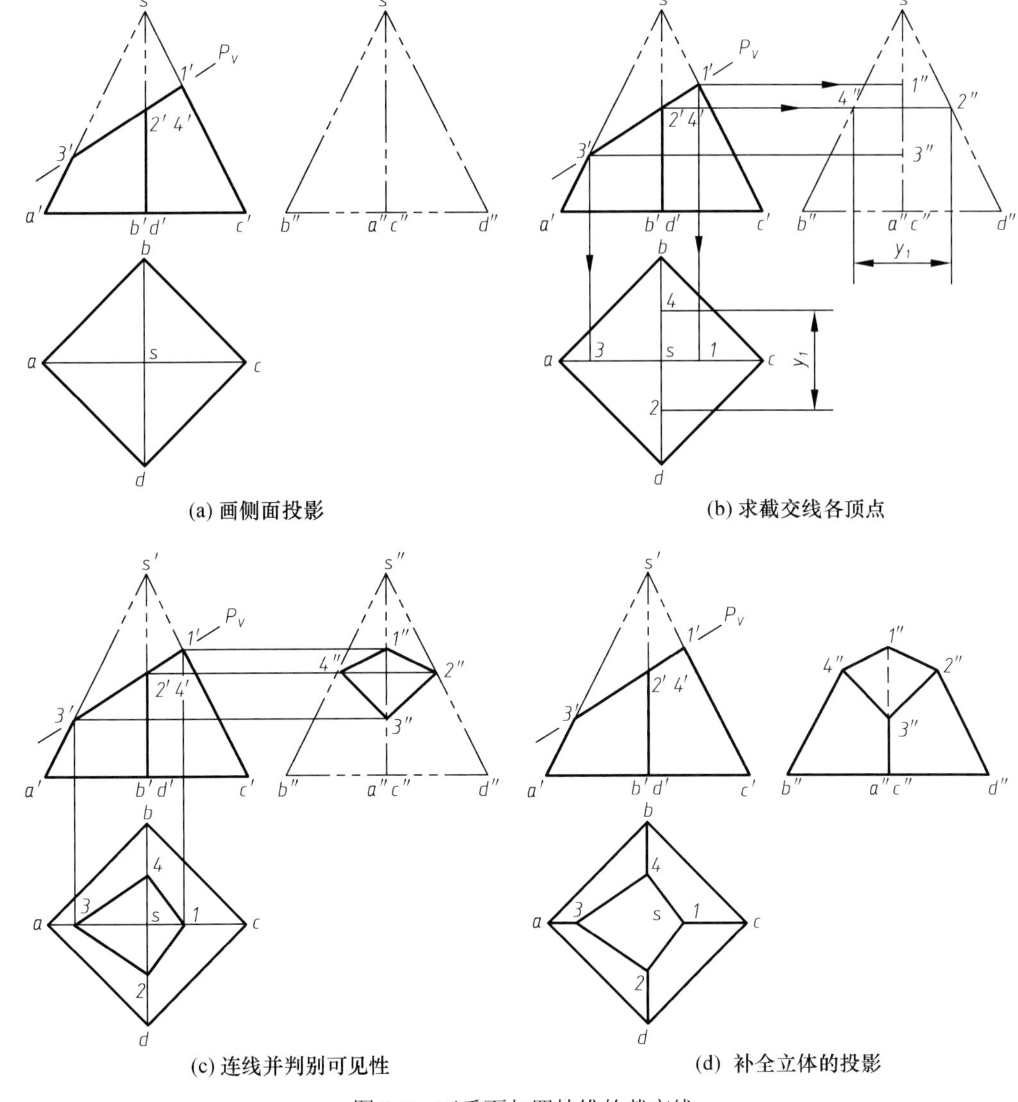

(a) 画侧面投影　　(b) 求截交线各顶点

(c) 连线并判别可见性　　(d) 补全立体的投影

图 3-8　正垂面与四棱锥的截交线

分析　从正面投影中可看出，截平面 *P* 与四棱锥的四条棱线 *SA*、*SB*、*SC*、*SD* 都相交，交点分别为Ⅰ、Ⅱ、Ⅲ、Ⅳ，因此截交线是一个四边形。

作图

(1) 画出四棱锥的侧面投影，如图 3-8(a)所示。

(2) 分别求截平面 *P* 与四棱锥的四条棱线 *SA*、*SB*、*SC*、*SD* 的交点Ⅰ、Ⅱ、Ⅲ、Ⅳ，如图 3-8(b)所示。

(3) 连线并判断可见性，求出截交线，如图 3-8(c)所示。连线时注意同一表面的两点才可连线。

(4) 补全投影(加深四棱锥被截断后的投影，擦除被切除掉部分的投影)，如图 3-8(d)所示。

例 3-6　如图 3-9(a)所示，三棱锥被一正垂面 *P* 和一水平面 *Q* 截切，求截切后立体的侧面投影，并补全水平投影。

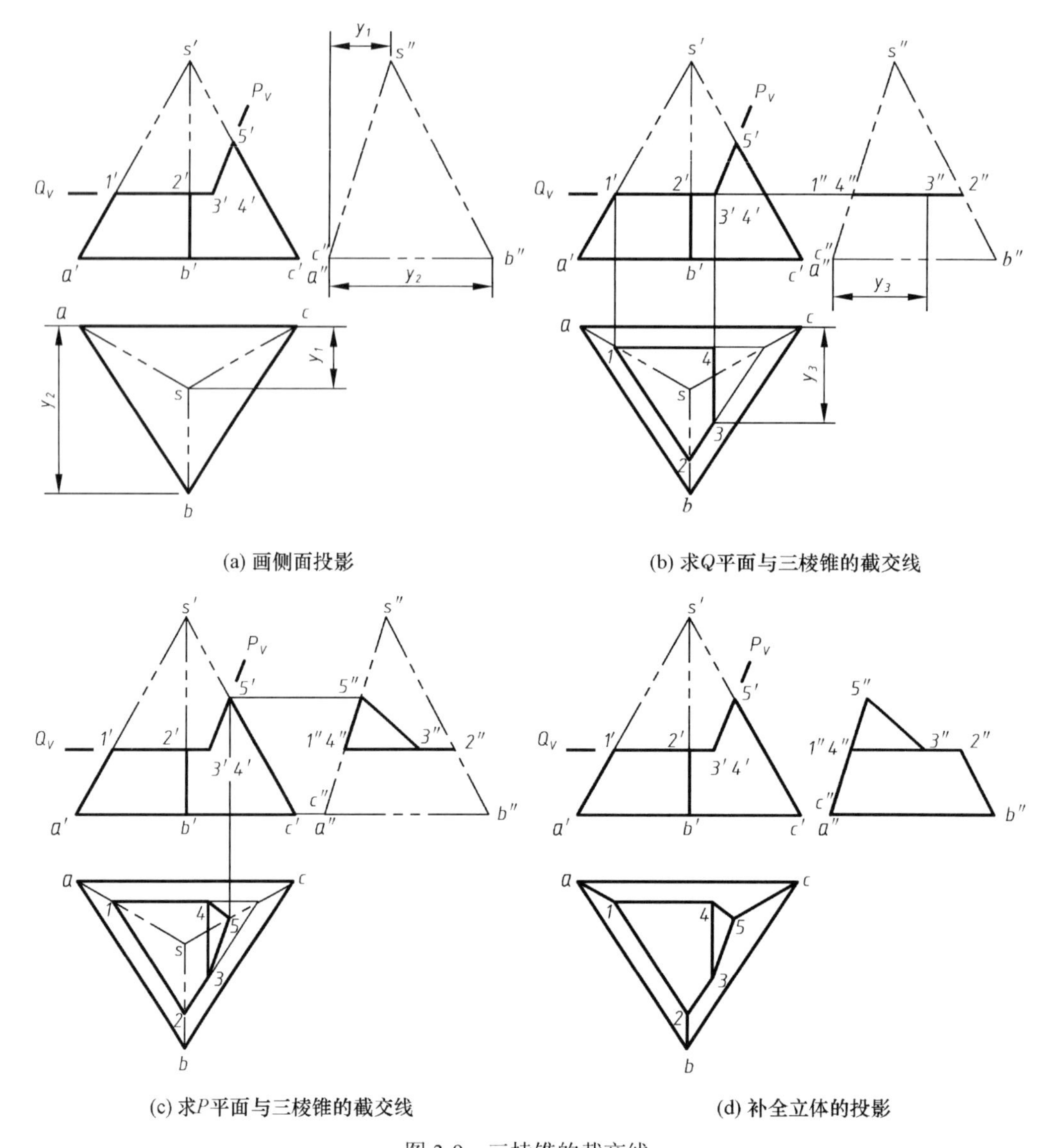

(a) 画侧面投影　　(b) 求Q平面与三棱锥的截交线

(c) 求P平面与三棱锥的截交线　　(d) 补全立体的投影

图 3-9　三棱锥的截交线

分析　如图 3-9(a)所示，P 平面与 Q 平面相交，交线为三棱锥前后表面上的两点Ⅲ、Ⅳ。Ⅲ、Ⅳ既在 Q 平面上，也在 P 平面上。Q 平面与三棱锥的棱线 SA、SB 相交，交点为Ⅰ、Ⅱ，因此 Q 平面的截交线为四边形ⅠⅡⅢⅣ；P 平面与三棱锥的棱线 SC 相交，交点为Ⅴ，因此 P 平面的截交线为三角形ⅢⅣⅤ。

作图

(1)画出三棱锥的侧面投影，如图 3-9(a)所示。

(2)求出 Q 平面与三棱锥的截交线ⅠⅡⅢⅣ，如图 3-9(b)所示。

(3)求出 P 平面与三棱锥的截交线ⅢⅣⅤ，如图 3-9(c)所示。

(4)补全投影(加深三棱锥被截切后的投影，擦除被切除掉部分的投影)，如图 3-9(d)所示。

3.3 曲面立体的投影及其表面上的点

工程中常见的曲面立体有圆柱、圆锥、球、圆环以及由它们组合而成的复合立体。根据这些立体的形成过程，也称为回转体。

画回转体的投影时，应注意以下几点。

(1) 由于回转体都存在着轴线，因此，画回转体的投影时，不仅要画出回转体表面的投影，还应画出其轴线的投影，如图 3-11(a) 所示。

(2) 对于回转体上曲面的投影不仅要画出曲面边界的投影，还要画出曲面投影的转向轮廓线。曲面投影的转向轮廓线是曲面上可见与不可见分界线的投影，如图 3-11(a) 所示，正面投影的转向轮廓线是前后表面分界线——最左、最右素线 AA_1、BB_1 的正面投影；侧面投影的转向轮廓线是左右表面分界线——最前、最后素线 CC_1、DD_1 的侧面投影。

(3) 当回转体的投影为圆时，应画出圆的对称中心线，如图 3-11(a) 所示。

3.3.1 圆柱

如图 3-10 所示，圆柱可以看成是由线段 L、L_1、L_2 和 L_3 组成的矩形平面绕边线 L 旋转一周形成，其中，L_1 旋转形成圆柱体的顶面，L_2 旋转形成圆柱体的圆柱面，L_3 旋转形成圆柱体的底面，L 称为回转轴或轴线。

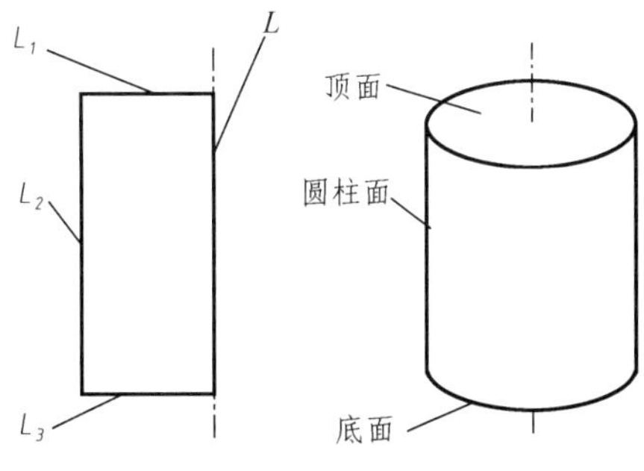

图 3-10　圆柱形成

1. 圆柱的投影

如图 3-11 所示，当轴线为铅垂线时，圆柱面上所有素线都是铅垂线，圆柱面的水平投影积聚为一个圆，圆柱的上顶面和下底面的水平投影反映其实形——圆。

在水平投影中，用点画线画出对称中心线，对称中心线的交点就是轴线的水平投影。以对称中心线的交点为圆心，底圆半径长为半径画圆，即为圆柱的水平投影。

在正面投影中，圆柱的轴线用点画线画出。上顶面和下底面的投影都积聚成垂直于轴线的直线段，其长度等于圆的直径；而圆柱面的正面投影则由其正面投影的转向轮廓线 $a'a_1'$、$b'b_1'$(最左、最右两条素线 AA_1、BB_1 的投影) 及其上下边界线 $ACBDA$、$A_1C_1B_1D_1A_1$ 的投影来确定，此时，上下边界线的正面投影与上顶面、下底面的正面投影重合。最左、最右的两条素线 AA_1 和 BB_1 把圆柱面分为前、后两部分，前半圆柱面在正面投影中可见，后半圆柱面在正面投影中为不可见；它们的水平投影积聚为圆周上的最左、最右两点，而其侧面投影都与轴线的侧面投影重合，由于它们的侧面投影不是转向轮廓线，因此在侧面投影中不画出其投影。

同理，可以得到圆柱体的侧面投影，如图 3-11 所示。侧面投影中前、后两侧的 $c''c''_1$ 和 $d''d''_1$ 线是圆柱面侧面投影的转向轮廓线，即最前、最后两条素线 CC_1 和 DD_1 的投影。最前、最后的两条素线 CC_1 和 DD_1 把圆柱面分为左、右两部分，左半圆柱面在侧面投影中可见，右半圆柱面在侧面投影中为不可见；它们的水平投影积聚为圆周上的最前、最后两点，而其正面投影都与轴线的正面投影重合，由于它们的正面投影不是转向轮廓线，因此在正面投影中不画出其投影。

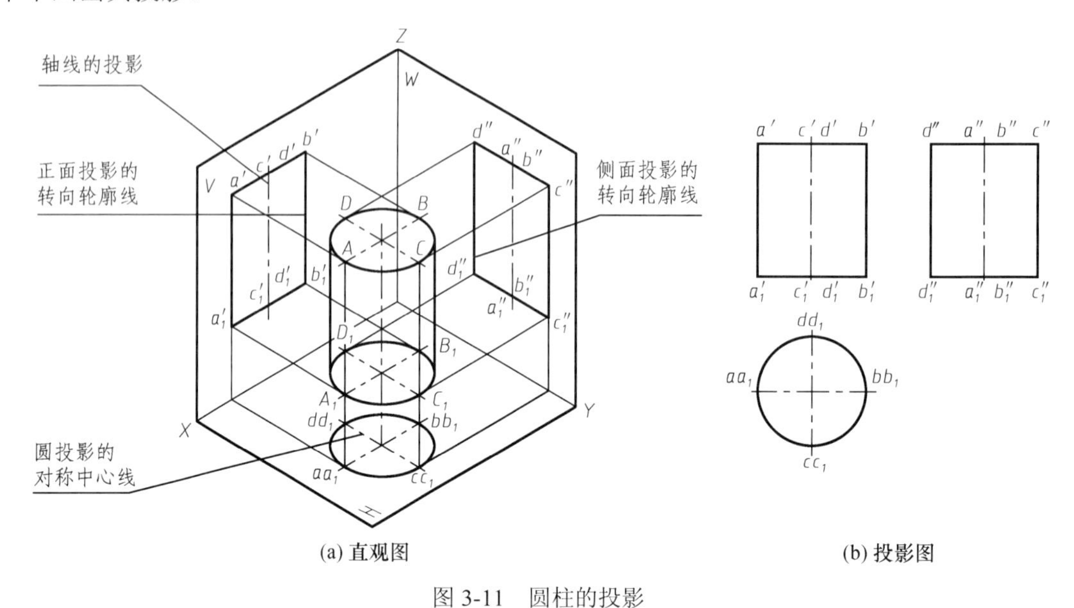

(a) 直观图　　(b) 投影图

图 3-11　圆柱的投影

2. 圆柱表面的点

例 3-7　如图 3-12(a)所示，已知圆柱表面上的点 A、B 及 C 的一个投影，求它们的另外两个投影。

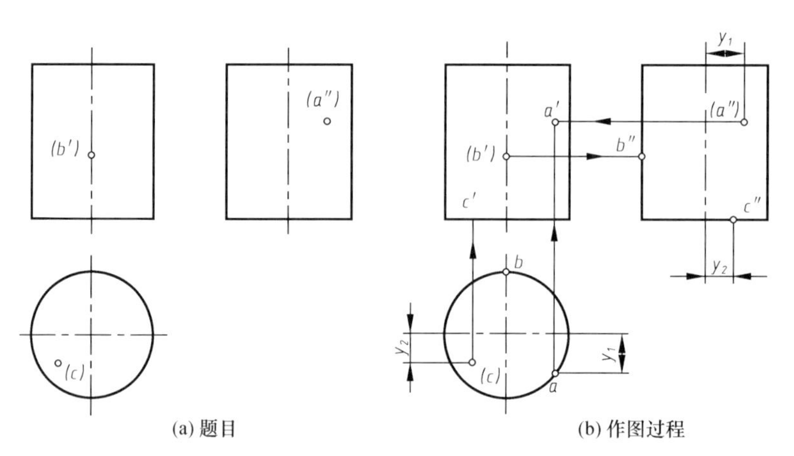

(a) 题目　　(b) 作图过程

图 3-12　圆柱表面定点

分析　由于圆柱的轴线为铅垂线，圆柱体的柱表面在水平面上的投影具有积聚性，而上顶面和下底面的正面投影与侧面投影具有积聚性。在圆柱表面上取点时，可利用投影的积聚性作图。

作图

(1) 求 a、a'。

由 a''的位置及其不可见性可以判断点 A 处在圆柱面的右前部位，其水平投影 a 必积聚在右前部的 1/4 圆周上，根据投影关系“宽相等”先求出 a，然后根据高平齐、长对正的投影关系由 a、a''求出 a'，如图 3-12(b)所示。

(2)求 b、b''。

由 b' 的位置及其不可见性，可以判断点 B 必在圆柱面的最后素线上，根据线上定点的作图方法即可得到 b 和 b''，如图 3-12(b)所示。

(3)求 c'、c''。

由 c 可知，点 C 在圆柱底面上。根据底面正面投影和侧面投影的积聚性，可以在正面、侧面投影上找到 c' 和 c''，如图 3-12(b)所示。

3.3.2 圆锥

如图 3-13 所示，圆锥可看成由直线段 L、L_1 和 L_2 组成的三角形平面绕边线 L 旋转一周形成。其中，L_1 旋转形成圆锥面，L_2 旋转形成底面，直线 L 称为回转轴或轴线。

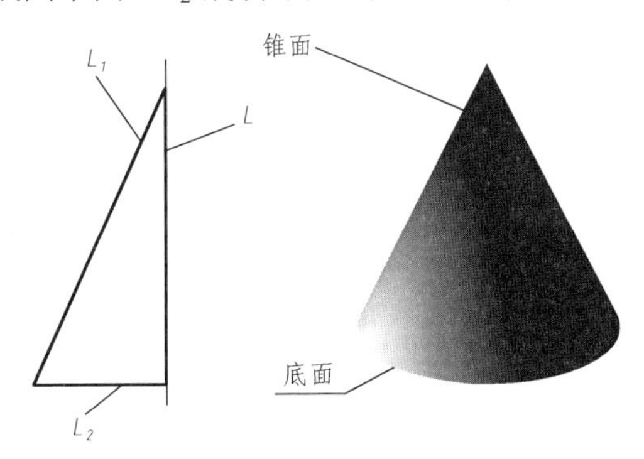

图 3-13　圆锥形成

1. 圆锥的投影

如图 3-14(a)所示，当圆锥的轴线为铅垂线时，底面处于水平，底面水平投影反映底圆的实形，正面投影、侧面投影分别积聚成直线段，长度等于圆的直径。

在水平投影中，用点画线画出对称中心线。对称中心线的交点是轴线的水平投影，也是锥顶 S 的水平投影 s。以对称中心线的交点为圆心，底圆半径长为半径画圆，即为圆锥的水平投影。

在正面投影中，用点画线画出轴线的正面投影，底面的投影积聚成垂直于轴线投影的直线段，其长度等于底圆的直径。根据圆锥高度在轴线上确定锥顶的正面投影 s'，画出正面投影的转向轮廓线 $s'a'$ 和 $s'b'$，即最左、最右素线 SA、SB 的投影。最左、最右素线 SA、SB 把圆锥面分为前、后两部分；前半圆锥面在正面投影中为可见，后半圆锥面在正面投影中为不可见；它们的水平投影 sa 和 sb 与圆的水平方向的对称中心线重合，侧面投影 $s''a''$和 $s''b''$ 与轴线的侧面投影重合，由于它们的侧面投影不是转向轮廓线，因此，在侧面投影中不画出其投影。

同理，可以得到圆锥的侧面投影，如图 3-14 所示。侧面投影中前、后两侧的 $s''c''$和 $s''d''$ 是圆锥面侧面投影的转向轮廓线，即最前、最后素线 SC、SD 的投影。最前、最后两条素线 SC 和 SD 把圆锥面分为左、右两部分，左半圆锥面在侧面投影中可见，右半圆锥面在侧面投影中为不可见；它们的水平投影 sc 和 sd 与圆的竖直方向的对称中心线重合，正面投影 $s'c'$ 和 $s'd'$ 与轴线的正面投影重合，由于它们的正面投影不是转向轮廓线，因此在正面投影中不画出其投影。

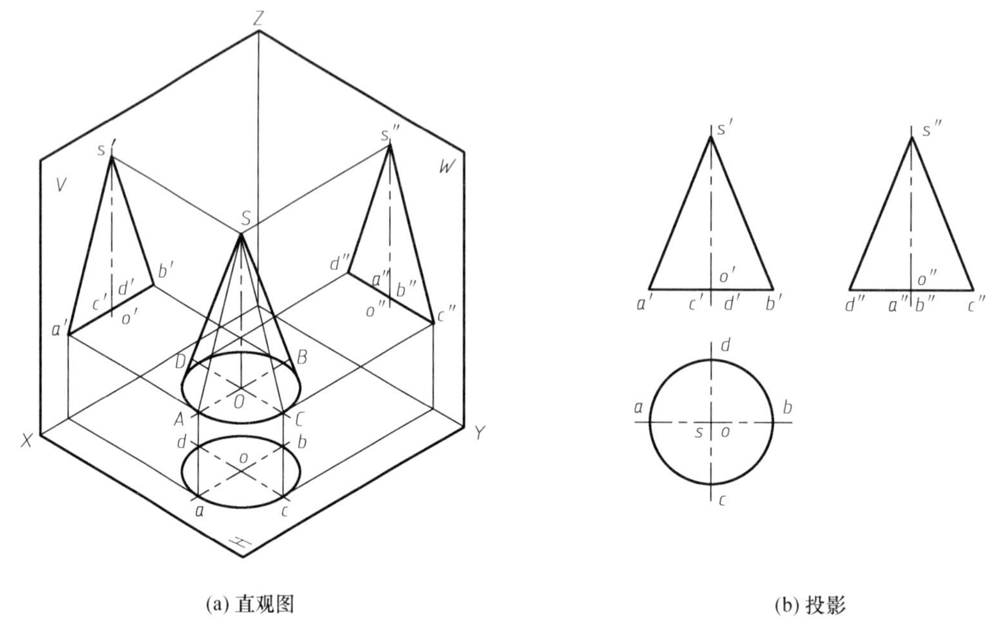

(a) 直观图 (b) 投影

图 3-14 圆锥的投影

2. 圆锥表面的点

从图 3-14(b)分析锥顶的投影和底圆投影可知：圆锥面的水平投影和底面圆的水平投影相重影，正面投影和侧面投影均为三角形，因此锥面的三个投影都没有积聚性。求作圆锥面上的点，需在圆锥面上通过点作辅助线来解决问题。为了便于作图，应选锥面上的素线或垂直于轴线的纬圆作为辅助线，这种圆锥表面定点的方法称为素线法或纬圆法，如图 3-15 所示。

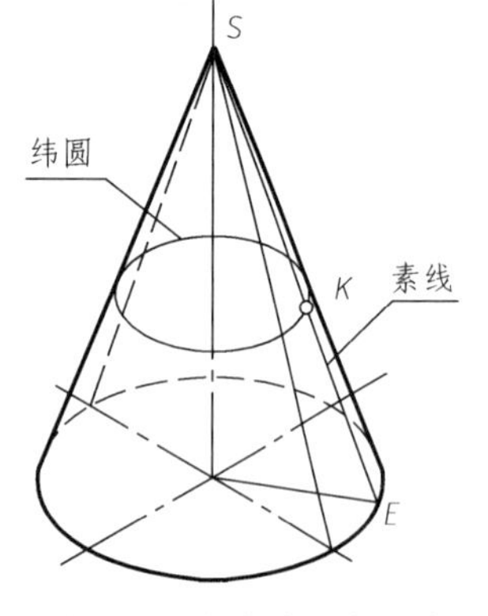

图 3-15 素线法和纬圆法

例 3-8 如图 3-16(a)所示，已知圆锥面上点 K 的正面投影 k'，试画出其另外两个投影。

分析 由于圆锥面的三个投影都没有积聚性，所以需要在圆锥面上通过点 K 作一条辅助线：素线或纬圆，然后利用点在线上的作图特点求点的投影。

作图

素线法：参见图 3-15，连点 S 和 K，并延长使之交底圆于点 E，因 k' 为可见，故 SE 位于圆锥面前半部，点 E 也在底圆的前半圆周上。

(1) 过 k' 作直线 $s'e'$（即圆锥面上辅助素线 SE 的正面投影），如图 3-16(b)所示。

(2) 作出 SE 的水平投影 se 和侧面投影 $s''e''$。

(3) 点 K 在 SE 上，故 k 和 k'' 必分别在 se 和 $s''e''$ 上。K 点位于右半圆锥面上，所以 k'' 不可见。

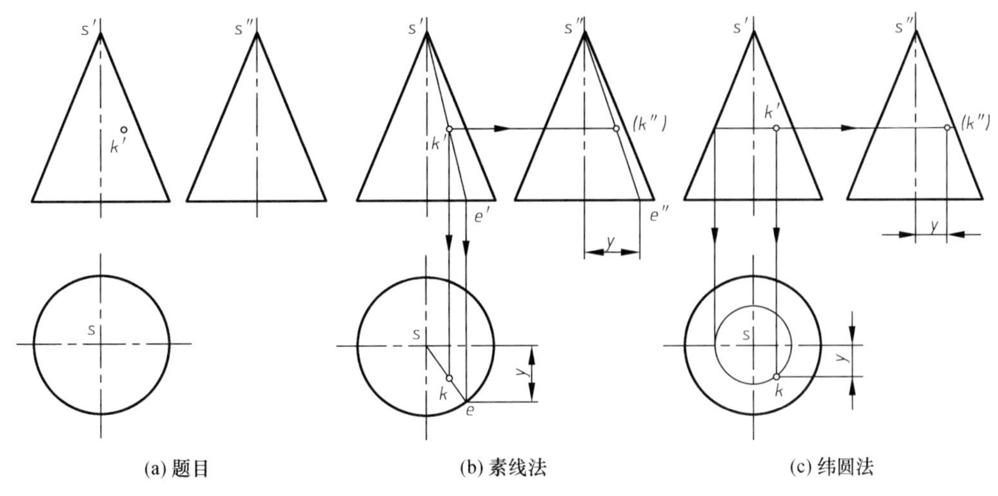

(a) 题目　　(b) 素线法　　(c) 纬圆法

图 3-16　圆锥面上定点

纬圆法：参见图 3-15，通过点 *K* 在圆锥面上作垂直于轴线的水平纬圆，这个圆实际上就是点 *K* 绕轴线旋转所形成的。

(1) 过 *k*′ 作直线与轴线垂直(纬圆的正面投影)，与正面投影的转向轮廓线相交，两交点间的长度即为纬圆的直径，如图 3-16(c) 所示。

(2) 作出反映纬圆实形的水平投影。

(3) 因点 *K* 在圆锥面的前半部分，故由 *k*′ 向水平投影作投影连线交前半纬圆于 *k*，再由 *k*′、*k* 求出 *k*″。

3.3.3　球

球体只有一个表面即球面，球面是由圆绕其直径旋转形成的回转面。

1. 球的投影

如图 3-17 所示，球在三个投影面上的投影都是与球直径相等的圆。虽然三个投影的形状

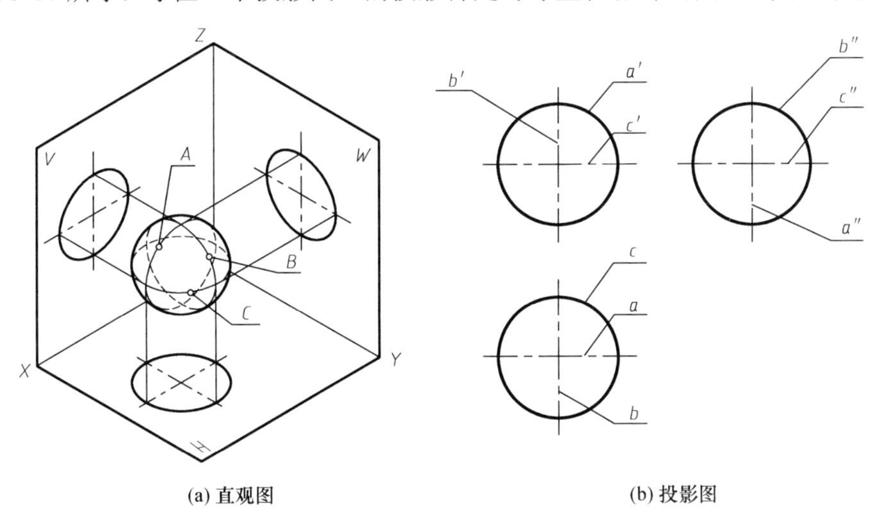

(a) 直观图　　(b) 投影图

图 3-17　球的投影

与大小都一样，但实际意义不同，它们分别是球面在三个投影面上的转向轮廓线。正面投影的转向轮廓线是前后球面的分界圆 A 的投影，圆 A 也是球面上平行于正面投影面的最大圆；水平投影的转向轮廓线是上下球面的分界圆 C 的投影，圆 C 也是球面上平行于水平投影面的最大圆；侧面投影的转向轮廓线是左右球面的分界圆 B 的投影，圆 B 也是球面上平行于侧面投影面的最大圆。

2. 球表面的点

由于球表面没有积聚性，因此，求作球表面上的点，需在球表面上通过点作辅助纬圆的方法来解决问题。为了便于作图，在球表面上取与某一投影面平行的圆作为辅助线。

例 3-9 如图 3-18(a)所示，已知球表面上点 K 的水平投影，试求其另外两个投影。

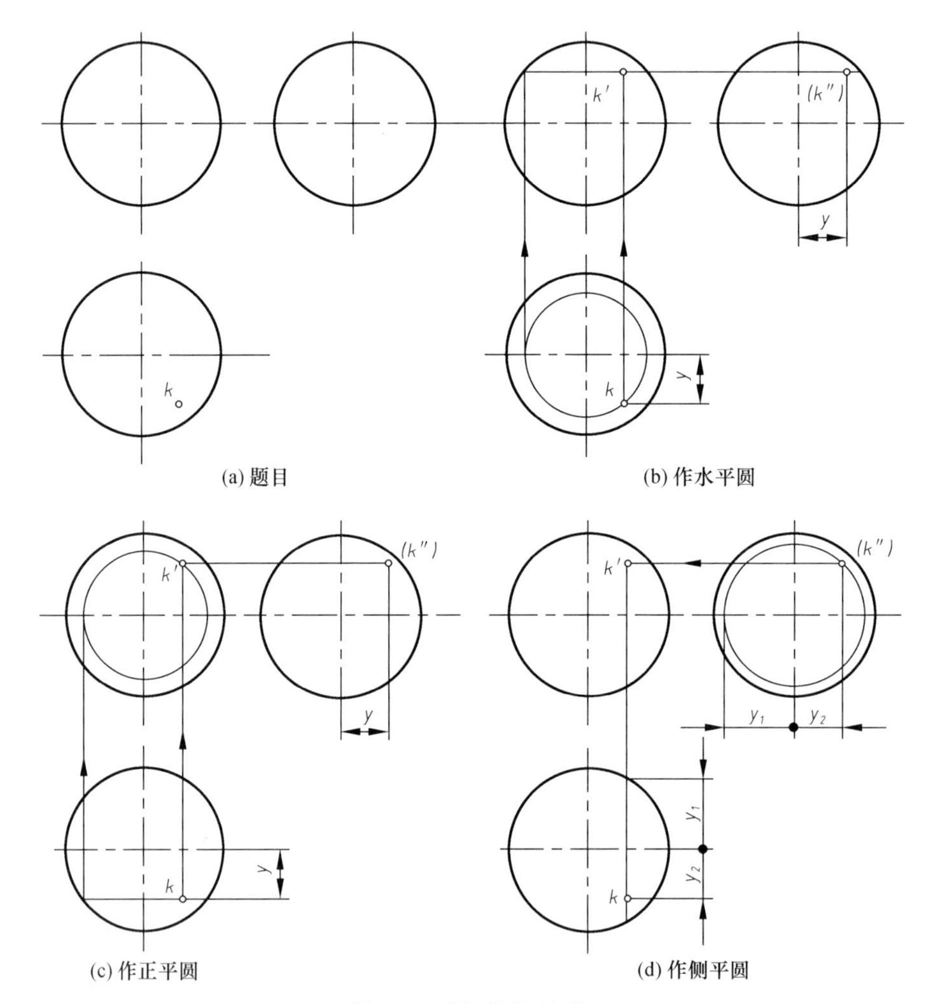

(a) 题目　　(b) 作水平圆

(c) 作正平圆　　(d) 作侧平圆

图 3-18　圆球面上取点

分析　由于点 K 的水平投影可见，故点 K 处于球的上表面。

作图

(1)在水平投影上过点 k 作一个水平圆，如图 3-18(b)所示。

(2) 求出该圆的正面投影和侧面投影，并根据投影关系确定 k' 和 k''。也可以作一个与 V 面或 W 面平行的圆，如图 3-18 (c) 和图 3-18 (d) 所示。

3.3.4 圆环

如图 3-19 所示，圆环可以看成是由一个圆绕圆外轴线 L (L 与圆在一个平面上) 旋转一周形成。其中，远离轴线的半圆形成外环面，距轴线比较近的半圆形成内环面。

1. 圆环的投影

图 3-20 为圆环的投影图。在正面投影中，左、右两圆及与之相切的两段直线是圆环面的正面投影的转向轮廓线。其中两圆是圆环面上最左、最右两素线的投影，实线半圆在外环面上，虚线半圆在内环面上(被前外环面挡住，故画成虚线)。上、下两段直线是内、外环面的两个分界圆的投影。在正面投影图中，外环面的前半部可见，后半部不可见，内环面均为不可见。

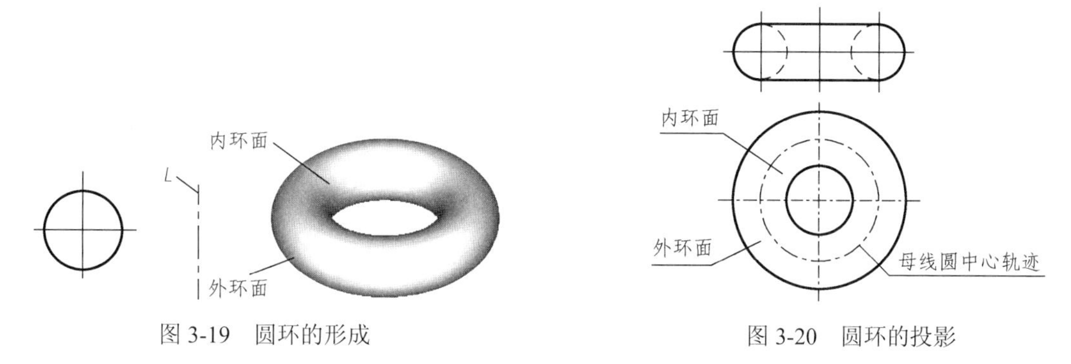

图 3-19　圆环的形成

图 3-20　圆环的投影

在水平投影中，圆环水平投影的转向轮廓线为两个圆，这两个圆是圆环面上下表面分界线的投影，上表面在水平投影中可见，下表面不可见。点画线圆为母线圆中心轨迹的投影。

2. 圆环面上的点

同球表面一样，圆环面的投影没有积聚性。因此，在圆环表面上求作点，需通过在圆环表面上作与轴线垂直的纬圆，然后利用纬圆法求作圆环表面上点的投影。

例 3-10　如图 3-21 (a) 所示，已知圆环面上点 A 的一个投影，试求它的另一个投影，并讨论有几个解。

分析　由点 A 的正面投影 a' 可知，点 A 在上圆环面上。因 a' 不可见，所以，点 A 只能在内环面及外环面的后半部分。

作图

(1) 如图 3-21 (b) 所示，过 a' 作轴线的垂线，与投影转向轮廓圆的实线部分相交，交点间的长度为外环面上纬圆的直径，与投影转向轮廓圆的虚线部分相交，交点间的长度为内环面上纬圆的直径。

(2) 根据这两个直径，在水平投影中作出内环面上纬圆 1、外环面上纬圆 2。过点 a' 的投影连线与纬圆 1 的两个交点和与纬圆 2 的后半部分的交点都有可能是点 A 的水平投影 a，因此，A 点的水平投影 a 共有三种可能。

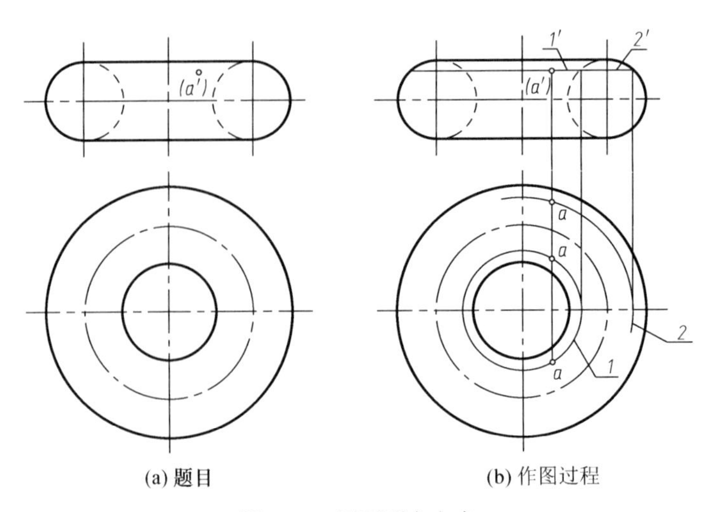

图 3-21　圆环面上定点

3.3.5　复合回转体

复合回转体是具有两个以上的同轴回转面。图 3-22(a)的复合回转体包含了同轴线的圆柱面和圆锥面，圆柱面和圆锥面相交，交线为 A 圆；图 3-22(b)的复合回转体包含了同轴线的圆柱面和球面，圆柱面和球面相切，切线为 B 圆，不画出其投影；图 3-22(c)的复合回转体包含了同轴线的圆锥面、圆柱面、圆环面和球面，相邻两回转面不是相交就是相切。

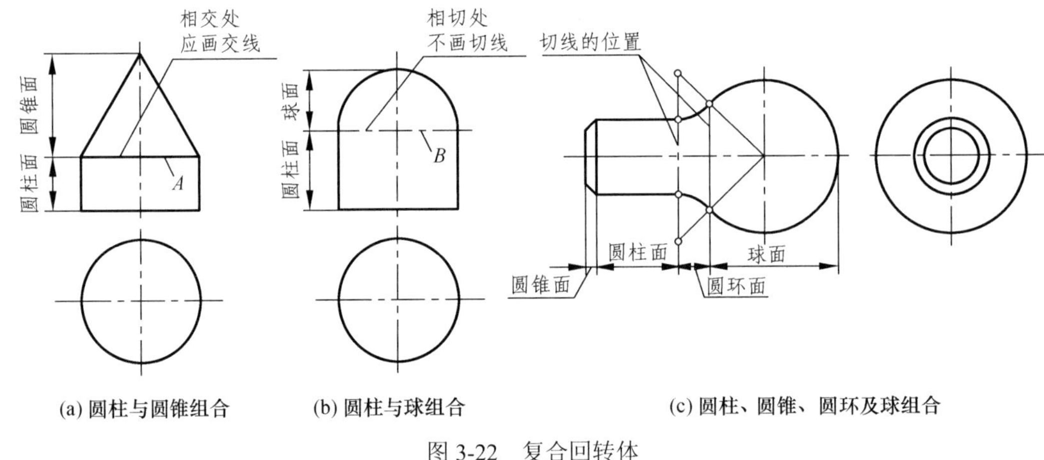

图 3-22　复合回转体

当两同轴回转面相交时，两同轴回转面有非常明显的分界线即交线，交线一定要画；当两同轴回转面相切时，两同轴回转面在切线处光滑过渡，不画切线的投影，但应明确切线的位置，如图 3-22(c)所示。

3.4　平面与曲面立体相交

平面与曲面立体相交，可以看成是曲面立体被截平面所截切，所截得交线为截交线。

3.4.1　曲面立体截交线的性质

(1) 如图 3-23 所示，曲面立体的截交线为曲面立体表面和截平面的共有线，截交线上的点为立体表面和截平面的共有点。

(2) 曲面立体的截交线通常是封闭的平面曲线，或是由曲线和直线所围成的平面图形及由直线所围成的平面多边形，如图 3-23 所示。

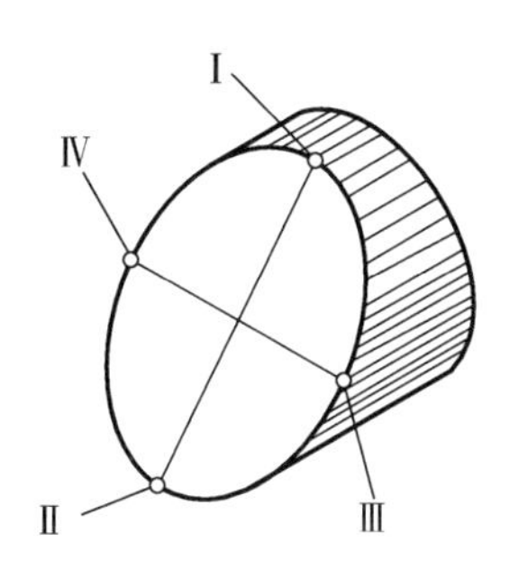

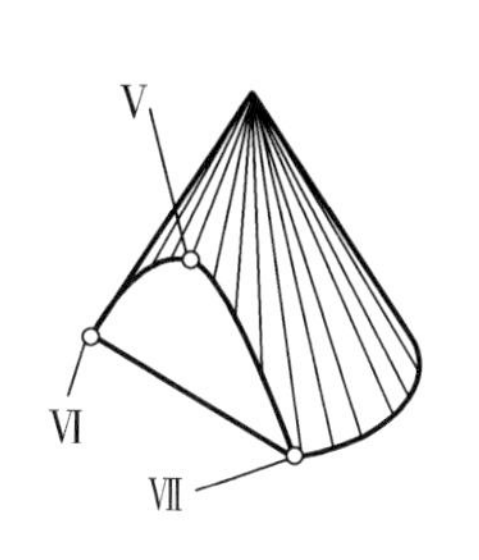

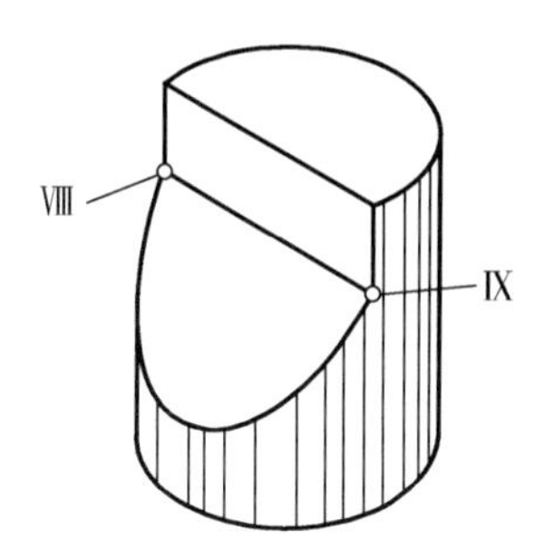

图 3-23　曲面立体的截交线

3.4.2　求曲面立体截交线的方法与步骤

截交线的形状取决于曲面立体表面的性质和截平面的位置，当截交线为曲线时，一般需要通过求曲线上一系列点的投影，并依次光滑连接求出截交线的投影。这一系列点包括特殊点和一般点。特殊点是指截交线上确定其范围的点(最高、最低、最前、最后、最左和最右点)，以及截交线上处于曲面投影转向轮廓线上的可见与不可见的分界点和曲线本身具有的特征点，如图 3-23 中椭圆长短轴上四个端点(点Ⅰ、点Ⅱ、点Ⅲ、点Ⅳ)、不封闭曲线的端点(点Ⅵ、点Ⅶ)、多个截平面截切时相邻两截平面交线的端点(点Ⅷ、点Ⅸ)都属于特殊点。当截交线为直线段时，只需求直线段的两个端点的投影，然后连接成截交线的投影。

不论截交线上的点是直线的端点还是曲线上一系列点，根据截交线的性质，这些点都是截平面与曲面立体表面的共有点。当曲面立体表面的投影有积聚性时，可利用积聚性求出截交线上一系列点的投影；当曲面立体表面的投影没有积聚性时，需根据曲面立体的表面性质，用素线法或纬圆法求出截交线上一系列点的投影。

求曲面立体截交线的步骤如下：

(1) 根据截平面位置与曲面立体表面的性质，分析截交线的形状。

(2) 确定截交线上特殊点的数量及其位置，并求特殊点的投影。

(3) 根据需要取适当的一般点(通常在两个特殊点之间应取一个一般点)，并求一般点的投影。

(4) 顺次光滑连接各点，并判别可见性，求出截交线。

(5) 补全曲面立体被截割后的投影，擦除被切掉部分的投影。

下面以具体例子来说明平面和各种曲面体相交，求其截交线的方法与步骤。

1. 平面与圆柱体相交

平面与圆柱体相交时，截平面与圆柱轴线的相对位置不同，截交线有三种情况，见表 3-1。

表 3-1 平面与圆柱体相交

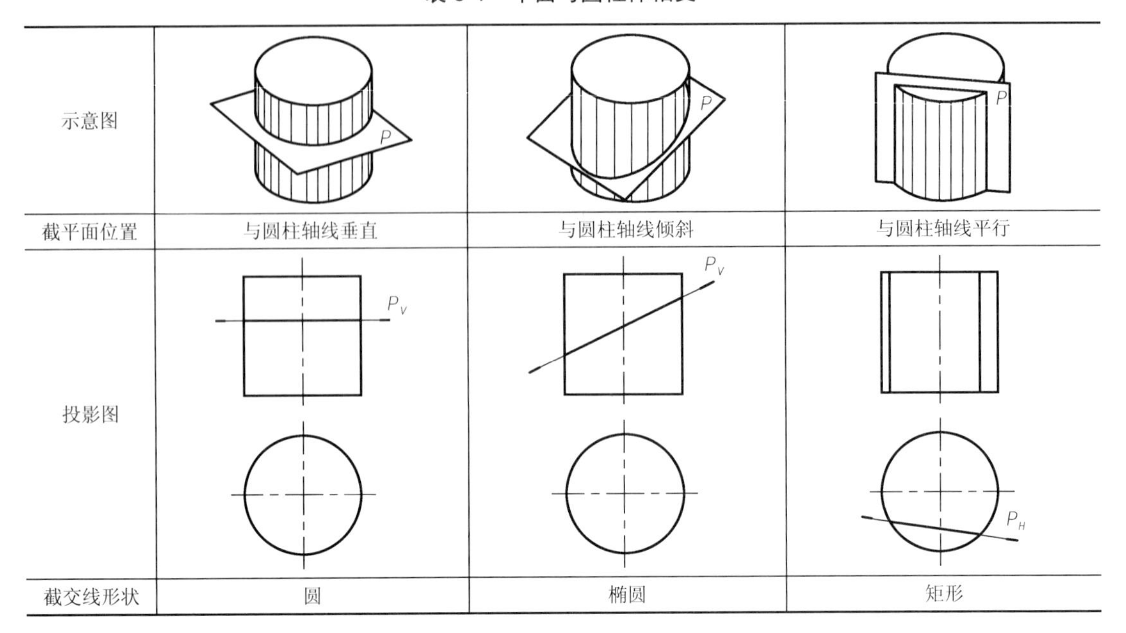

示意图			
截平面位置	与圆柱轴线垂直	与圆柱轴线倾斜	与圆柱轴线平行
投影图			
截交线形状	圆	椭圆	矩形

例 3-11 如图 3-24(a)所示，正垂面 P 与圆柱斜交，求其截交线。

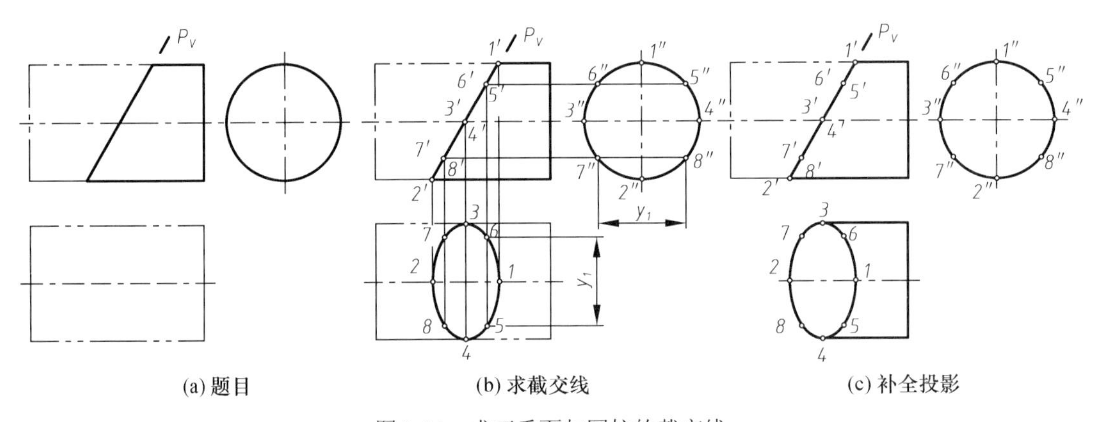

(a) 题目　(b) 求截交线　(c) 补全投影

图 3-24 求正垂面与圆柱的截交线

分析 从图 3-24(a)可以看出，正垂面 P 与圆柱轴线倾斜，截交线为椭圆。由于 P 平面的正面投影和圆柱面的侧面投影都有积聚性，所以截交线的正面投影积聚在截平面 P 的正面迹线 P_V 上，侧面投影积聚在圆柱面的侧面投影(圆周)上，只需求其水平投影。

作图

(1) 补画出圆柱的水平投影，如图 3-24(a)所示。

(2) 求截交线上特殊点的投影，如图 3-24(b)所示。

正面转向轮廓线上的点 1′、点 2′是交线上的最上、最下点Ⅰ、点Ⅱ的正面投影，Ⅰ、Ⅱ两点是圆柱最上、最下素线上的点，其水平投影在轴线上；3′、4′是交线上的最前、最后点Ⅲ、点Ⅳ的正面投影，Ⅲ、Ⅳ两点是圆柱最前、最后素线上的点，其水平投影在水平投影的转向轮廓线上。有时某一特殊点可代表几个含义，如点Ⅰ，既是最上点也是最右点，还是椭圆长(短)轴的一个端点，所以在本例中，只需求出最上、最下素线和最前、最后素线上的点Ⅰ、点Ⅱ、点Ⅲ、点Ⅳ，即求出了所有特殊点。

(3)求一般点。

在交线积聚性的正面投影上确定一般点的适当位置如5′、6′，再根据圆柱面在侧面投影上的积聚性确定5″、6″，最后根据投影规律求出水平投影5、6。用同样的办法可以确定点Ⅶ、点Ⅷ，如图3-24(b)所示。

(4)顺次光滑连接各点，并判别可见性，如图3-24(b)所示。

(5)补全圆柱体被截切后的投影，擦除被切除部分的投影，如图3-24(c)所示。

例3-12 如图3-25所示，用*P*、*Q*两平面截切圆柱，求圆柱被截切后的侧面投影。

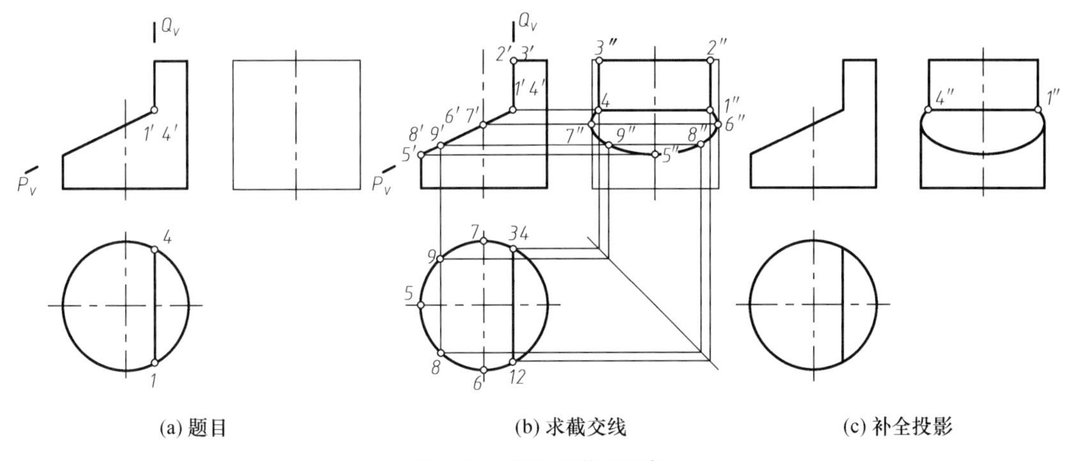

(a)题目 (b)求截交线 (c)补全投影

图3-25 两平面截切圆柱

分析 *Q*平面为侧平面且与圆柱的轴线平行，故与圆柱的截交线为矩形。*P*平面为正垂面且与圆柱的轴线倾斜，但没有完全截切，故与圆柱的截交线为不完整的椭圆。ⅠⅣ是*P*平面与*Q*平面的交线。

作图

(1)如图3-25所示，画出完整圆柱的侧面投影。

(2)求出侧平面*Q*与圆柱的截交线(矩形ⅠⅡⅢⅥ)的投影。

(3)求出正垂面*P*与圆柱的截交线(椭圆的一部分)上的各点，判别可见性，并依次光滑连接各点。注意画出两截平面的交线ⅠⅣ的投影。

(4)补全投影(加深圆柱被截切后的侧面投影)。

当多个平面截切立体时，应根据每个截平面与立体的相对位置，分析其截交线的形状，求出各截交线的投影，并注意画出截平面与截平面交线的投影。

阀轴端部的结构(图3-26(a))是由圆柱体被与其轴线平行的平面*P*和与其轴线垂直的平面*Q*切割而成的，图3-26(b)是它的三视图，读者可根据前面的叙述自行分析其交线的求法。另外，图3-26(c)所示为圆柱体中间挖槽，也是机械零件常见结构，读者可自行分析其交线与图3-26(b)所示交线的异同。

图3-27为空心圆柱被切割的情况，截平面与内外圆柱面都有交线，作图方法与上述相同，但要注意交线的可见性。

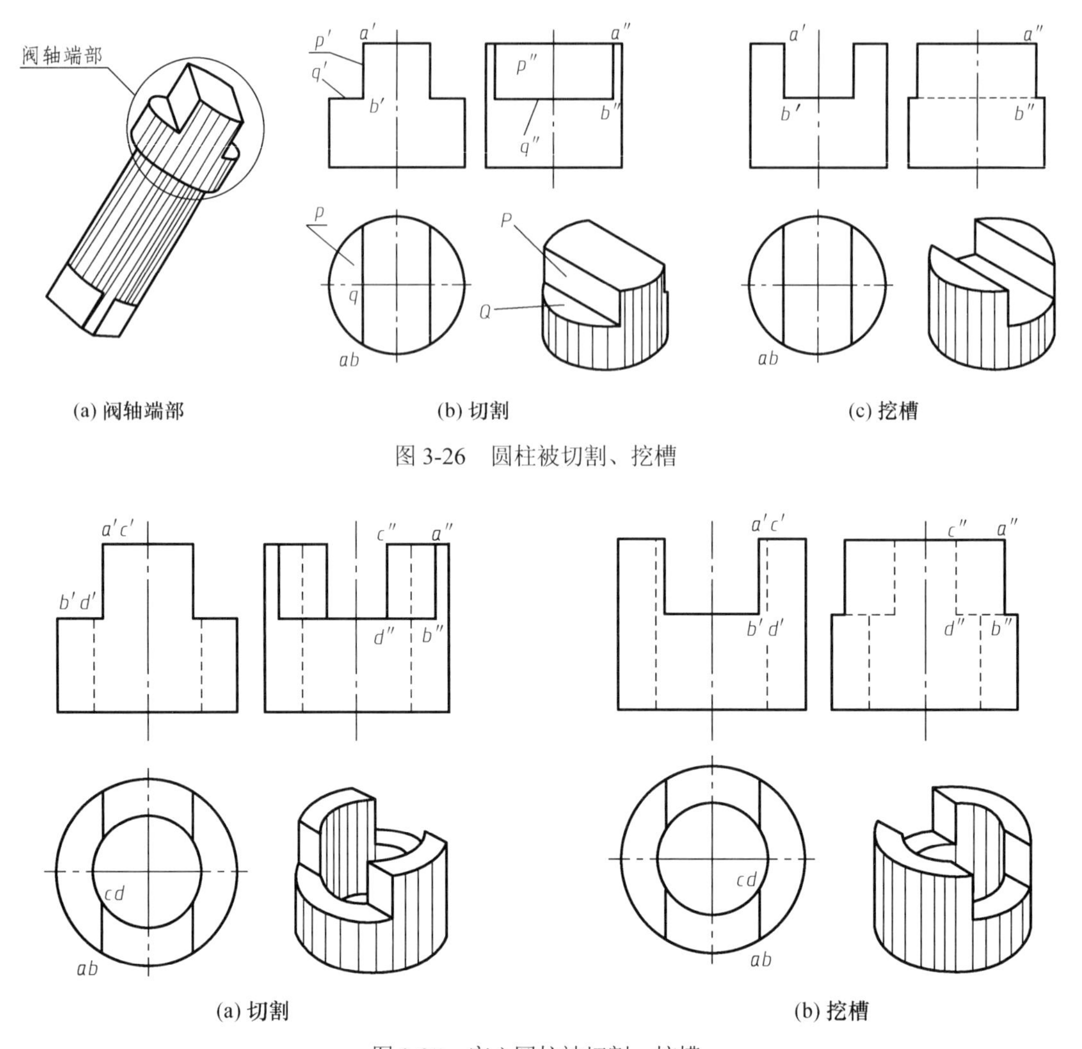

(a) 阀轴端部　　(b) 切割　　(c) 挖槽

图 3-26　圆柱被切割、挖槽

(a) 切割　　(b) 挖槽

图 3-27　空心圆柱被切割、挖槽

2. 平面与圆锥体相交

平面与圆锥体相交时，根据它们的相对位置不同，截交线共有五种情况，见表 3-2。

表 3-2　平面与圆锥体相交

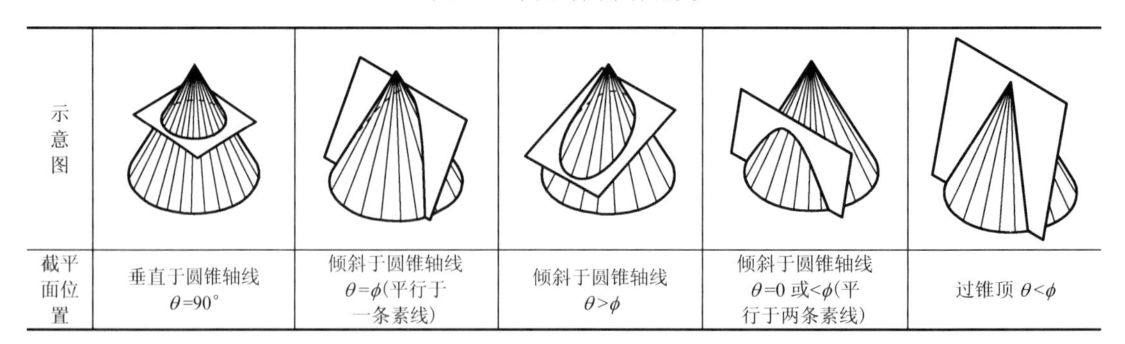

示意图					
截平面位置	垂直于圆锥轴线 θ=90°	倾斜于圆锥轴线 $\theta=\phi$(平行于一条素线)	倾斜于圆锥轴线 $\theta>\phi$	倾斜于圆锥轴线 θ=0 或 $<\phi$(平行于两条素线)	过锥顶 $\theta<\phi$

投影图	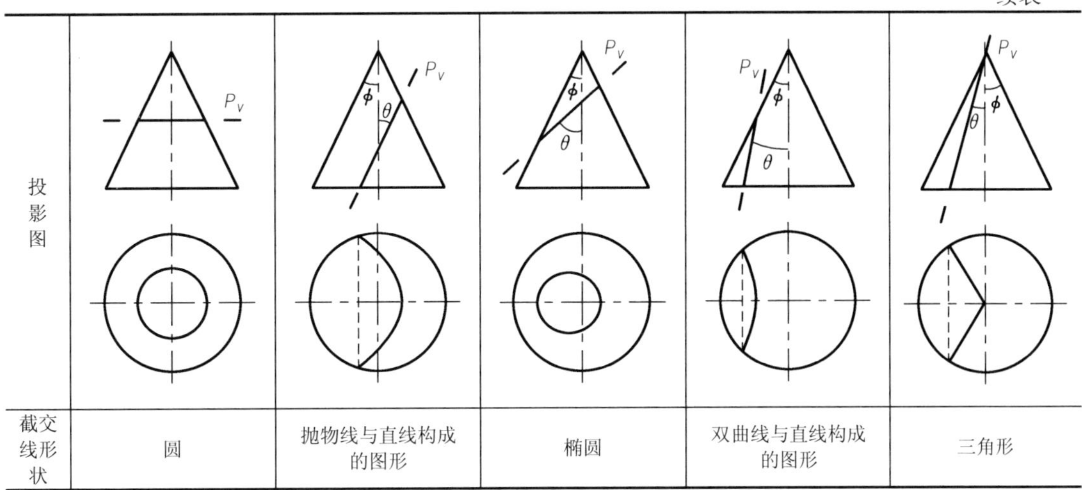				
截交线形状	圆	抛物线与直线构成的图形	椭圆	双曲线与直线构成的图形	三角形

例 3-13 如图 3-28(a)所示，求截平面 P 与圆锥表面交线的水平投影和侧面投影。

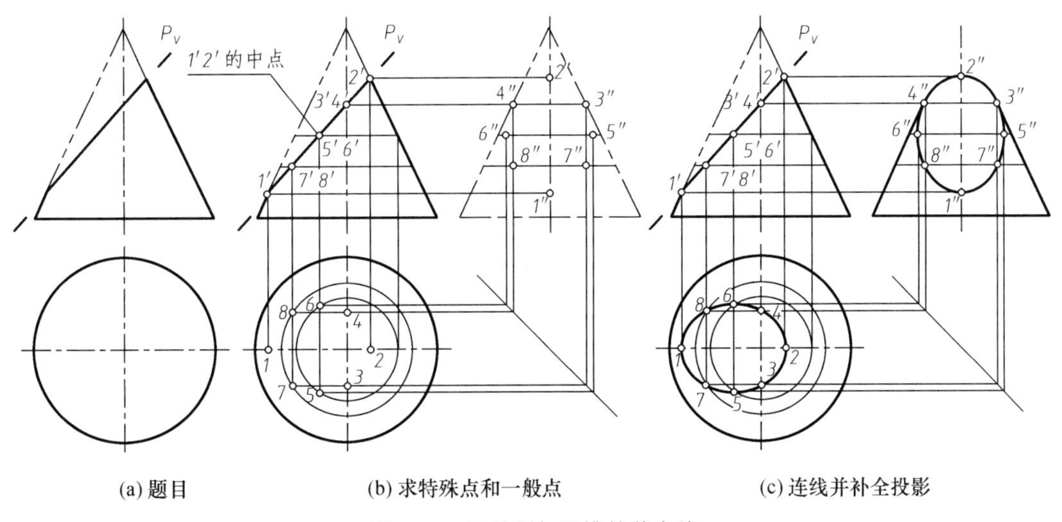

(a) 题目　(b) 求特殊点和一般点　(c) 连线并补全投影

图 3-28　正垂面与圆锥的截交线

分析　从截平面 P 与圆锥的相对位置可以判断截交线为椭圆。由于截平面 P 是正垂面，截交线的正面投影积聚在 P_V 上，其水平投影和侧面投影均为椭圆。

从投影可知，截交线前后对称，最左、最右素线上的点Ⅰ、点Ⅱ的连线为截交线前后对称线。因此，ⅠⅡ是椭圆的一根轴，另一根轴是ⅠⅡ的垂直平分线ⅤⅥ，如图 3-28(b)所示。

作图

(1)画出圆锥的侧面投影，如图 3-28(b)所示。

(2)求截交线上的特殊点，如图 3-28(b)所示。

最左、最右和最前、最后素线上的点Ⅰ、Ⅱ和Ⅲ、Ⅳ，可直接由正面投影 1′、2′和 3′、4′确定其水平投影 1、2、3、4 以及侧面投影 1″、2″和 3″、4″。

ⅠⅡ为椭圆的一根轴，根据椭圆长、短轴互相垂直平分的几何关系，可知另一根轴ⅤⅥ的正面投影 5′6′一定位于 1′2′的中点处，其水平投影和侧面投影可用纬圆法确定。

(3) 求截交线上的一般点，如图 3-28(b) 所示。

在正面投影上，根据已求出的特殊点，在空隙较大的位置上定出 7′、8′两点。同样，用纬圆法求出水平投影 7、8 和侧面投影 7″、8″。

(4) 光滑连接各点并判断可见性，如图 3-28(c) 所示。

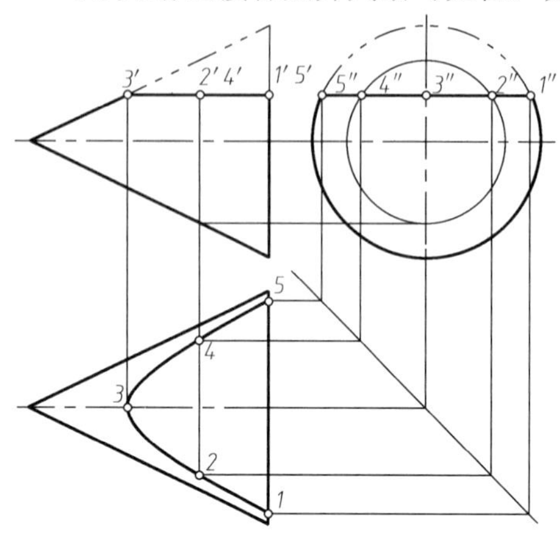

图 3-29　水平面截切圆锥

(5) 补全投影(加深侧面投影上圆锥被截切后的投影)，如图 3-28(c) 所示。

例 3-14　如图 3-29 所示，求水平截平面与圆锥表面交线的水平投影。

分析　由于水平截平面与圆锥的轴线平行，所以截交线为双曲线(单支)和一直线段，其正面投影和侧面投影积聚为直线，只求其水平投影。

作图

(1) 画出圆锥的水平投影，如图 3-29 所示。

(2) 求特殊点。

正面投影转向轮廓线上的 3′是交线上最左点的正面投影，其水平投影 3 可直接由正面投影 3′求出；1′、5′和 1″、5″是交线上最右点的正面投影和侧面投影，根据投影关系确定其水平投影 1、5。

(3) 求一般点。

在正面投影上定出 2′、4′两点，用纬圆法求出侧面投影 2″、4″和水平投影 2、4。

(4) 顺次光滑连接各点并判断可见性。

例 3-15　如图 3-30(a) 所示，用三个平面截切圆锥，求其截交线的水平投影，并补画侧面投影。

分析　从图中可以看出，*P* 平面是通过锥顶的正垂面，它与圆锥面的截交线为相交于锥顶的两条直素线；*R* 平面是垂直于圆锥轴线的水平面，由于与 *P*、*Q* 平面相交没有完全截切圆锥，其截交线为圆的一部分；*Q* 平面是正垂面，根据其与圆锥轴线的相对位置，可知交线为椭圆的一部分。

三个截平面的正面投影都有积聚性，所以截交线的正面投影积聚在截平面的正面迹线 P_V、Q_V 和 R_V 上，只需求截交线的水平投影和侧面投影。

作图

(1) 画出圆锥的侧面投影，如图 3-30(a) 所示。

(2) 分别求三个截平面与圆锥的截交线。

求出 *R* 平面与圆锥截交线的投影，该截交线是圆锥前后表面各一段圆弧 $\overset{\frown}{\text{I III}}$、$\overset{\frown}{\text{II IV}}$，并画出 *R* 截平面与 *P*、*Q* 截平面的交线 Ⅰ Ⅱ、ⅢⅣ，如图 3-30(b) 所示。

求 *P* 平面和 *Q* 平面与圆锥截交线投影。*P* 平面与圆锥截交线为由锥顶和点Ⅰ、Ⅱ组成的三角形；*Q* 平面与圆锥截交线为椭圆的一少部分和直线段ⅢⅣ，如图 3-30(c) 所示。

(3) 补全圆锥被切割后的侧面投影，擦除被切掉部分的投影，如图 3-30(d) 所示。

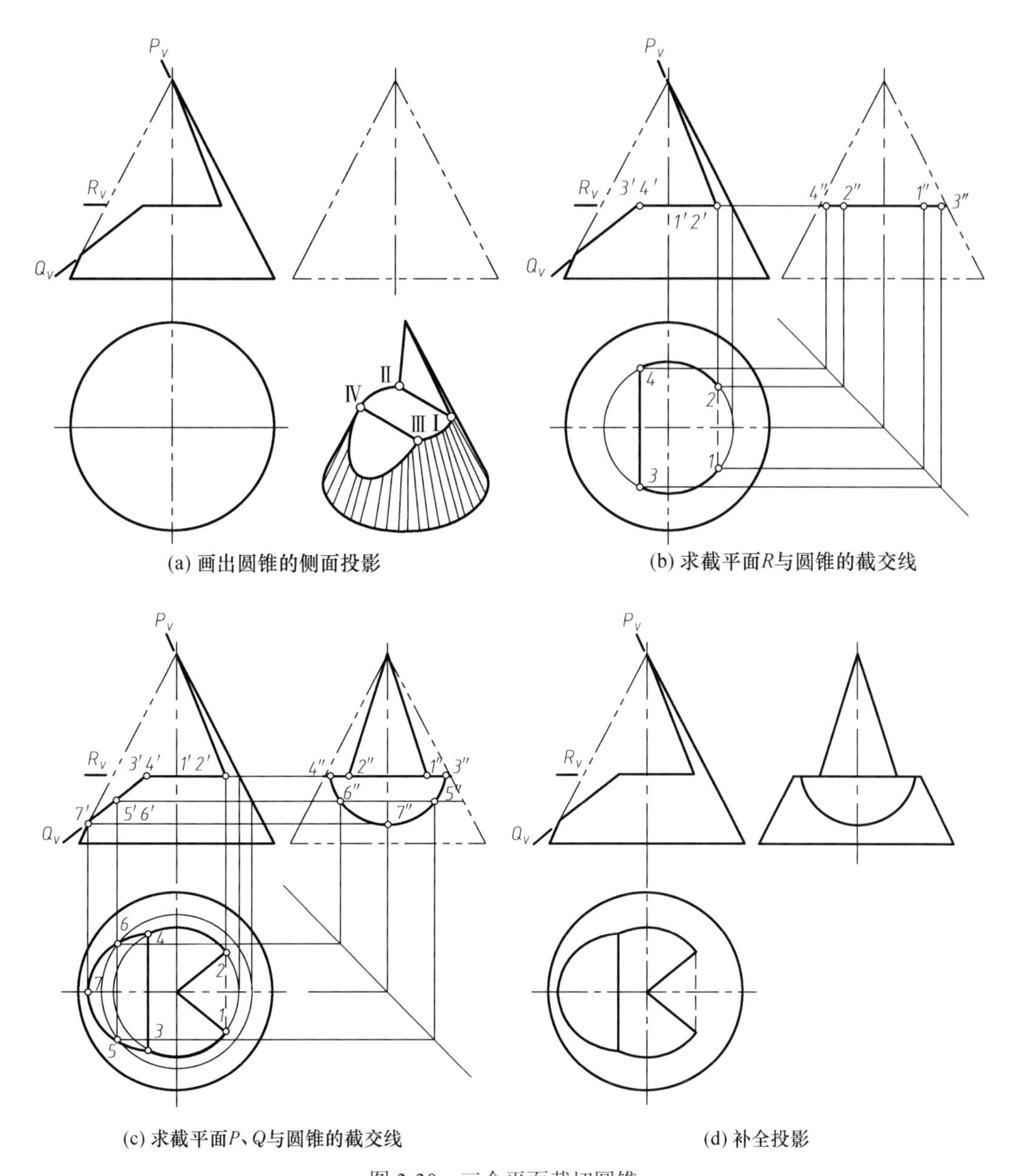

(a) 画出圆锥的侧面投影

(b) 求截平面R与圆锥的截交线

(c) 求截平面P、Q与圆锥的截交线

(d) 补全投影

图 3-30　三个平面截切圆锥

3. 平面与圆球相交

任何截平面与圆球相交，截交线都是圆。

截平面平行于投影面时，截交线在该投影面上的投影反映截交线实形——圆，如图 3-31 所示。

截平面垂直于投影面时，截交线在该投影面上的投影积聚为直线，长度等于截交线——圆的直径。如图 3-32 所示的正面投影。

截平面倾斜于投影面时，在该投影面上的投影为椭圆。如图 3-32 所示，截交线的水平投影和侧面投影为椭圆。

例 3-16 如图 3-32 所示，用一正垂面截切球体，求其截交线。

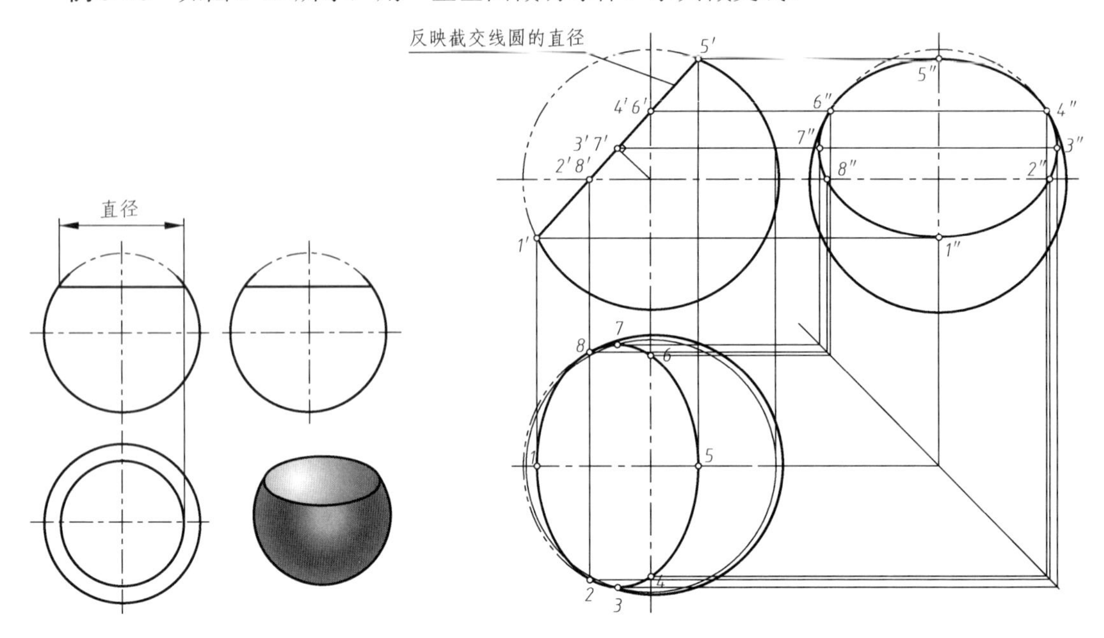

图 3-31 投影面的平行面截切圆球　　图 3-32 投影面的垂直面截切圆球

分析 该正垂面与球的截交线是圆。截交线的正面投影积聚为直线，与正垂面的正面迹线 P_V 重合，截交线的水平投影和侧面投影都是椭圆。

从投影可知，截交线前后对称，球表面前后分界圆上的点Ⅰ、Ⅴ的连线为截交线前后对称线，所以ⅠⅤ的水平投影和侧面投影是水平投影椭圆和侧面投影椭圆的一根轴，另一根轴是ⅠⅤ的垂直平分线ⅢⅦ的投影，如图 3-32 所示。

作图

(1)画出球的侧面投影。

(2)求特殊点。

求截交线上的点Ⅰ、Ⅴ和Ⅲ、Ⅶ的水平投影和侧面投影。

求截交线上位于球面上下分界圆上的点Ⅱ、Ⅷ和左右分界圆上的点Ⅳ、Ⅵ的水平投影和侧面投影。

(3)求一般点。

一般点的求法同点Ⅲ、Ⅶ的相同，此处不再详述。

(4)光滑连接各点并判断可见性。

(5)补全圆球被截切后的水平投影和侧面投影。

例 3-17 完成如图 3-33 所示开槽半圆球的俯视图和左视图。

分析 半圆球上方的切槽是由一个水平面和两个侧平面截切圆球而成的，圆球表面上交线的空间形状均为圆弧。水平面截面与圆球的截交线的水平投影反映实形，侧面投影积聚为直线。两个侧平截面与圆球的截交线的侧面投影反映实形，水平投影积聚为直线。水平截面与两个侧平截面的交线为ⅠⅡ、ⅢⅣ，Ⅰ、Ⅱ和Ⅲ、Ⅳ即在水平的交线圆弧上，又在侧平的交线圆弧上，如图 3-33(a)所示。

作图过程详见图 3-33。

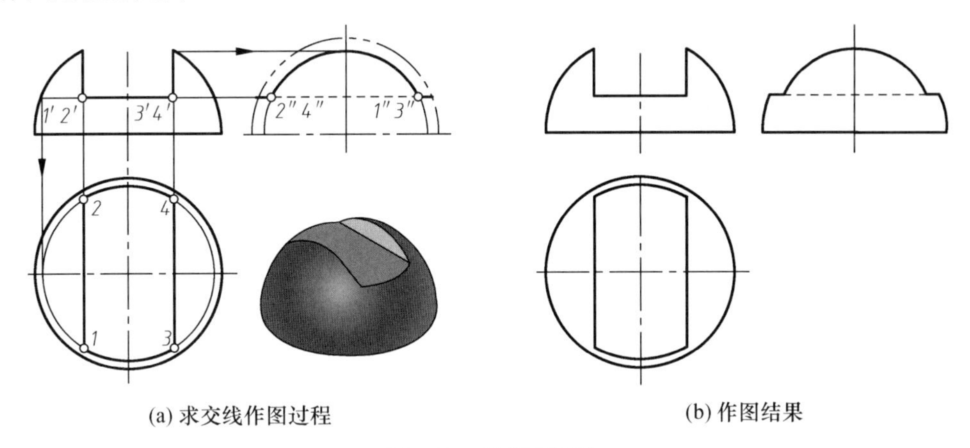

(a) 求交线作图过程　　(b) 作图结果

图 3-33　开槽半圆球

4. 平面与复合回转体相交

例 3-18　求如图 3-34 所示的复合回转体被截切后的俯视图。

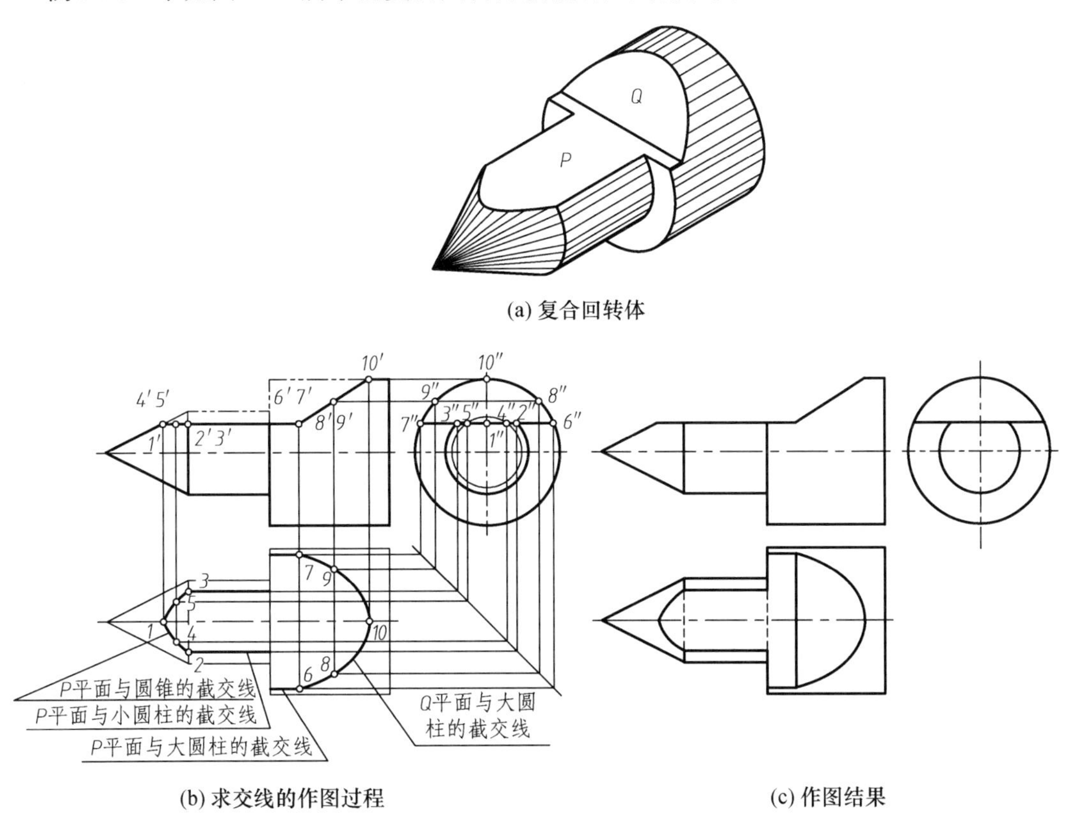

(a) 复合回转体

(b) 求交线的作图过程　　(c) 作图结果

图 3-34　*P*、*Q* 两平面截切复合回转体

分析　该复合回转体是由同轴的圆锥和两个直径不同的圆柱组合而成的。截平面 *P* 为水平面，与圆锥面的截交线是双曲线，与两个圆柱面的截交线都是侧垂线，与侧平面(大小圆柱

面间的侧平的环面)的交线为正垂线。截平面 Q 为正垂面，仅与大圆柱相交，截交线是椭圆的一部分。截平面 P 与截平面 Q 相交。

作图

(1) 求作水平面 P 与圆锥的交线。

求特殊点Ⅰ、Ⅱ、Ⅲ：这三个特殊点可直接求出，其中，Ⅱ、Ⅲ是圆锥和圆柱分界线上的点。

求一般点Ⅳ、Ⅴ：在正面投影的适当位置确定 4′5′，过点 4′、5′作一垂直与圆锥轴线的直线段，定出纬圆半径，求作该纬圆的侧面投影，侧面投影中纬圆与截平面的交点即 4″、5″，然后定出 4、5。光滑连接各点并以实线画出。

(2) 求作水平面 P 与小圆柱面的截交线。

过点 2、3 作线平行于圆柱轴线，并以粗实线画出。

(3) 求作水平面 P 与大圆柱的截交线。

ⅥⅦ是水平截平面 P 和正垂截平面 Q 的交线，在正面投影上确定 6′7′。Ⅵ、Ⅶ两点在大圆柱面上，利用圆柱的积聚性可确定 6″、7″，再根据其正面投影和侧面投影可求出水平投影 6、7。过 6、7 作直线平行于圆柱轴线，并以粗实线画出。

(4) 求作正垂面 Q 与大圆柱的截交线。

Ⅵ、Ⅶ两点是该截交线的端点，点 X 是大圆柱最上素线上点，可直接求出。在正面投影的适当位置确定一般点 8′、9′，过点 8′、9′向 W 面作投影连线，与侧面投影的大圆相交于点 8″、9″，最后定出点 8、9，光滑连接各点并以实线画出。

(5) 画出 P 与 Q 交线的水平投影 67；补全圆锥面与小圆柱面交线的水平投影，以及小圆柱与大圆柱间侧平环面的水平投影。

3.5 两曲面立体相贯

3.5.1 两曲面立体表面交线的性质

两曲面立体相贯，所产生的表面交线称为相贯线。相贯线具有下列性质。

(1) 相贯线是参加相贯的两曲面立体表面的共有线，相贯线上的所有点都是两曲面立体表面的共有点。

(2) 相贯线的形状取决于参加相贯的两曲面立体的表面性质、大小和相对位置，一般情况下为封闭的空间曲线，如图 3-35(a) 所示，在特殊情况下也可能是平面曲线或直线，如图 3-35(b)、图 3-35(c) 所示。

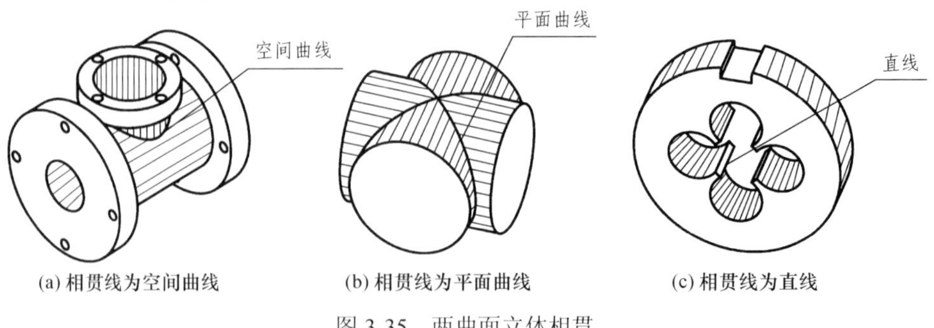

(a) 相贯线为空间曲线　(b) 相贯线为平面曲线　(c) 相贯线为直线

图 3-35　两曲面立体相贯

(3) 两曲面立体相贯后，相贯线是两立体表面的分界线。

3.5.2 相贯线的形式

相贯线通常由三种形式产生，即两外表面相交(图 3-36(a))；一内表面和一外表面相交(图 3-36(b))；两内表面相交(图 3-36(c))。但不管哪种形式，其相贯线的性质和作图方法都是相同的。

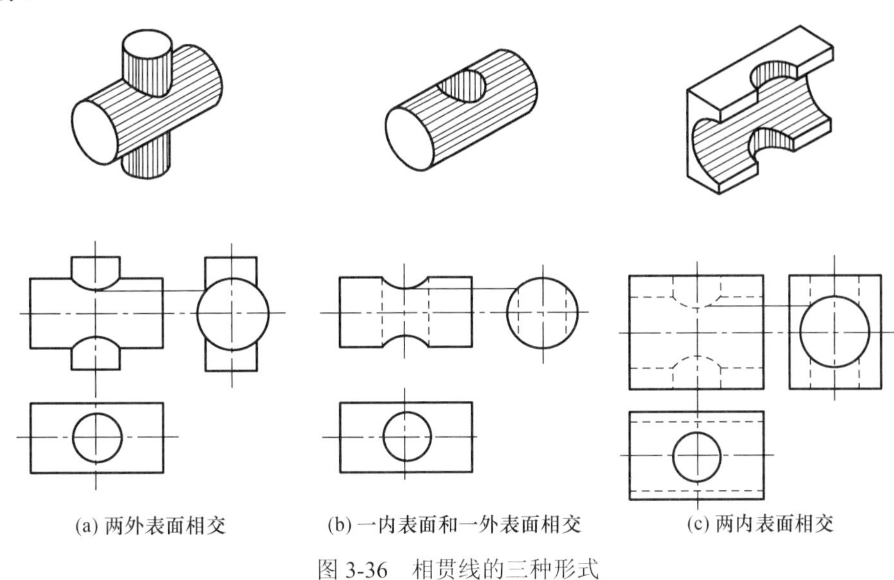

图 3-36 相贯线的三种形式

3.5.3 求相贯线的方法与步骤

当相贯线的投影为非圆曲线时，应先确定相贯线上的特殊点，再适当补充一些一般点，最后光滑连线成曲线，即得相贯线的投影。常用表面取点法或辅助平面法求相贯线上的点。

1\. 表面定点法

表面定点法就是利用相贯线所在表面的投影具有积聚性的特点，先在积聚性投影中确定相贯线上的点，再利用表面定点的方法求出相贯线上点的其他投影。例 3-19 和例 3-20 是应用表面定点的作图方法求两立体表面的相贯线。

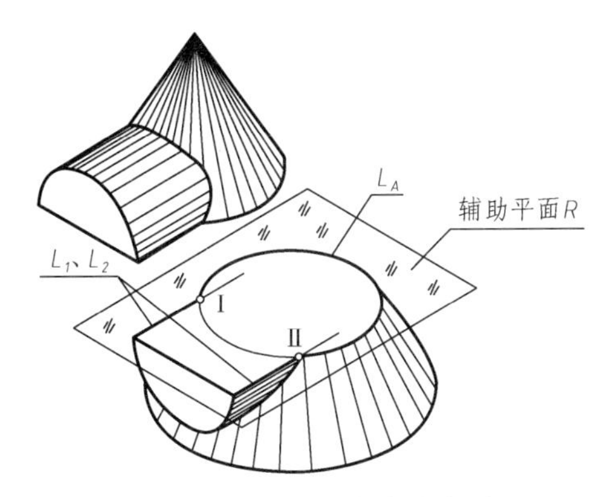

图 3-37 辅助平面法的基本原理

2\. 辅助平面法

辅助平面法的基本原理是三面共点，如图 3-37 所示，用一个辅助平面 R 与两个相贯曲面立体相交，平面 R 与圆锥的截交线为圆 L_A、与圆柱面的截交线为直线 L_1 和 L_2，两截交线的交点 I 、II 是辅助平面和两曲面立体表面的公共点，因此，也就是相贯线上的点。例 3-21、例 3-22、例 3-23 中应用了辅助平面的作图方法求两立体表面的相贯线。

当用辅助平面法求相贯线上的共有点时，需先求出辅助平面与相贯两曲面立体的交线，交线与交线的交点即为共有点——相贯线上的点。为了便于作图，用辅助平面法求作相贯线时，选择的辅助平面应与两曲面立体的交线的投影是简单易画的圆或直线。

相贯线的作图步骤：

(1)分析参加相贯的两曲面立体的几何形状、大小和相对位置，判断相贯线的大致范围。

(2)求相贯线上的特殊点。

(3)求相贯线上的一般点。

(4)依次光滑地连接各点，并判断可见性。

(5)补全两曲面立体相贯后的投影。

例 3-19　如图 3-38 所示，求两轴线正交圆柱的相贯线。

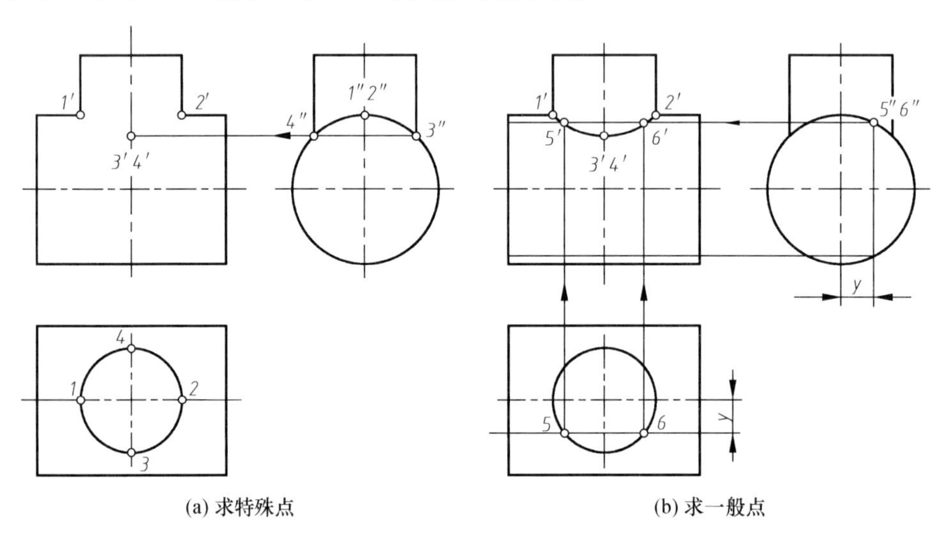

(a) 求特殊点　　(b) 求一般点

图 3-38　求作两轴线正交圆柱的相贯线

分析　两圆柱的轴线正交，直立小圆柱的下端完全从横置大圆柱的上表面贯入，因此，相贯线是一条闭合的空间曲线。由于相贯线是两圆柱面的公共线，小圆柱面的水平投影积聚为圆，因此，该圆即为相贯线的水平投影；大圆柱面的侧面投影积聚为圆，相贯线的侧面投影也积聚在大圆柱面侧面投影上，即小圆柱侧面投影转向轮廓线之间的一段圆弧。因此，只需求相贯线的正面投影。

从投影可知：相贯线前后对称，因此，其正面投影前后重影。

作图

(1)求特殊点。

如图 3-38(a)所示，由于两圆柱的轴线相交，相贯线的最高点也是最左、最右点，其正面投影 1′ 和 2′ 是两圆柱正面投影转向轮廓线的交点。相贯线的最低点也是最前、最后点，位于小圆柱的最前、最后素线上，其侧面投影 3″和 4″在小圆柱侧面投影的转向轮廓线上，水平投影在小圆柱的积聚性投影圆上，根据水平投影和侧面投影可求出 3′ 和 4′。

(2)求一般点。

由于两圆柱面的投影都有积聚性，积聚为圆，相贯线的投影位于积聚性的圆投影上。因此，可利用积聚性和表面定点求一般点。比如，在水平投影的小圆上取 5、6 两点，根据表面定点在侧面投影的大圆上确定侧面投影 5″和 6″，然后再确定正面投影 5′和 6′，如图 3-38(b)所示。由于前后对称，相贯线的正面投影的可见与不可见部分重影，因此，只求出前半部分的相贯线上的点即可。

(3) 依次光滑地连接各点，并判断可见性。

图 3-39 是求一横置水平圆柱从上向下穿孔所产生的外圆柱面和内圆柱面的相贯线的作图过程。在图 3-39 所示的水平圆柱从上向下穿孔的基础上，再从左向右穿通孔，从而产生两内圆柱面的相贯线，如图 3-40 所示就是求其两内圆柱面相贯线的作图过程。从图中可以看出，这些相贯线的求解方法与两圆柱均为实体时相同，只是作图时要注意相贯线和内表面投影转向轮廓线的可见性。

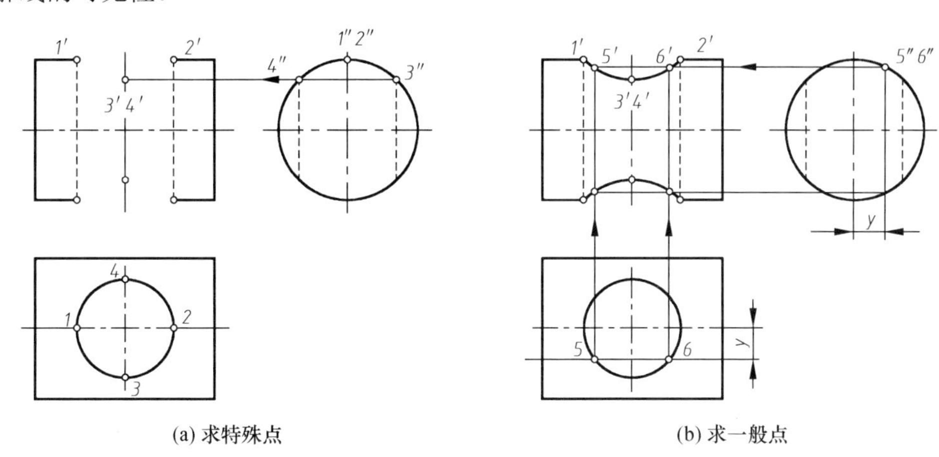

(a) 求特殊点　　(b) 求一般点

图 3-39　求外圆柱面和内圆柱面的相贯线

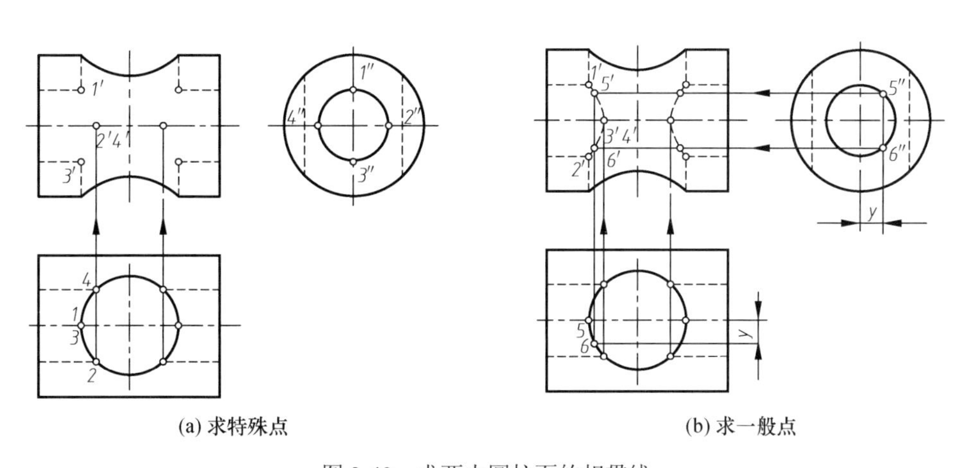

(a) 求特殊点　　(b) 求一般点

图 3-40　求两内圆柱面的相贯线

例 3-20　求轴线垂直交叉的两圆柱的相贯线，如图 3-41 所示。

分析　小圆柱的轴线为铅垂线，大圆柱的轴线为侧垂线，且小圆柱的轴线从横置大圆柱的前表面贯入，因此，两圆柱的轴线垂直交叉。直立小圆柱的下端完全从横置大圆柱的上表面贯入，因此，相贯线是一条闭合的空间曲线。由于小圆柱的水平投影积聚为圆，因此，相贯线的水平投影积聚在小圆柱的水平投影圆周上，其侧面投影是大圆柱侧面投影圆上的一段圆弧，只需求出相贯线的正面投影。

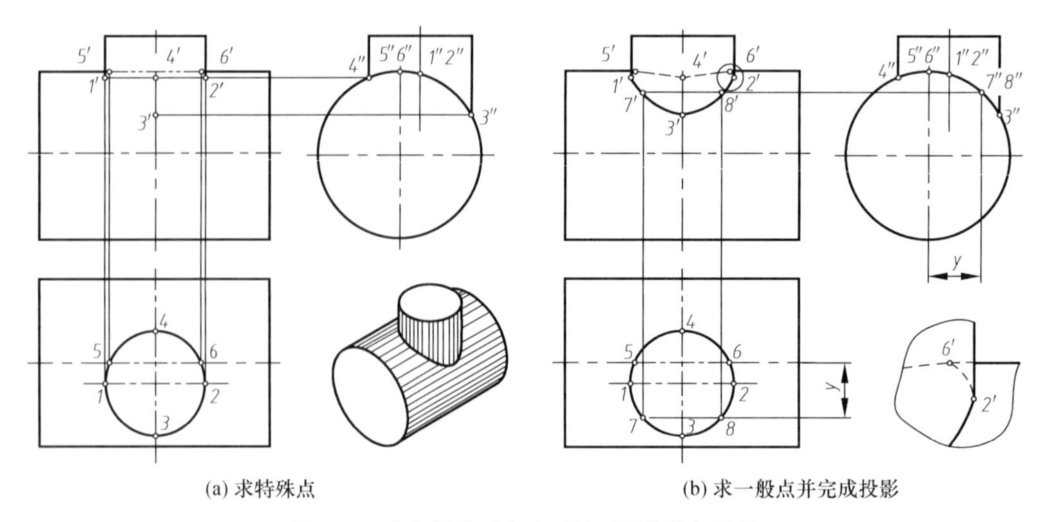

图 3-41　求作轴线垂直交叉的两圆柱的相贯线

作图

(1) 求特殊点。

相贯线上最左、最右点在小圆柱最左、最右素线上，其水平投影积聚在小圆柱的水平投影上，为 1、2 两点。利用积聚性和表面定点可确定 1″、2″、1′、2′。同理，可确定相贯线上最前、最后点的各个投影 3、4、3′、4′、3″、4″，以及位于大圆柱最上轮廓素线上点的各个投影 5、6、5′、6′、5″、6″。

(2) 求一般点。

在小圆柱的水平投影上取点 7、8，然后根据表面定点在大圆柱的侧面投影上定出 7″、8″，并求出 7′、8′。

(3) 光滑连接各点，并判断可见性。

1′、2′是相贯线正面投影可见与不可见的分界点，1′—7′—3′—8′—2′在大圆柱的前表面，也在小圆柱的前表面，因此为可见，画成粗实线；2′—6′—4′—5′—1′在小圆柱的后表面，则不可见，画成虚线。

(4) 补画出立体轮廓线的投影，并判断可见性。

两曲面立体的轴线不相交，小圆柱的最左、最右素线和大圆柱的最上素线在空间交叉，而它们的正面投影相交，交点是一对重影点的投影。由于小圆柱的最左、最右素线在大圆柱的最上素线的前方，因此，小圆柱的正面投影转向轮廓线在投影重影区域可见，画成粗实线，且分别画到 1′、2′处，与相贯线相切；大圆柱的最上素线的正面投影画到 5′、6′，并与相贯线相切，在投影重影区域画成虚线，图 3-41(b) 中用局部放大图可清楚表达正面投影转向轮廓线的画法和可见性。

例 3-21　如图 3-42 所示，求轴线垂直相交的圆柱与圆锥的相贯线。

分析　圆柱与圆锥的轴线垂直相交，横置圆柱的右端完全从直立圆锥的左表面贯入，因此，相贯线是一条闭合的空间曲线。由于圆柱面的侧面投影有积聚性，相贯线的侧面投影与圆柱面的侧面投影重合，故只需求出相贯线的正面投影和水平投影。由于圆锥的轴线是铅垂线，圆柱的轴线是侧垂线，故可采用一系列的水平面作为辅助平面，求相贯线上的点。

从投影可知：相贯线前后对称，因此，其正面投影前后重影。

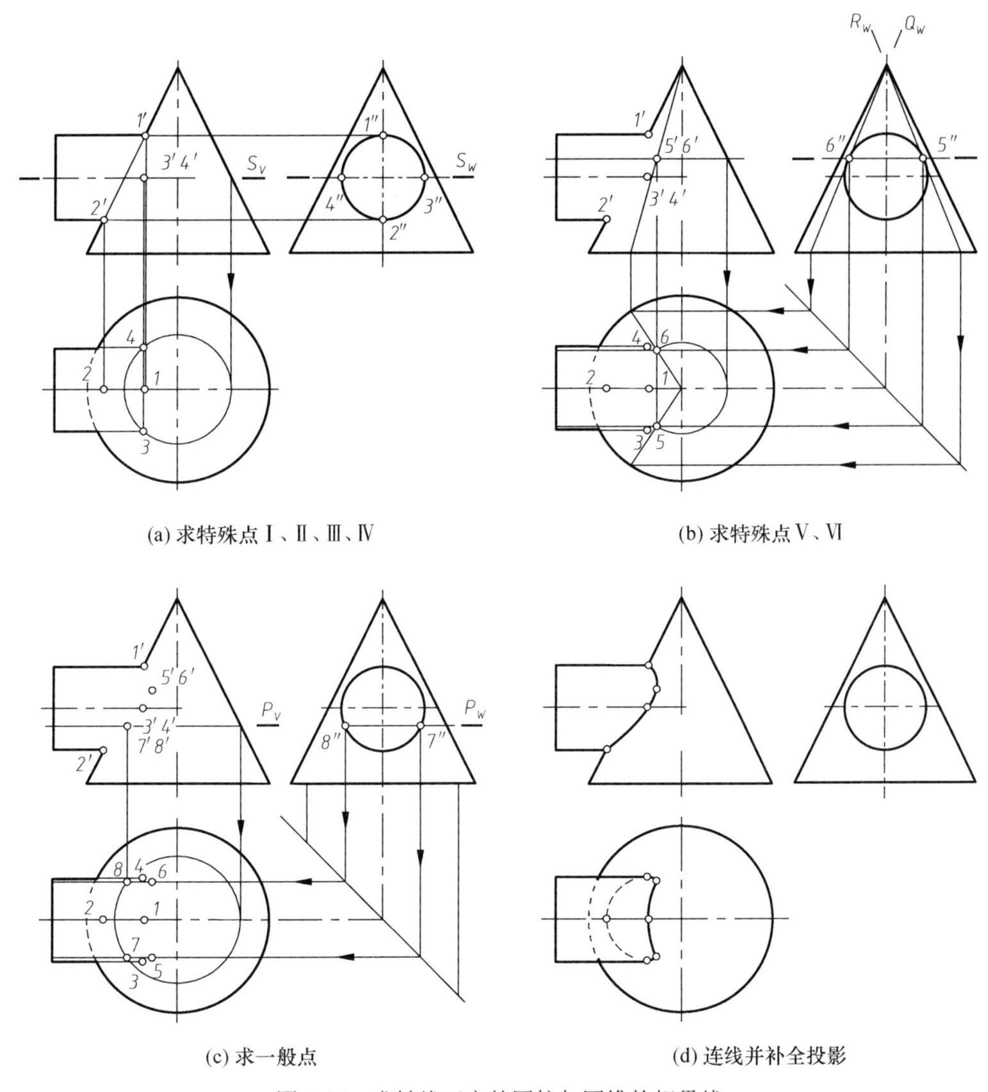

图 3-42　求轴线正交的圆柱与圆锥的相贯线

作图

(1) 求特殊点。

由于圆柱与圆锥的轴线相交，所以，圆柱和圆锥正面投影转向轮廓线的交点 1′、2′，就是相贯线上最高点和最低点的正面投影，1″、2″在圆柱积聚性的投影上，根据表面定点可确定其水平投影 1、2。

过圆柱的轴线作水平面 *S*，*S* 与圆柱面交线的水平投影就是圆柱水平投影的转向轮廓线，与圆锥的交线为一个水平圆，两者水平投影的交点 3、4 即为相贯线上水平投影可见与不可见分界点的水平投影。过 3、4 分别作正面投影连线与水平面 *S* 的交点为 3′、4′，如图 3-42(a)所示。

通过锥顶作与圆柱面相切的侧垂面 *Q*、*R*。两侧垂面与圆锥左表面相交于两条素线，这两条素线与圆柱面相切，如图 3-42(b)所示。相贯线位于这两条素线之间的左锥面，因此这两条素线与圆柱面的切点是确定相贯线范围的特殊点，其侧面投影 5″、6″是圆柱面积聚性的

圆投影和 Q_W、R_W 的切点，用表面定点法(素线法)或辅助平面法可求出 5、6、5′、6′，作图过程如图 3-42(b)所示。

(2)求一般点(图 3-42(c))。

作一个水平面 P，P 与圆柱面的截交线是两条直线，与圆锥的交线是一个水平圆，两者水平投影的交点 7、8 即为一般点Ⅶ、Ⅷ的水平投影。7″和 8″是圆柱侧面投影的积聚性圆投影和水平面 P 的交点。根据点的投影规律，求出 7′、8′。同理，可求出相贯线上其他的一般点。

(3)光滑连接各点，并判断可见性(图 3-42(d))。

相贯线的正面投影前后对称，其可见与不可见部分投影重合，所以只需用粗实线画出其可见部分。

3、4 是相贯线水平投影可见与不可见的分界点，故 3—5—1—6—4 为可见，画成粗实线，4—8—2—7—3 为不可见，画成虚线。

(4)补全两曲面立体相贯后的投影，并判断可见性(图 3-42(d))。

水平投影中，圆柱的转向轮廓线应画到点 3、4 处。圆锥的底圆有一部分被圆柱体遮住，应画成虚线。

例 3-22　如图 3-43 所示，求圆柱与圆锥的相贯线。

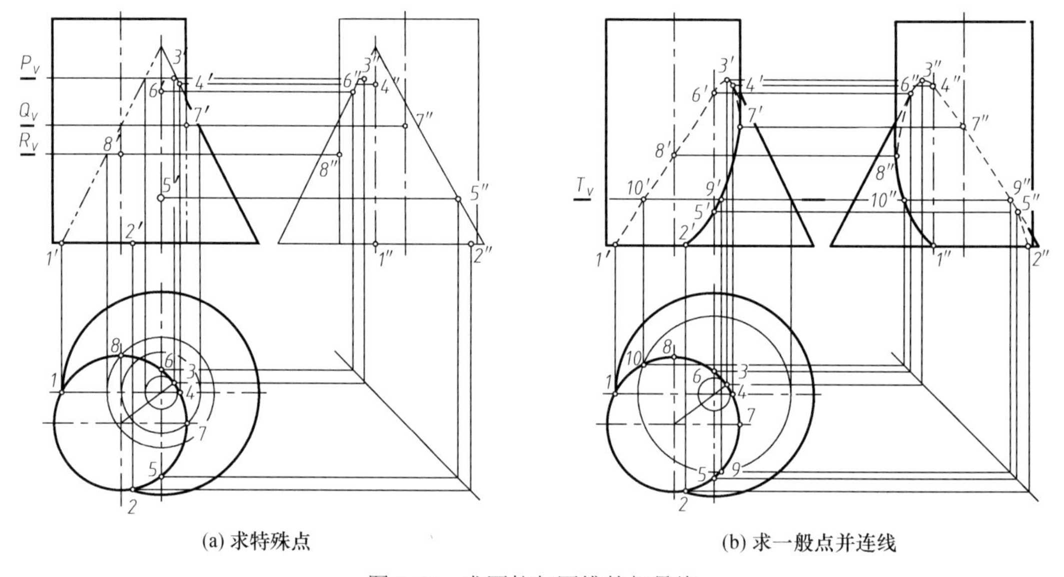

(a) 求特殊点　　(b) 求一般点并连线

图 3-43　求圆柱与圆锥的相贯线

分析　圆柱与圆锥的轴线平行且均为铅垂线，相贯线为空间曲线。由于圆柱面的水平投影有积聚性，相贯线的水平投影积聚在圆柱面的水平投影上。

作图

(1)补画立体的侧面投影，如图 3-43(a)所示。

(2)求特殊点。

① 最低点。

两曲面立体的底圆在同一水平面内，水平投影中两底圆的交点 1、2 即为相贯线的最低点的投影，根据表面定点可求出 1′、2′和 1″、2″。

② 最高点。

在水平投影中，以锥顶为圆心，画一小圆与圆柱面的水平投影(圆)相切，得到切点 3 是相贯线最高点的水平投影。以切点 3 所在圆锥面的纬圆半径定出辅助平面 P_V 的位置，从而可以确定相贯线上最高点的其他投影 3′ 和 3″。

③ 圆锥面上最右素线上的点。

在水平投影中定出 4，作正面投影连线与圆锥正面投影转向轮廓线的交点 4′ 是其正面投影，据 4、4′ 可确定 4″。

④ 圆锥面上最前、最后素线上的点。

在水平投影中定出 5、6，根据表面定点，求 5″、6″、5′、6′。

⑤ 圆柱面上最右素线上的点。

在水平投影中定出 7，过点 7 在圆锥面上作纬圆的水平投影，根据纬圆水平投影确定辅助平面 Q_V 的位置并定出 7′，据 7、7′ 可确定 7″。

⑥ 圆柱面上最后素线上的点。

在水平投影中定出 8，过点 8 在圆锥面上作纬圆的水平投影，根据纬圆水平投影确定辅助平面 R_V 的位置并定出 8′ 和 8″。

(3) 求相贯线上的一般点。

如图 3-43(b) 所示，用水平面 T 作辅助平面，T 与圆柱和圆锥的截交线为两个圆，它们的水平投影相交于 9、10 两点，据此在 T 平面上求出 9′、10′ 和 9″、10″。

(4) 光滑连接各点，并判断可见性。

如图 3-43(b) 所示，在正面投影中，7′ 是可见与不可见的分界点，2′—5′—9′—7′ 各点在圆锥和圆柱的前表面上，所以可见，画成粗实线，其余部分皆为不可见，画成虚线。相贯线侧面投影的可见性判断与正面投影类似。

(5) 补全两曲面立体相贯后的投影，并判断可见性。

如图 3-43(b) 所示，在正面投影上，圆柱右边的投影转向轮廓线用粗实线从上到下画到 7′。圆锥右边的投影转向轮廓线从下往上画到 4′，但其中有一段被圆柱遮住，用虚线画出。圆柱的最左素线没有参加相贯且在圆锥的前边，故用粗实线画出其完整的投影。圆锥的最左素线已完全贯入圆柱，故不画出。圆柱、圆锥侧面投影转向轮廓线的画法和可见性判断与正面投影类似。

例 3-23 如图 3-44 所示，求圆锥与半圆球的相贯线。

分析 圆锥的轴线处于球的前后对称面上，所以，相贯线是一支前后对称的封闭的空间曲线。因圆锥和球的三个投影均无积聚性，所以，只能采用辅助平面法解题。水平面与圆锥的交线是水平圆，与球的交线也是水平圆，所以，可选用水平面作为辅助平面。另外，为了求相贯线上的特殊点，需选用过锥顶的平行面作为辅助平面。

作图

(1) 补画半圆球和圆锥的侧面投影(图 3-44(a))。

(2) 求特殊点(图 3-44(a))。

由于球和圆锥有公共的前后对称面，所以球和圆锥的正面投影转向轮廓线的交点是相贯线的最高点和最低点的投影 1′、2′，根据表面定点可求出 1、2、1″、2″。

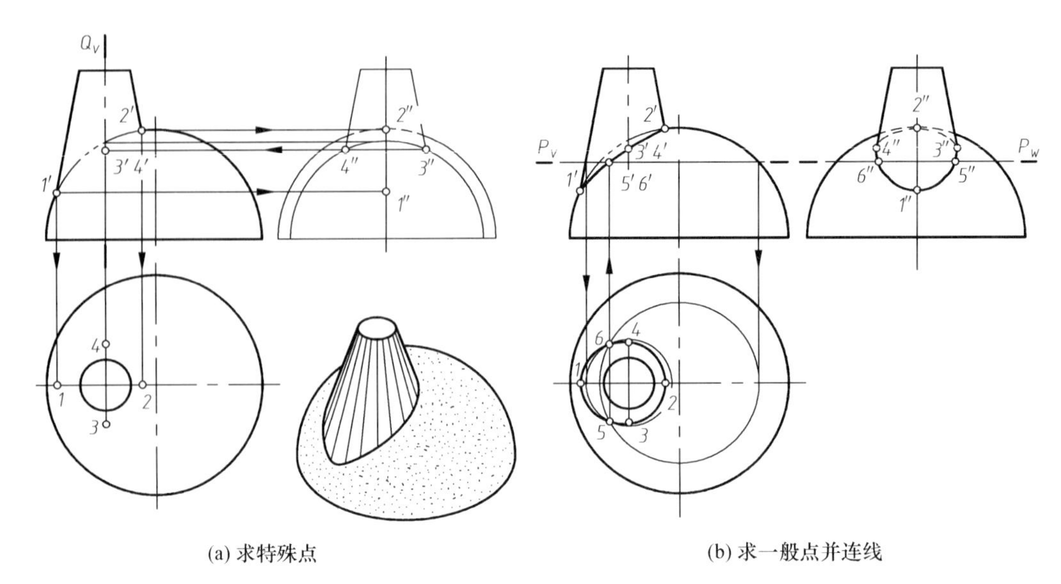

(a) 求特殊点　　　　(b) 求一般点并连线

图 3-44　求圆锥与半圆球的相贯线

过锥顶作侧平面 Q，它与圆锥的截交线是圆锥表面的最前、最后素线，与球的截交线是一侧平圆，两交线侧面投影的交点 3″、4″是相贯线上最前、最后点的侧面投影，过 3″、4″作正面投影连线与 Q_V 的交点为 3′、4′，根据正面投影和侧面投影确定 3、4。

(3) 求一般点(图 3-44(b))。

如图 3-44(b)所示，在正面投影点 1′和 3′之间的适当位置，作一个水平面 P，它与圆锥的截交线为一个水平圆，与球的截交线也是一个水平圆，两圆的水平投影的交点 5、6 就是相贯线上的点Ⅴ和Ⅵ的水平投影，根据 5、6 可定出 5′、6′以及 5″、6″。同理，可求出相贯线上其他的一般点。

(4) 光滑连接各点，并判断可见性。

因相贯体前后对称，在正面投影上，用粗实线画出 1′—5′—3′—2′。相贯线在半球面和圆锥上，其水平投影可见，画成粗实线。在侧面投影上，3″、4″是相贯线侧面投影可见与不可见的分界点，4″—6″—1″—5″—3″在锥和球的左半部，其侧面投影可见，画成粗实线；3″—2″—4″虽在球的左半面，但在圆锥的右半面，故侧面投影不可见，画成虚线，如图 3-44(b)所示。

(5) 补画两立体相贯后的投影，并判断可见性。

两立体相贯后，正面投影 1′与 2′之间应擦除球的正面投影转向轮廓线。圆锥的侧面投影转向轮廓线应画至 3″和 4″。球的侧面投影转向轮廓线有一部分被圆锥遮挡，画成虚线，如图 3-44(b)所示。

3.5.4　相贯线的特殊情况

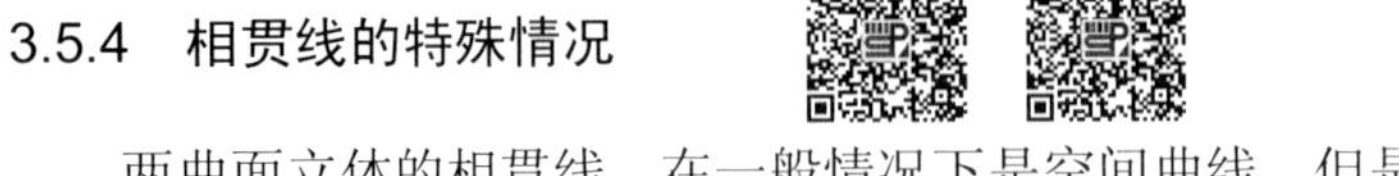

两曲面立体的相贯线，在一般情况下是空间曲线，但是在特殊情况下，也可以是平面曲线或直线。下面介绍几种相贯线的特殊情况。

(1) 具有公共内切球的两回转体相交，相贯线为平面曲线——椭圆，如图 3-45 所示。

(2) 两同轴的回转体相交时，相贯线一定是垂直于公共轴线的圆。如图 3-46 所示。

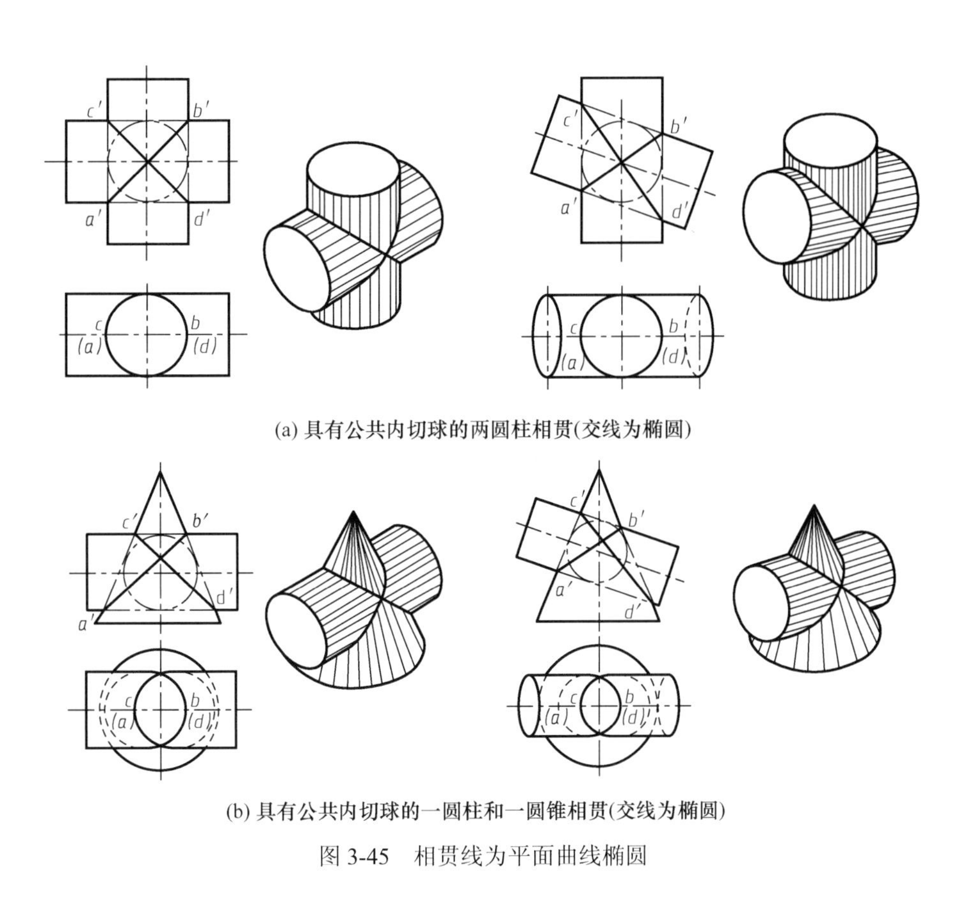

(a) 具有公共内切球的两圆柱相贯(交线为椭圆)

(b) 具有公共内切球的一圆柱和一圆锥相贯(交线为椭圆)

图 3-45　相贯线为平面曲线椭圆

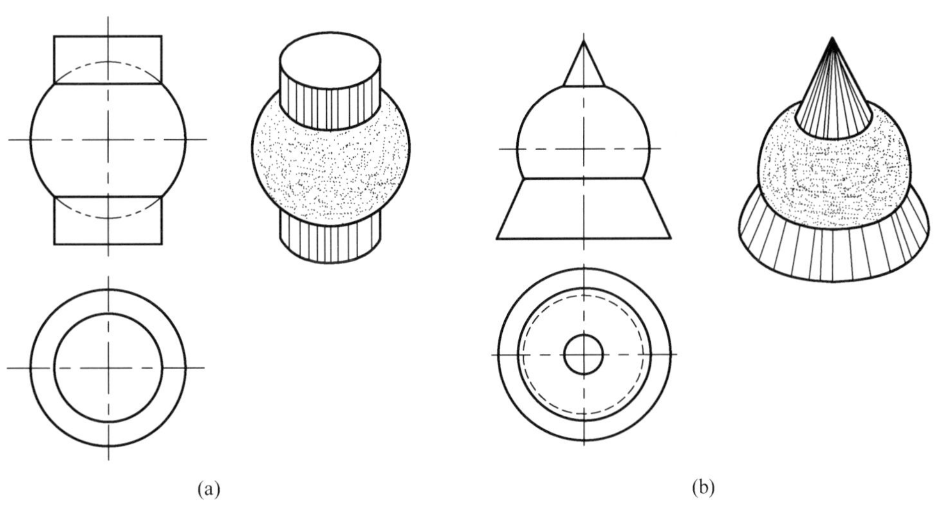

(a)　　　　　　　　　　　　　　(b)

图 3-46　相贯线为垂直于公共轴线的圆

(3) 两轴线相互平行的圆柱面或两共锥顶的圆锥面相交，相贯线为直线，如图 3-47 所示。

3.5.5　复合相贯线

一个基本体同时与两个或两个以上的基本体相贯形成的交线称复合相贯线，如图 3-48(a) 所示。复合相贯线是由几段交线组合而成的封闭图形，每一段交线都是某两个基本体表面相

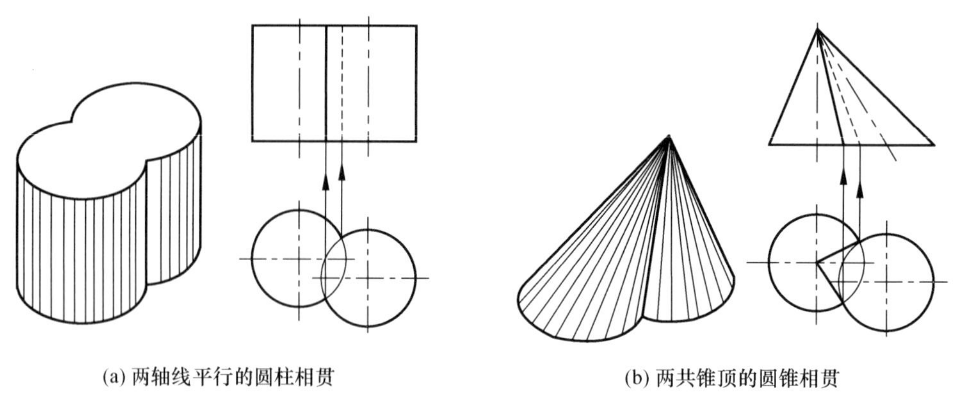

(a) 两轴线平行的圆柱相贯　　(b) 两共锥顶的圆锥相贯

图 3-47　相贯线为直线

交的结果。各段交线的连接点，是复合相贯体上三个面的共有点。绘制复合相贯线时，应首先分析各基本体间表面的连接关系，逐个求出各段交线及连接点，并正确画出相贯体的投影。

例 3-24　如图 3-48(a)所示的三个圆柱体互相相交，求其相贯线。

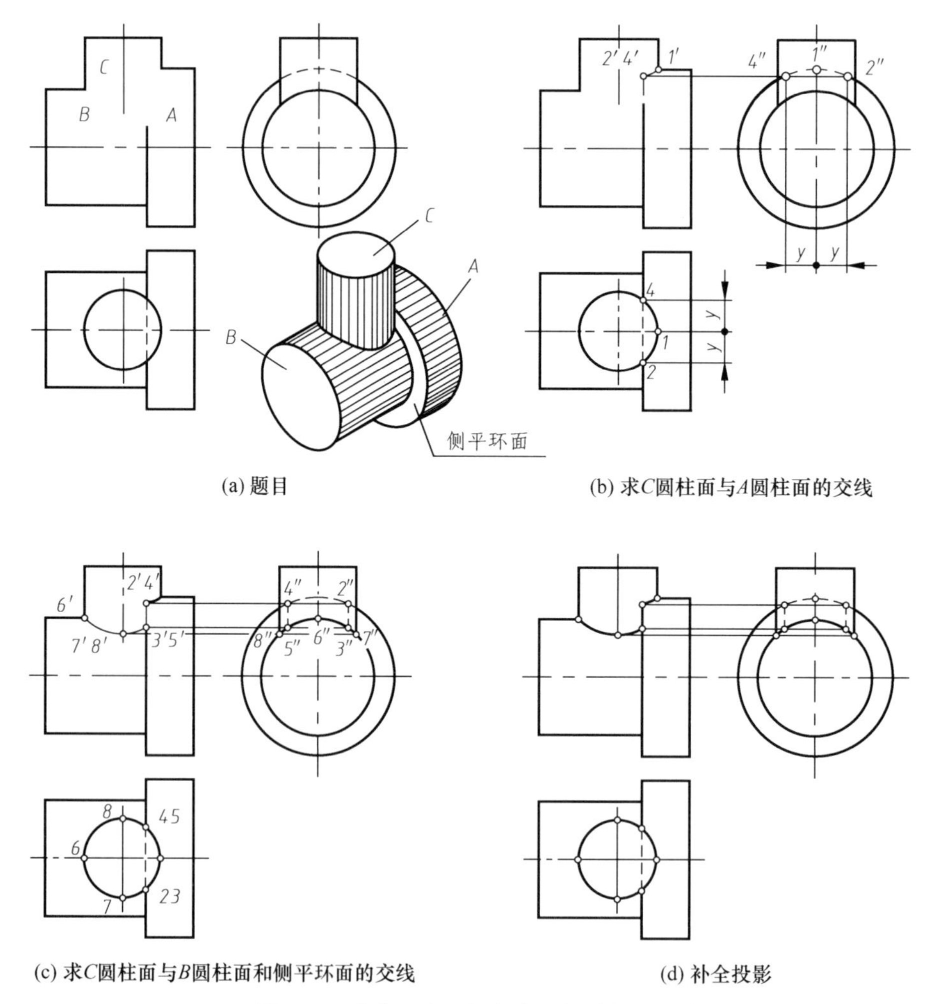

(a) 题目　　(b) 求*C*圆柱面与*A*圆柱面的交线

(c) 求*C*圆柱面与*B*圆柱面和侧平环面的交线　　(d) 补全投影

图 3-48　求作三个互相相交圆柱体的相贯线

分析　*A*、*B* 两圆柱同轴(轴线是侧垂线)，但直径不等，两圆柱面通过公共的端面侧平环面(图 3-48(a))连接。*C* 圆柱的轴线为铅垂线，分别与 *A*、*B* 两圆柱相交产生两条交线，且与连接 *A* 圆柱面和 *B* 圆柱面的侧平环面相交，交线为直线。

作图

(1)求 *C* 圆柱面与 *A* 圆柱面的交线。

A 圆柱和 *C* 圆柱正面投影的转向轮廓线的交点 1′是交线上最高、最右点的投影，1、1″分别在两圆柱面的积聚性投影上，如图 3-48(b)所示；2、4 和 2″、4″是 *A* 圆柱面和 *C* 圆柱面交线上最左、最低点的水平投影和侧面投影，根据水平投影和侧面投影可求出其正面投影，如图 3-48(b)所示。求适当一般点(略)，连线并画出 *A* 圆柱和 *C* 圆柱的交线。

(2)求 *C* 圆柱面与 *B* 圆柱面的交线。

C 圆柱和 *B* 圆柱正面投影的转向轮廓线的交点 6′是交线上最上、最左点的正面投影，水平投影和侧面投影在两圆柱面积聚性投影上，如图 3-48(c)所示；7、8 和 7″、8″是交线上最前、最后点的水平投影和侧面投影，根据水平投影和侧面投影可求出其正面投影，如图 3-48(c)所示；3、5 和 3″、5″是相贯线上的最右点的水平投影和侧面投影，并求出其正面投影 3′、5′。求适当一般点(略)，连线并画出 *C* 圆柱面与 *B* 圆柱面的交线。

(3)求 *C* 圆柱面与侧平环面的交线。

侧平环面与 *C* 圆柱的轴线平行，它们的交线是 *C* 圆柱表面上的两条素线ⅡⅢ和ⅣⅤ，2″3″和 4″5″不可见，应画成虚线，如图 3-48(c)所示。

Ⅱ、Ⅳ是 *C* 圆柱面与 *A* 圆柱面的交线和 *C* 圆柱面与侧平环面的交线的连接点，即三面的共有点。

Ⅲ、Ⅴ是 *C* 圆柱面与 *B* 圆柱面的交线和 *C* 圆柱面与侧平环面的交线的连接点，即三面的共有点。

(4)补全相贯后的投影。

水平投影中 2 到 4 之间的虚线是侧平环面下部的积聚性投影。侧面投影中，*A* 圆柱右侧没有参与相贯的柱面被 *C* 圆柱遮住的部分，也应画成虚线，如图 3-48(d)所示。

在图 3-48 所示的相贯体上，从左向右穿通孔，再从上向下穿孔，且两孔直径相等，轴线垂直相交，所产生的两内表面的相贯线为平面曲线椭圆的一部分，所以其正面投影积聚为直线，如图 3-49 所示。

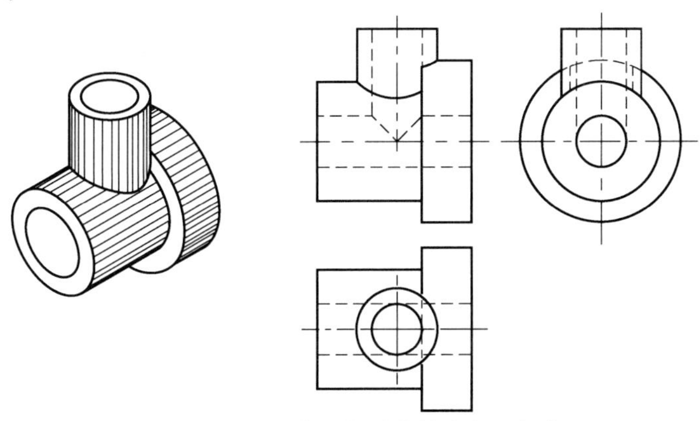

图 3-49　求作复合相贯体的内表面交线

第4章　组　合　体

4.1　形体分析法与线面分析法

4.1.1　形体分析法

从构型角度出发，任何形状复杂的机械零件都可抽象成几何模型——组合体，而组合体则是由几何形体(称基本体)按一定的位置关系组合而成的复杂立体。假想把组合体分解为若干个基本体，并确定各基本体间的组合形式和相对位置，这种研究解决组合体问题的方法称形体分析法。运用形体分析法可以把复杂组合体的投影问题转化为简单基本体的投影问题，因此形体分析法是画组合体视图、读组合体视图和组合体尺寸标注最基本的方法之一。

1. 基本体间的组合形式

基本体间的组合形式通常有叠加、挖切。叠加是基本体和基本体合并。挖切是从基本体中挖去一个基本体，被挖去的部分(称为虚体)就形成空腔或孔洞；或者是在基本体上切去一部分。表4-1为基本体的组合形式举例。

表4-1　基本体的组合形式举例

基本体	组合形式	
	叠加	挖切
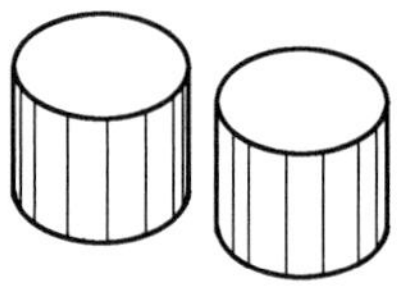	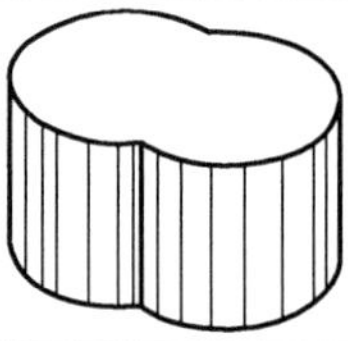	
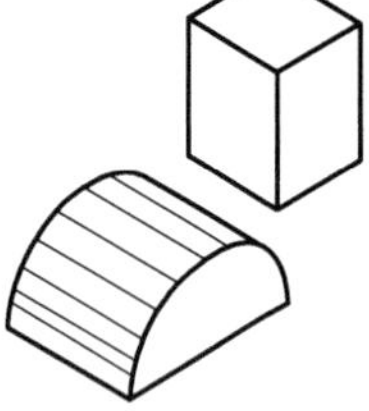	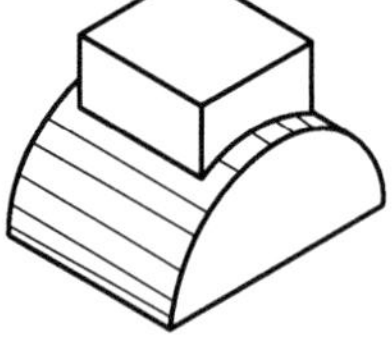	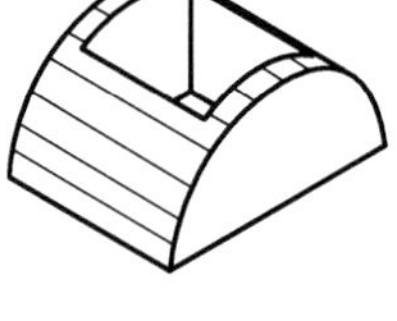
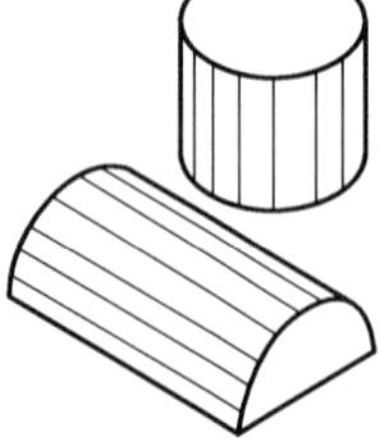	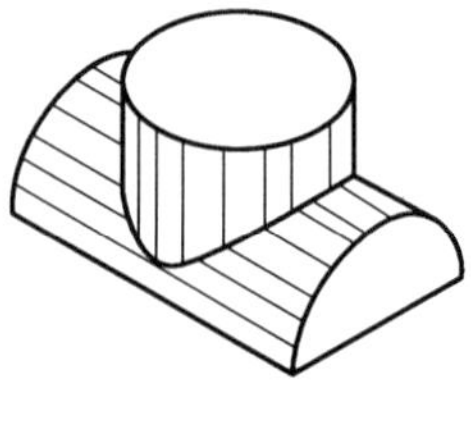	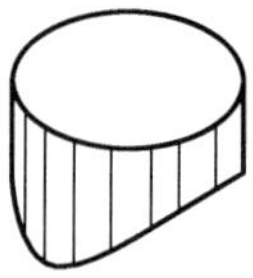

2. 基本体邻接表面间的相对位置

基本体经叠加、挖切任一方式组合后，它们的邻接表面间可能产生共面、相切和相交三种情况。

(1) 共面：两基本体的邻接表面连接为一个表面，即为共面。两基本体邻接表面在共面处不应画出分界线，如图 4-1 所示。

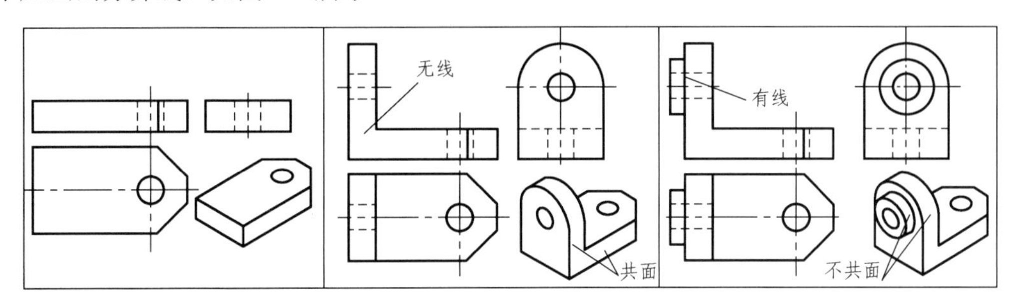

图 4-1　邻接表面间共面的画法

(2) 相切：若两基本体的邻接表面(平面与曲面或曲面与曲面)相切，邻接表面在切线处光滑过渡，因此，在视图中切线的投影不画，如图 4-2 所示。

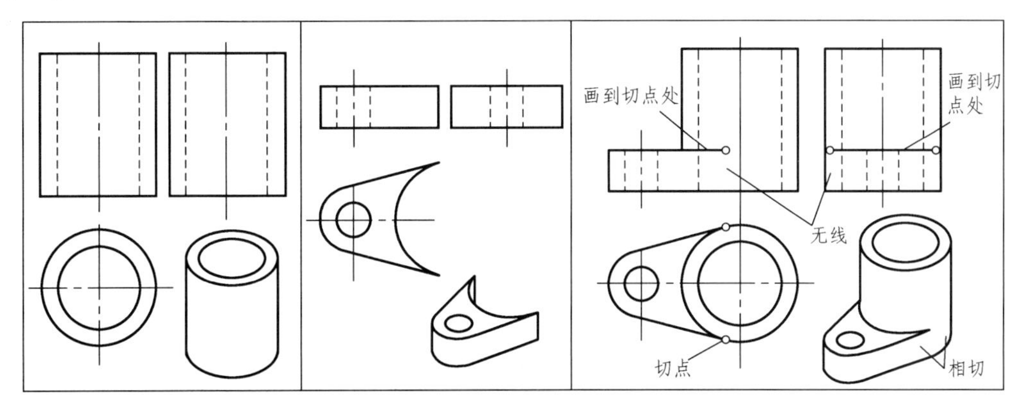

图 4-2　邻接表面间相切的画法

(3) 相交：若两基本体的邻接表面相交，在视图中一定画出交线的投影，如图 4-3 所示。

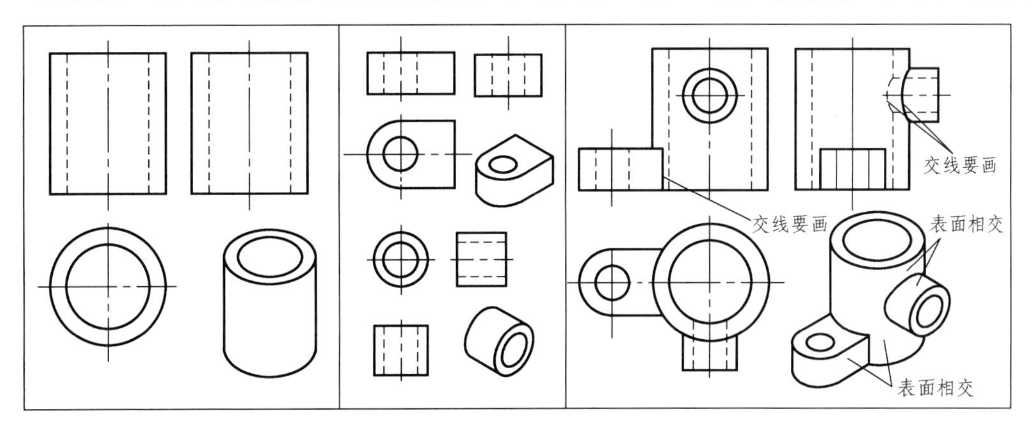

图 4-3　邻接表面间相交的画法

图 4-4 为常见组合体上邻接表面相交的图例。

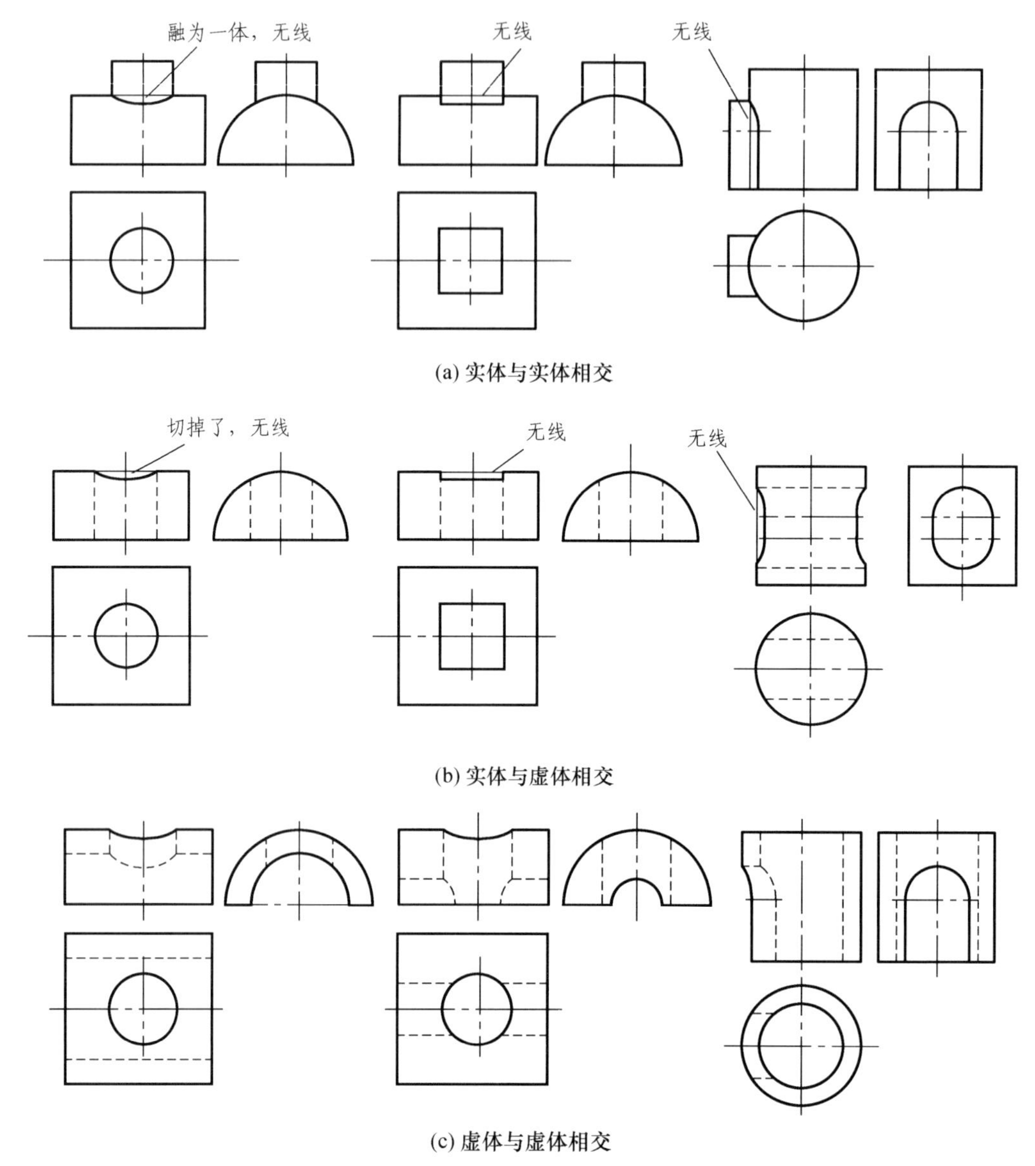

(a) 实体与实体相交

(b) 实体与虚体相交

(c) 虚体与虚体相交

图 4-4　常见形体表面相交的实例

对直径不等，且轴线垂直相交的两圆柱表面交线的投影，允许以过特殊点的圆弧代替，具体作图如图 4-5 所示。

运用形体分析法假想分解组合体时，分解的过程并非是唯一和固定的。如图 4-6(a)所示的 L 形柱体，可以分解为一个大四棱柱和一个与其等宽的小四棱柱(图 4-6(b))；也可分解为一个大四棱柱挖去一个与其等宽的小四棱柱(图 4-6(c))。随着投影分析能力的提高，该形体还可以直接分析为 L 形柱体。尽管分析的中间过程各不相同，但其最终结果都是相同的。因此对一些常见的简单组合体，可以直接把它们作为构成组合体的基本形体，不必作过细的分解。图 4-7 为一些常见的组合柱体。

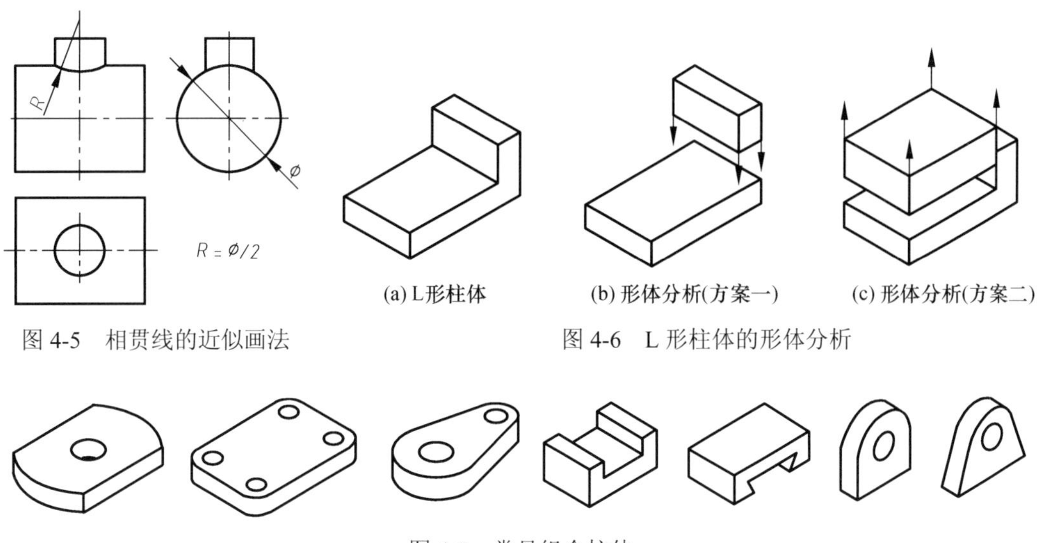

图 4-5　相贯线的近似画法

图 4-6　L 形柱体的形体分析

图 4-7　常见组合柱体

3. 形体分析法应用举例

如图 4-8(a)所示的组合体是由基本体Ⅰ(半圆柱)、Ⅱ(圆柱)、Ⅲ(由半圆柱和四棱柱组成的 U 形柱)和Ⅳ(由 U 形柱用圆柱面挖切形成的柱体)组成(图 4-8(b))。基本体Ⅱ叠加在基本体Ⅰ的上方且居中；两个基本体Ⅲ叠加在基本体Ⅰ的左右两侧，叠加所产生的表面交线如图 4-8(a)所示，基本体Ⅳ叠加在基本体Ⅰ的前面，叠加后两基本体的上表面(柱面)共面。

如图 4-9(a)所示的轴承盖，由基本体Ⅰ、Ⅱ、Ⅲ、Ⅳ、Ⅴ、Ⅵ组成(图 4-9(b))。基本体Ⅱ叠加在基本体Ⅰ上方，两个基本体Ⅲ叠加在基本体Ⅰ的左右两侧；基本体Ⅳ是从基本体Ⅲ中挖切出的虚体，基本体Ⅴ是从基本体Ⅰ中挖切出的虚体，基本体Ⅵ是从基本体Ⅰ和基本体Ⅱ中挖出的虚体，组合后基本体表面间所产生的交线，如图 4-9 所示。

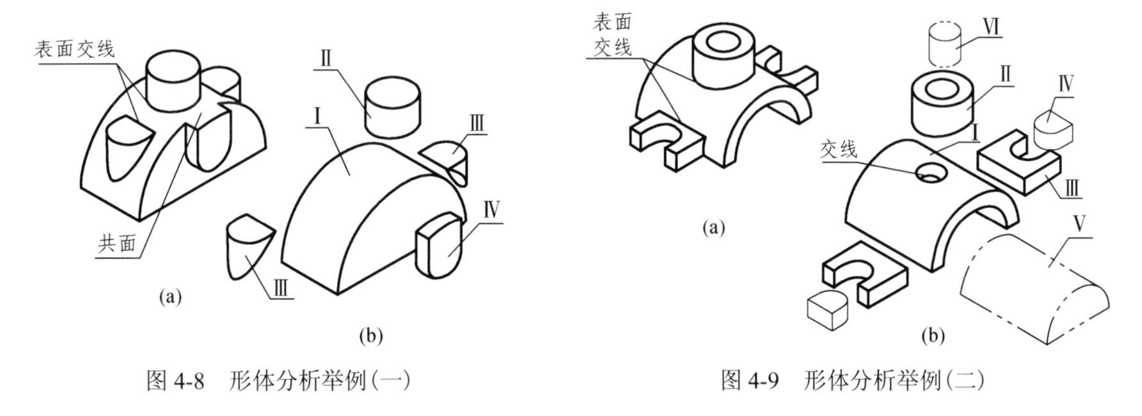

图 4-8　形体分析举例(一)

图 4-9　形体分析举例(二)

把组合体分解为若干个基本体，仅是一种分析问题的方法，分解过程是假想的，组合体仍是一个整体。

4.1.2　线面分析法

在绘制和阅读组合体的视图时，对比较复杂的组合体通常在运用形体分析的基础上，对不易表达或难以读懂的局部，还要结合线面的投影分析，如分析组合体的表面形状、表面与表面的相对位置以及表面交线等，来帮助表达或读懂这些局部的形状，这种方法称为线面分析法。

线面分析应用举例如下。

对如图 4-10(a)所示的组合体作形体分析，可知该组合体是圆柱体用一个圆柱面和两个平行面切割后形成的(图 4-10(b))。但对其表面上的交线，画图时比较难以处理，因此进一步作线面分析，得知组合体上的交线 *C* 是上表面的圆柱面 *A* 和直立圆柱面 *B* 的交线；Ⅰ Ⅱ、Ⅱ Ⅲ和Ⅲ Ⅳ是切平面 *D* 与圆柱面 *A* 和 *B* 的交线，如图 4-10(a)所示。根据线面分析的结果，便可正确画出组合体上这些交线的投影，如图 4-11 所示。

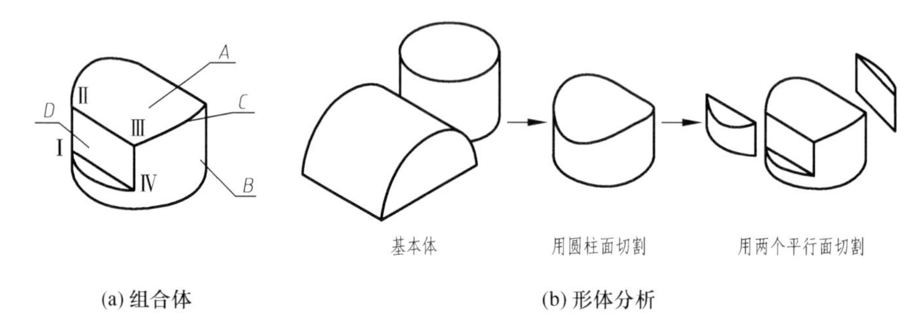

(a) 组合体　　(b) 形体分析

图 4-10　形体分析过程

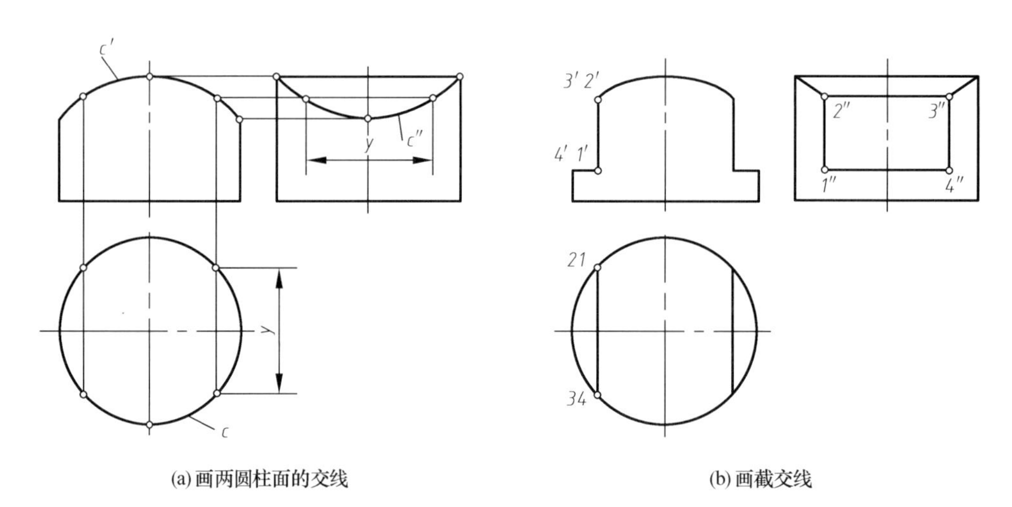

(a) 画两圆柱面的交线　　(b) 画截交线

图 4-11　线面分析应用举例(一)

画如图 4-12(a)所示组合体的三视图时，作形体分析可知：该组合体为一长方体用 *A*、*B*、*C*、*D* 四个平面切割而成的。按形体分析的结果，逐步画出基本体长方体的投影及各个切平面的投影，但画各切平面的投影时，还需作线面分析：如分析正垂面 *D* 的形状，根据其投影特性知道其正面投影积聚为一条直线，侧面投影和水平投影反映其类似性(图 4-12(b))，然后正确画出正垂面 *D* 的投影；同样也可对铅垂面 *C* 和正垂面 *D* 的交线作分析，可知交线为一般位置直线 *MN*，根据投影特性确定 $m'n'$ 在正垂面 *D* 的积聚性投影上，mn 在铅垂面 *C* 的积聚性投影上，从而正确画出其侧面投影 $m''n''$，如图 4-12(b)所示。若要读如图 4-12(b)所示三视图，与画图过程一样，首先用形体分析的方法，得知该三视图表达的组合体的大概形状是一个长方体用几个平面切割而成的，然后对各个切平面的投影进一步作分析，得知各切平面的形状及其相对位置，从而更清楚地想象出组合体的形状。

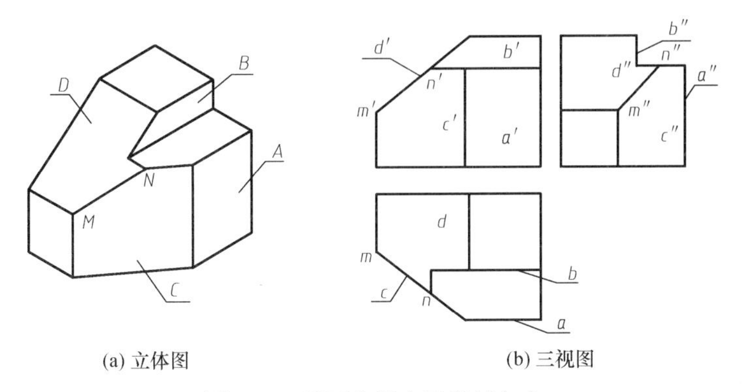

(a) 立体图　　(b) 三视图

图 4-12　线面分析应用举例（二）

在线面分析的过程中，分析立体表面的投影特性非常重要，特别是垂直面或一般位置平面投影的类似性，因为在画图和读图过程中，通常用类似性检验所画组合体视图是否正确。图 4-13 列出了组合体上垂直面和一般位置面的投影所具有的类似性。

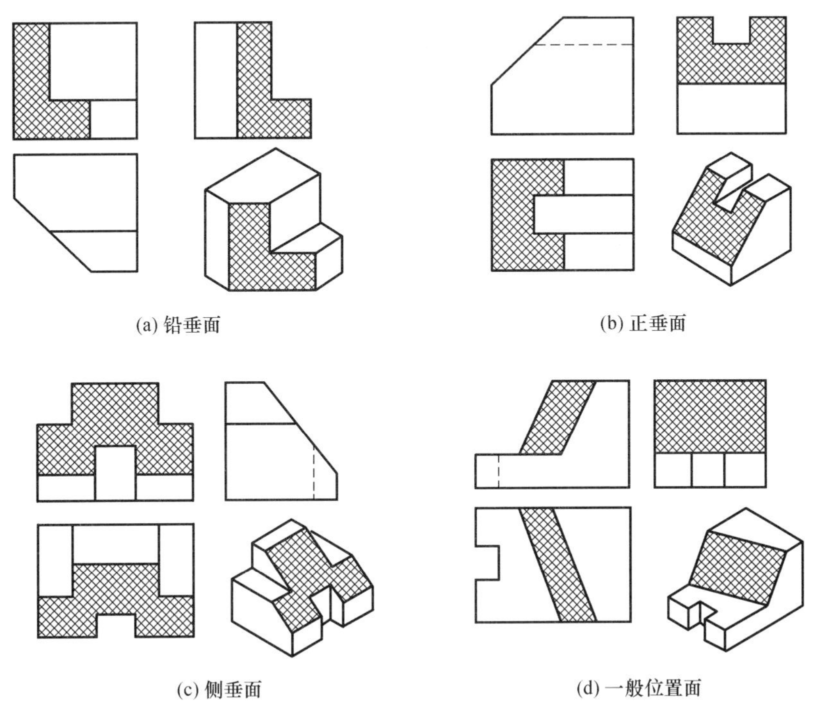

(a) 铅垂面　　(b) 正垂面

(c) 侧垂面　　(d) 一般位置面

图 4-13　投影面的垂直面和一般位置面的类似性

4.2　画组合体的三视图

4.2.1　画组合体三视图的方法和步骤

画组合体三视图时，首先运用形体分析法假想把组合体分解为若干基本体，并分析确定

各基本体之间的相对位置及组合形式，判断基本体邻接表面间的连接关系；然后根据分析逐个画出各基本体的三视图，同时分析检查那些处于共面、相切或相交位置的邻接表面的投影是否正确，即有无漏线和多余线；最后对局部难懂的结构运用线面分析法重点分析校核，以保证正确地绘制组合体的三视图。

以如图 4-14(a)所示支架为例，说明画组合体三视图的步骤。

1. 形体分析

如图 4-14(b)所示支架可分解为直立空心圆柱、底板、肋板、耳板、横置空心圆柱五个基本体。肋板叠加在底板上；底板的侧面与直立空心圆柱面相切；肋板和耳板的侧面与直立空心圆柱的柱面相交；耳板的顶面和直立空心圆柱的顶面共面；横置空心圆柱与直立空心圆柱垂直相交，且两孔相通。

2. 确定主视图

主视图是最主要的视图，应能反映组合体的形状特征及结构特征(各基本体的相互位置关系)；主视图一经确定，俯、左两视图亦随之确定。

组合体在投影体系的摆放位置和主视图的投影方向是确定主视图的两个因素。通常按组合体的自然位置安放，如图 4-14(a)所示，并选择主视图的投影方向，使得到的主视图能较多地反映组合体的形状特征及结构特征，并尽可能使各视图中虚线最少。图 4-15(a)是以图 4-14(a)中的 *A* 方向投射所得主视图，图 4-15(b)是以图 4-14(a)中的 *B* 方向投射所得主视图。图 4-15(a)比图 4-15(b)能较明确地表达支架各基本体的形状特征及其相对位置。再比较 *A* 方向的投影图和其他方向(如 *C*、*D* 方向)的投影图，最终选 *A* 方向作为主视图的投射方向。

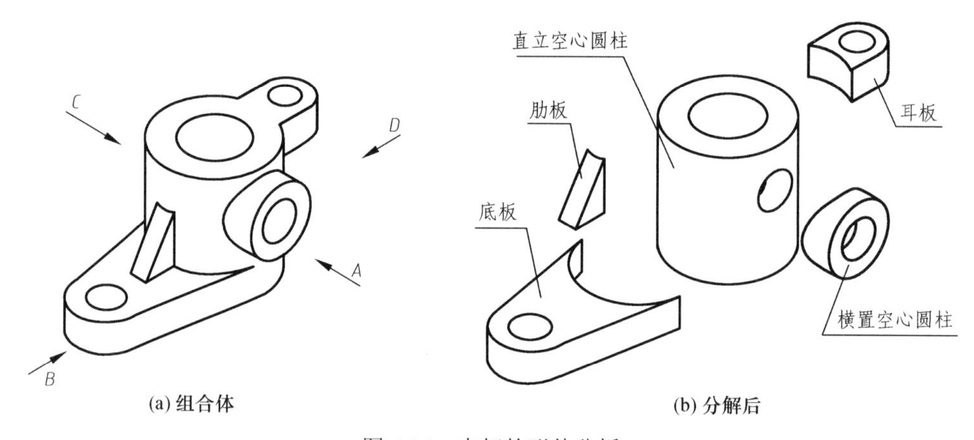

(a) 组合体　　(b) 分解后

图 4-14　支架的形体分析

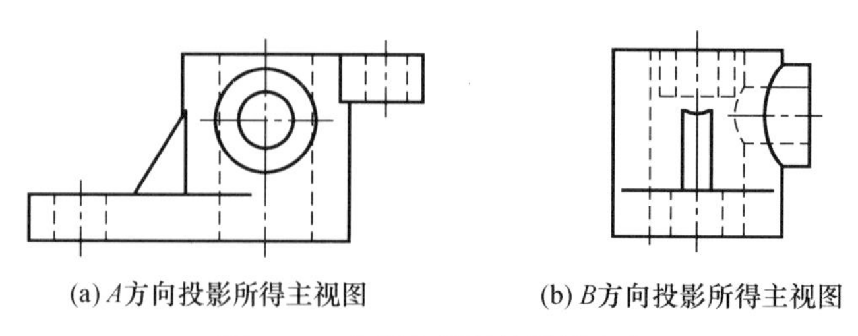

(a) *A*方向投影所得主视图　　(b) *B*方向投影所得主视图

图 4-15　分析主视图的投影方向

3. 选比例，定图幅

画图时，按选定的比例(在可能的情况下尽量选用 1∶1 的比例，这样既便于直接估量组合体的大小，也便于画图)，根据组合体的长、宽、高大致估算出三个视图所占面积，并考虑各视图之间留出标注尺寸的位置和适当的间距，据此选用合适的标准图幅。

4. 布图、画基准线

根据各视图的大小，画出各视图的基准线，以确定各视图的位置。一般以对称平面、轴线、较大的平面作为基准，如图 4-16(a)所示。

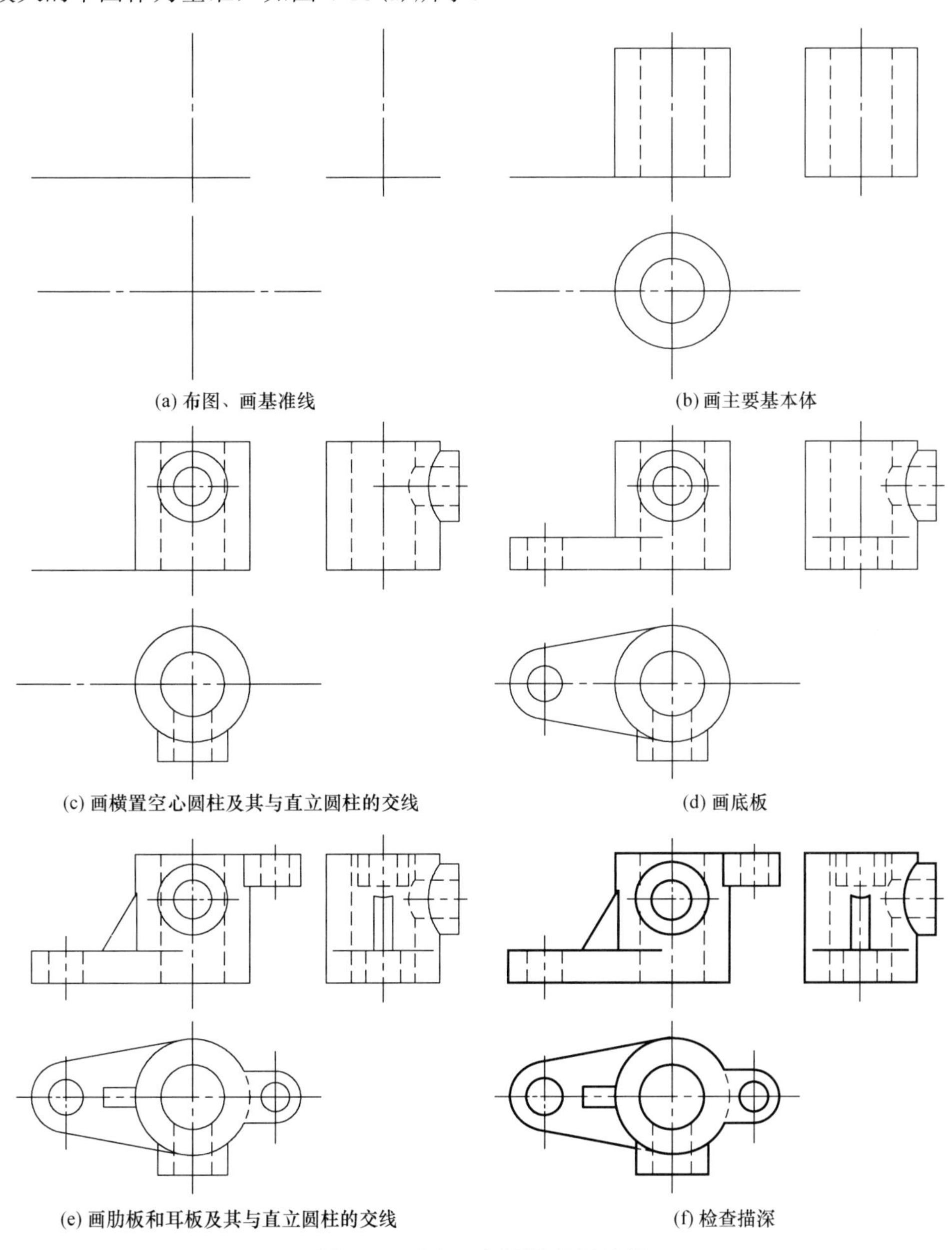

图 4-16 支架三视图的作图过程

5. 绘制底稿(图 4-16(b) ~ (e))

逐个画出各基本体的视图，一般是先画主要基本体，后画次要基本体；先画实形体，后画虚形体；先大后小。画基本体视图时，要三个视图联系起来画，并从最能反映该基本体形状特征的视图入手。

6. 标注尺寸(图略)

7. 检查，描深

底稿画完后，应按基本体逐个仔细检查其投影。并对组合体上的垂直面、一般位置面以及邻接表面共面、相切、相交等运用线面分析法重点校核，纠正错误和补充遗漏。最后描深图线(图 4-16(f))。

8. 画箭头，填写尺寸数值及标题栏(图略)

4.2.2 画图举例

例 4-1 绘制如图 4-17(a)所示的组合体的三视图。

1. 形体分析

参见图 4-8，该组合体由形体Ⅰ、Ⅱ、Ⅲ和Ⅳ组成。

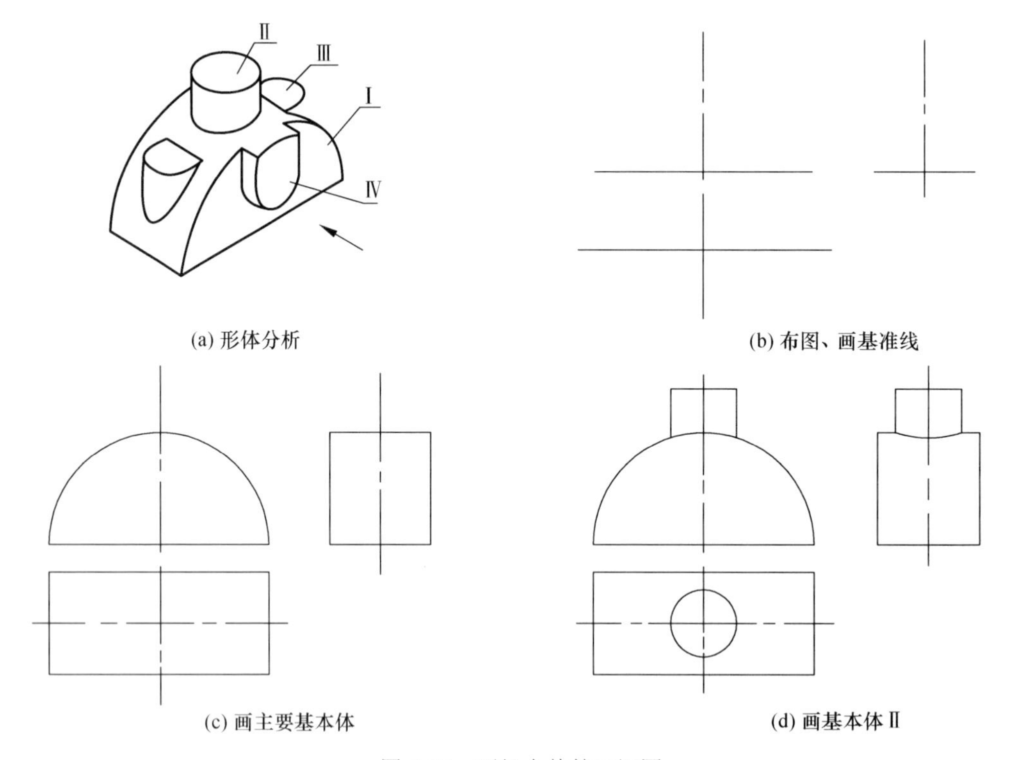

图 4-17 画组合体的三视图

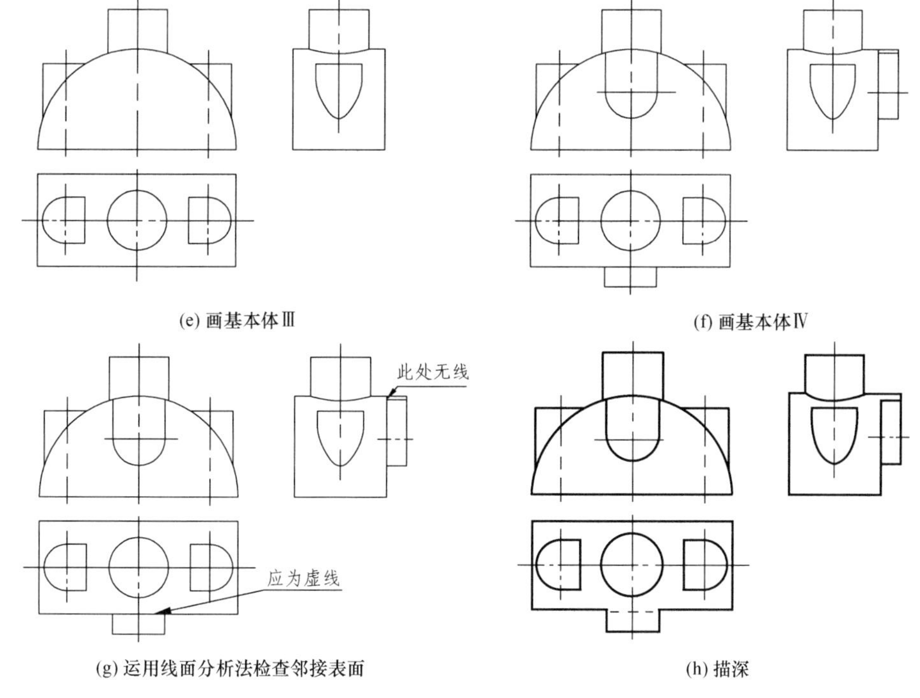

图 4-17　画组合体的三视图(续)

2. 确定主视图

选择如图 4-17(a)所示的安放位置，并以箭头所指投射方向确定主视图。

3. 选比例，定图幅

4. 绘制底稿

画图过程见图 4-17。

5. 标注尺寸(略)

6. 检查，描深

底稿画完后，应按基本体逐个仔细检查其投影。并对组合体上的垂直面、一般位置面以及邻接表面共面、相切、相交等运用线面分析法重点校核(图 4-17(g))，纠正错误和补充遗漏)。最后描深图线(图 4-17(h))。

7. 画箭头，填写尺寸数值及标题栏(略)

4.3　组合体的尺寸标注

视图只能表达组合体的形状，而组合体各部分的大小及其相对位置，还要通过标注尺寸来确定。尺寸标注的基本要求是正确、完整和清晰。

正确：指图样中所注尺寸要符合国家标准《机械制图 尺寸注法》(GB/T 4458.4—2003)和《技术制图 简化表示法第 2 部分：尺寸注法》(GB/T 16675.2—2012)中的规定。这部分内容已在 1.1 节中说明。

完整：指所注尺寸必须完全确定组合体各基本形体的大小及其相对位置，既不能遗漏，也不能重复。

清晰：指标注尺寸要布局均匀、整齐、清楚，便于读图。

为了保证组合体的尺寸标注完整，应采用形体分析法标注尺寸，即标注组合体中每个基本体的定形尺寸和确定各个基本体间相对位置的定位尺寸，然后根据组合体的形状、结构特征调整标注总体尺寸。

4.3.1 定形尺寸

确定基本体形状和大小的尺寸称定形尺寸。立体由长、宽、高三个向度确定，所以基本体的定形尺寸应是长、宽、高三个方向的尺寸。由于各基本体的形状特征不同，因而其定形尺寸的数量也各不相同。但就具体的基本形体而言，其定形尺寸的数量是一定的。基本体的定形尺寸需要标注其底面尺寸和高度尺寸，表 4-2 列出了常见基本体的尺寸标注示例。

表 4-2 常见基本体的尺寸标注示例

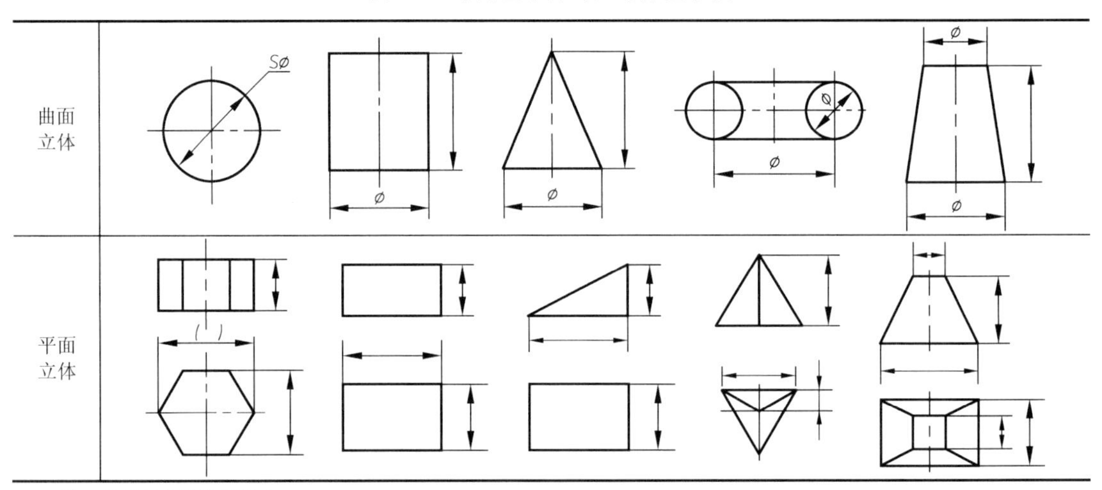

注：带括号的为参考尺寸。

标注组合体的尺寸时，应标注出各基本形体的定形尺寸，如图 4-18(a)所示。

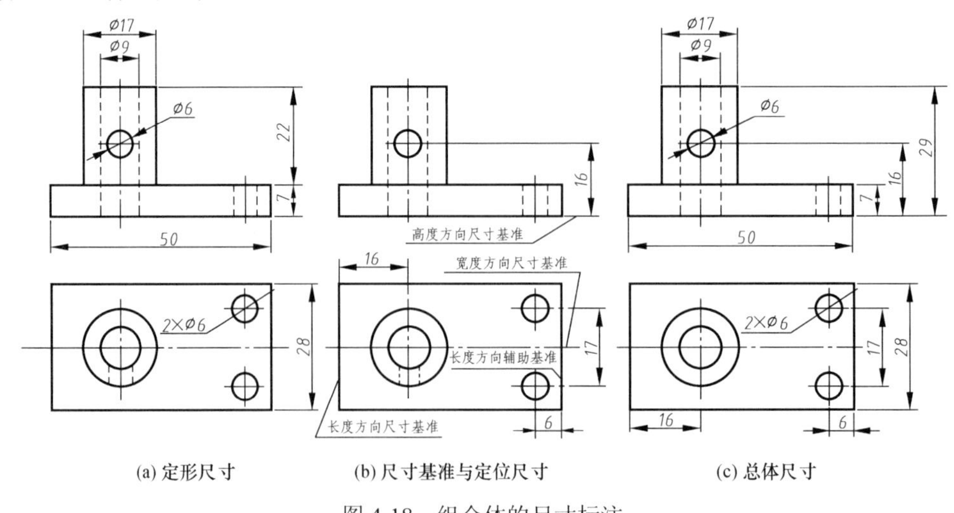

(a) 定形尺寸　(b) 尺寸基准与定位尺寸　(c) 总体尺寸

图 4-18 组合体的尺寸标注

4.3.2　尺寸基准和定位尺寸

尺寸基准是指标注尺寸的起始位置。通常选择组合体的对称面、端面、底面以及主要的轴线。

定位尺寸是指组合体中各基本体相对于基准的位置尺寸或各基本体间相对位置的尺寸。

标注定位尺寸时，应首先在组合体的长(x)、宽(y)、高(z)三个方向上，分别选定尺寸基准(根据需要还可选择辅助基准)，然后分别标注出各基本体在三个方向上的定位尺寸，如图 4-18(b)所示。

标注回转体的定位尺寸时，应标注它的轴线的位置。

4.3.3　总体尺寸

组合体的总长、总高、总宽，称为总体尺寸。为了表达组合体所占空间的大小，尺寸标注中，标注组合体的总体尺寸是必要的。但由于按形体分析法标注定形尺寸和定位尺寸后，尺寸已完整，若加注总体尺寸就会出现重复尺寸，则必须在同方向减去一个尺寸。如图 4-18(c)所示，标注总高尺寸 29 后，就应在高度方向上去掉一个不太重要的高度尺寸 22(图 4-18(a))。有时定形尺寸或定位尺寸就反映了组合体的总体尺寸，如图 4-18 中所示的底板的宽度和长度就是组合体的总宽、总长，此时不必另外标注总宽尺寸和总长尺寸。

当组合体的端部不是平面而是回转面时，该方向一般不直接标注总体尺寸，而由确定回转面轴线的定位尺寸和回转面的定形尺寸来间接确定(图 4-19)。

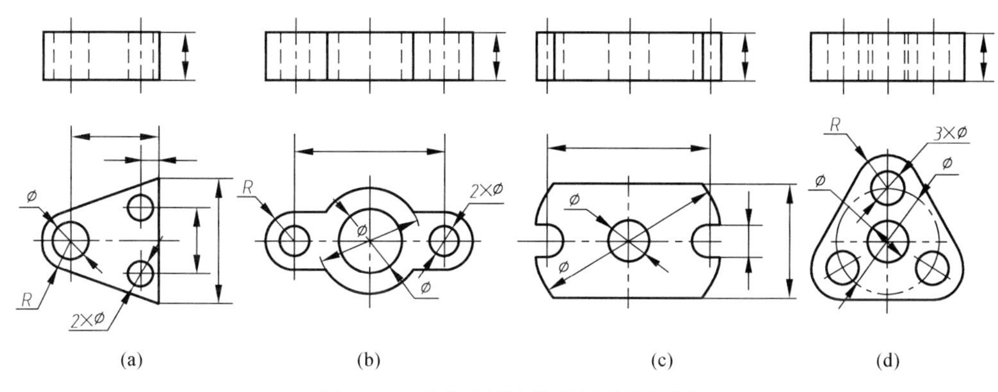

图 4-19　不直接标注总体尺寸的图例

4.3.4　标注定形、定位尺寸时应注意的几个问题

(1) 当基本体被平面截切时，除了标注基本体的定形尺寸，还需标注截平面的定位尺寸，而不能标注截交线的尺寸。如图 4-20 中所示的打“×”尺寸不能标注。

(2) 当立体表面有相贯线时，只需标注产生相贯线的两基本体的定形尺寸及其定位尺寸，而不能标注相贯线的尺寸。如图 4-21 中所示的打“×”尺寸不能标注。

(3) 图 4-22 为常见的底板结构，在俯视图上，矩形板四个角上圆弧的圆心可能与圆孔同心，也可能不同心。标注尺寸时，四个角的圆弧应按连接圆弧处理，所以仅标注定形尺寸 R，而四个圆孔与底板是不同的基本体，所以必须标注其定位尺寸。

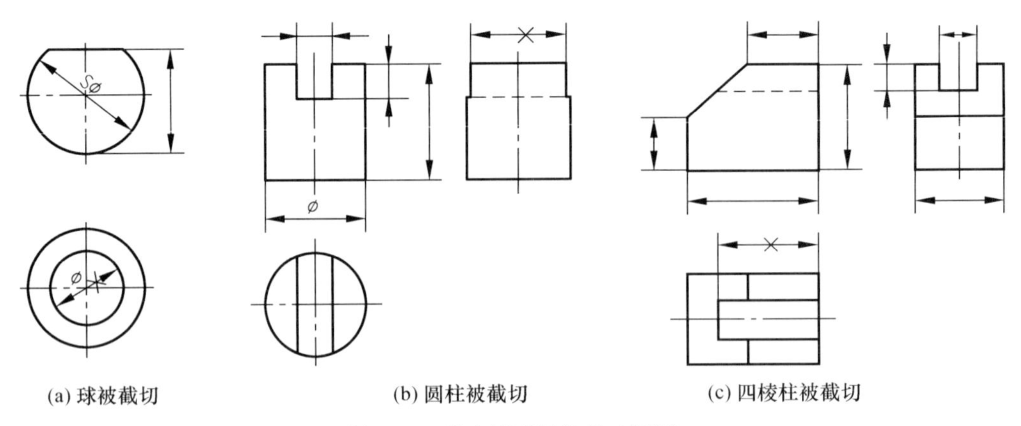

(a) 球被截切　　(b) 圆柱被截切　　(c) 四棱柱被截切

图 4-20　截交线不标注尺寸图例

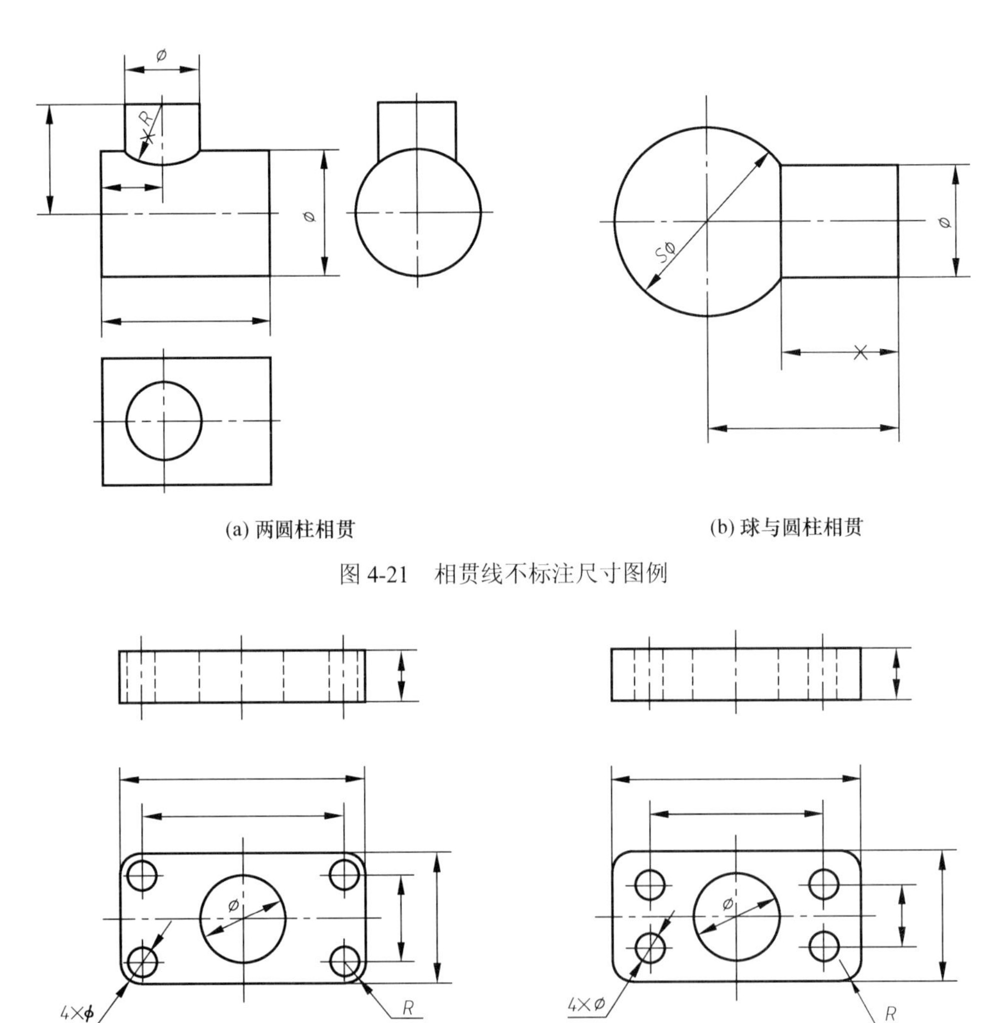

(a) 两圆柱相贯　　(b) 球与圆柱相贯

图 4-21　相贯线不标注尺寸图例

(a)　　(b)

图 4-22　必须标注孔的定位尺寸

4.3.5 标注尺寸要清晰

为了使尺寸标注清晰，标注时应考虑以下几点：

(1) 尺寸应尽量标注在视图外面，并配置在与之相关的两视图之间(如长度尺寸标注在主视图和俯视图之间)。同一方向上的串联尺寸应尽量配置在少数的几条线上，如图 4-23 所示。

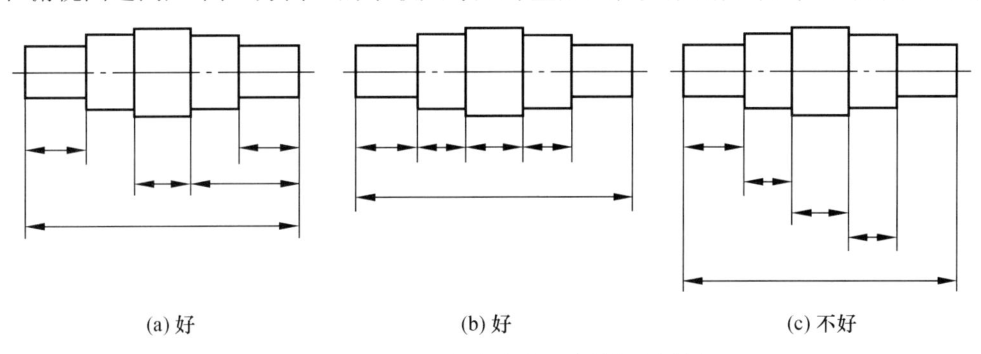

(a) 好　　(b) 好　　(c) 不好

图 4-23　同一方向上串联尺寸的标注图例

(2) 同一基本体的定形和定位尺寸应尽量集中，以方便读图，如图 4-21 所示。

(3) 定形尺寸应尽可能标注在反映该基本体形状特征的视图上，如半径尺寸必须标注在反映为圆的视图上(图 4-24(a)、(b))；几个同轴圆柱体的直径尺寸宜标注在非圆视图上(图 4-24(b)、(c))。

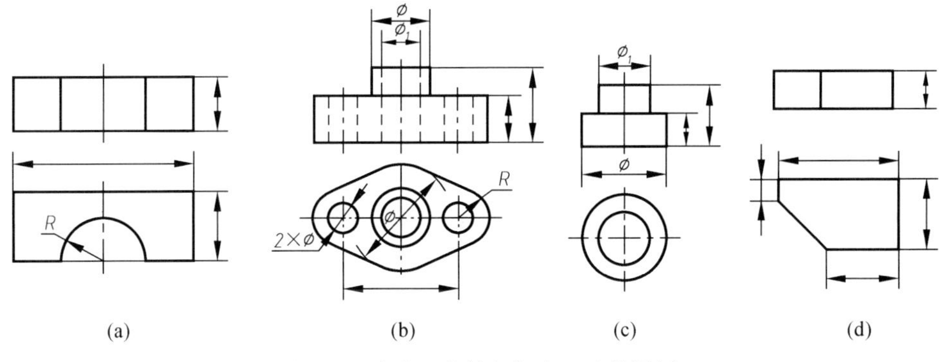

(a)　　(b)　　(c)　　(d)

图 4-24　考虑形状特征标注尺寸的图例

(4) 内外结构尺寸要分开标注(图 4-25)。

4.3.6 标注组合体尺寸的方法与步骤

首先选定三个方向的尺寸基准，然后根据组合体画图时所做形体分析的结果，分别标注各基本体的定形尺寸及其定位尺寸，调整标注总体尺寸，最后检查标注是否正确。

例 4-2　标注组合体(图 4-26(a))的尺寸。

1. 形体分析

根据形体分析的结果，初步考虑每个基本体的定形尺寸和定位尺寸(图 4-26(b))。

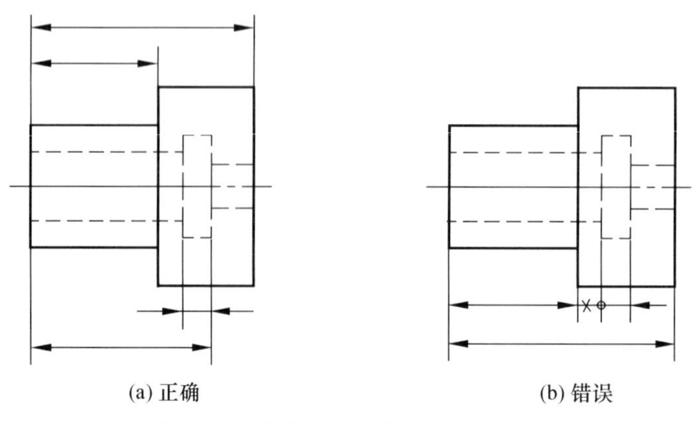

(a) 正确　　(b) 错误

图 4-25　内外形尺寸分开标注的图例

2. 确定尺寸基准

组合体在长度方向对称，所以选其左、右对称面为长度方向的基准；高度方向和宽度方向不对称，因此分别选较大的底面和后表面为高度和宽度方向的基准，如图 4-26(c)所示。

3. 标注定形尺寸和定位尺寸

(1)基本体Ⅰ为半圆柱，有两个定形尺寸 $R32$ 和 30(图 4-26(d))。定位尺寸不用标注，因为基本体Ⅰ的底面、后面和轴线分别与长、宽、高三个方向的尺寸基准重合。

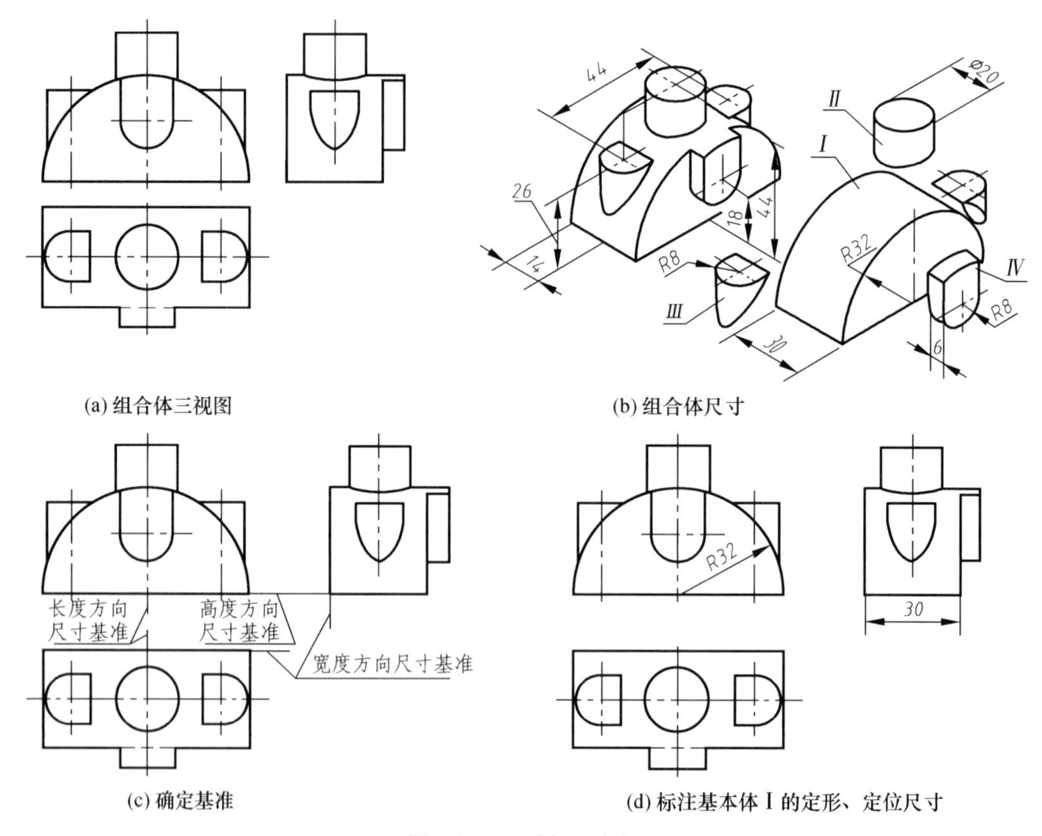

(a) 组合体三视图　　(b) 组合体尺寸

(c) 确定基准　　(d) 标注基本体Ⅰ的定形、定位尺寸

图 4-26　尺寸标注举例

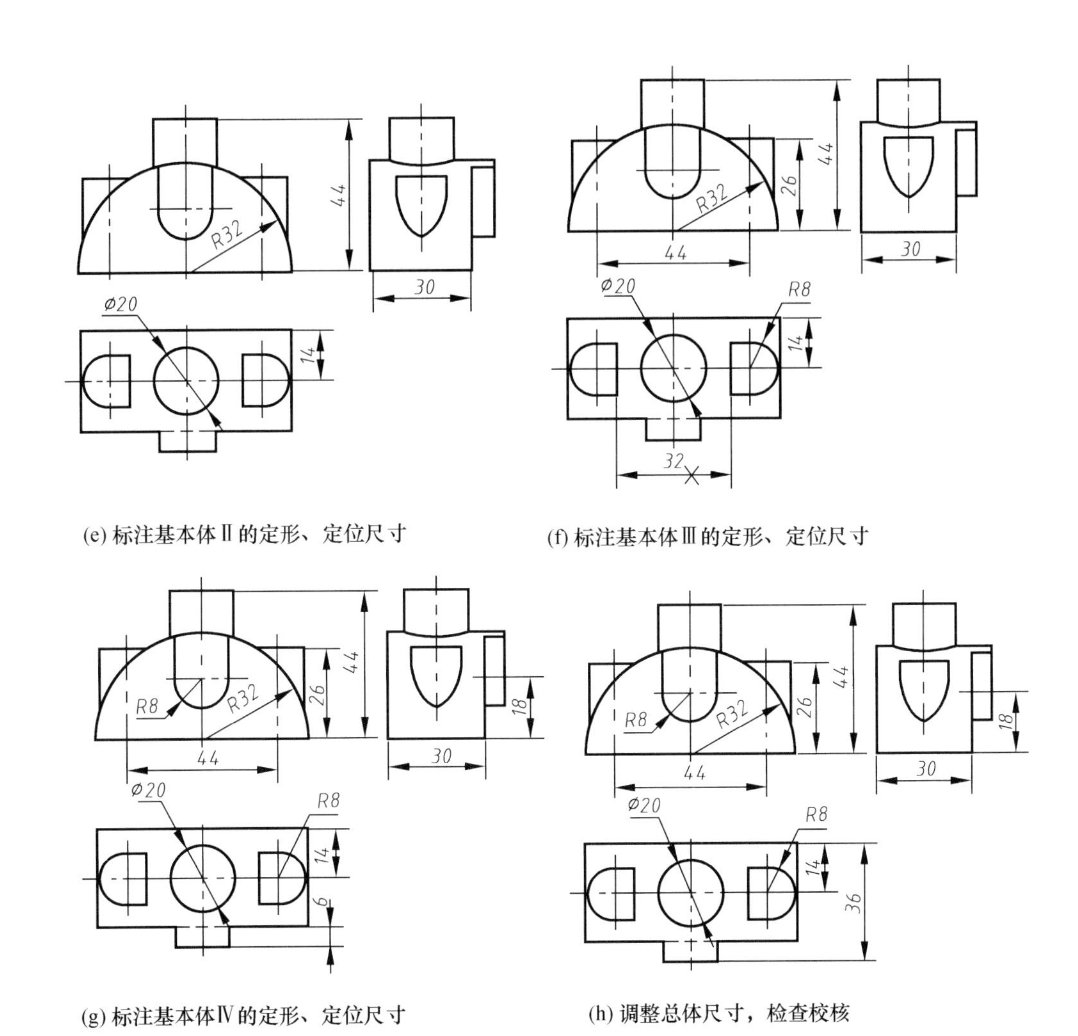

图 4-26　尺寸标注举例(续)

(2) 基本体Ⅱ(凸台)标注了定形尺寸 ϕ20，就确定了其长度和宽度方向的形状大小；凸台的轴线位于长度方向的基准上，因此不用标注长度方向的定位尺寸；凸台与基本体Ⅰ宽度方向的相对位置由定位尺寸 14 确定；由于凸台是叠加在半圆柱上，在高度方向上只要凸台和半圆柱的相对位置确定，凸台的高度就确定了，因此仅标注凸台和半圆柱高度方向的定位尺寸 44 即可(图 4-26(e))。

(3) 尺寸 *R*8 是基本体Ⅲ长度和宽度方向的定形尺寸；由于基本体Ⅲ是对称叠加在基本体Ⅰ的两侧，因此其长度方向的定形尺寸由对称定位尺寸 44 和定形尺寸 *R*8 确定，高度方向的定位尺寸 26 也可确定高度方向的大小尺寸；宽度方向的定位尺寸与基本体Ⅱ用同一尺寸 14。特别要注意基本体Ⅲ和基本体Ⅰ叠加时，表面所产生的交线不允许标注尺寸，所以图 4-26(f)中带“×”尺寸 32 不应标注。

(4) 尺寸 *R*8 和 6(图 4-26(g))是基本体Ⅳ长度和宽度方向的定形尺寸；基本体Ⅳ长度方向的对称面与基准重合，故不标注定位尺寸；尺寸 6 既是其宽度方向的定形尺寸，也是定位尺寸；高度方向的定位尺寸由尺寸 18(图 4-26(g))确定，定形尺寸由尺寸 18 和尺寸 *R*8 确定。

4. 调整标注总体尺寸

在本例中，总长尺寸由定形尺寸 *R*32 确定，增加总宽尺寸 36，去掉一个宽度方向尺寸 6；总高尺寸由定位尺寸 44 确定(图 4-26(h))。

5. 检查、校核

按完整、正确、清晰的要求检查、校核所注尺寸，如有不妥，则做适当修改或调整。主要是核对尺寸数量，同时检查所注尺寸配置是否明显、集中和清晰(图 4-26(h))。

例 4-3 标注组合体(图 4-27(a))的尺寸。

1. 形体分析

组合体形体分析的结果及其定形尺寸和定位尺寸的初步考虑见图 4-27(b)、(c)。

2. 标注定形尺寸(图 4-27(d))

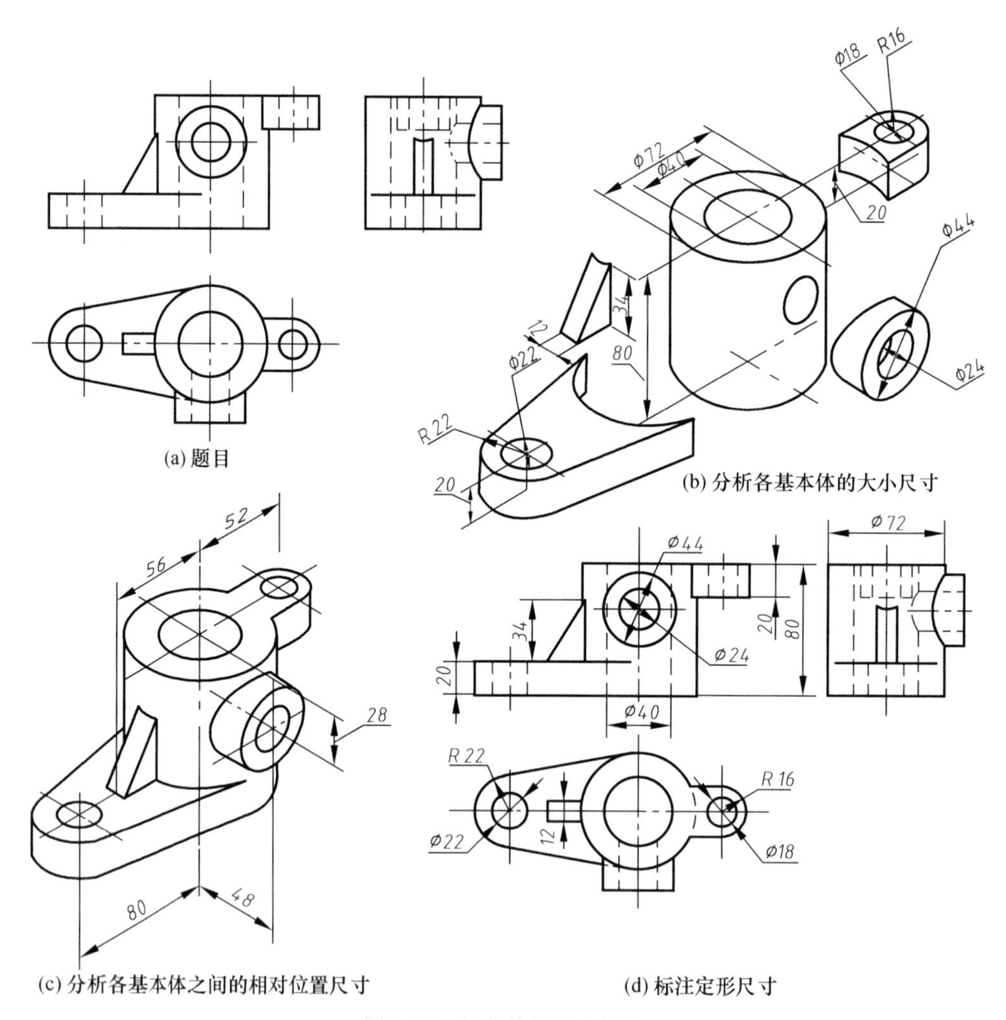

(a) 题目

(b) 分析各基本体的大小尺寸

(c) 分析各基本体之间的相对位置尺寸

(d) 标注定形尺寸

图 4-27 组合体的尺寸标注

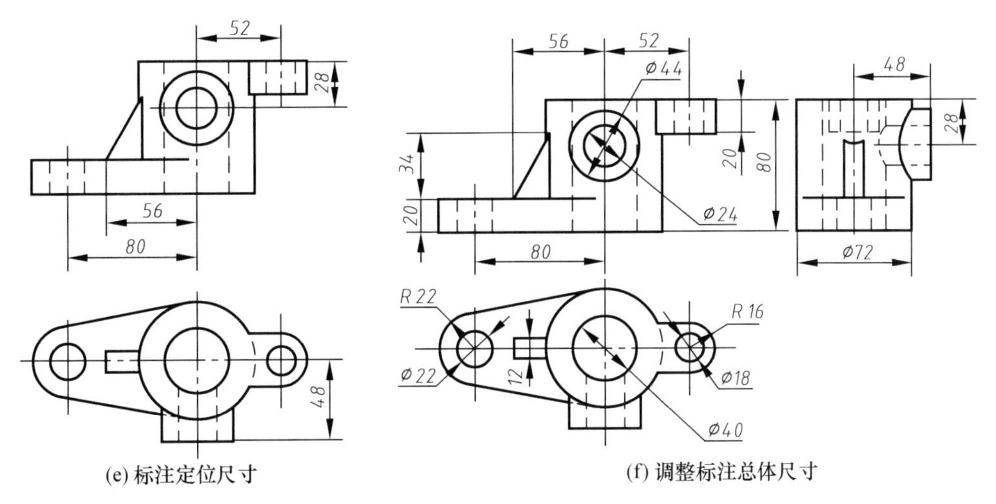

(e) 标注定位尺寸　　　　(f) 调整标注总体尺寸

图 4-27　组合体的尺寸标注(续)

3. 标注定位尺寸(图 4-27(e))

4. 调整总体尺寸并检查、校核(图 4-27(f))

4.4　读组合体的视图

画图是将空间物体用正投影的方法表达在平面的图纸上，而读图则是根据平面图纸上已画出的视图，运用正投影的投影特性和规律，分析空间物体的形状和结构，进而想象空间物体。从学习的角度看，画图是读图的基础，而读图不仅能提高空间构思能力和想象能力，又能提高投影的分析能力，所以画图和读图是本课程的两个重要环节。

4.4.1　读图的基本方法

读图仍然是以形体分析法为主，线面分析法为辅。运用形体分析法和线面分析法读图时，大致经过以下三个阶段。

1. 粗读

根据组合体的三视图，以主视图为核心，联系其他视图，运用形体分析法辨认组合体是由哪几个主要部分组成的，初步想象组合体的大致轮廓。

2. 精读

在形体分析的基础上，确认构成组合体的各个基本体的形状，以及各基本体间的组合形式和它们之间邻接表面的相对位置。在这一过程中，要运用线面分析法读懂视图上的线条以及由线条所围成的封闭线框的含义。

3. 总结归纳

在上述分析判断的基础上，想象出组合体的形状；并将想象的形状向各个投影面投影并与给定的视图对比，验证给定的视图与所想象的形状的视图是否相符。当两者不一致时，必须按照给定的视图来修正想象的形状，直至所想象出的形状与给定视图相符。

4.4.2 读图时要注意的几个问题

1. 不能只凭一个视图臆断组合体的形状

在工程图样中，是用几个视图共同表达物体形状的，组合体是用三视图来表达的。每个视图只能反映组合体某个方向的形状，而不能概括其全貌，如图 4-28 中，同一个主视图，配上不同的左视图和俯视图，所表达的就是不同形状的组合体。所以只根据一个或两个视图是不能确定组合体的形状，读图时必须几个视图联系起来看。

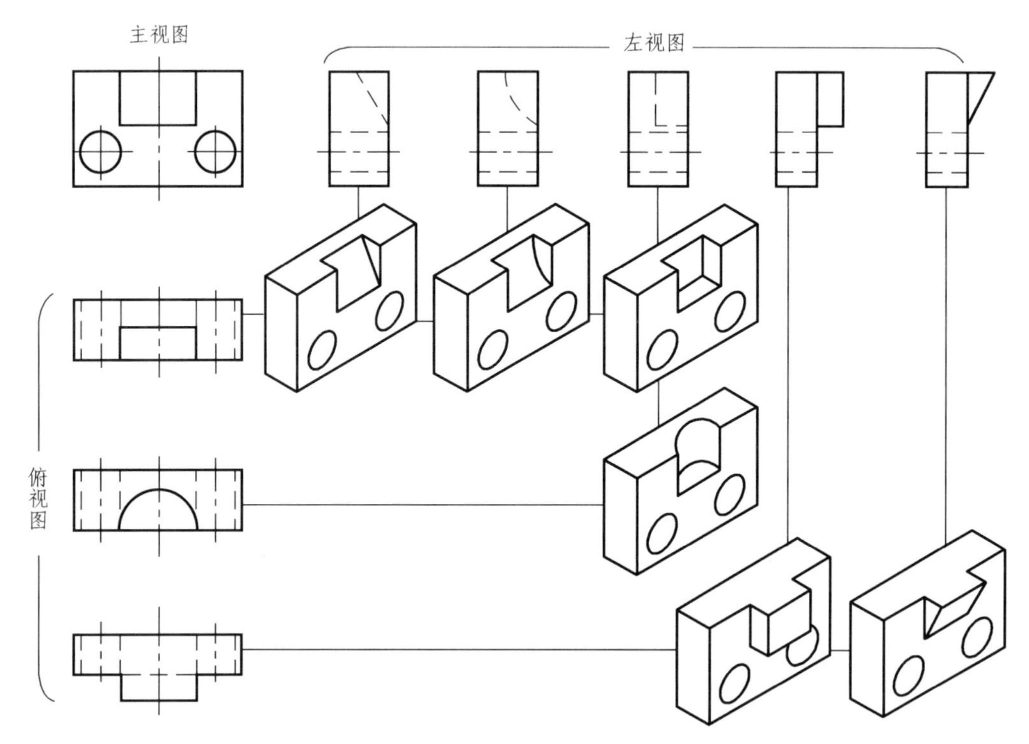

图 4-28 一个视图不能确定物体的形状

2. 找出反映形体特征的视图

对于基本体来说，在几个视图中，总有一个视图能比较充分地反映该基本体的形状特征，如图 4-29 的左视图和图 4-30 的俯视图反映基本体的形状特征。在形体分析的过程中，若能找到形体的特征视图，再联系其他视图，就能比较快而准确地辨认基本体。

但组合体是由若干基本体组合而成的，它的各个基本体的形状特征，并非都集中在一个视图上，如图 4-31 中的支架是由四个基本体叠加而成的，主视图反映了基本体 I 和基本体Ⅳ的形状特征，左视图反映了基本体III的形状特征，俯视图反映了基本体 II 的形状特征。读图时就是要抓住能够反映形体形状特征的线框，联系其他视图，来划分基本体。

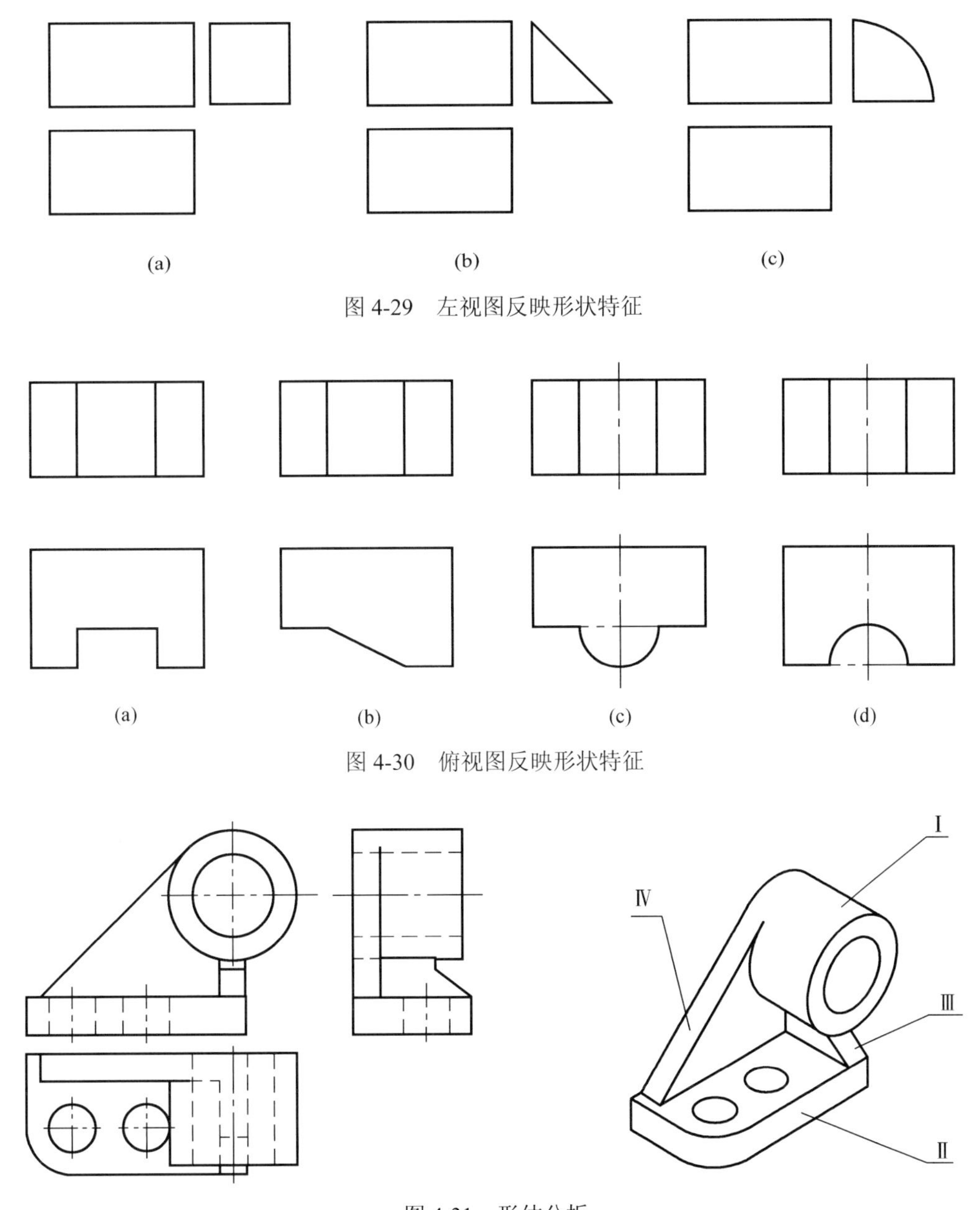

图 4-29　左视图反映形状特征

图 4-30　俯视图反映形状特征

图 4-31　形体分析

3. 熟悉基本体的投影特性，多做形体积累

看图4-32所示的三视图，很快就会得出：图4-32(a)表达的是一个横置的圆柱体，图4-32(b)表达的是一个直立的圆锥体。这是因为通过学习基本体的投影，已经了解并熟悉了圆柱体、圆锥体的投影特性，并能随时根据其投影反映出立体形状；另一原因是图上所表达的物体是经常看到和摸到的实物，或是类似的实物，读图时就会产生一种“好像见过面”的感觉，这就是形体积累在读图过程中的作用。构成组合体的各个基本体，就像一篇文章里的字和词，若字和词都不认识，当然无法阅读文章。若熟悉基本体的投影特性以及形体积累越多，就能很快提高投影分析能力和形体识别能力。

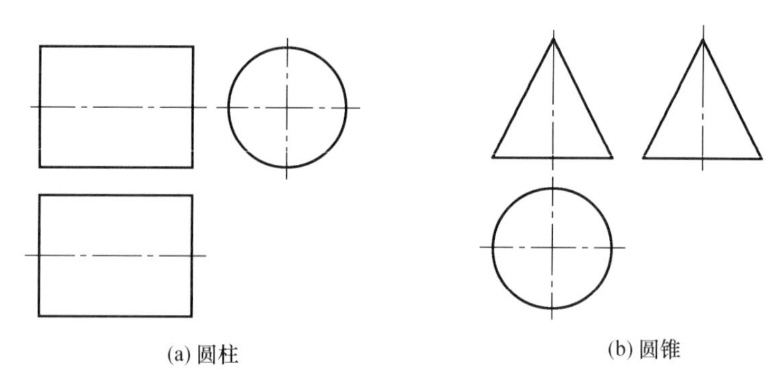

图 4-32　基本体的三视图

4. 明确视图中的线框和图线的含义

视图中的图线可能是平面或曲面有积聚性的投影，也可能是物体上某一条棱线的投影；视图中的封闭线框可能是物体上某一表面(可以是平面也可以是曲面)的投影，也可能是孔、洞的投影。因此，明确视图中图线和线框的含义，才可能正确识别基本体邻接表面间或基本体和基本体邻接表面间的相对位置和连接关系。

视图中图线(粗实线或虚线)的含义，分别有以下三种不同情况(图 4-33(a))。

(1)物体上垂直于投影面的平面或曲面有积聚性的投影。

(2)物体上相邻两表面交线的投影。

(3)物体上曲面转向轮廓线的投影。

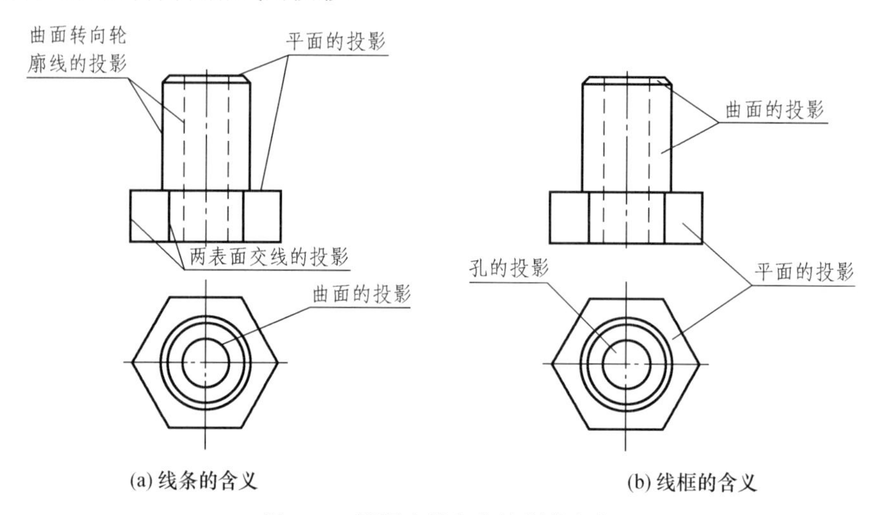

图 4-33　视图中线条和线框的含义

视图中封闭线框的含义，分别有以下三种情况(图 4-33(b))。

(1)平面的投影。

(2)曲面的投影。

(3)孔、洞的投影。

视图中相连的线框或重叠的线框，则表示了物体上不同位置的面，并反映了组合体邻接表面间的相对位置和连接关系。读图时，通过对照投影，区分出它们的前后、上下、左右和相交、相切、共面等连接关系，可帮助想象物体。如图 4-34 所示，将主、俯视图联系起来可知：俯视图中的三个可见线框所表示的表面有上下关系和主视图中两个可见线框所表示的表面有前后关系。

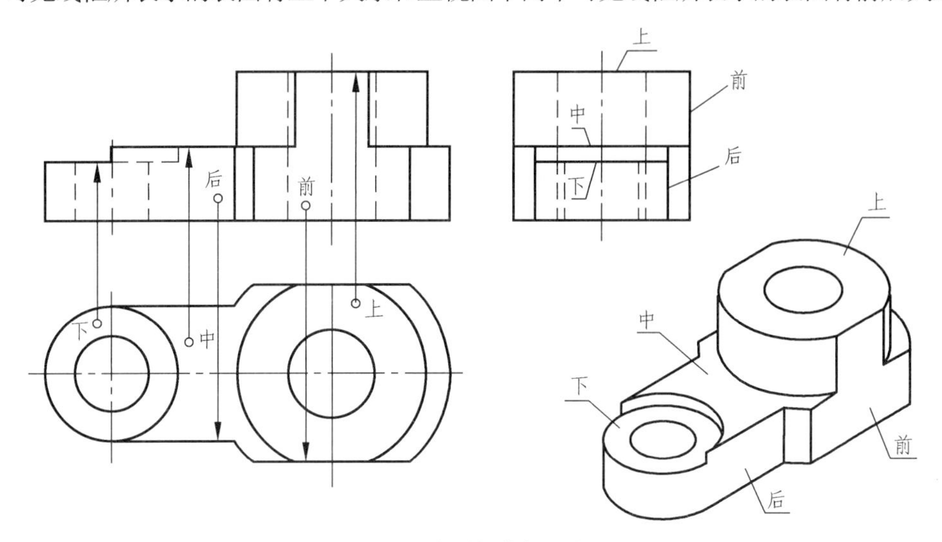

图 4-34　表面间的相对位置

5. 要善于构思形体的空间形状，在读图过程中不断修正空间想象的结果

我们所说的形体积累除柱、锥、球、环这些基本体外，还包括一些基本体经简单切割或叠加构成的简单组合体，读图时要善于根据已知视图构思出这些形体的空间形状。

例如，在某一视图上看到一矩形线框，可以想象出很多形体，如四棱柱、圆柱等(图 4-35(a))，看到一个圆形线框，可以想象成圆柱、圆锥、圆球等形体的某一投影(图 4-35(b))。此时再从相关的其他视图上找对应的投影，便会做出正确判断。

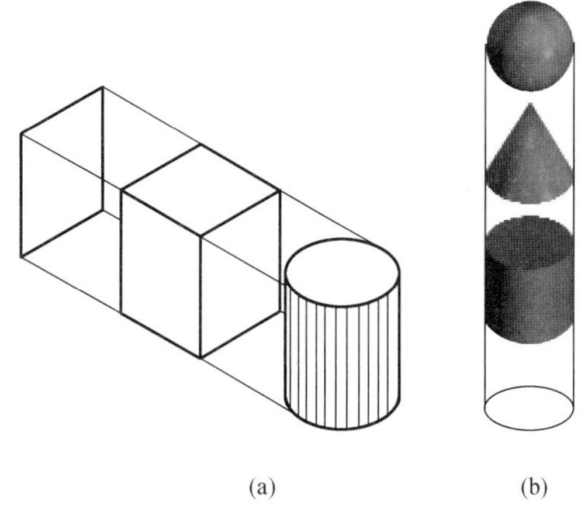

图 4-35　空间形体的构思过程

如图 4-36 所示是某一形体的三视图。由主视图的最外线框是一个矩形，俯视图是一个圆形线框可知：其主体一定是一个圆柱(图 4-37(a))。再联系左视图(外形是三角形)分析，可知圆柱体用两个侧垂面在前后各切去一部分；主视图矩形线框内有侧垂面与圆柱体表面截交线的投影(半个椭圆)，俯视图圆形线框中间的粗实线为两侧垂面交线的投影，从而得出图 4-36 所表达的组合体是圆柱体用两个侧垂面切去前后两块后的形体，如图 4-37(b)所示。

读图的过程就是根据视图不断修正想象组合体的思维过程。如想象图 4-38 的组合体形状时，根据主、俯两视图有可能构思出如图 4-39(a)所示的形体，但对照左视图就会发现图 4-39(a)所示形体的左视图与图 4-38 所示组合体的左视图不相符，此时需根据它们左视图之间的差异来不断修正所构思的形体，直至得到图 4-39(b)的形体。

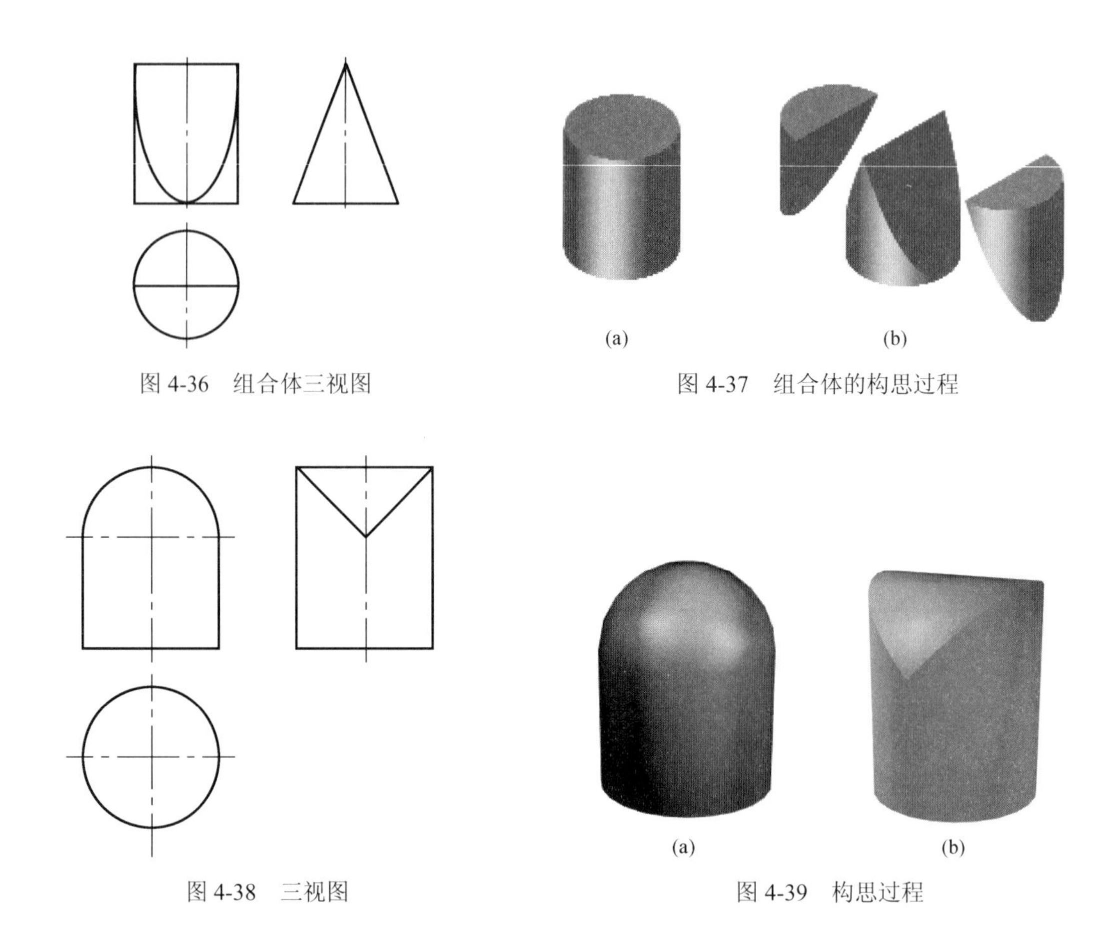

图 4-36 组合体三视图

图 4-37 组合体的构思过程

图 4-38 三视图

图 4-39 构思过程

通过对读图时要注意的几个问题的讨论可知，读图时，必须要几个视图联系起来看，还要对视图中的线框和图线的含义做细致的投影分析，在构思形体的过程中不断修正想象的形体，才能逐步得到正确的结论。同时不断地加大、加深形体的积累，也是培养读图能力的一个途径。

4.4.3 读图的一般步骤

1. 分析视图、对照投影、想主体形状

分析视图应先从能够反映组合体形状特征的主视图入手，弄清各视图之间的关系，按照三视图投影规律，几个视图联系起来看，并从中找出组合体的主体，以便在短时间内对组合体的大致轮廓有一个初步的了解。图 4-40 的三视图所示组合体其主体就是由水平圆柱和梯形多面体构成的(图 4-41(a))。

2. 识别各基本形体及它们的相对位置，明确组合关系

梯形多面体在圆柱上方，这从主视图(图 4-40)上一目了然；从左视图上看，构成梯形多面体的前后表面的投影 b''、a''分别切于圆柱面的圆投影，可知它们的空间情况如图 4-41(b)所示。

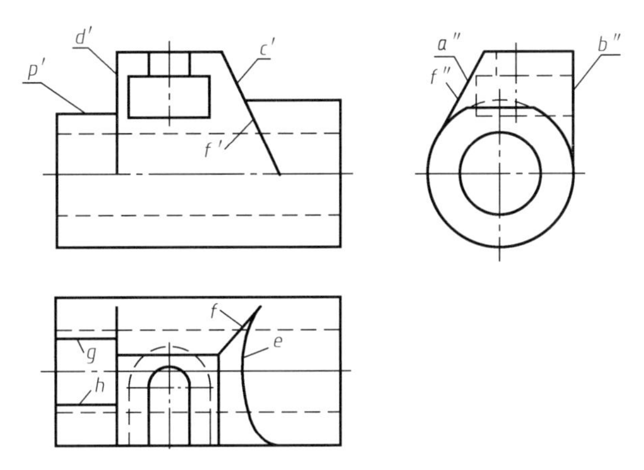

图 4-40　组合体三视图

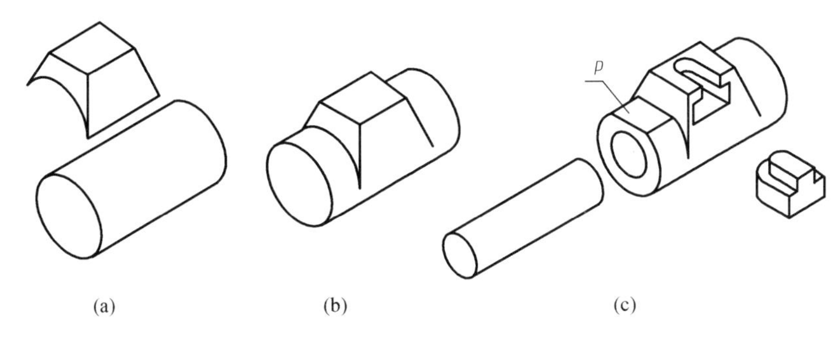

图 4-41　分析组合体投影、构思组合体形状

3. 线面分析攻难点

在视图上有些线条的含义，往往一下不易看懂，如图 4-40 中所示的俯视图上的 f、g、h 等直线，这就需要把几个视图联系起来分析它们的投影。通过线面分析知：主视图中 d'、c' 是梯形多面体的左表面和右表面的积聚性投影，梯形多面体上后表面(侧垂面)和右表面(正垂面)相交，交线是一条一般位置直线，投影为 f、f'、f''。从俯视图上看 g、h 平行于圆柱体的轴线，对照主、左视图可知，g、h 是由平面 P 截切圆柱体所产生的截交线的水平投影(图 4-41(c))。俯视图中的曲线 e 为梯形多面体的右表面(正垂面)与圆柱面交线的投影。

4. 对照投影，分析细部形状

主体形状读懂后，再读细节部分。

从图 4-40 中的主视图上看，梯形多面体的投影范围内有一个“凸”形线框，对照俯视图相应的投影可知，梯形多面体上有后部为圆端的“T”形槽，如图 4-41(c)所示。此外，从主、左视图上可知，圆柱体轴向有通孔(图 4-41(c))。

5. 综合起来想象组合体全貌

读图的最后要求是读懂组合体的全貌，也就是要求把构成组合体的各基本体的形状和相对位置综合起来，想象出组合体的形状。图 4-41 正是说明了这样一个综合想象的过程。

上述步骤只是一般的读图步骤，绝不是一成不变的方程式，读图时各步骤之间互相交织，有时遇到复杂的物体还要重复上述步骤才能读懂。

4.4.4 读图举例

例 4-4 看懂如图 4-42(a)所示的轴承座的三视图，补画俯视图中所缺的图线。

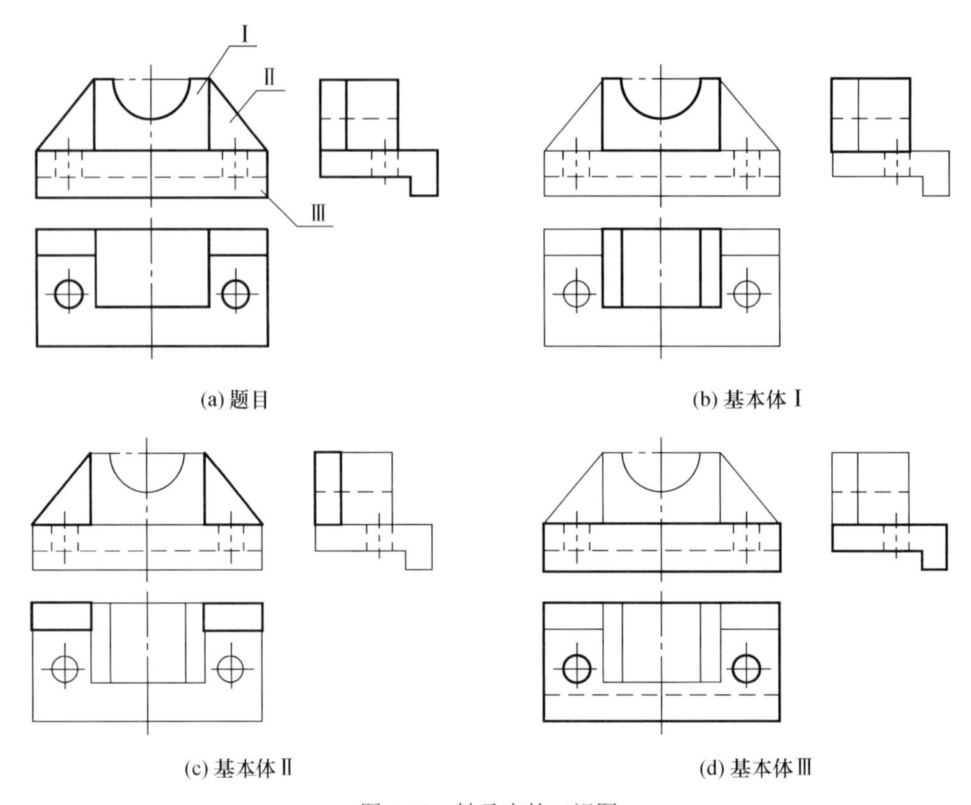

图 4-42 轴承座的三视图

1. 分析视图、对照投影、想主体形状

从主视图入手，按主视图的线框将组合体分解为Ⅰ、Ⅱ、Ⅲ三个基本形体(图 4-42(a))。

2. 辨识各基本形体及其相对位置，明确组合关系

根据主视图上基本形体Ⅰ的投影，按照投影关系找到基本形体Ⅰ在俯、左两视图上的相应投影。可知基本形体Ⅰ是一个长方块，其上部挖去一个半圆柱，所以在图 4-42(a)给出的三视图中，俯视图上缺两条粗实线(半圆槽轮廓线的投影)，正确投影如图 4-42(b)中所示。

同样可分析基本形体Ⅱ的其余两投影(如图 4-42(c)中所示的粗线框)，可知形体Ⅱ为三角形肋板。

基本体Ⅲ(底板)的左视图反映了底板的形状特征，从主、左视图可看出，底板是一个 L 形柱体，上面钻了两个圆孔，所以俯视图上缺了一条虚线，如图 4-42(d)所示。

从主、俯两视图可以清楚地看出：基本体Ⅰ在基本体Ⅲ的上面，位置是中间靠后，其后表面与基本体Ⅲ的后表面共面。基本体Ⅱ位于基本体Ⅰ的两侧和基本体Ⅲ的上面，且后表面与基本体Ⅲ后表面共面，如图 4-43(a)所示。

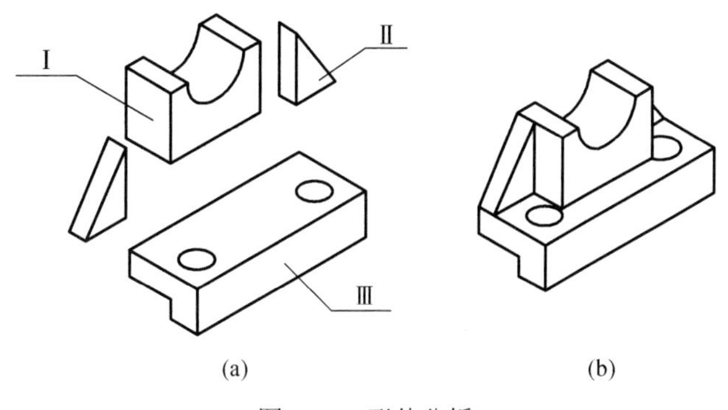

图 4-43　形体分析

3. 综合起来想整体

在读懂每个基本形体及其相对位置的基础上，最后对组合体的形状有一个完整认识（图 4-43(b)）。

例 4-5　根据图 4-44(a)给出的压块主、俯两视图，补画左视图。

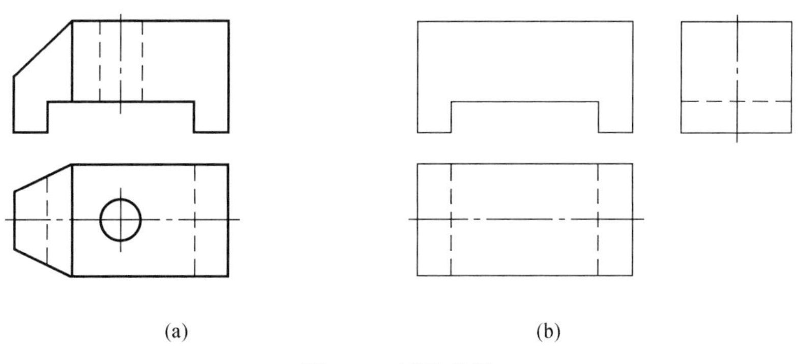

图 4-44　形体分析

1. 分析视图、对照投影、想主体形状

由于压块的主、俯两个视图的外轮廓线基本都是长方形，且主视图中下部有一矩形缺口，对照俯视图中的虚线作投影分析，知压块的基本体是⊓形柱体(图 4-44(b))。

2. 辨识形体定位置，明确组合关系

该组合体主视图的⊓形线框左上部缺一个角，说明基本形体的左上方被斜切去一角。俯视图长方形线框的左侧缺两个角，说明基本形体的左端前、后各斜切去一角。

这样从形体分析的角度，对组合体的轮廓有了大致的了解，但那些被切去的部分，究竟是被什么样的平面切割的，切割以后的投影如何，还必须进行细致的线面分析。

3. 线面分析攻难点

做线面分析一般都是从某个视图上的某一封闭线框开始，根据投影规律找出封闭线框所代表的面的其他投影，然后分析其在空间的位置及其与其他表面相交后所产生交线的空间位置及投影。

(1) 首先分析俯视图上的梯形封闭线框 p，图 4-45(a) 中的粗线框。由于主视图上没有与它对应的梯形线框，所以它的正面投影只能对应于斜线 p'，由此判断 P 平面是一个正垂面，或者说基本体被正垂面 P 切去一块，根据投影规律画出 P 平面与基本体的顶面和侧面相交后在俯、左视图上的投影(图 4-46(a))。

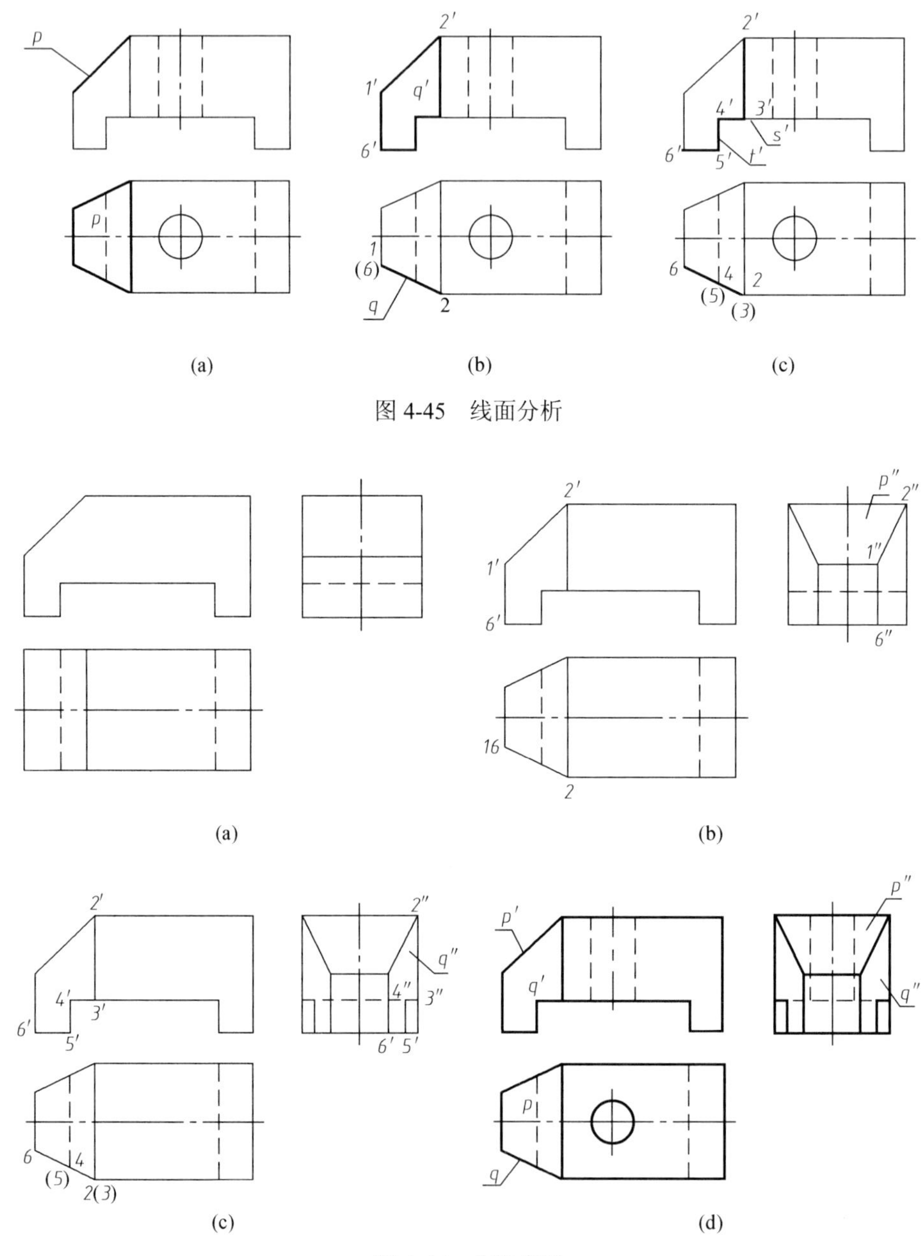

(a) (b) (c)

图 4-45　线面分析

(a) (b)

(c) (d)

图 4-46　作图步骤

(2) 再分析主视图上的六边形 q' (图 4-45(b) 中的粗线框)，在俯视图上找到它的对应投影是 q 积聚为一条直线，从而可知 Q 平面是铅垂面，也就是说基本体被两个铅垂面前后各切去一块。Q 平面与 P 平面相交，P 平面在俯视图上的投影变为梯形线框，P 平面和 Q 平面相交后产生交线Ⅰ Ⅱ(图 4-45(b))，根据投影规律找出 *Q* 平面与基本形体左侧面交线Ⅰ Ⅵ的三个投影 1′6′、16、1″6″及与 *P* 平面交线Ⅰ Ⅱ的三个投影 12、1′2′和 1″2″(图 4-46(b))，直线Ⅰ Ⅱ在空间的位置是一般位置直线。*P* 平面在左视图上的对应投影应是类似的梯形线框 *p*″。

Q 平面截切基本形体后，与⊓形体的前表面产生交线Ⅱ Ⅲ，与⊓形体中间的水平面 *S* 产生交线Ⅲ Ⅳ，与⊓形体中间的侧平面 T 的交线是铅垂线Ⅳ Ⅴ，与⊓形体的底面交线是水平线Ⅴ Ⅵ，如图 4-45(c)所示，画出它们的侧面投影如图 4-46(c)所示，*Q* 平面在左视图上的对应投影是六边形线框 *q*″。

(3)俯视图中的圆形线框对应主视图上两条虚线，可知该组合体从上往下穿了一个圆孔。画出圆孔的侧面投影(图 4-46(d))。

4. 综合起来想整体

根据以上所做的形体分析和线面分析，逐步补画出压块的左视图，想象出压块的整体形状(图 4-47)。

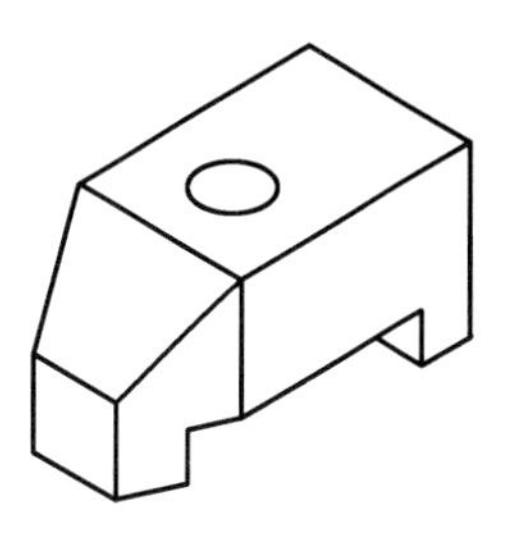

图 4-47　压块的形状

5. 检查读图结果，并描深所补视图的图线

重点检验投影面的垂直面，看其投影是否符合投影特性，如检验图 4-46(d)中的 *P* 平面和 *Q* 平面的侧面投影是否反映平面的类似形。

例 4-6　根据图 4-48(a)给出的主、俯两视图，补画组合体的左视图。

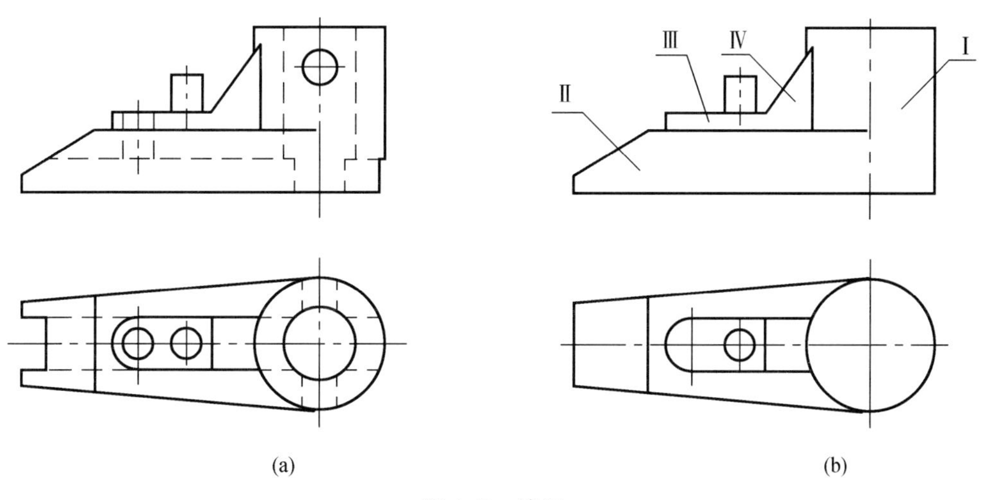

图 4-48　读图

1. 分析视图，对照投影，想主体形状

按主视图上的线框大致可将组合体分为圆柱体Ⅰ、底板Ⅱ、凸台Ⅲ、肋板Ⅳ(图 4-48(b))四部分。

2. 辨识基本形体及其相对位置，明确组合关系

(1)由主、俯两视图可看出，主体Ⅰ是一个空心圆柱体，画出其侧面投影(图 4-49(a))。

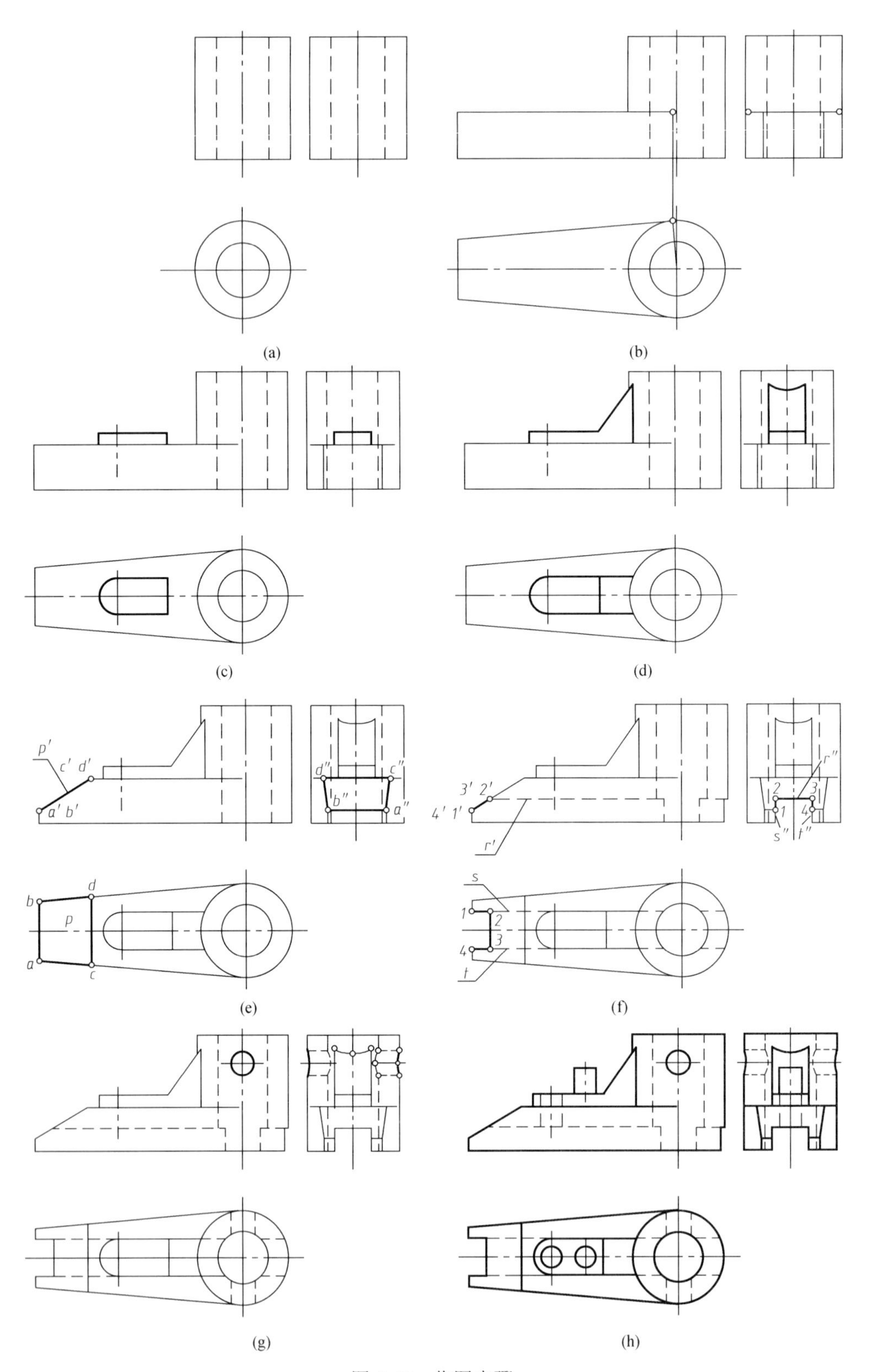

图 4-49　作图步骤

(2) 空心圆柱体右侧是一块梯形底板，底板前表面与圆柱面相切，画出底板的侧面投影，其上表面的投影应画至切点处(图 4-49(b))。

(3) 底板上方有一凸台，图 4-49(c) 中的粗线框，画出其侧面投影。

(4) 三角形肋板在底板的上方，左侧与凸台相连，右侧与空心圆柱体相连，其前、后位置在组合体的主要对称面上(图 4-49(d))。由于凸台与肋板的前、后表面共面，所以从主视图上看凸台的投影线框与肋板的投影线框连为一个线框。画出三角形肋板的侧面投影(图 4-49(d))。

3. 线面分析攻难点

(1) 底板的左侧用一正垂面 P 切去一块，其主视图积聚为一条直线 p'，俯视图上的对应投影是一梯形线框 p，P 平面与底板左侧表面的交线为 AB 直线，P 平面与底板上表面的交线为 CD 直线，根据投影关系在左视图上找出 A、B、C、D 四点的投影 a''、b''、c''、d''，并顺次连接 $a''b''d''c''a''$得到交线的左视图(图 4-49(e))。

(2) 分析组合体下部细节可知：下部有一个左右贯通的矩形槽，是由 R、S、T 三个平面截切组合体而形成的。R、S、T 三个平面的投影如图 4-49(f) 所示，这三个平面与 P 平面相交所产生的交线分别为ⅠⅡ、ⅡⅢ、ⅢⅣ，它们的投影如图 4-49(f) 所示。矩形槽在组合体的右端与主体的内、外圆柱表面亦产生交线。由于 R、S、T 三平面在空间的位置分别为特殊位置平面，它们的侧面投影都有积聚性，画出其侧面投影如图 4-49(f) 所示。

(3) 在主视图圆柱体投影的中部有一个圆形线框，图 4-49(g) 中的粗线框，找到它在俯视图上的对应投影，可知在空心圆柱体中部有一个前后贯通的圆孔。圆孔表面与主体的内、外圆柱表面产生相贯线，圆孔及相贯线的侧面投影如图 4-49(g) 所示。

(4) 三角形肋板与圆柱体表面相连，其斜面与圆柱体的外表面产生交线，交线上特殊点的侧面投影如图 4-49(g) 所示。

4. 对照投影，分析细部形状

在俯视图中，凸台的投影线框内部有两个圆形线框(图 4-49(h))，对照它们在主视图上的投影可看出，凸台左侧是一个通孔，而右侧则是向上叠加的一个小圆柱，左视图如图 4-49(h) 所示。

5. 综合起来想整体

通过上述形体分析和线面分析，逐步补出了所缺的视图，想出组合体形状如图 4-50 所示。

6. 检查读图结果的正确性

用类似形检查读图结果的正确性，并描深所补视图的图线(图 4-49(h))。

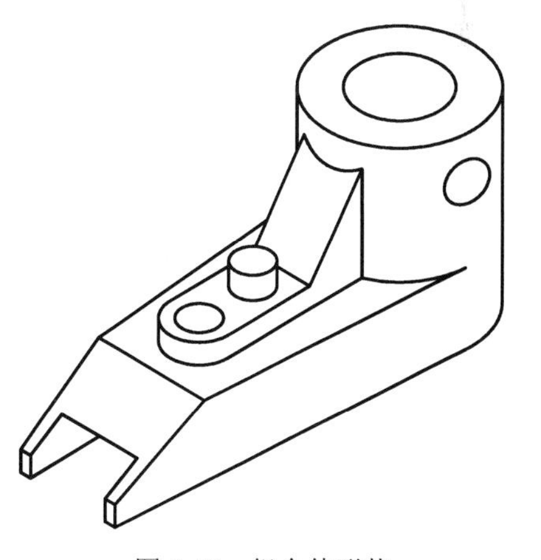

图 4-50　组合体形状

第5章 轴 测 图

多面投影图作图方便，度量性好，因此它是工程上应用最广的图样(图 5-1(a))。但是多面投影图缺乏立体感，看图时必须应用正投影原理把几个视图联系起来阅读，有一定的读图能力方可看懂。物体的轴测图(图 5-1(b))是单面投影图，立体感较好，但不能反映物体表面的实形，且度量性差，作图也较复杂。工程上常用轴测图作为辅助图样。

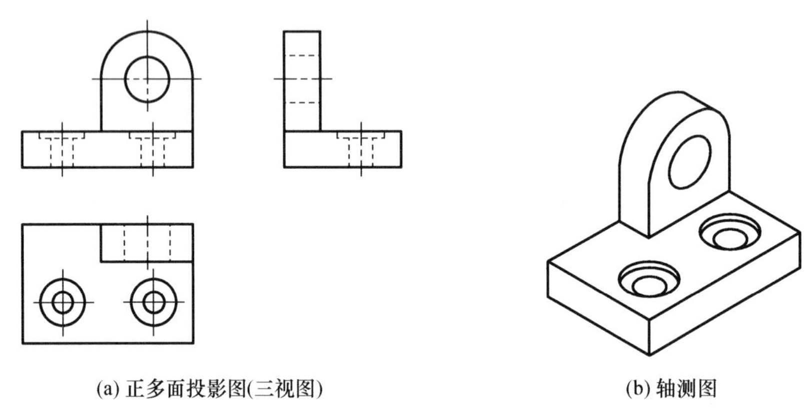

(a) 正多面投影图(三视图)　　(b) 轴测图

图 5-1　正多面投影图与轴测图的比较

5.1　轴测投影的基本知识

5.1.1　轴测投影的形成

用平行投影法将物体连同表示其长、宽、高三个向度的直角坐标系沿不平行于任一坐标轴的 S 方向，向投影面 P 投射，在 P 平面上所得的投影称为轴测投影，也称轴测图(图 5-2)。其中，P 平面称为轴测投影面，空间直角坐标轴 OX、OY、OZ 在轴测投影面上的投影 O_1X_1、O_1Y_1、O_1Z_1 称为轴测轴。

5.1.2　轴间角及轴向伸缩系数

1. 轴间角

如图 5-2 所示，两轴测轴之间的夹角($\angle X_1O_1Y_1$、$\angle X_1O_1Z_1$、$\angle Y_1O_1Z_1$)称为轴间角，轴测图中不允许任何一个轴间角等于零。

2. 轴向伸缩系数

如图 5-3 所示，各轴测轴的单位长度(分别用 i、j、k 表示)与空间相应直角坐标轴的单位长度(用 u 表示)之比，称为轴向伸缩系数，其中：

(1) $p_1 = i/u$ 为 OX 轴的轴向伸缩系数。
(2) $q_1 = j/u$ 为 OY 轴的轴向伸缩系数。
(3) $r_1 = k/u$ 为 OZ 轴的轴向伸缩系数。

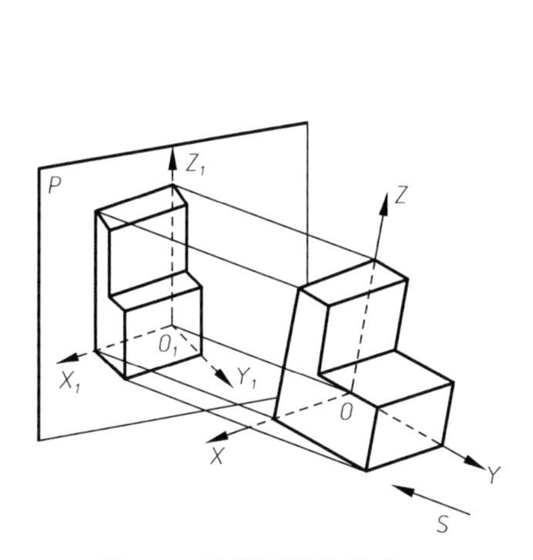

图 5-2　轴测投影的形成

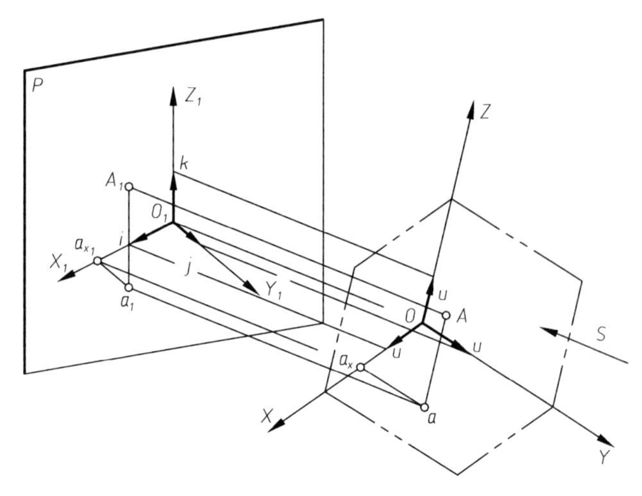

图 5-3　轴间角及轴向伸缩系数

5.1.3　轴测投影的基本性质

(1) 空间平行的线段的轴测投影仍然平行。

(2) 空间互相平行的线段之比等于它们的轴测投影之比。

根据以上性质可知：平行于坐标轴 OX、OY、OZ 的线段，其轴测投影必然相应地平行于轴测轴 O_1X_1、O_1Y_1、O_1Z_1，且具有和 OX、OY、OZ 坐标轴相同的伸缩系数。若已知各轴的轴向伸缩系数，在轴测图中便可计算出平行于坐标轴各线段的轴测投影的长度，并画出其轴测投影，轴测投影因此而得名。

5.1.4　轴测图的分类

轴测图根据所用投影法分为两大类，即正轴测图和斜轴测图。

投射方向垂直于轴测投影面 P，即由平行正投影法得到的轴测图称为正轴测图。

投射方向倾斜于轴测投影面 P，即由平行斜投影法得到的轴测图称为斜轴测图。

根据三根轴的轴向伸缩系数是否相等，这两类轴测图又各分为三种。

1. 正轴测图

(1) 当 $p_1 = q_1 = r_1$，称正等轴测图，简称正等测。

(2) 当 $p_1 = q_1 \neq r_1$，或 $p_1 \neq q_1 = r_1$，或 $p_1 = r_1 \neq q_1$，称正二轴测图，简称正二测。

(3) 当 $p_1 \neq q_1 \neq r_1$，称正三轴测图，简称正三测。

2. 斜轴测图

(1) 当 $p_1 = q_1 = r_1$，称斜等轴测图，简称斜等测。

(2) 当 $p_1 = q_1 \neq r_1$，或 $p_1 \neq q_1 = r_1$，或 $p_1 = r_1 \neq q_1$，称斜二轴测图，简称斜二测。

(3) 当 $p_1 \neq q_1 \neq r_1$，称斜三轴测图，简称斜三测。

本章仅介绍工程上常用的正等测及斜二测的画法。

5.2 正等测轴测图

5.2.1 正轴测投影的两个重要性质

1. 在正轴测投影中，轴测轴即为迹线三角形的三根高

在轴测图中要得到能反映物体的三个坐标面方向的形状，轴测投影面 P 必须与三个坐标面要相交。轴测投影面 P 与各坐标面相交所得交线的三角形 $X_1Y_1Z_1$，称为迹线三角形，如图 5-4 坐标轴在轴测投影面 P 上的投影——轴测轴是迹线三角形的高。

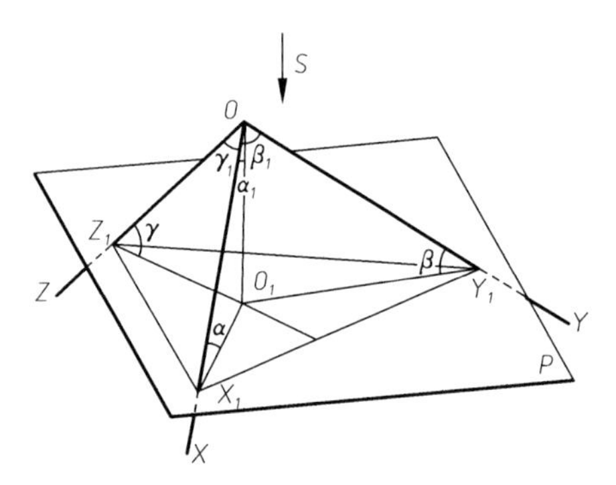

图 5-4 正轴测图的两个重要性质

证明 由于 OZ 轴垂直于坐标面 XOY，所以 OZ 轴的投影 O_1Z_1 垂直于坐标面的迹线 X_1Y_1，即 $O_1Z_1 \perp X_1Y_1$。

同理可得

$$O_1X_1 \perp Y_1Z_1$$

$$O_1Y_1 \perp X_1Z_1$$

2. 在正轴测投影中，三根轴的轴向伸缩系数平方之和等于 2

证明：设 α、β、γ 分别为三根轴 OX、OY、OZ 与投影面 P 的夹角，则 OO_1 与 OX、OY、OZ 的夹角分别为(图 5-4)

$$\alpha_1 = 90^\circ - \alpha,\ \beta_1 = 90^\circ - \beta,\ \gamma_1 = 90^\circ - \gamma$$

根据解析几何中，方向余弦定理可得

$$\cos^2\alpha_1 + \cos^2\beta_1 + \cos^2\gamma_1 = 1 \tag{1}$$

则有 $$\cos^2(90^\circ - \alpha) + \cos^2(90^\circ - \beta) + \cos^2(90^\circ - \gamma) = 1$$

即 $$\sin^2\alpha + \sin^2\beta + \sin^2\gamma = 1$$

所以 $$(1 - \cos^2\alpha) + (1 - \cos^2\beta) + (1 - \cos^2\gamma) = 1$$

移项整理后得 $$\cos^2\alpha + \cos^2\beta + \cos^2\gamma = 2 \tag{2}$$

由图 5-4 可知

$$\cos\alpha = i/u = p_1,\ \cos\beta = j/u = q_1,\ \cos\gamma = k/u = r_1$$

将其代入式(2)即得

$$p_1^2 + q_1^2 + r_1^2 = 2 \tag{3}$$

5.2.2 正等测的轴间角和轴向伸缩系数

由于 $$p_1 = q_1 = r_1$$

将其代入 $$p_1^2 + q_1^2 + r_1^2 = 2$$

得 $$3p_1^2 = 2,\quad p_1 = \sqrt{2/3} \approx 0.82$$

所以，正等轴测图中，$p_1 = q_1 = r_1 \approx 0.82$，即三根轴的轴向伸缩系数均为 0.82。

由图 5-4 知

$$\cos\alpha = p_1,\ \cos\beta = q_1,\ \cos\gamma = r_1$$

则 $$\alpha = \beta = \gamma$$

故

$$\triangle OO_1X_1 \cong \triangle OO_1Y_1 \cong \triangle OO_1Z_1$$

$$OX_1 = OY_1 = OZ_1,\ O_1X_1 = O_1Y_1 = O_1Z_1$$

$$\triangle X_1OY_1 \cong \triangle X_1OZ_1 \cong \triangle Y_1OZ_1$$

$$X_1Y_1 = X_1Z_1 = Y_1Z_1$$

$$\triangle X_1O_1Y_1 \cong \triangle X_1O_1Z_1 \cong \triangle Y_1O_1Z_1$$

所以

$$\angle X_1O_1Y_1 = \angle X_1O_1Z_1 = \angle Y_1O_1Z_1 = 120°$$

因此，正等轴测图中，轴间角均为 120°。

画正等测图时，一般将轴测轴 O_1Z_1 画成竖直位置，此时 O_1X_1 轴和 O_1Y_1 轴与水平线成 30°，利用 30° 三角板可方便地作出 O_1X_1 和 O_1Y_1 轴(图 5-5)。

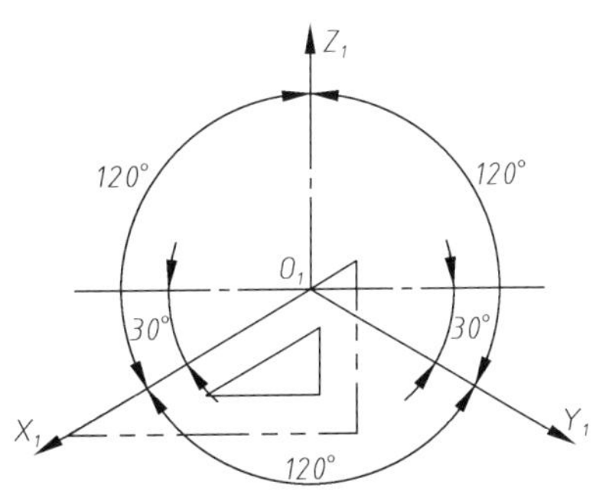

图 5-5　正等测的轴间角

正等测的轴向伸缩系数为 $p_1 = q_1 = r_1 \approx 0.82$，为了免除作图时计算尺寸之麻烦，使作图方便，常采用简化轴向伸缩系数，简化轴向伸缩系数分别用 p、q、r 表示，即 $p = q = r = 1$，按此简化轴向伸缩系数作图时，画出的轴测图沿各轴向的长度分别放大了 1/0.82≈1.22 倍。

5.2.3　平面立体的正等轴测图

根据平面立体的三视图画轴测图的基本方法是坐标法，即根据平面立体的尺寸确定各顶点的坐标画出顶点的轴测投影，然后将同一棱线上的两顶点连线即得平面立体的轴测图。下面举例说明平面立体正等测的画图步骤。

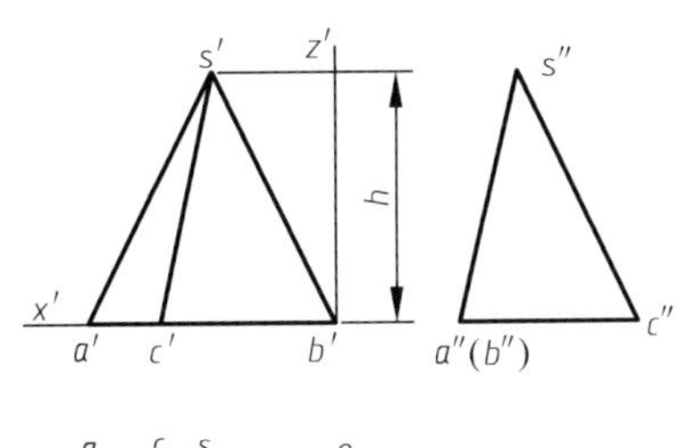

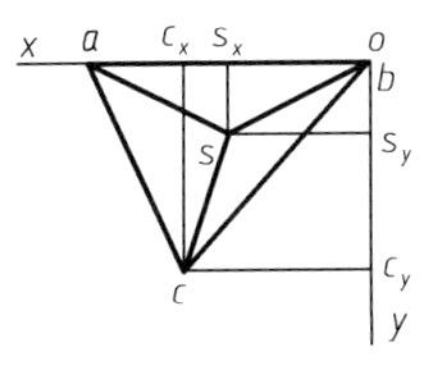

图 5-6　三棱锥

例 5-1　作出三棱锥(图 5-6)的正等测。

分析

三棱锥由四个不同位置的平面组成，绘制时应根据其形状特点，确定恰当的坐标系和相应的轴测轴，再用坐标法画出三棱锥各顶点的轴测投影，连接各顶点后得三棱锥的正等测图。

作图

(1) 在三视图上建立坐标系 $O\text{-}XYZ$(图 5-6)。

(2) 画出正等测的轴测轴 O_1-$X_1Y_1Z_1$(图 5-7(a))。

(3) 由图 5-6 可知：点 B 与坐标原点 O 重合，所以点 O_1 即为点 B 的轴测投影 B_1；点 A 在 OX 轴上，因此可沿 O_1X_1 轴量取 $O_1A_1 = oa$ 得点 A_1。

(4) 点 C 在 XOY 平面上，因此根据点 C 的 X、Y 坐标可确定点 C_1(图 5-7(a))，即：

① 沿 O_1Y_1 轴量取 $O_1c_{y1} = oc_y$(点 C 的 Y 坐标)，得点 cy_1。

② 过点 c_{y1} 作 O_1X_1 轴平行线，并截取 $C_1c_{y1} = oc_x$(点 C 的 X 坐标)，得点 C_1。

(5) 根据点 S 的坐标确定点 S_1(图 5-7(b))，即：

① 由点 S 的 X、Y 坐标在 $X_1O_1Y_1$ 轴测坐标面上确定 s_1，方法与确定点 C_1 相同。

② 过 s_1 向上作 O_1Z_1 轴的平行线，量取 $s_1S_1 = h$(h 为点 S 的 Z 坐标)，得点 S_1。

(6) 在 A_1、B_1、C_1、S_1 各点之间连线并判别可见性，加深可见棱线得三棱锥的正等测图(图 5-7(c))。

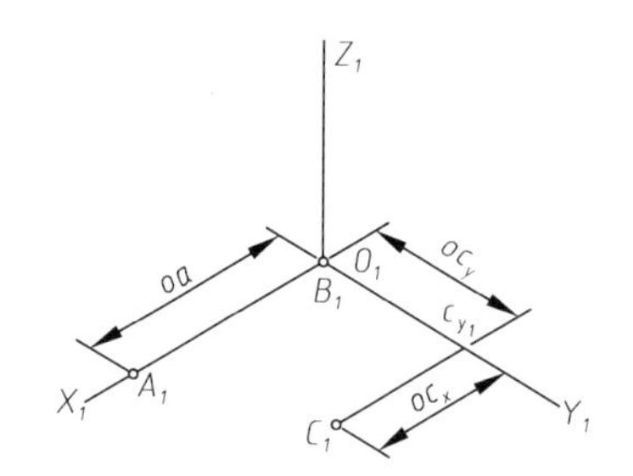

(a) 画出轴测轴及ABC三点的轴测投影

(b) 作出锥顶S的轴测投影

(c) 棱锥的正等测图

图 5-7　三棱锥正等测的作图步骤

例 5-2　作出正六棱柱(图 5-8)的正等测。

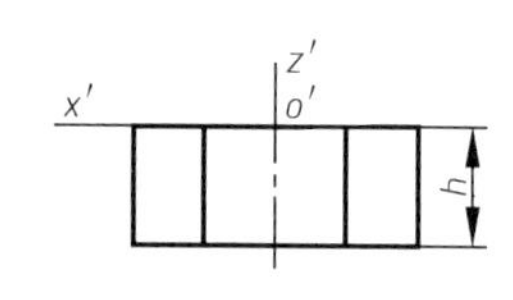

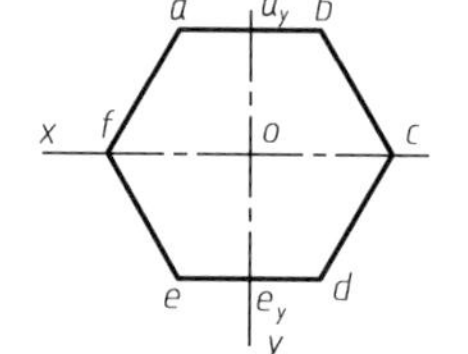

图 5-8　正六棱柱

分析

由于六棱柱前后、左右均对称，且绘制轴测图时，一般不画虚线，因此为减少不必要的作图线，选正六棱柱顶面的中心为坐标原点。

作图

(1) 在视图上建立坐标系 O-XYZ(图 5-8)。

(2) 画出正等测的轴测轴 O_1-$X_1Y_1Z_1$(图 5-9(a))。

(3) 沿 O_1Y_1 轴量取 $O_1a_{y1} = oa_y$、$O_1e_{y1} = oe_y$，得到 a_{y1} 和 e_{y1} 两点，沿 O_1X_1 轴量取 $O_1C_1 = oc$、$O_1F_1 = of$，得 C_1 和 F_1 两点。

(4) 分别过点 a_{y1} 和 e_{y1} 作 O_1X_1 的平行线，量取 $A_1a_{y1} = aa_y$，$B_1a_{y1} = ba_y$，$D_1e_{y1} = de_y$，$E_1e_{y1} = ee_y$，得 A_1、B_1、D_1、E_1 四点。

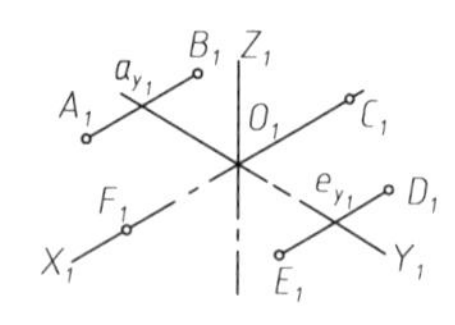

(a) 画出轴测轴及各顶点的轴测投影

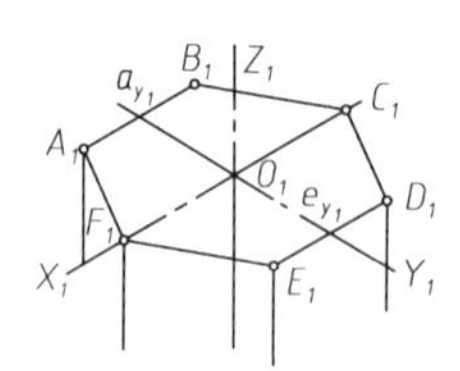

(b) 过顶点作Z轴平行线

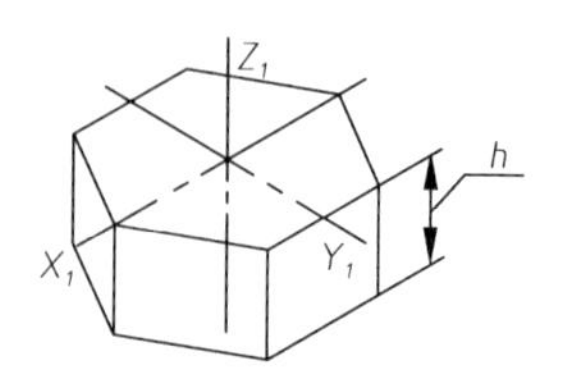

(c) 在棱线上截取棱柱高度

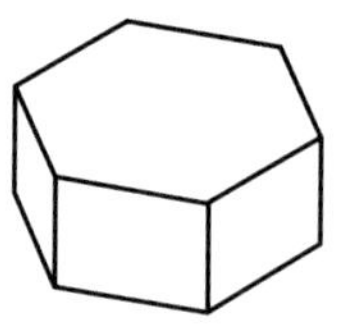

(d) 棱柱的正等测图

图 5-9　正六棱柱正等测的作图步骤

(5) 顺次连接 A_1、B_1、C_1、D_1、E_1、F_1 各点，得正六棱柱顶面的轴测投影。

(6) 分别过 A_1、D_1、E_1、F_1 四点向下作 O_1Z_1 轴的平行线(图 5-9(b))，在各平行线上截取等于正六棱柱高 h 的一段长度，顺次连接各截取点(图 5-9(c))。

(7) 加深可见轮廓线得正六棱的正等测(图 5-9(d))。

例 5-3 作出图 5-10 所示组合体的正等测。

分析

如图 5-10 所示组合体的基本体为长方体，长方体的前面被一侧垂面切去一块，长方体的上面从前往后穿了一个梯形槽。

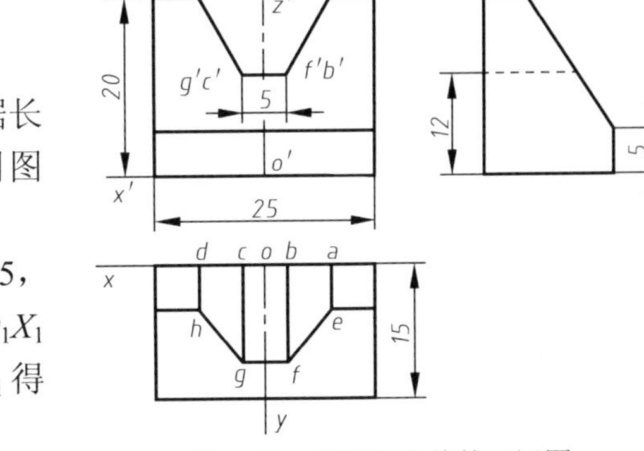

图 5-10 切割组合体的三视图

作图

(1) 建立坐标系 $O\text{-}XYZ$ 如图 5-10 所示。

(2) 画出正等测的轴测轴 $O_1\text{-}X_1Y_1Z_1$，根据长方体的长、宽、高尺寸画出基本体的轴测图(图 5-11(a))。

(3) 根据宽度方向尺寸 5 和高度方向尺寸 5，在长方体的上表面和前表面上画出平行于 O_1X_1 轴的作图线 M_1N_1、S_1T_1，并连接 N_1T_1 和 M_1S_1 得侧垂面的轴测投影(图 5-11(b))。

(4) 根据图 5-10 所示尺寸，用坐标法定出 $X_1O_1Z_1$ 轴测面上的 A_1、B_1、C_1、D_1，过 A_1、B_1、C_1、D_1 各点作 O_1Y_1 轴平行线，并依次相应截取 E、F、G、H 各点的 Y 坐标，得 E_1、F_1、G_1、H_1 各点。顺次连接 A_1、B_1、C_1、D_1 和 E_1、F_1、G_1、H_1 得各交线的轴测投影(图 5-11(c))。

(5) 描深可见轮廓线得切割组合体的轴测图(图 5-11(d))。

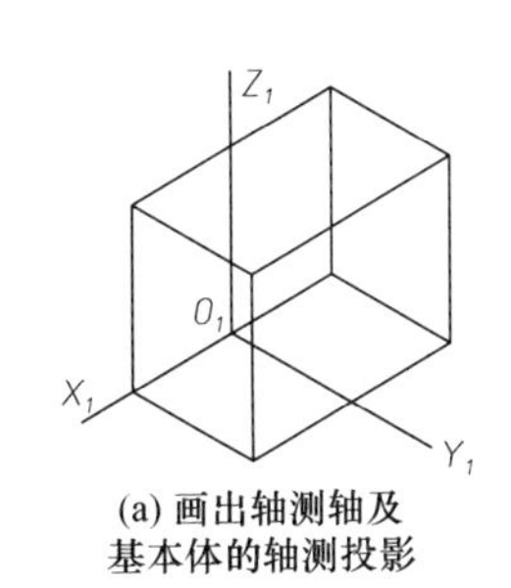

(a) 画出轴测轴及基本体的轴测投影

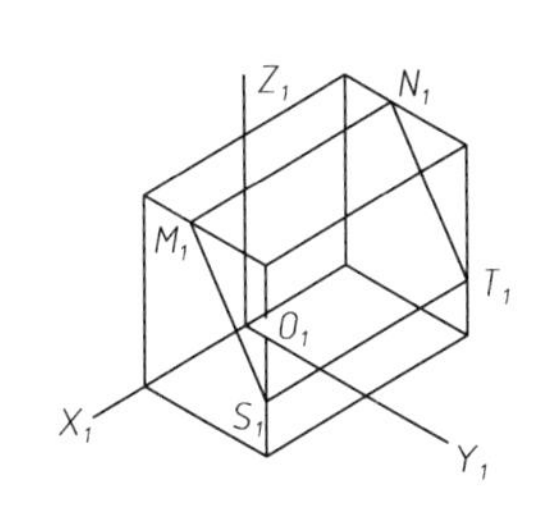

(b) 侧垂面截切后的轴测投影

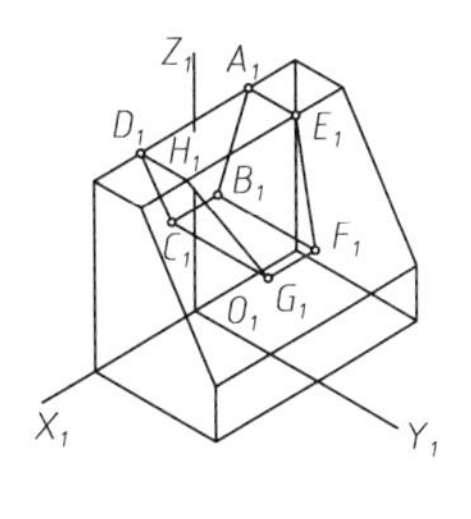

(c) 梯形槽的轴测投影

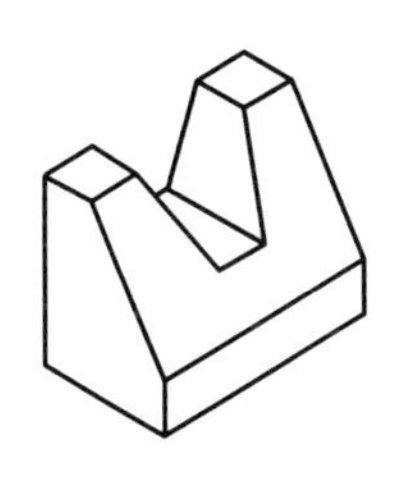
(d) 组合体的轴测图

图 5-11 切割平面体正等测的作图步骤

5.2.4 圆的正等测画法

1. 坐标法

图 5-12(a) 为 XOY 坐标面上的圆，其正等测作图步骤如图 5-12(b)，即先画出轴测轴 O_1X_1、O_1Y_1，并在其上按直径大小直接定出点 I_1、II_1、III_1、IV_1；在直径上作一系列 OX 轴(或 OY 轴)的平行弦，根据坐标相应地作出这些平行弦的轴测投影及圆与平行弦各交点的轴测投影 V_1、VI_1、VII_1、VIII_1 等点，依次光滑连接各点，即画出该圆的轴测投影。

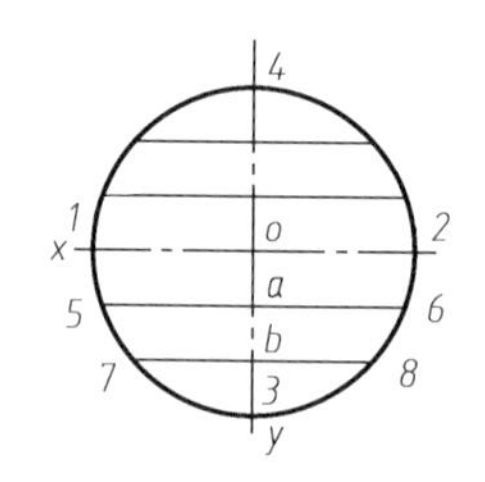

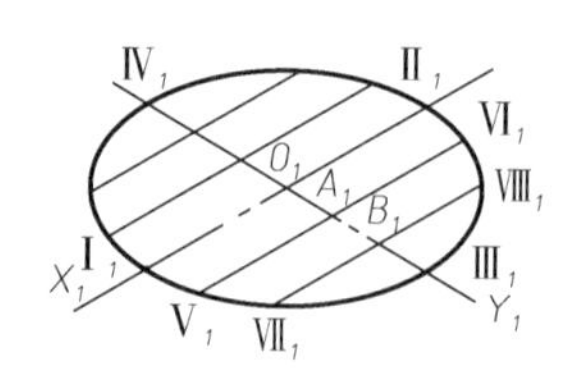

(b) 圆的正等测——椭圆

图 5-12　圆的正等测坐标法画法

2. 菱形法

(1)通过圆心 O 作圆的外切正方形，切点为 A、B、C、D 各点，正方形的边与相应坐标轴 OX 和 OY 平行(图 5-13(a))。

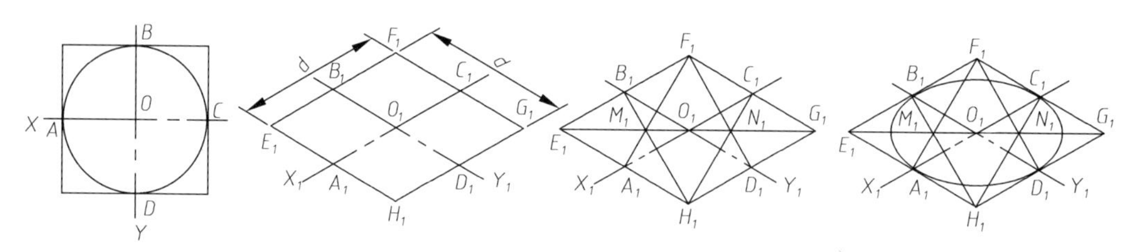

(a) 平行于XOY坐标面的圆　(b) 外切正方形的轴测投影　(c) 确定四段圆弧的圆心　(d) 画出近似椭圆

图 5-13　圆的正等测近似画法

(2)确定圆心的轴测投影并画出轴测轴 O_1X_1 和 O_1Y_1，按圆的半径 R 在 O_1X_1 和 O_1Y_1 上量取点 A_1、B_1、C_1、D_1；过点 A_1、C_1 与 B_1、D_1 分别作 O_1Y_1 和 O_1X_1 的平行线，所形成的菱形 $E_1F_1G_1H_1$ 即为圆的外切正方形的轴测投影(图 5-13(b))。

(3)菱形的对角线 E_1G_1 和 F_1H_1 为椭圆的长轴和短轴，F_1、H_1 为四段圆弧中两大圆弧的圆心。分别过点 F_1、H_1 与对边的中点 A_1、D_1 和 B_1、C_1 相连，得到四段圆弧中两小圆弧的圆心 M_1、N_1(图 5-13(c))。

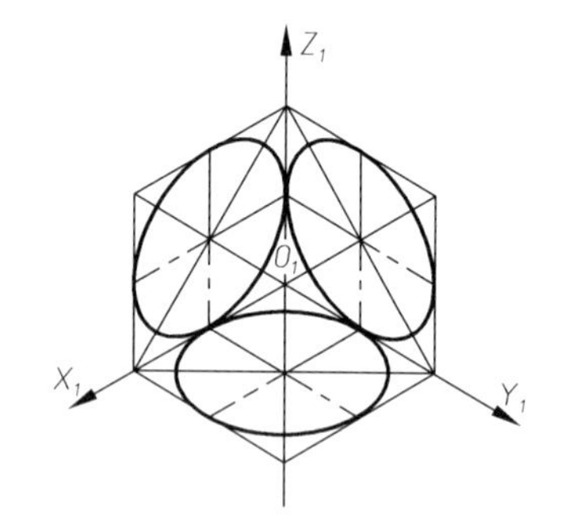

图 5-14　各坐标面上圆的正等测

(4)分别以 F_1 和 H_1 为圆心，以 F_1A_1 或 H_1B_1 为半径作两个大圆弧 $\overset{\frown}{A_1D_1}$ 和 $\overset{\frown}{B_1C_1}$；分别以 M_1 和 N_1 为圆心，以 M_1A_1 或 N_1C_1 为半径作两个小圆弧 $\overset{\frown}{A_1B_1}$ 和 $\overset{\frown}{C_1D_1}$(图 5-13(d))。显然所作的近似椭圆内切于菱形，点 A_1、B_1、C_1、D_1 是大、小圆弧的切点，也是椭圆与菱形的切点。

上述画图过程虽是 XOY 面或平行于 XOY 面上圆的轴测投影的画法，但对于 XOZ 和 YOZ 面或其平行面上圆的轴测投影，除了长、短轴方向不同，其画法完全相同。图 5-14 为各坐标面上圆的正等测图。

5.2.5　曲面立体的正等轴测图

图 5-15(a)为圆柱正等测的画法。由于圆柱的上、下底面为直径相同的圆，作图时，可先画出顶面的正等轴测——椭圆，然后用移心法作出底面的椭圆，再画圆柱正等测投影的外视转向轮廓线(即两椭圆的公切线)。

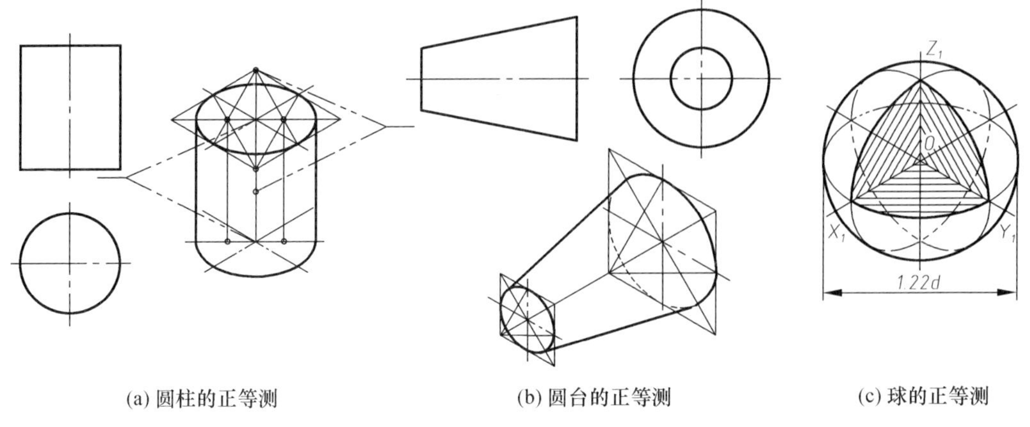

(a) 圆柱的正等测　(b) 圆台的正等测　(c) 球的正等测

图 5-15　圆柱和圆台的正等测图

图 5-15(b)为圆台正等轴测图的画法。圆台两端面的正等测——椭圆的画法同圆柱，但圆台轴测图的外视轮廓线应是大、小椭圆的公切线。

图 5-15(c)为圆球正等轴测图的画法。圆球的正等测仍是一个圆。为增加轴测图的立体感，一般采用切去 1/8 球的方法来表达。

5.2.6　组合体的正等轴测图

画组合体的轴测图是采用形体分析法和线面分析法，分析构成组合体的基本体及其组合方式。然后按形体分析的过程来画轴测图。

例5-4　绘制轴承座(图 5-16(a))的正等测。

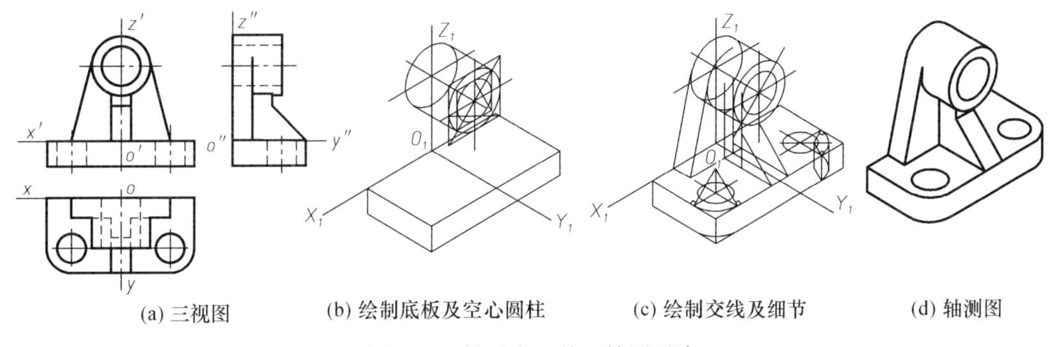

(a) 三视图　(b) 绘制底板及空心圆柱　(c) 绘制交线及细节　(d) 轴测图

图 5-16　轴承座及其正等测画法

分析

轴承座是由带有圆角和小圆孔的底板、空心圆柱以及在底板上直立的支撑板和肋板四部分组成的。

作图

首先选择恰当的坐标系(图 5-16(a))，并画出轴测轴(图 5-16(b))，然后绘制构成组合体的基本体，如先画底板，再确定空心圆柱的位置，然后依次从上而下，由前向后分别画出其他各基本体的轴测图，再画出各基本体连接处的交线及底板上的圆角等细节，作图过程如图 5-16(b)～(d)所示。

机件底板或底座的圆角可看作整圆柱面的四分之一，因此可运用与画圆的轴测图相同的方法作图，也可采用图 5-17 所示的简便画法。

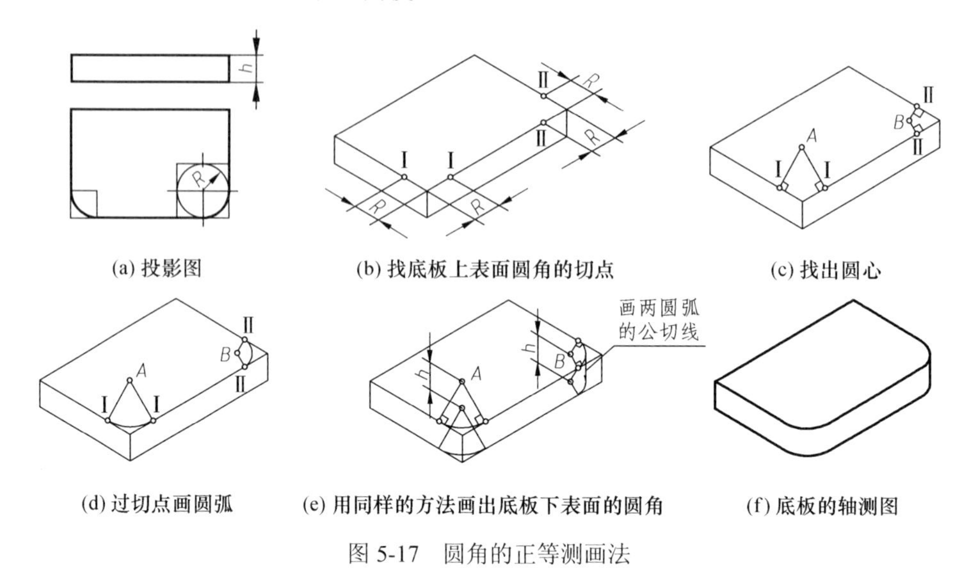

(a) 投影图　(b) 找底板上表面圆角的切点　(c) 找出圆心

(d) 过切点画圆弧　(e) 用同样的方法画出底板下表面的圆角　(f) 底板的轴测图

图 5-17　圆角的正等测画法

5.3　斜二测轴测图

5.3.1　斜轴测图的轴间角和轴向伸缩系数

使投射方向倾斜于轴测投影面，*XOZ* 坐标平面平行于轴测投影面，得到的轴测图称为正面斜轴测图。在正面斜轴测投影中，*XOZ* 坐标面或其平行面上的任何图形在轴测投影面上的投影都反映实形，故无论投射方向如何，*X* 和 *Z* 的轴向伸缩系数总等于 1，轴间角 $X_1O_1Z_1 = 90°$。但是 *OY* 轴的轴向伸缩系数和轴间角大小可独立地变化，任意选取。如图 5-18(a)所示，令 *XOZ* 坐标面与轴测投影面 *P* 重合，则轴测轴 O_1X_1、O_1Z_1 与 *OX*、*OZ* 重合。分别采用投射方

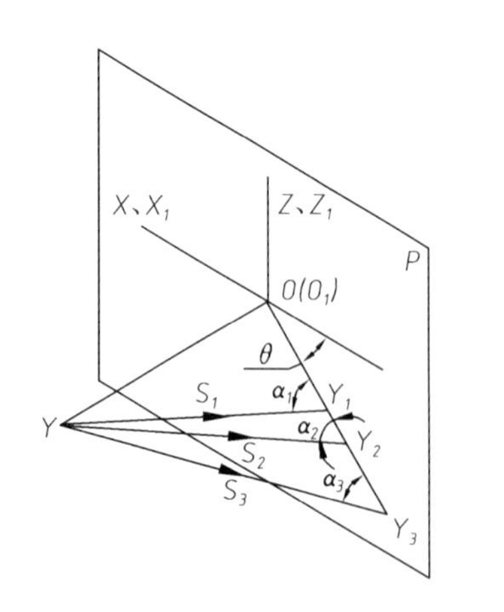

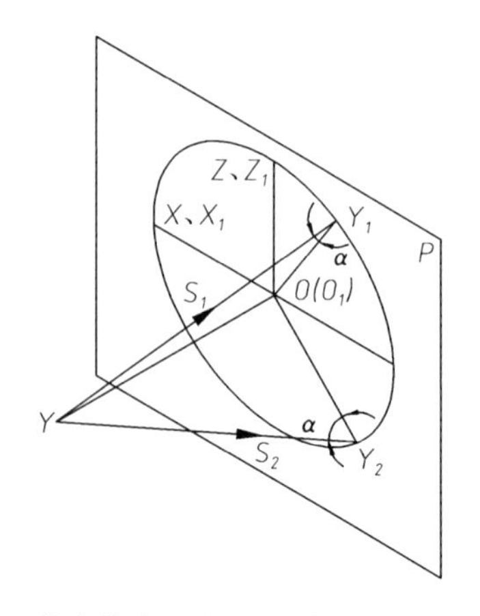

(a) 轴间角不变，轴向伸缩系数任意选取　(b) 轴向伸缩系数不变，轴间角任意选取

图 5-18　斜轴测轴间角和轴向伸缩系数分析

向 S_1，S_2，S_3，…，得到的轴测轴 O_1Y_1，O_1Y_2，O_1Y_3，…都与 O_1X_1 的夹角相等，即轴间角不变，但这时投影线与投影面 P 的夹角 α_1，α_2，α_3，…是不等的，因而 OY 轴的轴测投影 O_1Y_1，O_1Y_2，O_1Y_3，…是不等的，即轴向伸缩系数不同。以上叙述证明了，在同一轴间角下，OY 轴的轴向伸缩系数可以任意选取。

如图 5-18(b)所示，仍令 XOZ 坐标面与轴测投影面 P 重合。通过 OY 轴上的一点作投射线 S_1 与 P 平面的夹角为 α，得到轴测轴 O_1Y_1。若以 OY 轴为旋转轴，以 S_1 为母线作一回转圆锥，则圆锥上的所有素线与 P 平面的夹角均为 α。因此，若以此圆锥上的不同素线作为投射线，得到的轴测轴 O_1Y_1，O_1Y_2，…的伸缩系数是相等的，但它们与 O_1X_1 间的轴间角是不同的。

从以上分析结果可以看出：在正面斜轴测投影中，OY 轴的轴向伸缩系数(小于或等于 1 都可)和轴间角可以任取，并独立变化，两者之间没有固定的内在联系。

在实际作图时，为了使斜二测的立体感较强和作图方便，常取轴间角 $\angle X_1O_1Z_1 = 90°$、$\angle X_1O_1Y_1 = 135°$，这样可以利用 45° 三角板作图。且 X 轴和 Z 轴的伸缩系数为 1，Y 轴的伸缩系数为 0.5 时容易计算(图 5-19)。

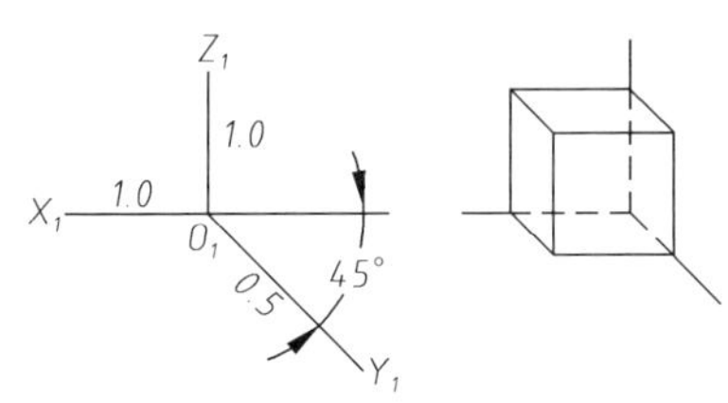

图 5-19　斜轴测图的轴间角和轴向伸缩系数

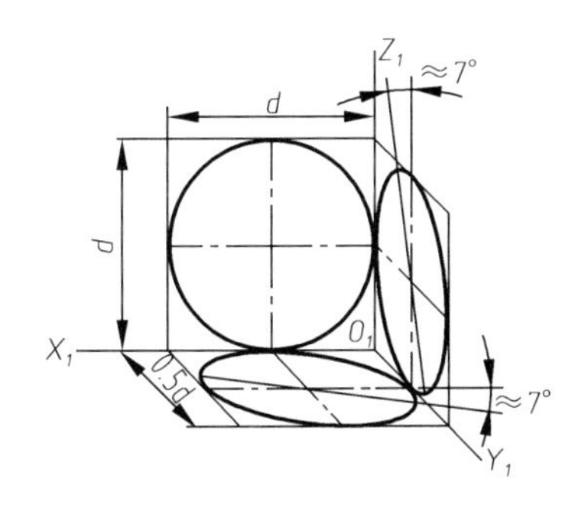

图 5-20　坐标面上圆的斜二测

5.3.2　圆的斜二测投影

三个坐标面(或其平行面)上圆的斜二测轴测投影如图 5-20 所示。由于 XOZ 面(或其平行面)的斜二测投影反映实形，因此 XOZ 面上圆的轴测投影仍为与圆直径相等的圆。在 XOY 和 YOZ 面(或其平行面)上圆的斜二测投影为椭圆，其长轴分别与 O_1X_1 轴或 O_1Z_1 轴倾斜大约 7°(图 5-20)，椭圆可采用坐标法作图，也可采用图 5-21 所示的近似画法，其作图步骤如下。

(1) 首先作斜二测的轴测轴 O_1X_1 和 O_1Y_1，并按直径 d 在 O_1X_1 轴上量取点 A_1、B_1，按 $0.5d$ 在 O_1Y_1 轴上量取点 C_1、D_1(图 5-21(a))。

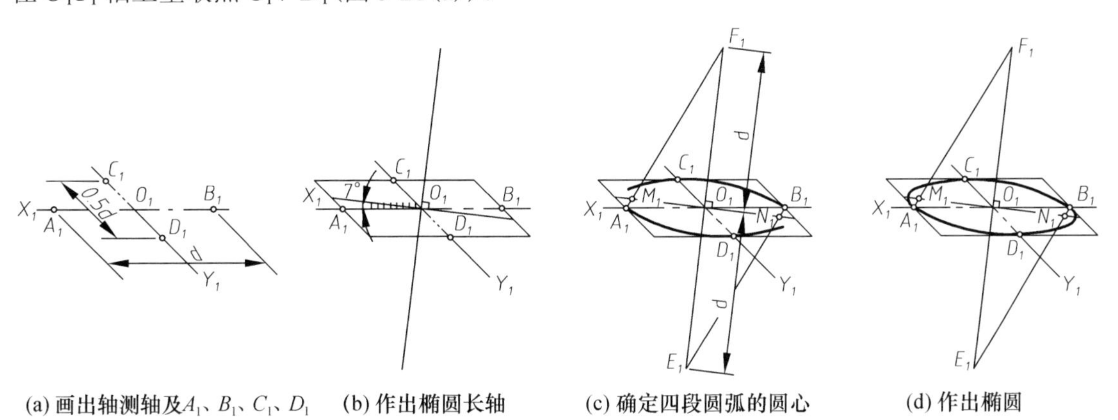

图 5-21　XOY 面(或平行面)上圆的斜二测投影的近似画法

(2) 分别过点 A_1、B_1 和 C_1、D_1 作 O_1Y_1 轴和 O_1X_1 轴的平行线，所形成的平行四边形为已知圆外切正方形的斜二测投影，过点 O_1 作与 O_1X_1 轴成 7° 的斜线(长轴位置)，因为 $\tan 7° \approx 1/8$，故用如图 5-21(b)所示的近似作图法画出 7° 斜线。过点 O_1 作长轴的垂线即为短轴的位置。

(3) 在短轴上取 $O_1E_1 = O_1F_1 = d$，分别以 E_1 和 F_1 为圆心，以 E_1C_1 或 F_1D_1 为半径作两个大圆弧。连接 F_1A_1 和 E_1B_1 于长轴相交与 M_1、N_1 两点，即为两个小圆弧的中心(图 5-21(c))。

(4) 分别以 M_1 和 N_1 为圆心，以 M_1A_1 或 N_1B_1 为半径作两个小圆弧与大圆弧相切(图 5-21(d))。

$Y_1O_1Z_1$ 面(或平行面)上的椭圆，仅长、短轴的方向不同，其画法与 $X_1O_1Y_1$ 面(或平行面)上的椭圆完全相同。

由于在 XOY 和 YOZ 面(或其平行面)上圆的斜二测投影为椭圆，该椭圆的画法较正等测中的椭圆复杂，因此，当物体上有平行于坐标面 XOY 和 YOZ 的圆时，最好避免选用斜二测，而选正等测。

图 5-22 轴承座的视图

5.3.3 斜二测的画法

画斜二测轴测图的方法和作图步骤与正等测相同。

例 5-5 绘制轴承座(图 5-22)的斜二测图。

分析

该组合体在主视图方向的投影，圆和圆弧较多。

作图

(1) 在正面投影中选择坐标系 $O\text{-}XYZ$(图 5-23)。

(2) 画出斜二测轴测轴 $O_1\text{-}X_1Y_1Z_1$(图 5-23(a))。

(3) 根据组合体尺寸和轴向伸缩系数($p = r = 1$，$q = 0.5$)画底板的斜二测图(图 5-23(a))。

(4) 沿 O_1Z_1 轴量取 $O_1A_1 = h$，得点 A_1，过点 A_1 作 O_1Y_1 的平行线，量取 $A_1B_1 = 1/2\ y_1$，$B_1C_1 = 1/2\ y_2$，得点 B_1 和 C_1(图 5-23(a))。以 A_1 和 B_1 为圆心，以 R_1 为半径画圆，以 B_1 和 C_1 为圆心，以 R_2 为半径画圆，以 C_1 和 A_1 为圆心，以 R_3 为半径画圆。并分别作出相应两圆的公切线，当为虚线时不画(图 5-23(b))。

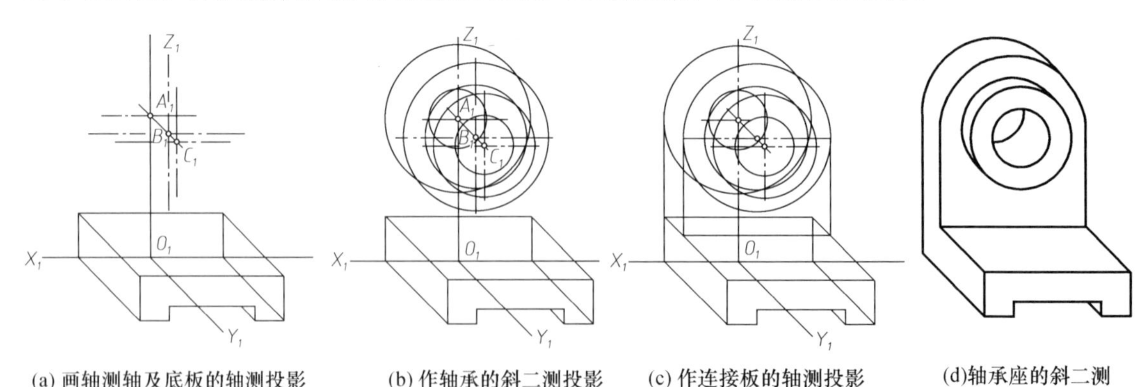

(a) 画轴测轴及底板的轴测投影　(b) 作轴承的斜二测投影　(c) 作连接板的轴测投影　(d)轴承座的斜二测

图 5-23 轴承座斜二测的作图步骤

(5) 绘制底板与大圆柱间的连接板。作与两大圆(半径为 R_1) 相切，且平行 O_1Z_1 轴的直线，并画出底板与连接板间的表面交线(图 5-23(c))。

(6) 描深可见轮廓线(图 5-23(d))。

5.4　轴测图中交线的画法

交线主要是指组合体表面上的截交线和相贯线，画组合体轴测图中的交线有两种方法：坐标法和辅助平面法。

5.4.1　坐标法

根据三视图中截交线和相贯线上点的坐标，画出截交线和相贯线上各点的轴测投影，然后用曲线板光滑连接(图 5-24)。

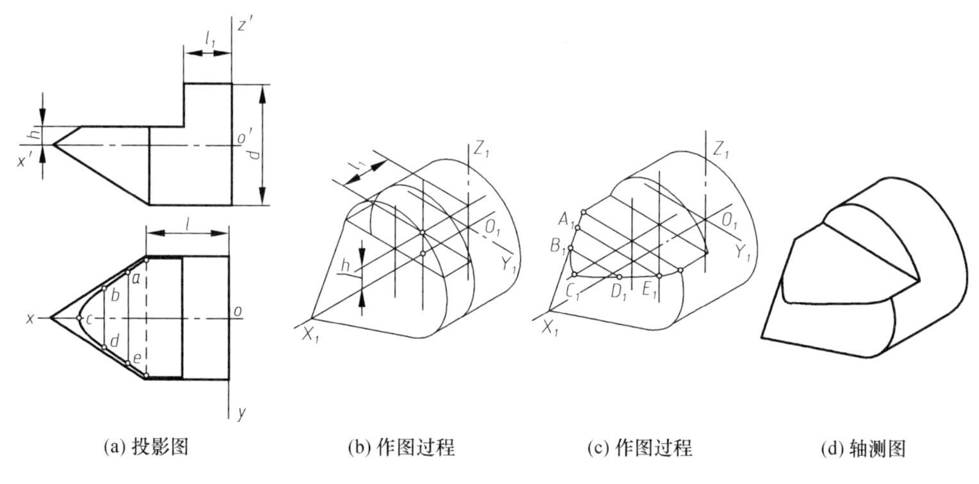

图 5-24　用坐标法求作轴测图中的交线

5.4.2　辅助平面法

用辅助平面法求交线的轴测投影时，一般先画出基本体的轴测图，然后选用一系列辅助平面，分别求出辅助平面与两基本体交线的轴测投影，再求出两交线轴测投影的交点即为交线上点的轴测投影(图 5-25)。

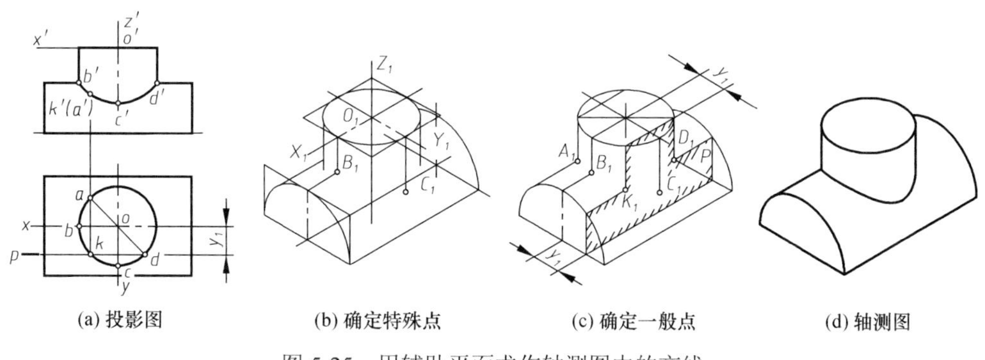

图 5-25　用辅助平面求作轴测图中的交线

第6章　机件常用的表达方法

生产中要求工程图样完整而清晰地表达出各种机件的形状。但由于机件的形状多种多样、千变万化，其复杂程度差别很大，所以仅用前面所介绍的主、俯、左三视图表达，往往会出现虚线过多、图线重叠、层次不清等情况，难于把它们的内外形准确、完整、清晰地表达出来。为此，国家标准规定了机件的各种表达方法，以满足实际生产的需要。本章重点介绍机件常用的表达方法。

6.1　视　　图

为了便于看图，视图通常用来表达机件的外部形状，所以一般只画出机件的可见部分，必要时才用虚线表达其不可见部分。视图种类有基本视图、向视图、局部视图和斜视图四种。《技术制图　图样画法　视图》(GB/T 17451—1998)和《机械制图　图样画法　视图》(GB/T 4458.1—2002)是国家标准关于视图的规定。

6.1.1　基本视图

1. 基本视图的形成

在原有三投影面的基础上，再增设三个投影面，组成一个正六面体，正六面体的六个面称作基本投影面。机件向基本投影面投射所得的视图，称作基本视图。这六个基本视图分别为主视图、俯视图、左视图、后视图、仰视图、右视图。各投影面按如图 6-1 所示展开在一个平面上后，各基本视图的配置如图 6-2 所示。在同一张图纸内，按图 6-2 配置视图时，一律不标注视图的名称。

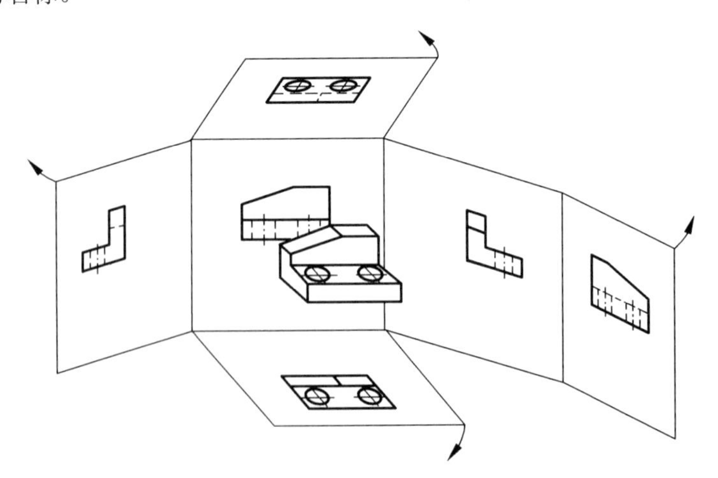

图 6-1　六个基本视图的形成及投影面展开方法

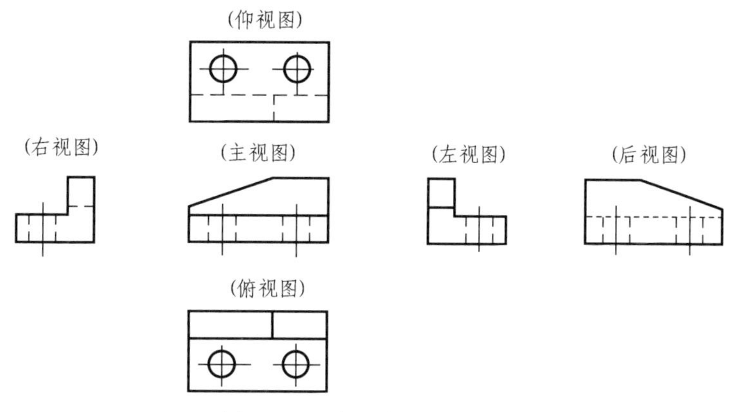

图 6-2　六个基本视图的配置

六个基本视图之间仍然符合“长对正、高平齐、宽相等”的投影规律，如图 6-3 所示。

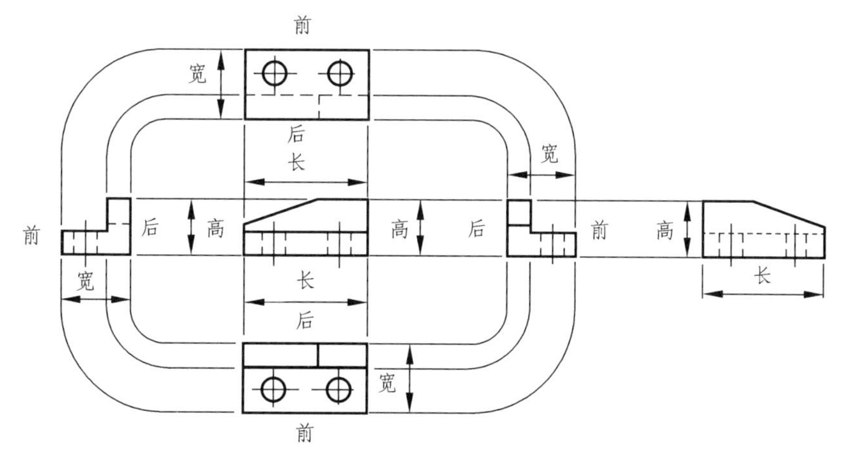

图 6-3　六个基本视图间的投影关系

2. 基本视图的选用原则及应用举例

确定机件表达方案时，主视图是必不可少的，其他视图的取舍，要根据机件的结构特点而定。一般的原则是在完整、清晰地表达机件各部分形状的前提下，力求制图简便。图 6-4

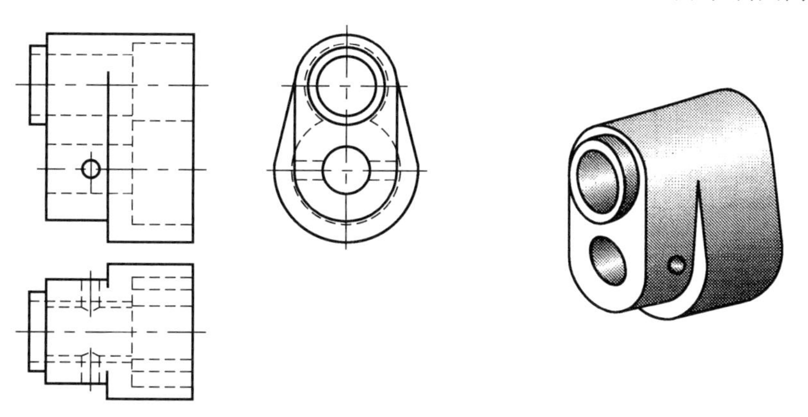

图 6-4　用主、俯、左三视图表达机件

为某机件的主、俯、左三视图，可以看出采用主、左两个视图，即可将机件的各部分形状表达完整，俯视图可以不画。但由于该机件左、右部分的结构有差异，且形状较复杂，因此左视图上虚线和实线重叠，影响图面清晰。若添加右视图来表达该机件右边的形状，那么左视图上用于表达机件右侧形状的虚线可不画，如图 6-5 所示。显然从完整、清晰的角度出发，图 6-5 的表达方案较图 6-4 的表达方案好。

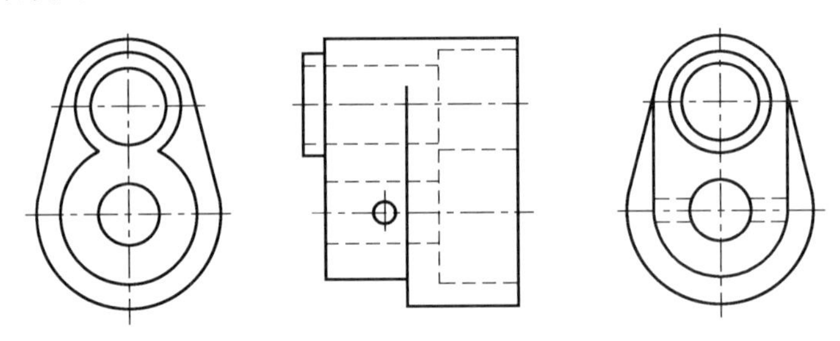

图 6-5　用主、左、右三视图表达机件

6.1.2　向视图

向视图是指可自由配置的视图。绘图时由于考虑到各视图在图纸中的合理布局等问题，机件的基本视图若不按规定的位置(图 6-2)配置，可绘制向视图(图 6-6)。绘制向视图时，应在向视图的上方用大写拉丁字母标注视图名称“×”，并在相应的视图附近用箭头指明投射方向，并注写相同字母，如图 6-6 中的 *A*、*B*、*C* 三个向视图。

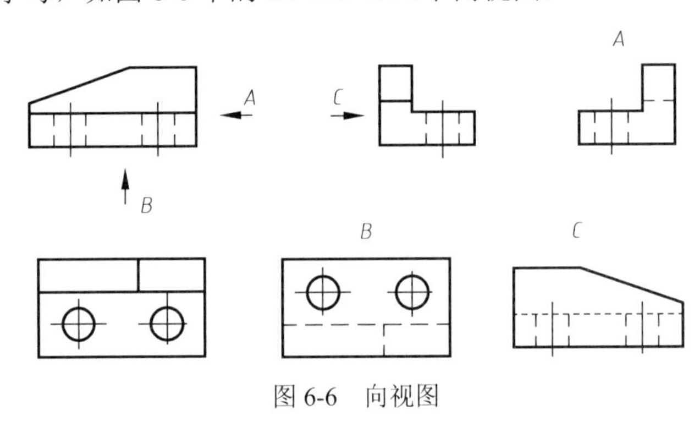

图 6-6　向视图

6.1.3　局部视图

将机件的某一部分向基本投影面投射所得的视图称为局部视图。当采用一定数量的基本视图表达机件后，机件上仍有尚未表达清楚的局部结构，可采用局部视图。如图 6-7 所示机件的左侧凸台。

1. *局部视图的画法*

(1) 画局部视图时，其断裂边界用波浪线或双折线绘制(图 6-7)。可将波浪线理解为机件断裂边界的投影，但要用细线绘制，所以波浪线不应超出机件的外轮廓线，也不能画在机件的中空处。

(2) 当所表达的局部结构形状完整且外轮廓线封闭时，波浪线可省略不画(图 6-8)。

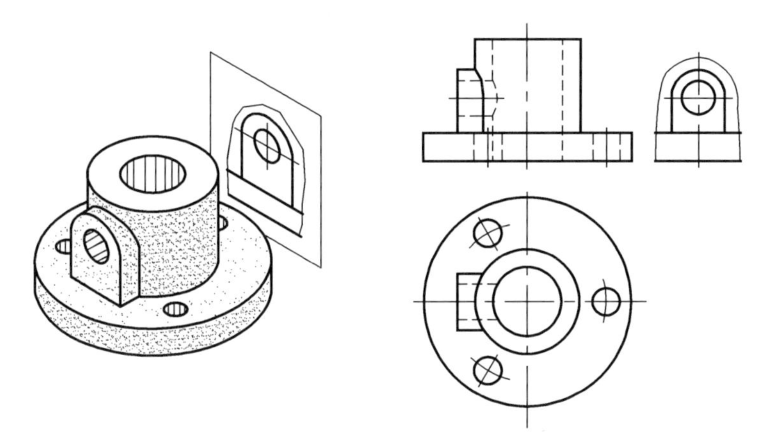

图 6-7　局部视图

2. 局部视图的标注

局部视图可按基本视图的配置形式配置，若中间没有其他图形隔开，可省略标注（图 6-7）。局部视图也可按向视图的配置形式配置并标注，即在局部视图上方用大写的拉丁字母标出视图的名称“×”，并在相应的视图附近用箭头指明投射方向，注上相同的字母。如图 6-8 中所示的“*A*”局部视图。

3. 局部视图的配置

在机械制图中，局部视图的配置可选用以下方式。

(1) 按基本视图的配置形式配置，见图 6-7 中左视图。

(2) 按向视图的配置形式配置，见图 6-8。

(3) 按第三角投影法（见《技术制图　投影法》GB /T 14692—2008）配置在视图上所需表示物体局部结构的附近，并用细点画线将两者相连，见图 6-9。

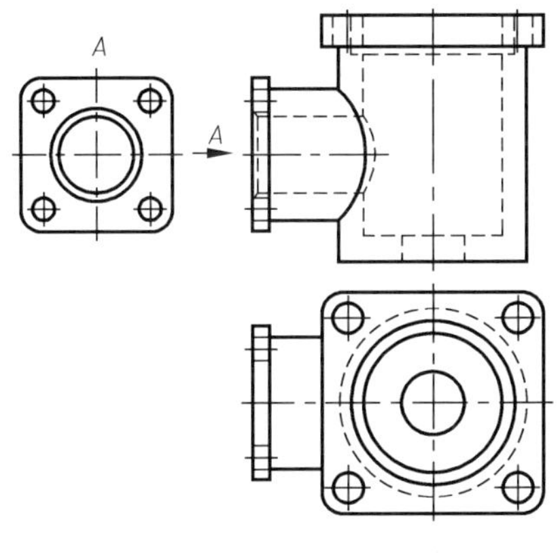

图 6-8　局部视图

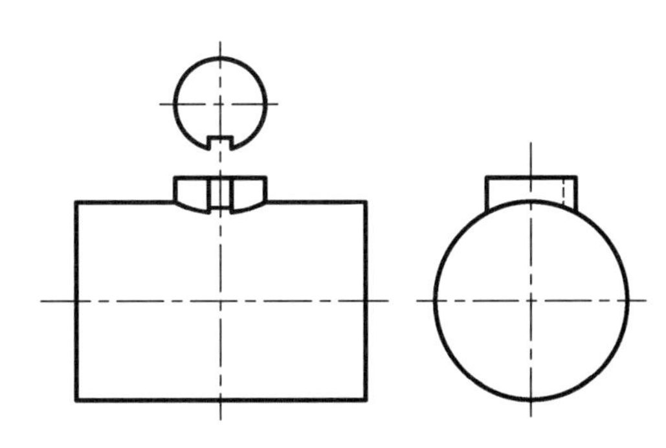

图 6-9　按第三角画法配置的局部视图

6.1.4　斜视图

将机件向不平行于任何基本投影面的平面投射所得视图，称为斜视图。如图 6-10 所示压紧杆的耳板是倾斜的，其倾斜表面为正垂面，在俯、左视图上均不反映实形，不但形状表达不够清楚，画图困难，而且不便于看图和标注尺寸。基于画法几何中用换面法求解实形的思

想，添加一个与倾斜结构平行且与正投影面垂直的辅助投影面，将倾斜结构向该辅助投影面投射，所得到的斜视图(图 6-10(b))可反映该机件倾斜结构的实形。

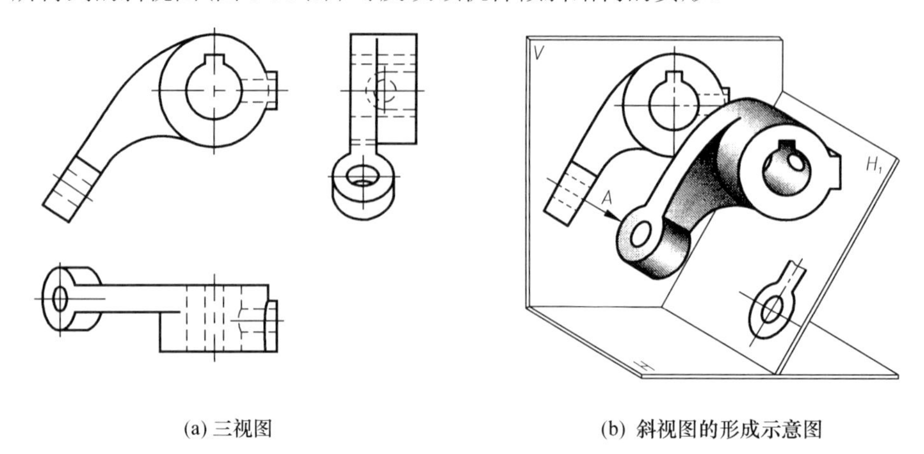

(a) 三视图　　(b) 斜视图的形成示意图

图 6-10　机件斜视图的形成

1. 斜视图的画法

斜视图通常用来表达机件倾斜结构的形状，所以在斜视图中非倾斜部分不必全部画出，其断裂边界用波浪线或双折线表示，如图 6-11 所示。

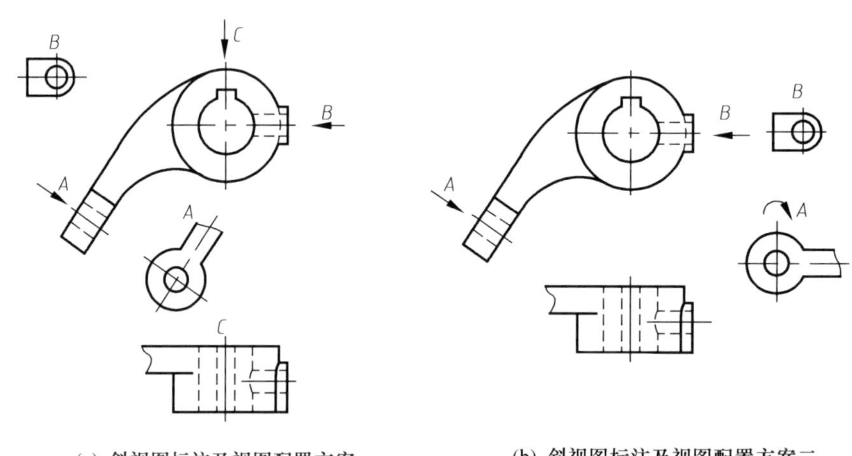

(a) 斜视图标注及视图配置方案一　　(b) 斜视图标注及视图配置方案二

图 6-11　压紧杆斜视图的两种配置方案

2. 斜视图的标注

斜视图通常按投影关系配置，也可按向视图的配置形式配置并标注。有时为方便作图允许将图形旋转某一角度后再画出，但在旋转后的斜视图上方需加注旋转符号“↷”或“↶”(旋转符号是半径为字高的半圆弧，箭头指向应与图形的实际旋转方向一致)，表示视图名称的大写拉丁字母“×”应靠近旋转符号的箭头一侧(图 6-11(b))。当要特别表明图形旋转角度时，可将角度值注写在字母之后。

需要特别说明：表示视图名称的大写拉丁字母必须水平书写，指明投射方向的箭头必须垂直要表达的倾斜结构的表面(图 6-12(b))。

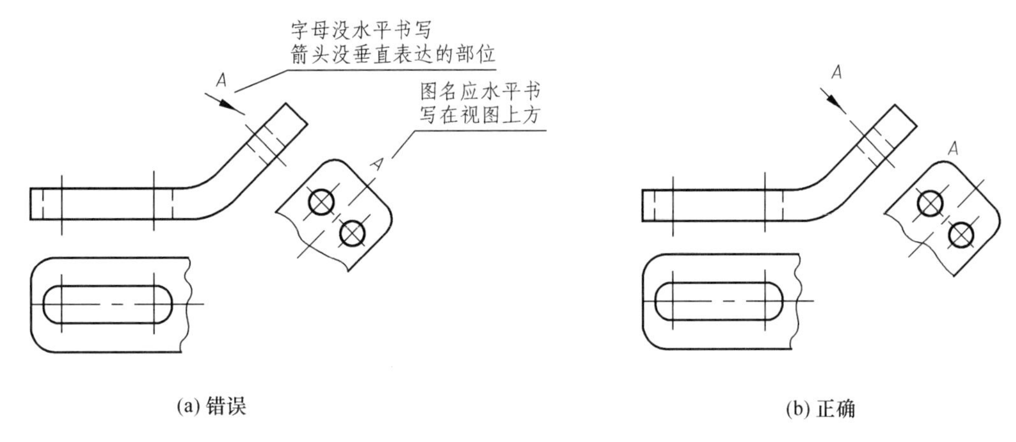

图 6-12　斜视图标注的正误对比

6.2　剖　视　图

视图虽然能完整地表达机件的外部形状结构，但当机件的内部结构比较复杂时，在视图中会出现很多虚线，而且这些虚线往往与机件的其他轮廓线重叠在一起，影响图形的清晰，不便于看图及标注尺寸。因此，国家标准规定常用剖视图来表达机件的内部结构。《技术制图　图样画法　剖视图和断面图》（GB/T 17452—1998）和《机械制图　图样画法　剖视图和断面图》（GB/T 4458.6—2002）是国家标准关于剖视图和断面图的规定。

6.2.1　剖视图的概念、画法及其标注

1. 剖视图概念

假想用剖切面(平面或曲面)剖切机件，将处在观察者和剖切面之间的部分移去，而将其余部分向平行于剖切面的投影面投射所得的图形称为剖视图，简称剖视。如图 6-13(b)所示，用通过机件前后对称面的正平面，假想把机件剖开，移去剖切平面前的部分，再向正投影面投射，就得到了位于主视图位置上的剖视图(图 6-13(d))。

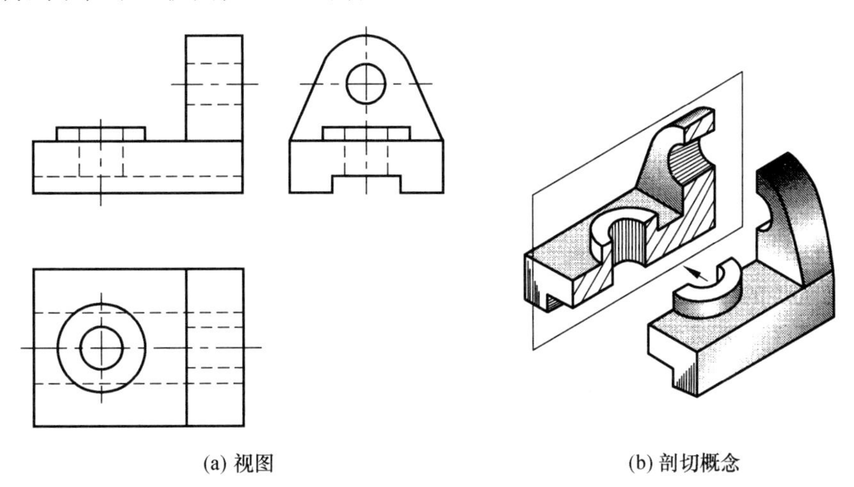

图 6-13　剖视图的概念和画法

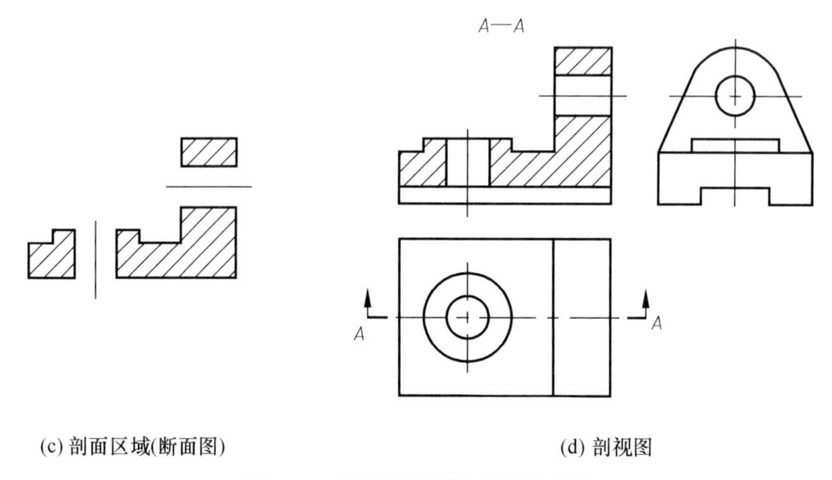

(c) 剖面区域(断面图)　　　　(d) 剖视图

图 6-13　剖视图的概念和画法(续)

2. 剖面区域的表示

剖切面与机件的接触部分称为剖面区域(图 6-13(c))，国标规定，剖视图中剖面区域内应画上剖面符号，且不同的材料采用不同的剖面符号(表 6-1)。机械零件大多是由金属材料制成的，在同一金属零件图中，剖视图、断面图中的剖面符号应画成间隔相等、方向相同且一般与剖面区域的主要轮廓线或剖面区域的对称线成 45° 平行线，也称为剖面线。

表 6-1　剖面符号

材料		剖面符号	材料	剖面符号	材料	剖面符号
金属材料(已有规定剖面符号者除外)			线圈绕组元件		混凝土	
非金属材料(已有规定剖面符号者除外)			转子、电枢、变压器和电抗器等的叠钢片		钢筋混凝土	
木材	纵剖面		型砂、填砂、粉末冶金、砂轮、陶瓷及硬质合金刀片等		砖	
	横剖面		液体		基础周围的泥土	
玻璃及供观察用的其他透明材料			木质胶合板(不分层数)		格网(筛网、过滤网等)	

剖面线用细实线绘制，必要时也可画成与主要轮廓线成适当角度(图 6-14)。在制图作业中，未指明材料均按金属材料处理。

3. 画剖视图的一般方法与步骤

由于画剖视图的目的在于清楚地表达机件的内部结构形状。因此，画剖视图时，首先应根据机件的结构特点，考虑哪个视图应画成剖视图，采用何种剖切面，在什么位置剖切才能清楚、确切地表达出机件的内部结构形状。剖切面一般是平行于相应投影面的平面(必要时也可是柱面)，而且应尽量使其通过较多的内部结构(孔或沟槽)的轴线或对称中心线。因此画剖视图的步骤如下。

(1) 根据机件的结构特点确定剖切面的种类和位置(图 6-13(b))。

(2) 画出机件剖面区域的投影，并画上剖面符号（图 6-13(c)）。

(3) 画出剖切面后所有可见部分的投影(图 6-13(d))。

(4) 标注剖切平面的位置、投射方向和剖视图名称，并按规定描深图线(图 6-13(d))。

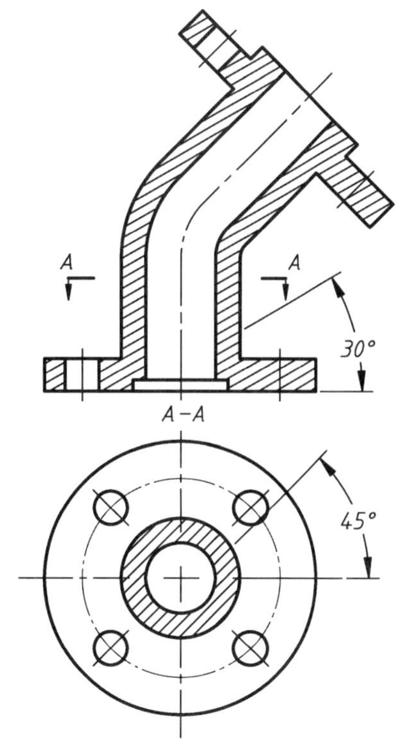

图 6-14　剖面符号的画法

4. 剖视图的标注

为了便于看图，一般情况下剖视图要进行标注，国标规定，剖视图的标注应包含三个要素(图 6-15)。

(1) 注明剖切位置。在剖切面两端的起讫和转折位置画上剖切符号(5～10mm 的粗短画)，剖切符号不能与机件轮廓线相交，应留有少许间隙；在相应的视图上用剖切线(细点画线)表示剖切位置，一般省略不画。

(2) 注明投射方向。在剖切符号外侧画出箭头表示剖视图的投射方向。箭头应与表示剖切符号的粗短画相垂直。

(3) 注明剖视图名称。在剖视图的正上方用大写的拉丁字母标出剖视图的名称“×—×”，并在剖切符号的起讫、转折处标注相应的字母“×”(图 6-13(d))。

剖视图在下列情况下其标注内容可相应省略：

(1) 当剖视图按投射关系配置，中间又没有其他图形隔开时，可省略箭头。

(2) 当单一剖切平面通过机件的对称面或基本对称面，且剖视图按投射关系配置，中间又没有其他图形隔开时可省略标注。

5. 画剖视图注意的问题

(1) 由于剖切是假想的，所以除剖视图以外的其他视图应按完整机件画出，如图 6-13(d) 所示的俯、左视图。

(2) 凡在其他视图上已经表达清楚的结构形状，在剖视图中虚线省略不画。但对尚未表达清楚的结构形状，在不影响剖视图的清晰又可减少视图的情况下，允许在剖视图上画出少量虚线，如图 6-16 所示。

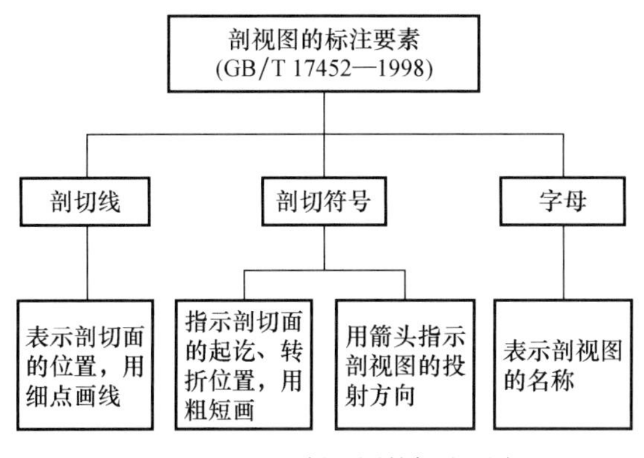

图 6-15　剖视图的标注要素

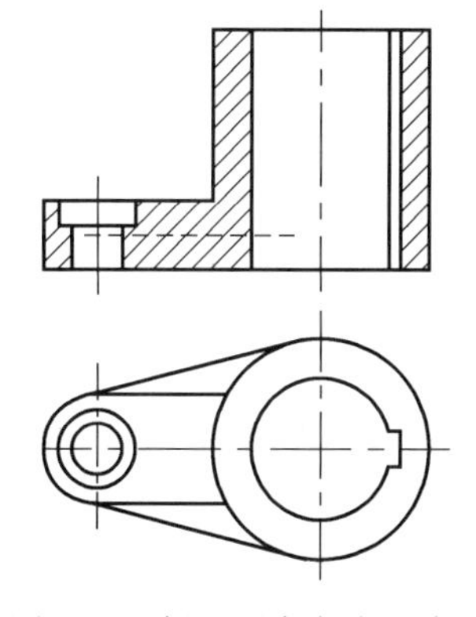
图 6-16　剖视图中虚线画法

(3)应仔细分析剖切平面后的结构形状，避免漏画剖切平面后的可见轮廓线(图 6-17)。

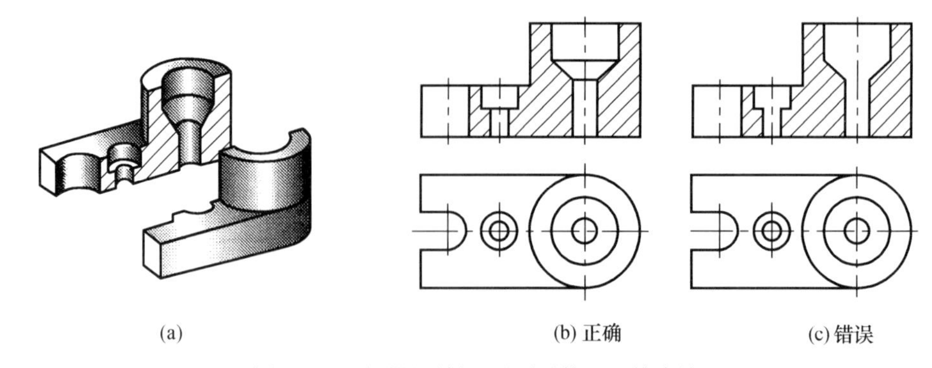

(a)　　(b) 正确　　(c) 错误

图 6-17　不要漏画剖切平面后的可见轮廓线

(4)未剖开孔的轴线应在剖视图中画出(图 6-18(a))。

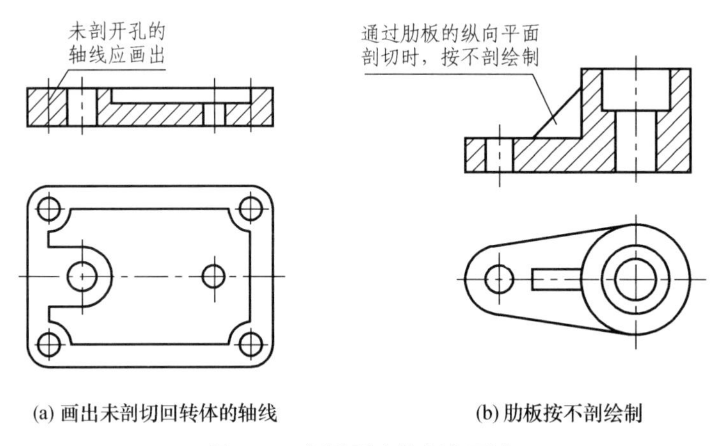

(a) 画出未剖切回转体的轴线　　(b) 肋板按不剖绘制

图 6-18　剖视图中的规定画法

(5)机件上的肋板、轮辐、紧固件、轴及薄壁等，其纵向剖视图通常按不剖绘制，但要用粗实线将它与其邻接部分隔开(图 6-18(b))。

(6)基本视图的配置规定同样适用于剖视图和断面图，即剖视图和断面图应尽量配置在基本视图的位置上，如图 6-19 中的 *B*—*B* 剖视图。剖视图和断面图也可按投影关系配置在与剖切符号对应的位置上，如图 6-19 中的 *A*—*A* 剖视图。必要时允许配置在其他适当位置。

6.2.2　剖视图的种类

用剖视图表达机件时，按剖视图的表达内容及对机件内、外形结构的取舍以及兼顾范围的不同，国标规定了三种剖视图，即全剖视图、半剖视图和局部剖视图。

1. 全剖视图

用剖切面把机件剖开后向相应投影面投射，画出所得剖视图称为全剖视图。当机件的外形比较简单(或外形已在其他视图上表达清楚)，内部结构较复杂时，常采用全剖视图来表达机件的内部结构，如图 6-13(d)所示的主视图。

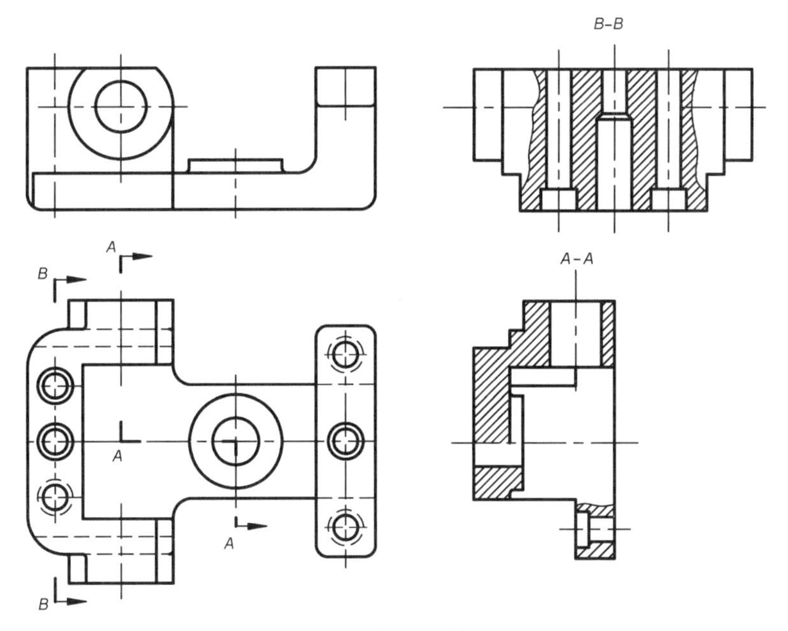

图 6-19　剖视图的配置

2. 半剖视图

如图 6-20 所示，当机件的内、外形结构都比较复杂，但具有对称平面时，为了减少视图数量，在一个图形上同时表达机件的内、外形结构，常采用剖切面把机件剖开后向相应投影面投射，以视图的对称中心线为界，一半画成剖视图以表达其内部结构；另一半画成视图以表达其外形结构，这种剖视图称为半剖视图。

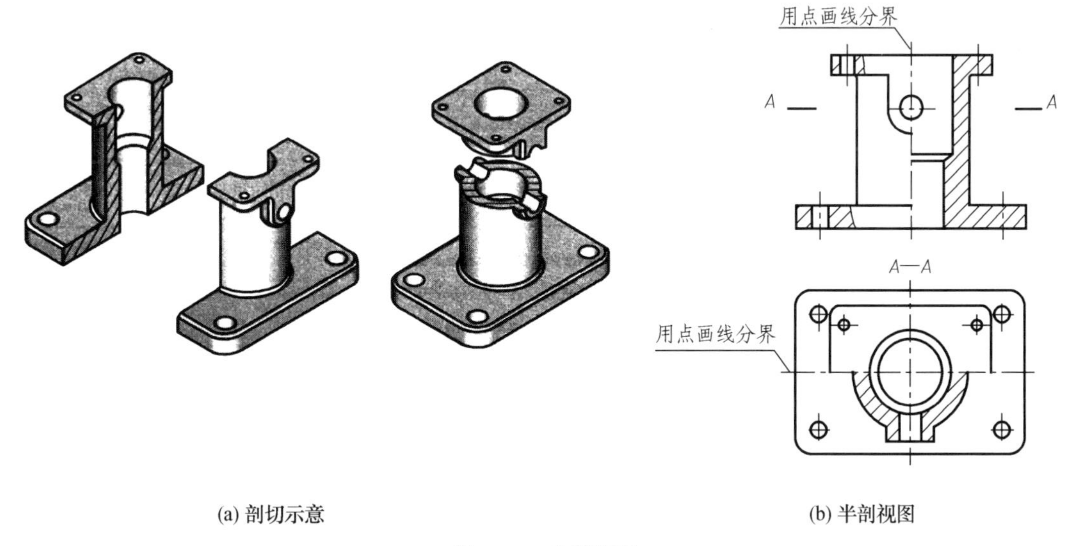

(a) 剖切示意　　(b) 半剖视图

图 6-20　半剖视图

当机件的内、外形结构都需要表达，同时该机件对称(图 6-20)或接近于对称，而其不对称部分已在其他视图中表达清楚时(图 6-21 中右边的小槽在俯视图表达清楚)，都可以采用半剖视图表达。采用半剖视图表达机件时，由于机件的内形结构已在剖视图中表达清楚，所以在视图的那一半中，表示内形结构的虚线不画。

在半剖视图中，剖视图和视图必须以中心线为分界线，在分界线处不能出现轮廓线(粗实线或虚线)，如果在分界线处确实存在轮廓线，则应避免使用半剖视图，如图 6-22 的主视图中。

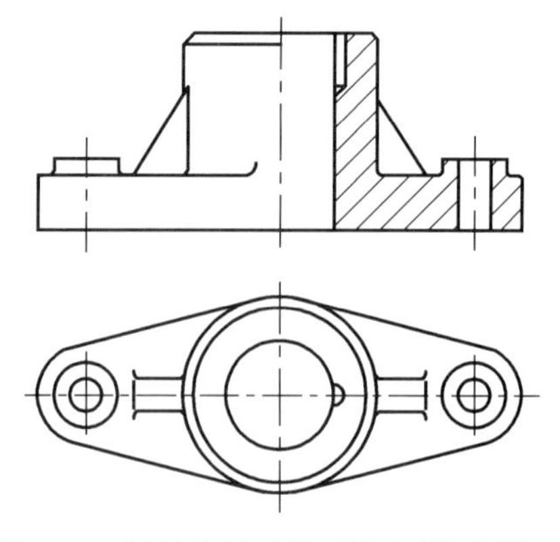

图 6-21　机件接近对称时用半剖视图表示

3. 局部剖视图

用剖切面剖开机件后向相应投影面投射，根据表达需要仅画出一部分剖视图，其他部分仍画成视图，称为局部剖视图(图 6-23)。

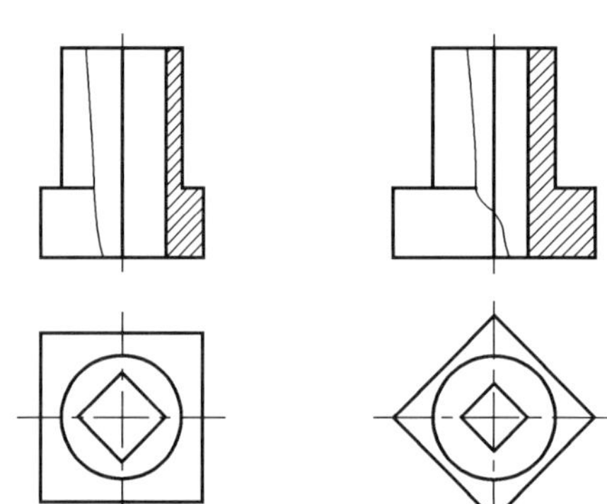

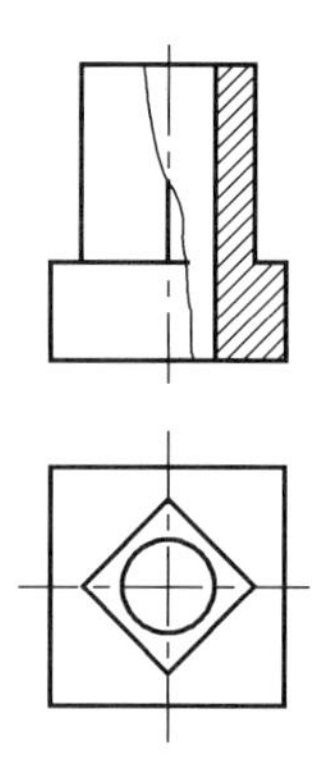

(a) 对称线与内部轮廓线重合　(b) 对称线与内外部轮廓线均重合　(c) 对称线与外部轮廓线重合

图 6-22　对称线与轮廓线重合时不宜采用半剖视图而采用局部剖视图

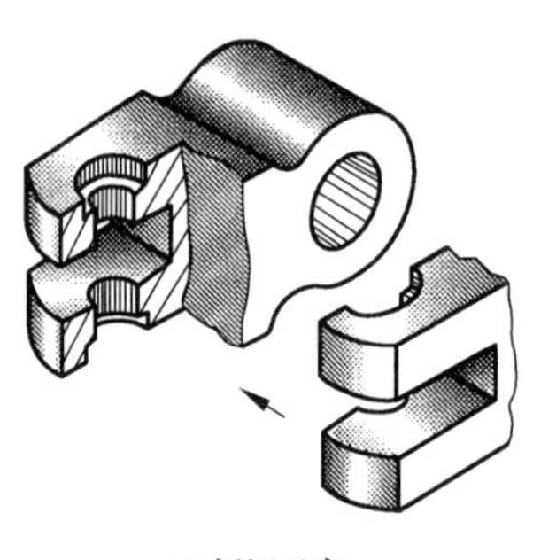

(a) 剖切示意

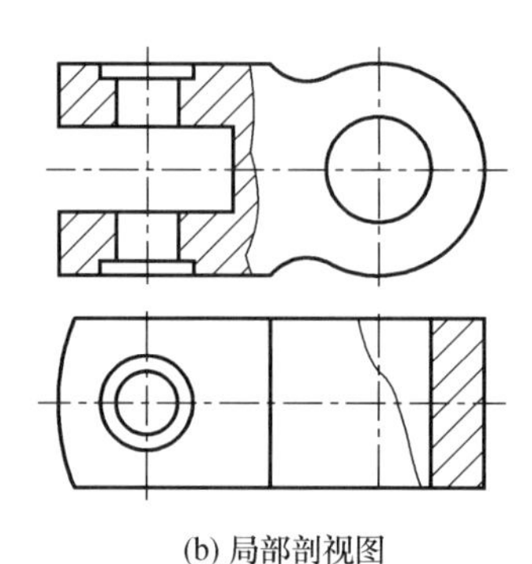

(b) 局部剖视图

图 6-23　局部剖视图

画局部剖视图应注意以下几点：

(1) 局部剖视图中剖视图与视图的分界线用波浪线表示。可将波浪线理解为机件断裂边界的投影，但要用细线绘制，所以波浪线不能超出图形的外轮廓线，也不能在穿通的孔或槽中连起来，而且波浪线不应和图形上的其他图线重合或成为其他图线的延长线，以免引起误解(图 6-24)。

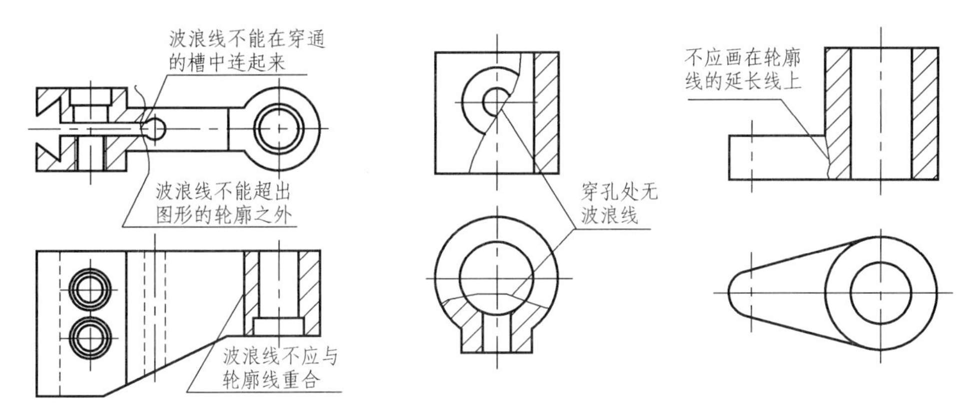

图 6-24　波浪线的错误画法

(2) 当被剖切结构为回转体时，允许将该结构的回转中心线作为局部剖视图与视图的分界线，如图 6-25(a) 和图 6-25(b) 所示摇杆臂左端，但图 6-25(b) 所示摇杆臂右端因有凸台，在俯视图中的局部剖视图就不能用中心线作为分界线。

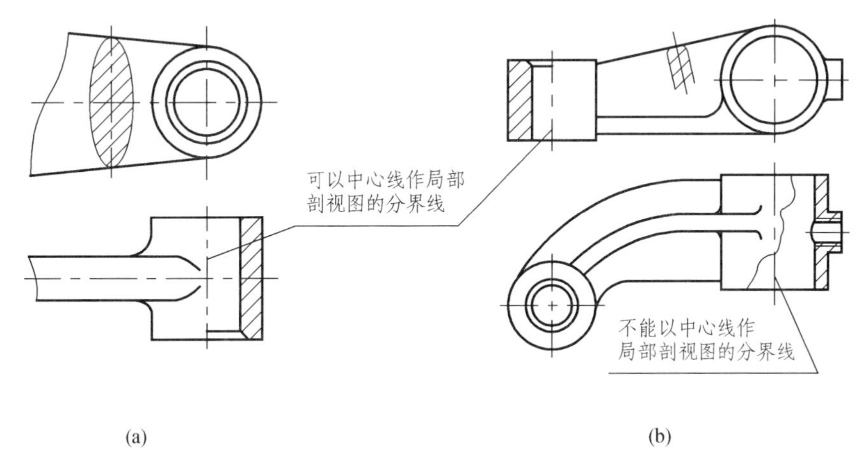

(a)　　(b)

图 6-25　中心线作为分界线的局部剖视图

局部剖视图是一种非常灵活的表达方法，常应用于下列情况：

(1) 机件的内部结构只需局部地表达，不必或不宜画成全剖视图(图 6-23)。

(2) 机件的内、外形均需表达，但不宜画成半剖视图(图 6-22)。

通常局部剖视图表达范围的大小取决于需要表达的机件内、外形结构。一般在不影响机件外部形状结构表达的情况下，局部剖视图可灵活地画在基本视图中，也可将局部剖视图单独画出。局部剖视图运用恰当，可使机件的表达简明清晰，但在同一视图中，局部剖视图的数量不宜过多，否则会使图形显得过于零碎，使机件失去整体感，不便于看图。

如图 6-26 为一轴承座的表达方案。在主视图上，零件下部的外形较简单，内部结构的内腔需用剖视图表达，上部的圆柱形凸缘及其上三个螺孔的分布情况需用视图表达，故不宜采用全剖视图。左视图则相反，上部需剖开以表示其内部不同直径的孔，而下部则需表达机件左端的凸台外形。因而根据机件的形状结构特点和表达需要，在主、左视图中均画出了相应的局部剖视图。在这两个视图上尚未表达清楚的基座底面及其上的长圆形孔和右边的耳板等结构，采用“*B*”局部视图和“*A—A*”局部剖视图表达。

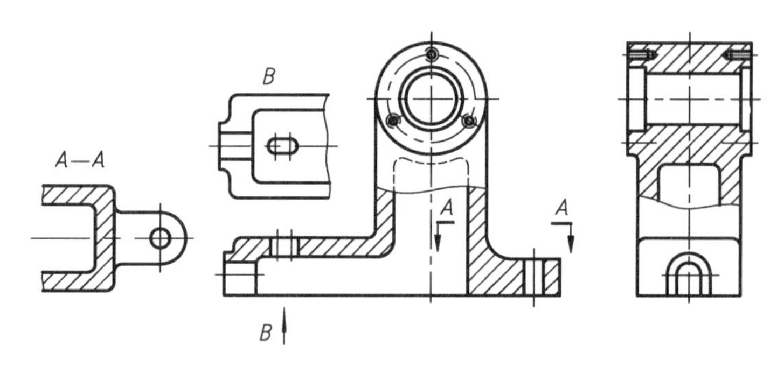

图 6-26　轴承座的表达方案

6.2.3　剖切面的种类

剖切机件时，根据机件结构的不同，常采用以下三种剖切面剖开机件，即单一剖切面、几个平行的剖切平面、几个相交的剖切面。此处所述剖切面的种类不仅适用于剖视图，也适用于下一节的断面图。

1. 单一剖切面

1)用单一的投影面平行平面剖切机件

前述各图例均采用这种剖切方法。

2)用单一的投影面垂直平面剖切机件

当机件上有倾斜的内部结构需要表达时(图 6-27(a))，可用单一的投影面垂直平面剖切机件。采用投影面垂直剖切时，需添加一个与剖切平面平行的辅助投影面，将处在剖切平面与辅助投影面之间的部分机件向辅助投影面投射得到剖视图。所得剖视图必须标注，如图 6-27(b)中的“*A*—*A*”剖视图，而且应尽量按投射关系配置在与剖切符号相对应的位置上(图 6-27(b))，必要时也可配置在其他适当位置(图 6-28)。有时为了方便作图，在不致引起误解时，允许将图形旋转后画出，但应加注旋转符号，标注形式为“⌒×—×”或“×—×⌒”，如图 6-27(b)中的“*A*—*A*”剖视图也可如方框中所示将图形旋转画出。当需要标注图形的旋转角度时，应将角度值标注在图名“×—×”之后。

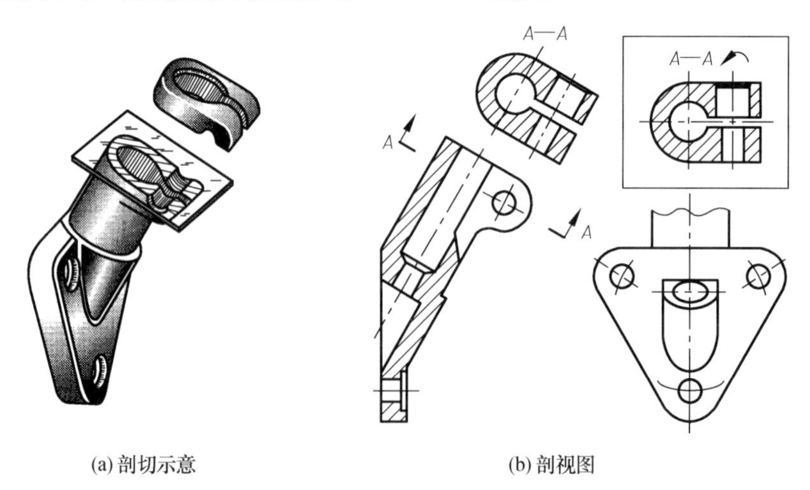

(a)剖切示意　　(b)剖视图

图 6-27　单一的投影面垂直平面剖切机件(一)

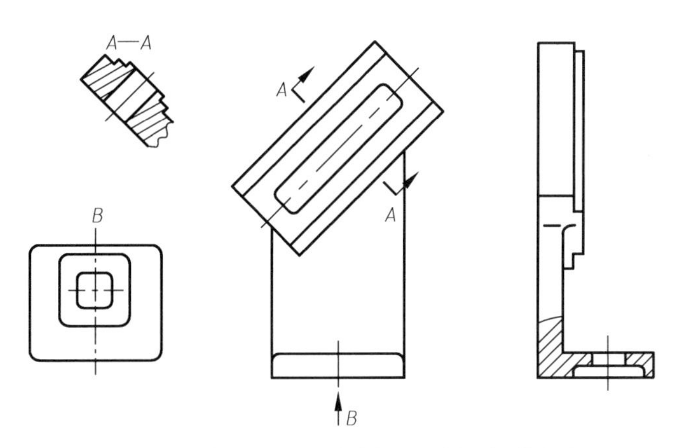

图 6-28 单一的投影面垂直平面剖切机件(二)

3)用单一柱面剖切机件

对于在机件上沿圆周分布的孔、槽等结构，可采用圆柱面剖切。采用柱面剖切时，应将剖切柱面和机件的剖切结构展开成平行于投影面的平面后再向投影面投射得到剖视图，而且在剖视图的名称后需加注“展开”二字，如图 6-29 所示。

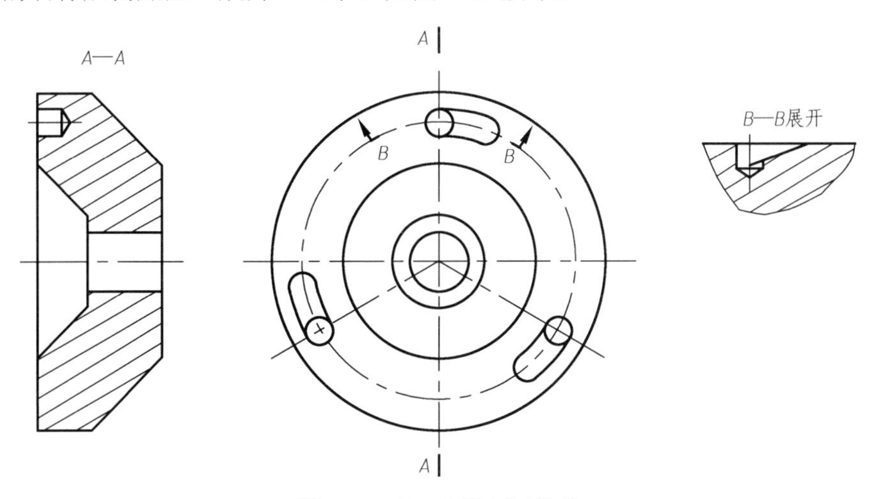

图 6-29 单一柱面剖切机件

2. 几个相互平行的剖切平面

如图 6-30 所示，采用两个或两个以上互相平行的剖切平面剖开机件。几个相互平行的剖切平面可与基本投影面平行，也可不平行，适用于内部孔、槽等结构不在同一剖切平面内的机件。

画图时应注意以下几点。

(1)虽然是采用两个或两个以上相互平行的剖切平面剖切机件，但各剖切平面剖切后所得的剖视图是一个视图，所以画图时不应在剖视图中画出各剖切平面连接处分界线的投影(图 6-31(a))。

(2)在剖视图内不应出现不完整的结构要素(图 6-31(b))。仅当两个要素在图形上具有公共对称线或轴线时才可各画一半，此时应以对称线或轴线为分界线(图 6-32)。

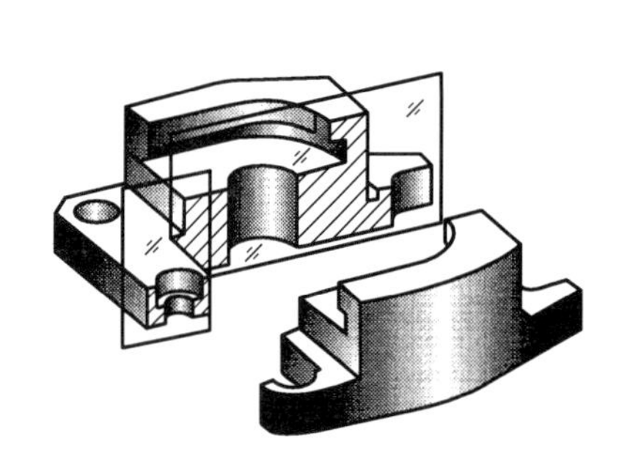

(a) 剖切示意

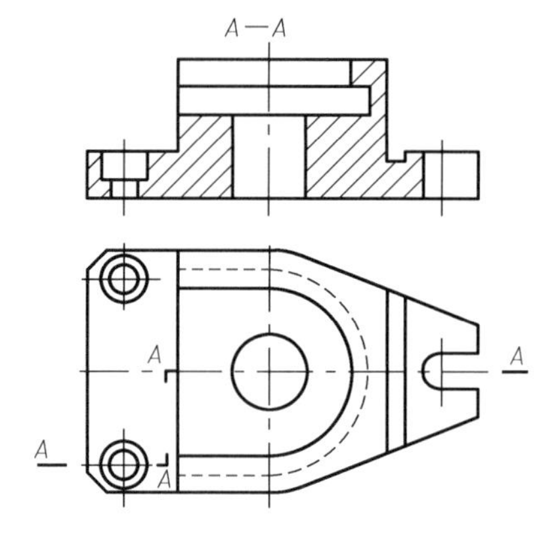

(b) 剖视图

图 6-30　采用两个互相平行的剖切平面剖切机件

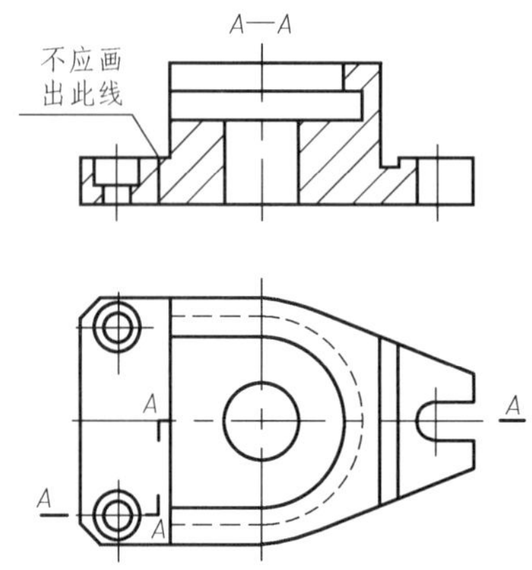

(a) 剖切平面连接处不画分界线

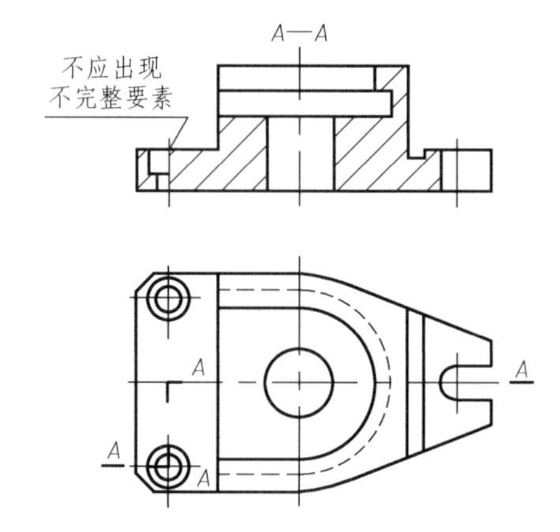

(b) 不应出现不完整结构要素

图 6-31　采用互相平行平面剖切时容易出现的错误

(3)在剖视图上方应标注剖视图名称“×—×”，在剖切平面的起讫和连接处应画出剖切符号(粗短画)，并标注相同字母“×”，剖切符号不应与图中轮廓线相交。若视图中连接处的位置有限，而又不致引起误解时可以省略字母。表示剖切面位置的剖切符号(粗短画)不能省略，仅当剖视图按投影关系配置，中间又没有其他视图隔开时可省略箭头。

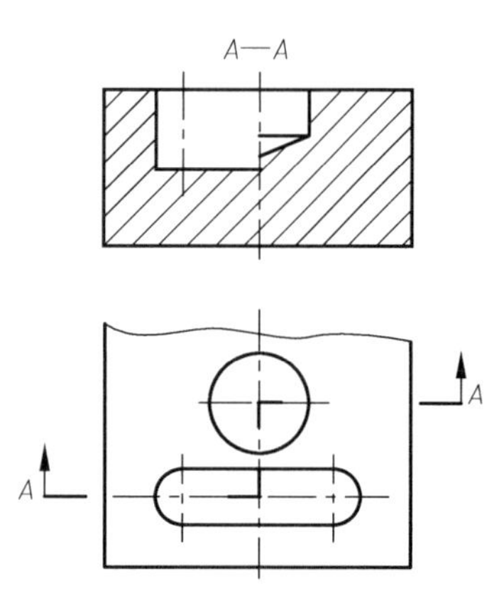

图 6-32　两个平行的剖切平面剖切机件

3. 几个相交的剖切面(交线垂直某一投影面)

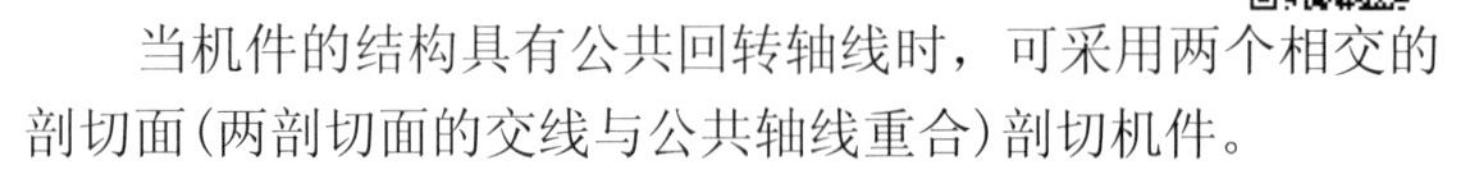

当机件的结构具有公共回转轴线时，可采用两个相交的剖切面(两剖切面的交线与公共轴线重合)剖切机件。

如图 6-33 所示机件的结构特征，假想用一个投影面平行面和一个投影面垂直面剖切机件，将投影面垂直面连同被剖开的结构一起绕公共轴线旋转到与投影面平行后再投射，这样可在一个剖视图上反映出用两个相交剖切平面所剖切到的结构。几个相交的剖切面剖切不仅适用于盘盖类机件，也适用于摇杆类(图 6-34)等具有公共回转轴线的机件。一般两剖切平面之一是投影面平行面，而另一个则是投影面垂直面，两相交剖切平面的交线必须与机件的公共回转轴线重合。

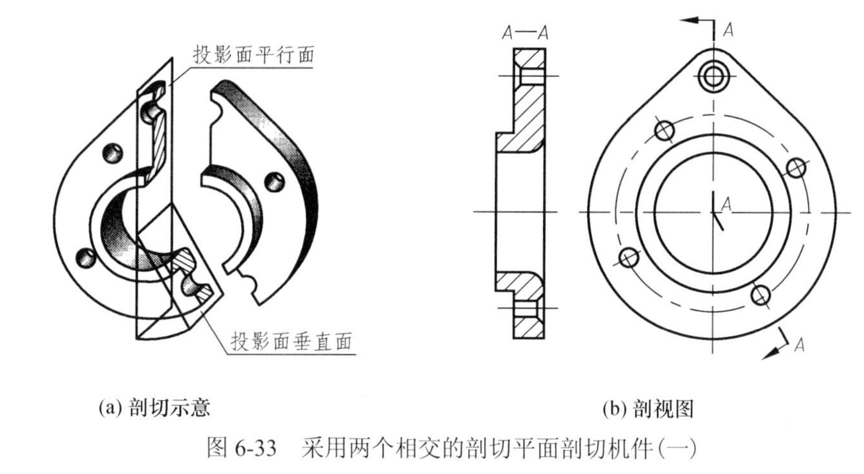

(a) 剖切示意　　(b) 剖视图

图 6-33　采用两个相交的剖切平面剖切机件(一)

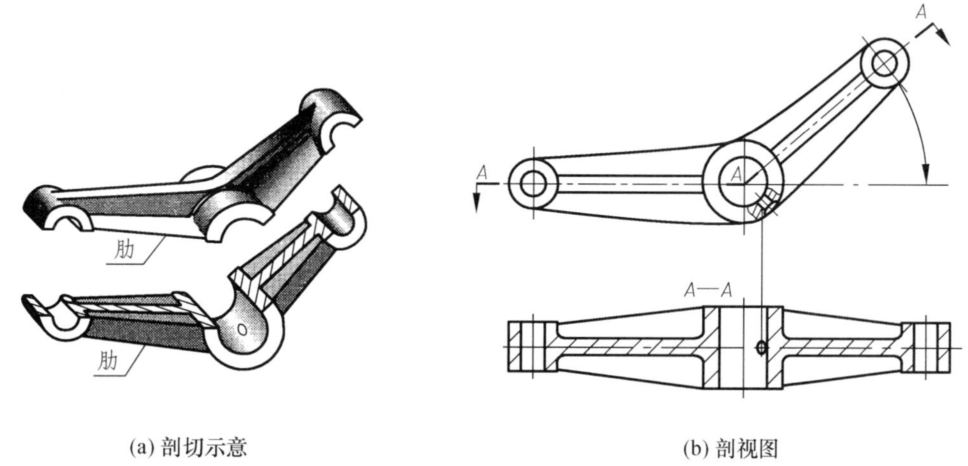

(a) 剖切示意　　(b) 剖视图

图 6-34　采用两个相交的剖切平面剖切机件(二)

画图时应注意以下几点。

(1)先假想按剖切位置剖开机件，然后将被倾斜的剖切平面(即投影面垂直面)剖开的结构及其有关部分旋转到与选定的投影面平行再进行投射，使剖开结构的投影反映实形。而剖切平面后的其他结构仍按原来位置投射(图 6-34(b)中的油孔)。

(2)采用两个相交剖切平面剖切机件后，若产生不完整要素，则该部分按不剖处理(图 6-35)。

(3)在剖视图上方应标注剖视图名称“×—×”，在剖切平面的起、讫和转折处应画出剖切符号(粗短画)，并标注相同字母“×”。若转折处的位置有限，而又不致引起误解，则可省略字母。

图 6-36 所示机件的剖视图既有平行的剖切面剖切，也有相交的剖切平面剖切。

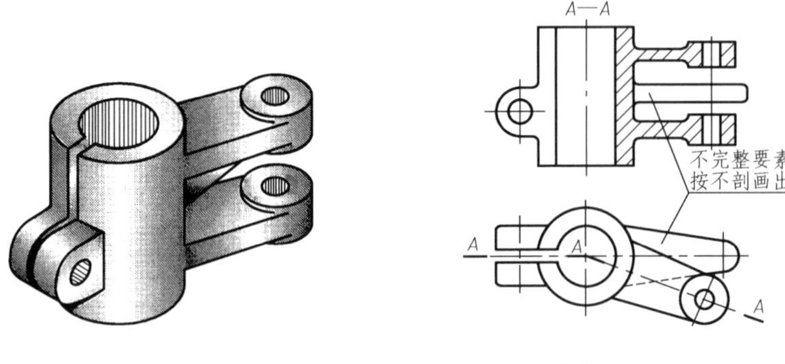

(a) 机件　　(b) 剖视图

图 6-35　采用两个相交的剖切平面剖切时出现不完整要素按不剖处理

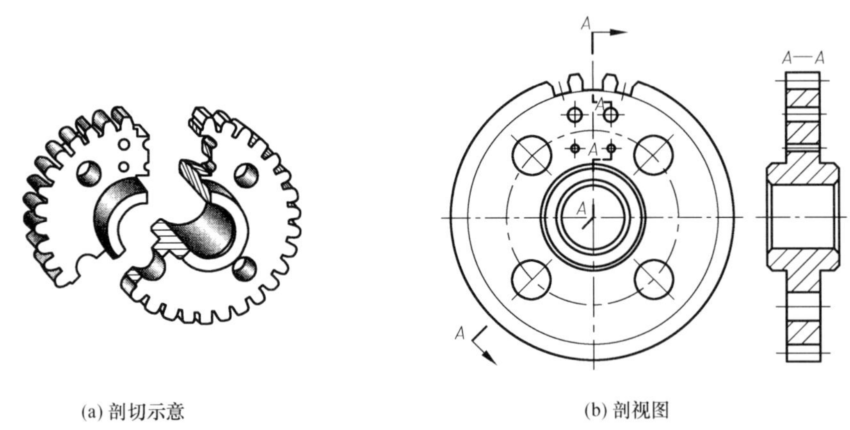

(a) 剖切示意　　(b) 剖视图

图 6-36　复合剖切(一)

图 6-37 是用四个相交剖切平面剖切机件的图例，由于有三个剖切平面与基本投影面倾斜，所以剖视图采用了展开画法，即将三个倾斜剖切平面旋转到与基本投影面(侧平面)平行后再投射。此时，剖视图名称应为“×—×展开”(图 6-37)。需注意：箭头只表示剖视图的投射方向，与剖切平面的旋转方向无关。

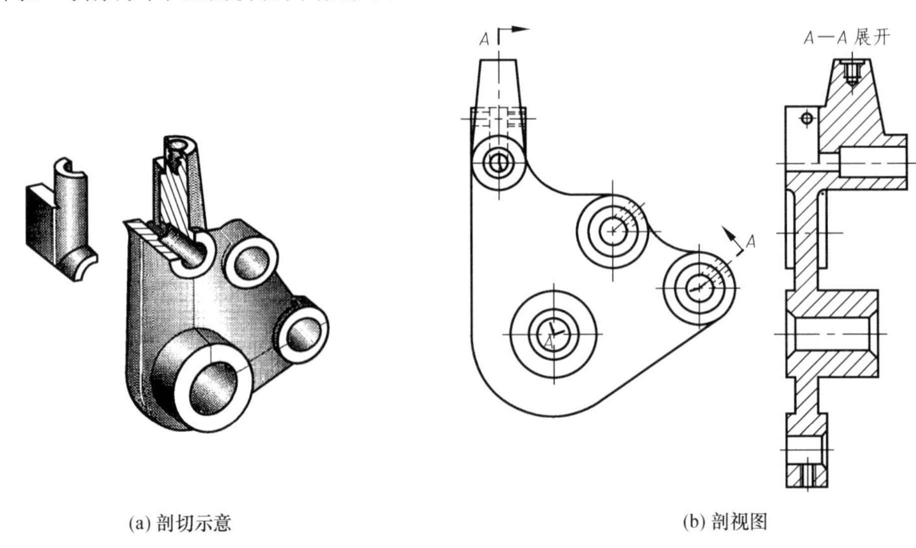

(a) 剖切示意　　(b) 剖视图

图 6-37　复合剖切(二)

需要特别说明：上述各种剖切方法获得的剖视图，可以画成全剖视图，也可以画成半剖视图或局部剖视图。

6.2.4 剖视图标注的补充说明及尺寸注法

1. 剖视图标注的补充说明

全剖视图、半剖视图、局部剖视图仅是剖视图的某一种画法，而不是某一种剖切方法。剖视图中的剖切符号仅表示剖切面的位置，并不表示剖切范围。因此，标注方法与剖视图种类无关，图 6-38 中剖视图的标注是错误的。

2. 尺寸注法

前面所学的组合体尺寸标注的基本规定同样适用于剖视图。但在剖视图(图 6-39)上标注尺寸时，还应注意以下几点。

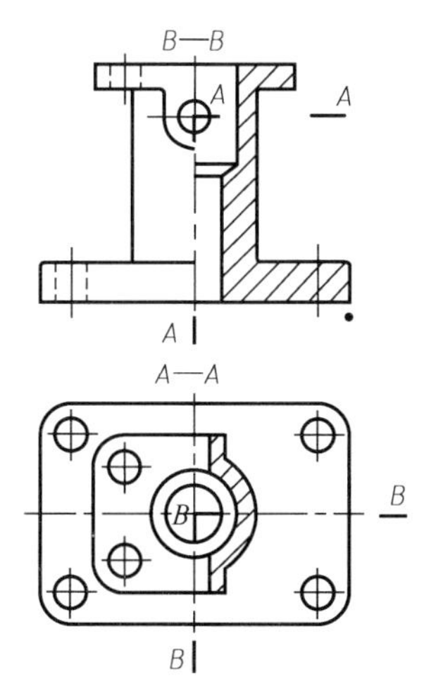

图 6-38 错误标注示例

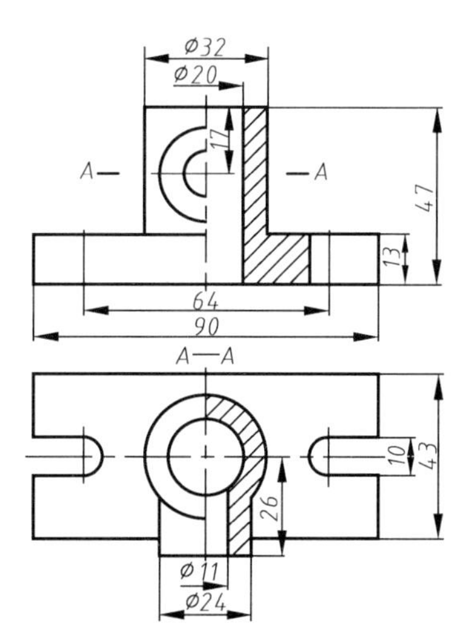

图 6-39 剖视图中的尺寸标注

(1) 同轴的圆柱孔或圆锥孔的直径尺寸，一般应标注在剖视图上，尽量避免标注在投影为同心圆的视图上。但在特殊情况下，当在剖视图上标注直径尺寸确有困难时，可以标注在投影为圆的视图上。

(2) 若采用半剖视图后，对于不能完整标注的对称尺寸，则尺寸线应略超过圆心或对称中心线，此时仅在尺寸线的一端画出箭头，如图 6-39 中的尺寸ϕ20、ϕ11。

(3) 在剖视图上标注尺寸，应尽量把外形尺寸和内部结构尺寸分别标注在视图的两侧，这样既清晰又便于看图。

(4) 在剖面线中注写尺寸数字时，剖面线应在尺寸数字处断开。

6.3 断 面 图

6.3.1 断面图的概念

根据国家标准《机械制图 图样画法 剖视图和断面图》(GB/T 4458.6—2002)的规定，假想用剖切面剖切机件可得断面图和剖视图两种图形(图 6-40)。假想用剖切面剖切机件，将所得断面向投影面投射得到的图形称为断面图，将断面和剖切平面后机件的剩余部分一起向投影面投射所得图形称为剖视图。

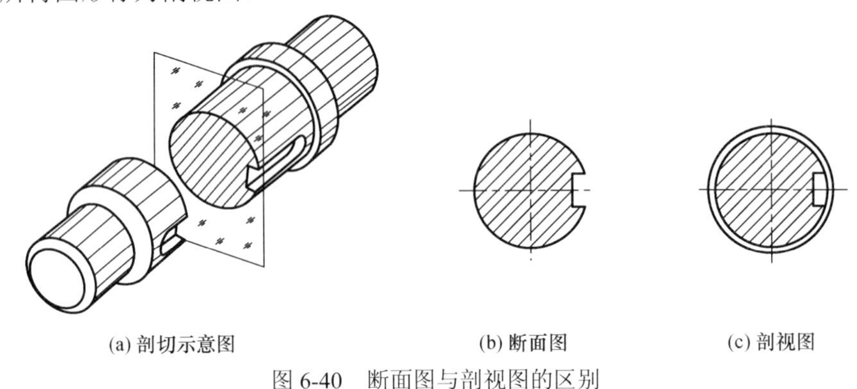

(a) 剖切示意图　　(b) 断面图　　(c) 剖视图

图 6-40　断面图与剖视图的区别

将断面图与剖视图进行比较可知，对仅需要表达断面形状的结构，采用断面图表达比剖视图更为简洁、方便。断面图配合视图常用来表达机件上某一局部的断面形状，如机件上的肋、轮辐，以及轴上的孔和键槽等。

6.3.2　断面图的种类及画法

断面图分为移出断面图和重合断面图。

1. 移出断面图

画在视图外的断面图为移出断面图，简称移出断面(图 6-41)。

(1) 移出断面的轮廓线用粗实线绘制。为便于看图，移出断面应尽量配置在剖切符号或剖切线(表示剖切位置的细点画线)的延长线上(图 6-41)。必要时也可配置在其他适当位置，如图 6-48 所示。在不致引起误解时，允许将移出断面的图形旋转(图 6-42)。当断面图形对称时，可画在视图的中断处(图 6-43)。

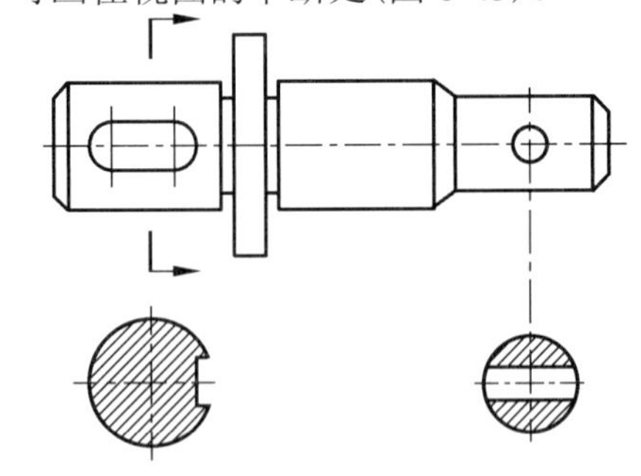

图 6-41　移出断面

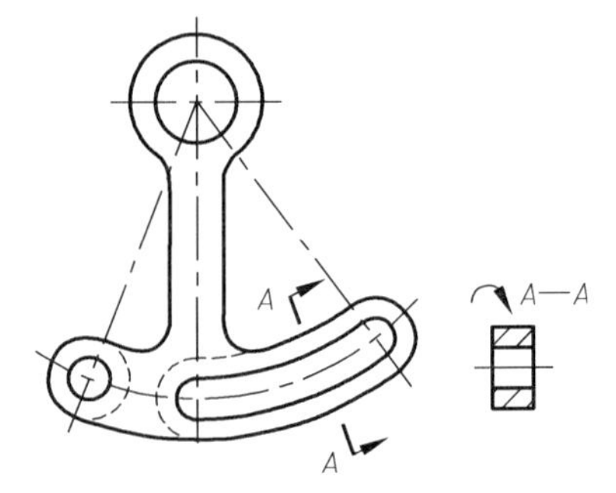

图 6-42　经旋转画出的断面图

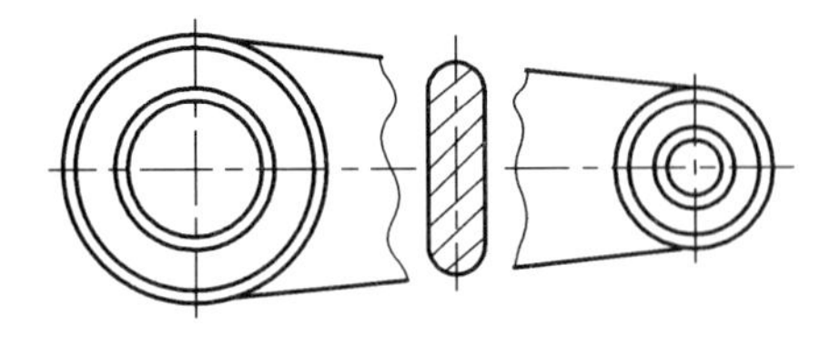

图 6-43　断面图画在机件的中断处

(2) 当剖切平面通过回转面形成的孔或凹坑的轴线时，这些结构应按剖视绘制，如图 6-44(a)、图 6-44(b)所示。当剖切平面通过非圆孔，会导致出现完全分离的两个断面时，该结构亦应按剖视绘制(图 6-42)。

(3) 为了表示断面的实形，剖切平面应与被剖切部位的主要轮廓线垂直(图 6-45、图 6-46)或通过回转面的轴线。由两个或多个相交剖切平面剖切机件，所画断面图中间应断开(图 6-46)。

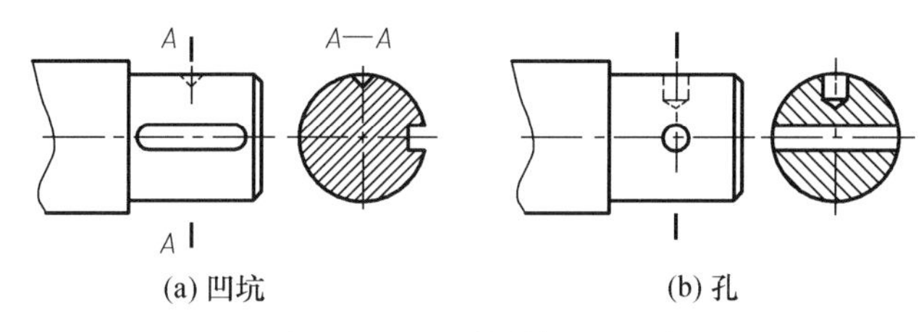

图 6-44　剖切平面通过回转面形成的孔或凹坑

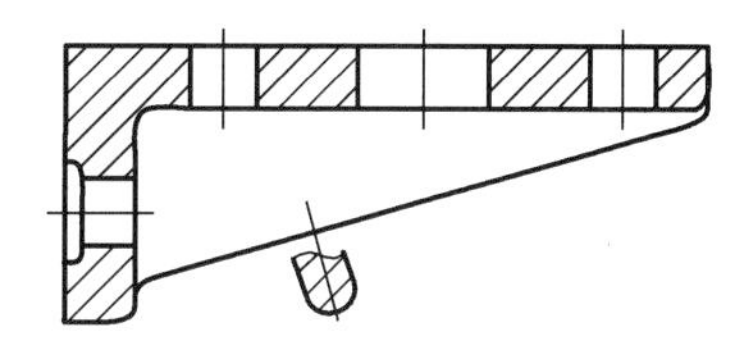

图 6-45　剖切平面与轮廓线垂直

(a) 图形对称省略箭头

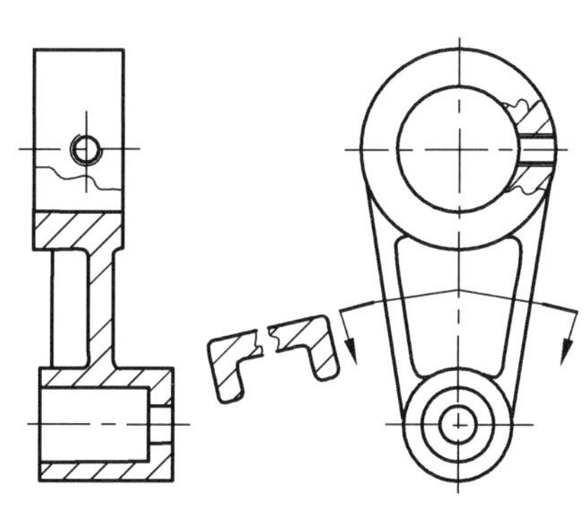

(b) 图形不对称标注箭头

图 6-46　用两个相交剖切平面剖切得到的移出断面画法

2. 重合断面图

画在视图内的断面图称为重合断面图，简称重合断面(图 6-47)。在不影响图形清晰的情况下，采用重合断面可使图纸的布局紧凑。画重合断面时应注意：

(1) 重合断面的轮廓线用细实线绘制。当视图的轮廓线与重合断面的轮廓线重合时，视图中的轮廓线必须连续画出，不可间断。

(2) 肋板的重合断面可省略波浪线(图 6-47(a))。

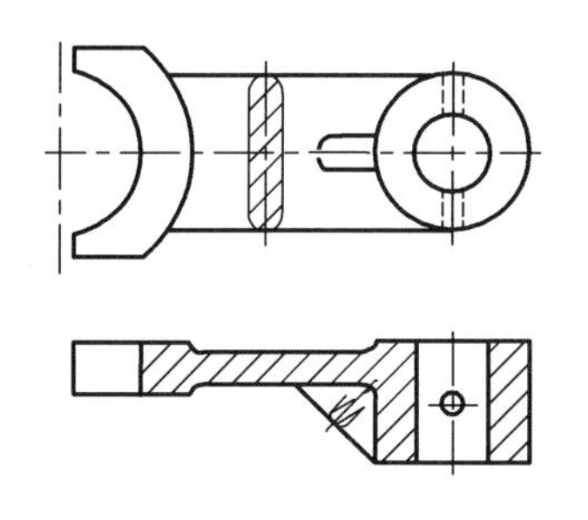

(a) 肋板的重合断面可省略波浪线

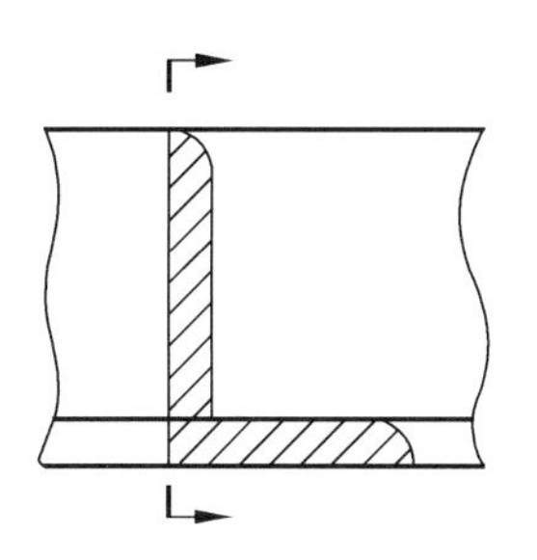

(b) 轮廓线必须连续画出，不可间断

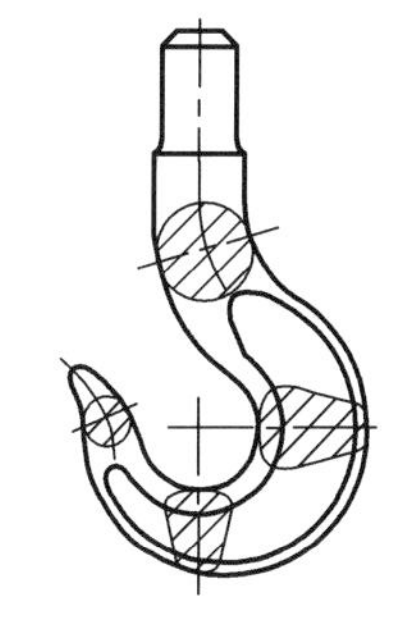

(c) 图形对称可省略标注

图 6-47　重合断面的画法

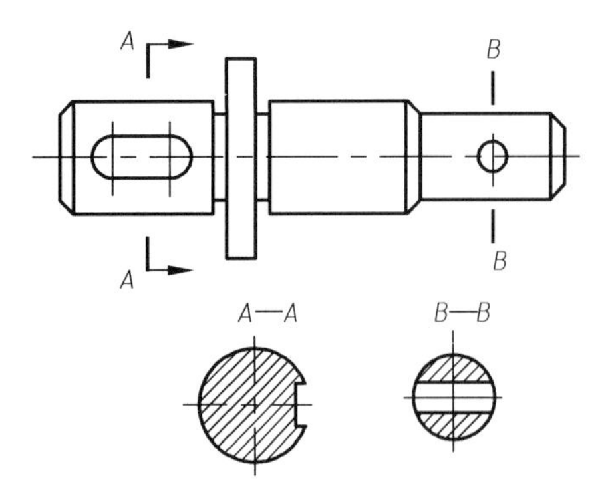

图 6-48　移出断面的标注

6.3.3　断面图的标注

1. 移出断面图的标注

(1)一般用大写的拉丁字母标注移出断面的名称“×—×”，在相应的视图上用剖切符号表示剖切位置，用箭头表示投射方向，并标注相同的字母(图 6-48)。经过旋转后画出的移出断面图，其标注形式与斜剖相同(图 6-42)。

(2)配置在剖切符号延长线上的不对称移出断面可省略标注字母，如图 6-41 所示。

(3)对称的移出断面配置在剖切符号延长线上(图 6-41、图 6-46(a))或配置在视图中断处(图 6-43)，可省略标注。其他对称的移出断面图(如图 6-48 中的“*B—B*”断面图)一般省略标注箭头。

(4)按投影关系配置的移出断面(图 6-44(b))可省略标注字母和箭头。

2. 重合断面图的标注

(1)配置在剖切符号延长线上的不对称重合断面图，只标注剖切符号及投影方向(箭头)，可省略字母(图 6-47(b))。

(2)对称的重合断面可省略标注(图 6-47(a)、图 6-47(c))。

6.4　局部放大图、简化画法和其他规定画法

6.4.1　局部放大图

将机件的部分结构用大于原图形所采用的比例画出的图形，称为局部放大图。机件的某些细小结构，在给定比例的视图中由于图形过小而表达不够清晰，或不便于标注尺寸，可采用局部放大图。如图 6-49 所示轴上的退刀槽和挡圈槽等。

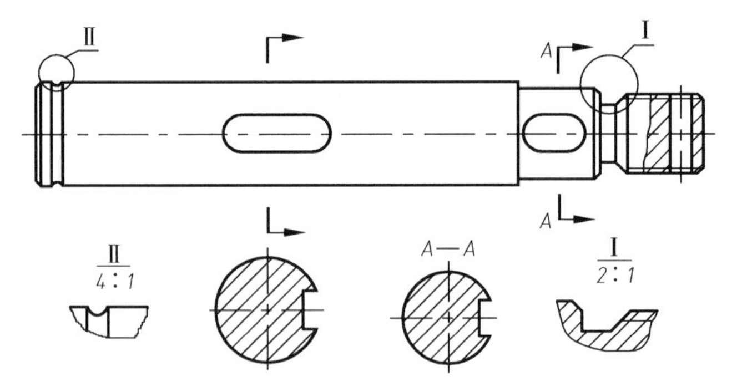

图 6-49　用罗马数字标注放大部位

局部放大图可画成视图、剖视图或断面图，它与原图形被放大部分的表达方法无关(图 6-49)。绘制局部放大图时，应注意以下几点。

(1) 局部放大图应尽量配置在被放大部位的附近，且应在原图形上用细实线圈出被放大部位(除螺纹的牙型、齿轮和链轮的齿形)。

(2) 当同一机件上有几处被放大的部位时，需用罗马数字依次标注被放大部位，并在局部放大图的上方各自标注相应的罗马数字和所采用的比例，其形式如图 6-49 所示。当机件上被放大的部分仅一处时，只需在局部放大图上方注明所采用的比例(图 6-50)。

(3) 局部放大图上标注的比例是指放大图形与机件实际大小之比，而不是与原图之比。

(4) 同一机件上不同部位的局部放大图，当图形相同或对称时，只需画出一处(图 6-51)。

(5) 如果局部放大图上有剖面区域出现，那么剖面符号要与机件被放大部位的相同，如图 6-50、图 6-51 所示。

(6) 局部放大图一般常采用局部视图或局部剖视图表示，其断裂处一般用波浪线表示。

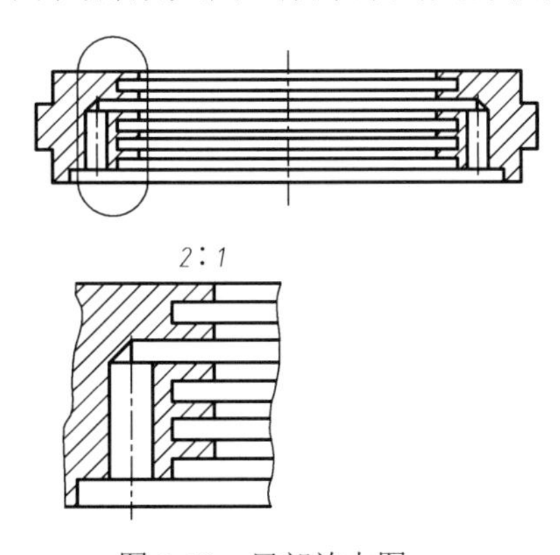

图 6-50　局部放大图

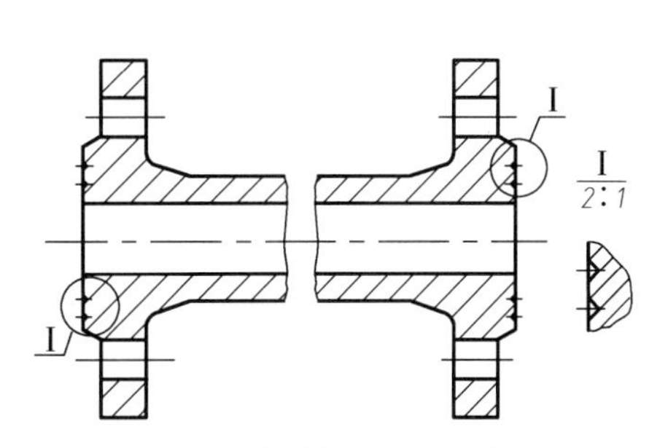

图 6-51　图形相同时仅画出一处

6.4.2　简化画法

制图时，在不影响机件表达的前提下，应力求作图简便。为此国家标准规定了一些简化画法及其他规定画法，现将一些常用的简化画法及其他规定画法介绍如下。

1. 均布肋、孔的简化画法

当回转体零件上均匀分布的肋、轮辐、孔等结构不处于剖切平面上时，可将这些结构假想绕回转体轴线旋转到剖切平面上画出，如图 6-52(a)、(b)所示。

2. 对称机件的简化画法

对称机件的视图可只画一半(图 6-53)或略大于一半(图 6-52(a))。仅画出一半视图时，应在对称中心线的两端画出对称符号(两条平行且与对称中心线垂直的细实线)。

3. 相同要素的简化画法

(1) 当机件具有若干相同结构(如齿、槽等)，并按一定规律分布时，只需画出几个完整的结构，其余用细实线连接(图 6-54)，但需注明该结构的总数。

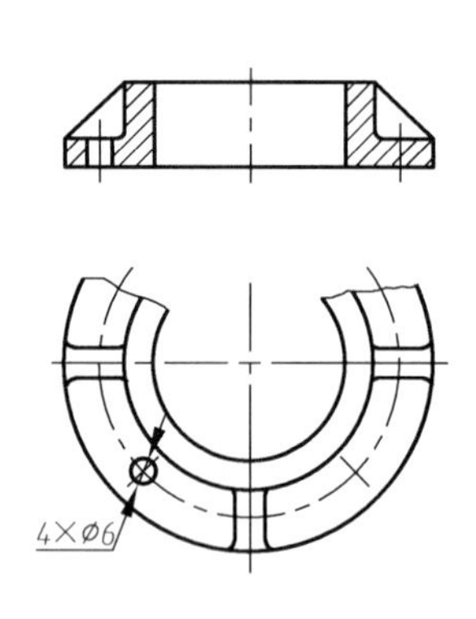

(a) 对称分布的肋、孔

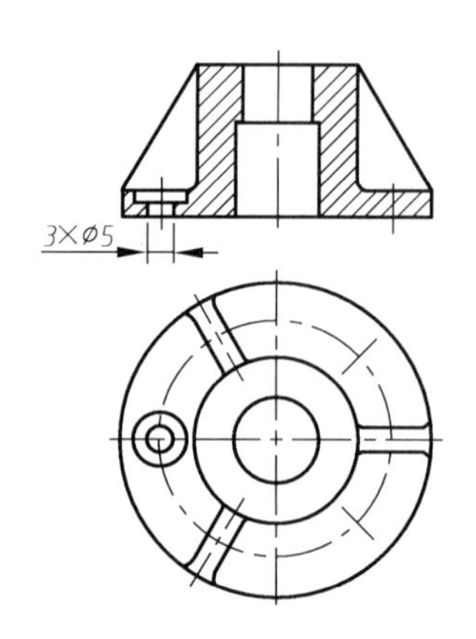

(b) 非对称分布的肋、孔

图 6-52　均匀分布的肋与孔的简化画法

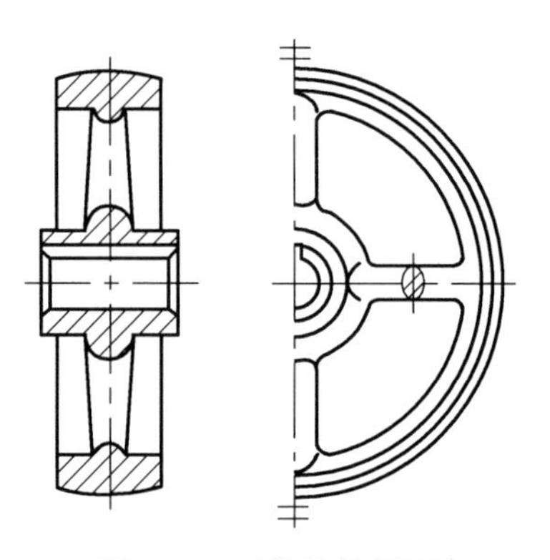

图 6-53　对称机件的画法

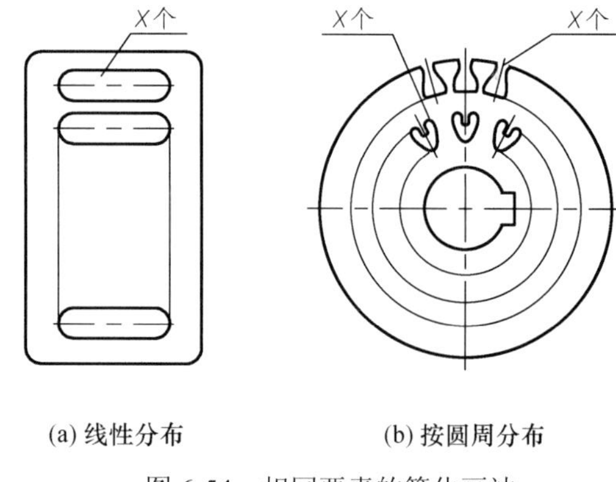

(a) 线性分布　　(b) 按圆周分布

图 6-54　相同要素的简化画法

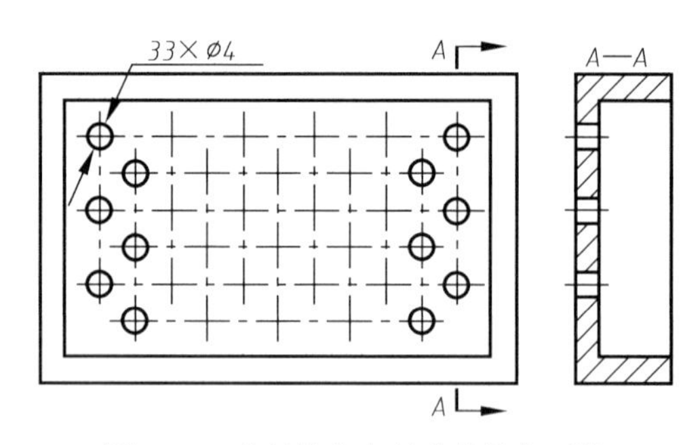

图 6-55　成规律分布的孔的简化画法

(2) 直径相同且成规律分布的孔(圆孔、螺孔、沉孔等)，可仅画出一个或几个，其余只需用点画线表示其中心位置，但应注明孔的总数(图 6-55)。

4. 平面符号及滚花的简化画法

(1) 当图形不能充分表达平面时，可用平面符号(相交的两条细实线)表示。图 6-56 为一轴端圆柱体被平面切割后在视图上的表示方法。如其他视图上已经将此平面表达清楚，则平面符号可以省略。

(2) 机件上的滚花部分，可以只在轮廓线附近用粗实线示意画出一小部分，并在零件图上或技术要求中注明其具体要求(图 6-57)。

5. 较长机件的断开画法

较长的机件(如轴、杆、连杆、型材等)沿长度方向的形状一致(图 6-58(a))或按一定规律变化(图 6-58(b))时，可以断开后缩短绘制，但应标注实际尺寸。

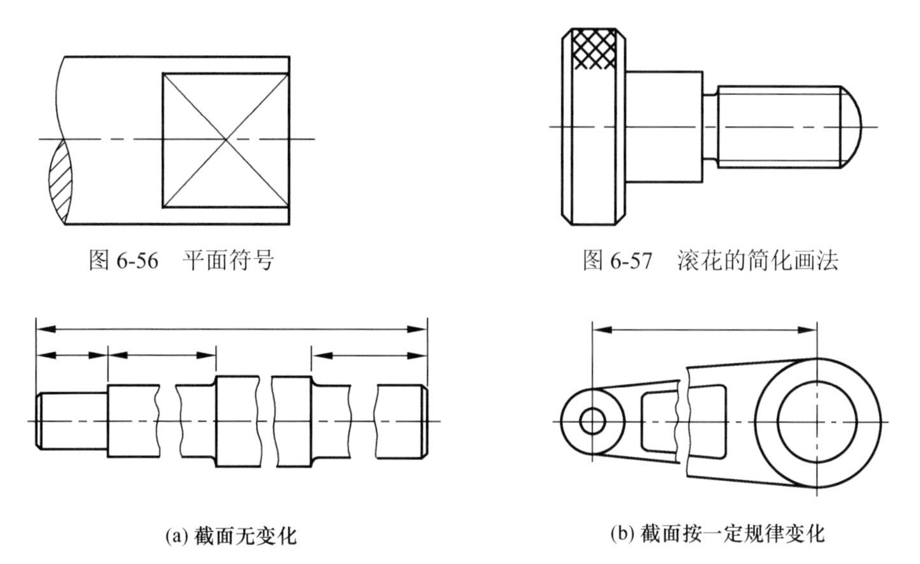

图 6-56　平面符号

图 6-57　滚花的简化画法

(a) 截面无变化　　**(b) 截面按一定规律变化**

图 6-58　较长机件的简化画法

6. 较小结构的简化或省略画法

(1) 当机件上较小结构所产生的交线已在一个视图中表示清楚时，其他视图可以简化或省略(图 6-59)。

(2) 机件上斜度不大的结构，当在一个图形中已表达清楚时，其他图形可按小端画出(图 6-60)。

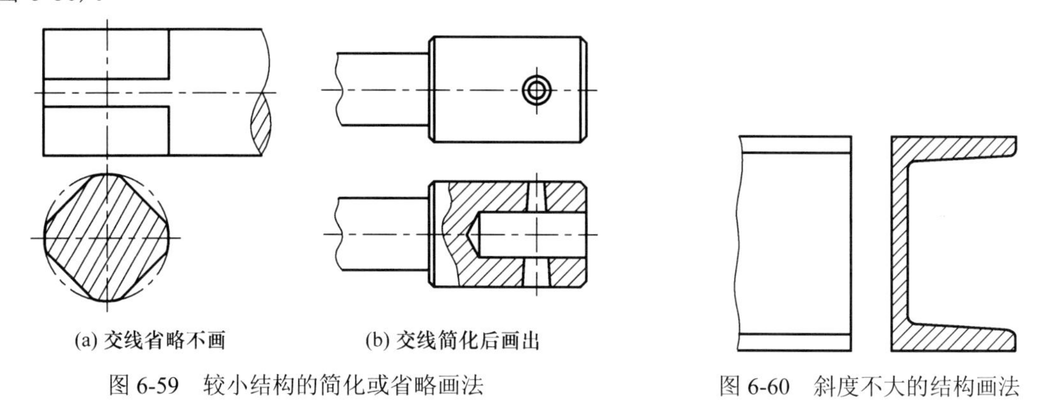

(a) 交线省略不画　　**(b) 交线简化后画出**

图 6-59　较小结构的简化或省略画法

图 6-60　斜度不大的结构画法

(3) 在不致引起误解时，零件图中的小圆角、锐边的小倒角或 45° 小倒角允许省略不画，但必须注明尺寸或在技术要求中加以说明(图 6-61)。

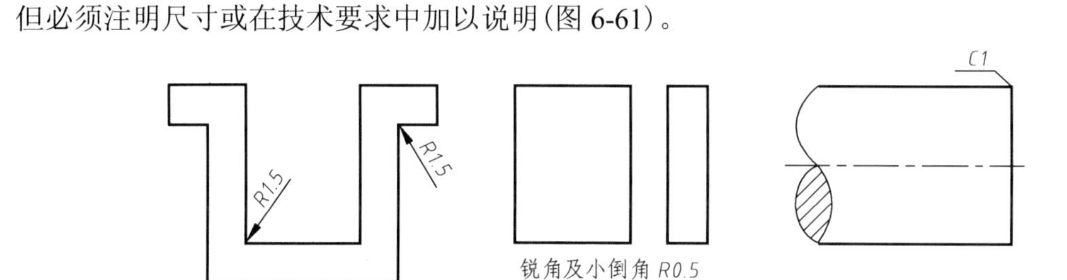

(a) 较小圆角省略不画　　**(b) 较小圆角省略不画且统一标注**　　**(c) 较小倒角省略不画**

图 6-61　小圆角及小倒角等的省略画法

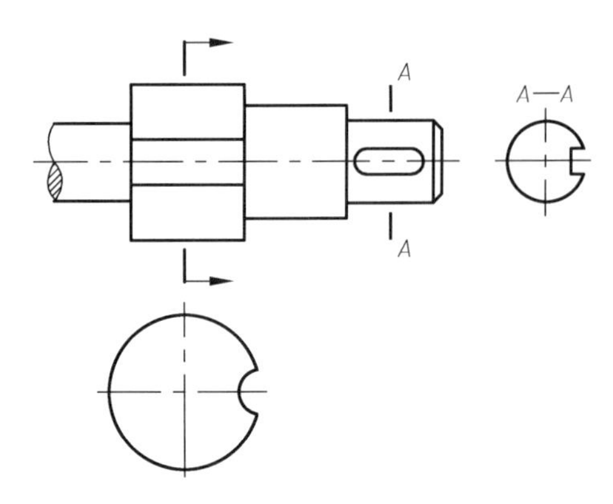

图 6-62　移出剖面的省略画法

7. 移出断面的省略画法

在不致引起误解的情况下，零件图中的移出断面，允许省略剖面线，但剖切位置和断面图的标注必须遵照国标的有关规定(图 6-62)。

8. 用圆、圆弧或直线代替非圆表面交线

(1)图形中的过渡线应按图 6-63(a)、图 6-63(b)绘制。在不致引起误解时，过渡线和相贯线允许简化，如可用圆弧或直线代替非圆曲线(图 6-63)。

(2)与投影面倾斜角度小于或等于 30° 的圆或圆弧，其投影可用圆或圆弧代替椭圆，如图 6-64 所示。

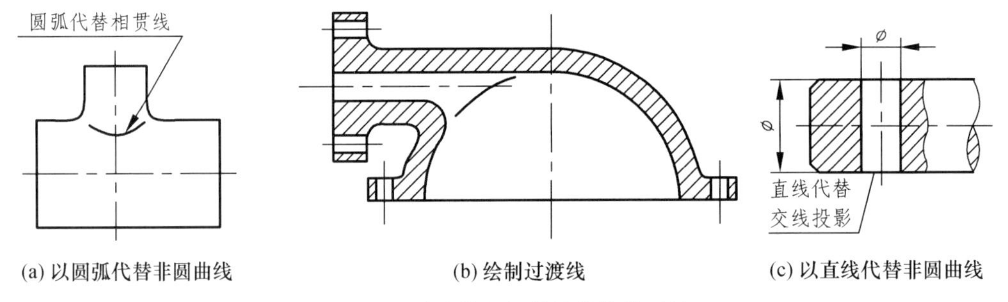

图 6-63　过渡线和相贯线的简化画法

9. 圆柱形法兰上均布孔的简化画法

圆柱形法兰上均布的孔可按如图 6-65 所示方法简化绘制。

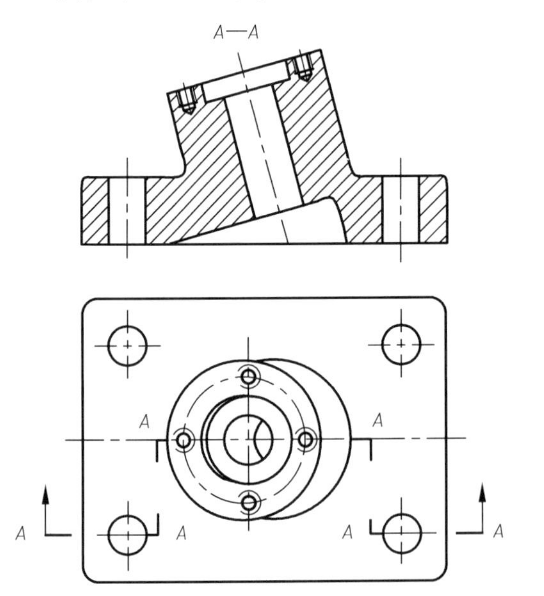

图 6-64　倾角小于或等于 30° 圆或圆弧的简化画法

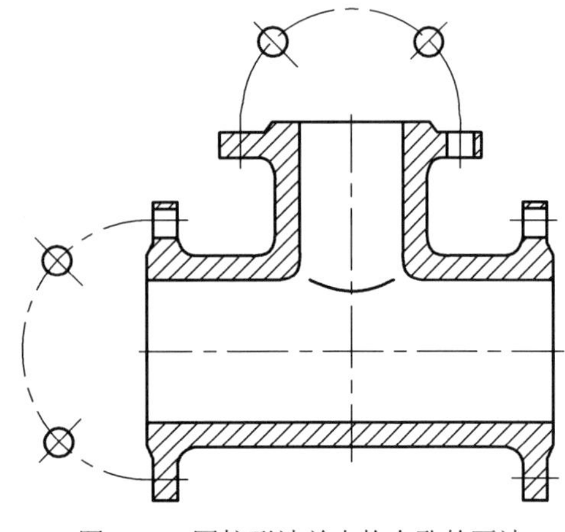
图 6-65　圆柱形法兰上均布孔的画法

6.4.3 其他规定画法

1. 剖中剖

必要时，在剖视图中可再作一次剖切，但需画成局部剖视图，且两个剖面的剖面线应方向相同，间隔一致，但要互相错开，并用引出线标注局部剖视图的名称，如图 6-66 中的“*B—B*”剖视图。

2. 假想画法

在需要表示位于剖切平面前的结构时，这些结构的轮廓线用假想线(即双点画线)绘制，如图 6-67 所示。

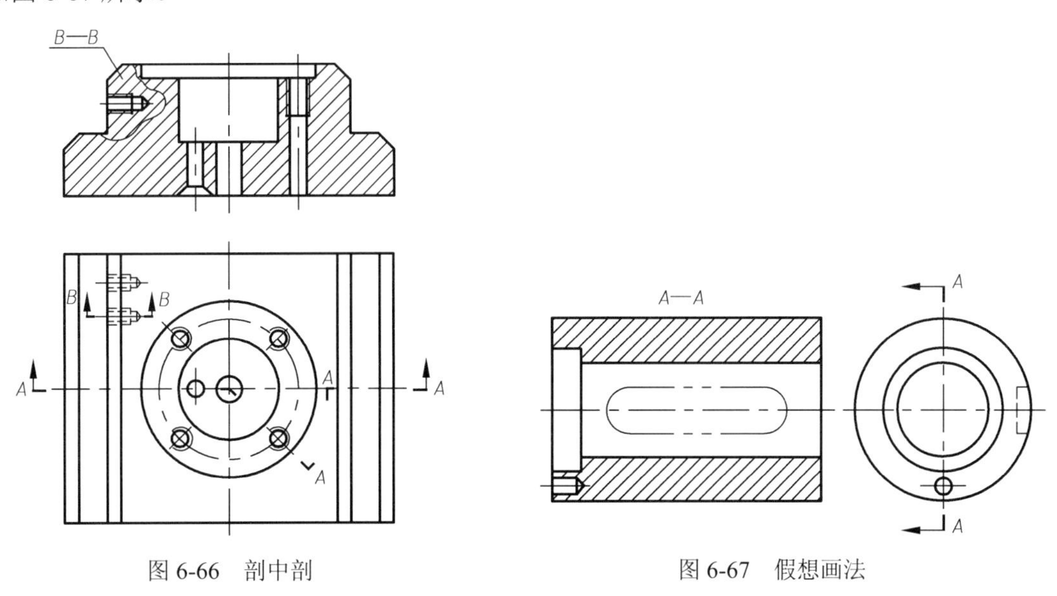

图 6-66 剖中剖　　图 6-67 假想画法

6.5 表达方法综合应用举例

前面所讲视图、剖视图、断面图等各种表达方法都有各自的特点和适用范围，当表达一个机件时，应根据机件的形状结构特征，适当地选用本章所介绍的机件常用表达方法，以一组视图完整、清楚地表达机件的形状。其原则：用较少的视图，完整、清楚地表达机件，力求制图简便，便于读图。

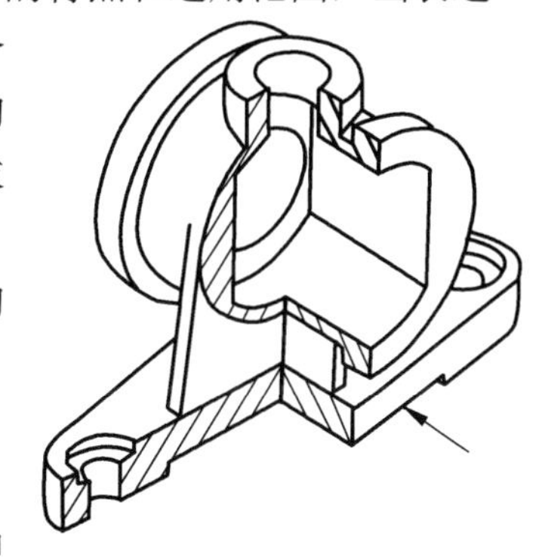

图 6-68 轴承座

例 6-1 根据轴承座的轴测剖视图(图 6-68)，选择适当的表达方案。

1. 形体分析

轴承座的主体是一个圆柱体，它的前后两侧都有圆柱形凸缘；沿着圆柱体轴线从前往后的方向，前方被切割了一个上下壁为圆柱面而左右壁为侧平面的沉孔，后方有一个圆柱形通孔；圆柱体的顶部有一个圆柱凸台；支承座的底板下部有一长方形通槽，底板的左右两侧有带沉孔的圆柱形通孔；主体圆柱与底板之间由截面为十字形的肋板连接，十字形肋板左右两侧面与主体圆柱面相切。

2. 表达方案的确定与比较

1）方案一（图 6-69）

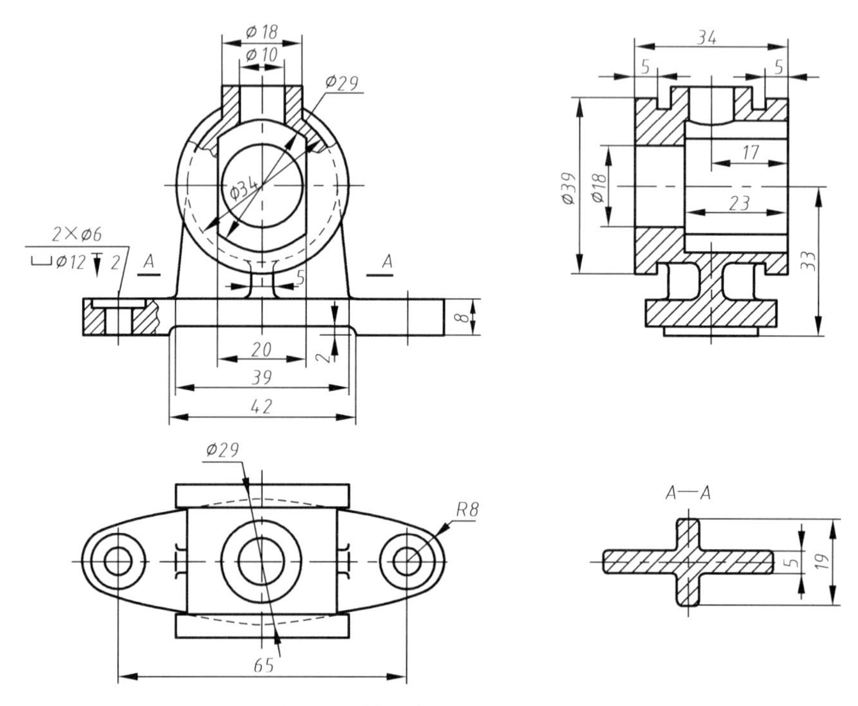

图 6-69　轴承座的表达方案（一）

按如图 6-68 所示的投影方向和位置确定主视图。分析形体可知，需要表达的内部结构有上部的圆柱凸台和底板上的圆柱孔，因此主视图虽然为对称图形，但可采用局部剖视图以表达局部内部结构；主视图采用局部剖视图后，还需用较少的虚线表示出主体圆柱与“十”字形肋板的连接关系。左视图由于上下、前后不对称，外形比较简单，所以采用全剖视图，使主体内腔得以清楚地表达。

由于内部形状在主、左视图中已表达清楚，俯视图可只画外形，但为了完整地表达底板的形状，应画出它在俯视图中的虚线投影。为了更清楚地表达肋板的结构，添加了“*A*—*A*”移出断面。

2）方案二（图 6-70）

方案二与方案一不同之处，只是俯视图直接采取了用水平面剖切后的“*A*—*A*”剖视图，就不需另画移出断面，但圆柱凸台的外形却未能在俯视中表达，因此，左视图则保留一小部分外形而画成局部剖视图，由相贯线来表达凸台的形状。

3）方案三（图 6-71）

主视图采用了半剖视图，俯视图采用了全剖视图，左视图采用了局部剖视图。

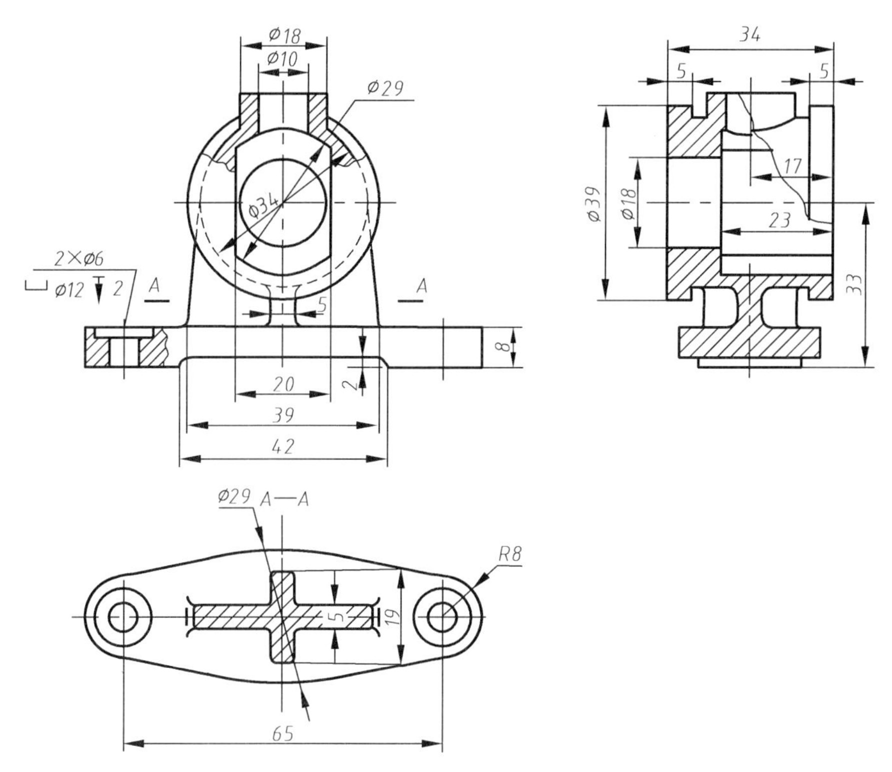

图 6-70　轴承座的表达方案(二)

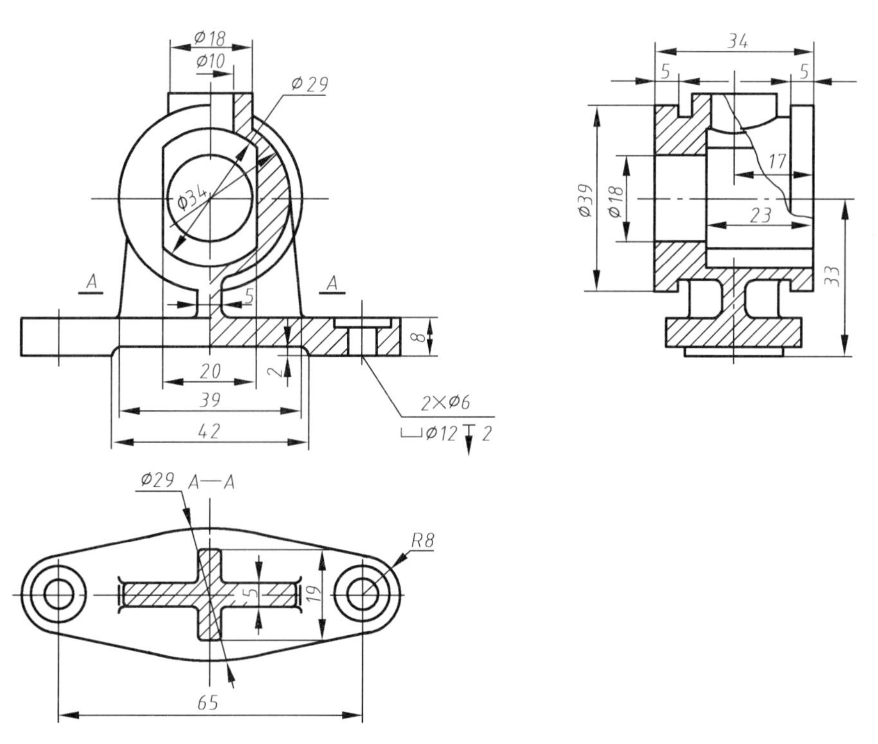

图 6-71　轴承座的表达方案(三)

6.6　轴测图的剖切画法

6.6.1　轴测图的剖切方法

为了表达机件的内部结构，可假想在轴测图中用剖切平面将机件的一部分剖去，剖切后的轴测图称为轴测剖视图。为使图形清晰、立体感强，一般用两个互相垂直的轴测坐标面(或其平行面)，并通过机件的主要轴线或对称平面剖切机件(图 6-72(a))。应尽量避免用一个剖切平面剖切整个机件(图 6-72(b))和选择不正确的剖切位置(图 6-72(c))。

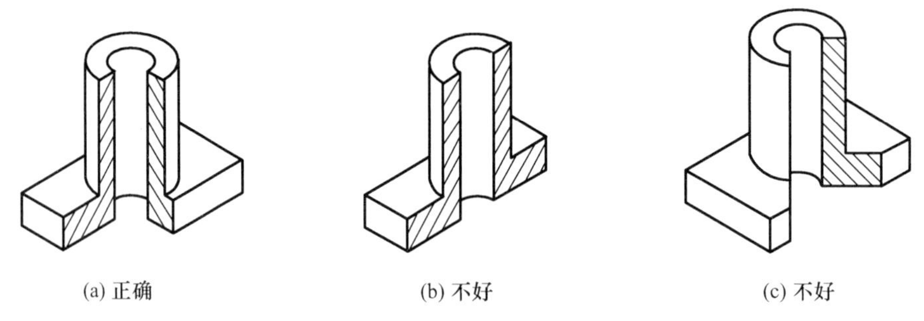

(a) 正确　　(b) 不好　　(c) 不好

图 6-72　轴测剖切面的正误方法

轴测剖视图中剖切所得的断面上仍需画剖面线，剖面线的方向应按如图 6-73 所示的方向画出，正等测如图 6-73(a)所示，斜二测如图 6-73(b)所示。

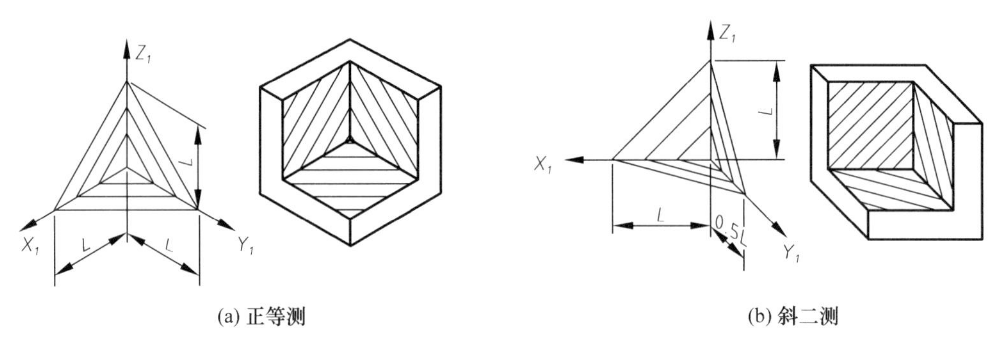

(a) 正等测　　(b) 斜二测

图 6-73　轴测剖视图中的剖面线方向

当剖切平面通过肋或薄壁结构的纵向对称面时，在肋或薄壁结构的断面上不画剖面线，但要用粗实线把这些结构与其相邻部分分开，当表达不明显时，可在肋或薄壁的断面区域内加点以示区别。

6.6.2　轴测剖视图的画法

1. 轴测剖视图画法一

绘制如图 6-74(a)所示组合体的正等测剖视图。先画出组合体的轴测图，然后沿所选定的剖切位置(此例为 $X_1O_1Z_1$ 和 $Y_1O_1Z_1$ 轴测坐标面)分别画出断面区域(图 6-74(b))，补画剖切后孔的可见部分，最后擦去被剖切掉的部分，并在断面上画出剖面线、描深(图 6-74(c))。

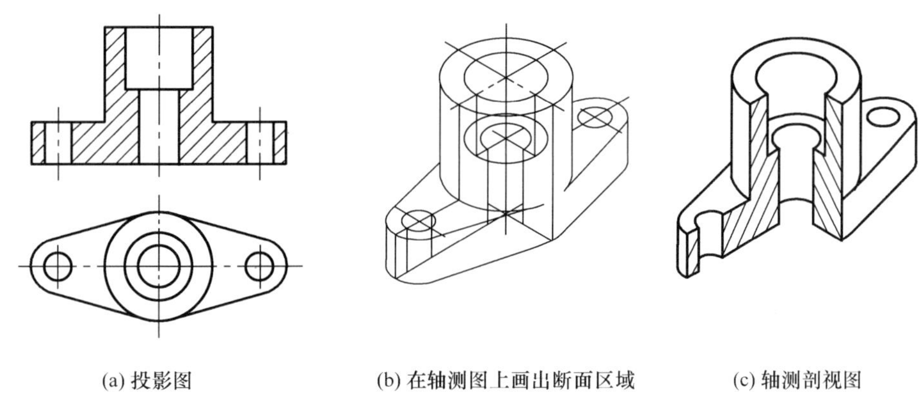

(a) 投影图　　(b) 在轴测图上画出断面区域　　(c) 轴测剖视图

图 6-74　轴测剖视图画法(一)

2. 轴测剖视图画法二

绘制如图 6-75(a)所示组合体的斜二测剖视图。沿 $X_1O_1Y_1$ 和 $Y_1O_1Z_1$ 轴测坐标面剖切掉组合体的左上部，先分别画出两坐标面上的断面区域的斜二测(图 6-75(b))，然后再画出组合体剖切后剩余部分的斜二测，在断面上画剖面线并描深可见轮廓线(图 6-75(c))。

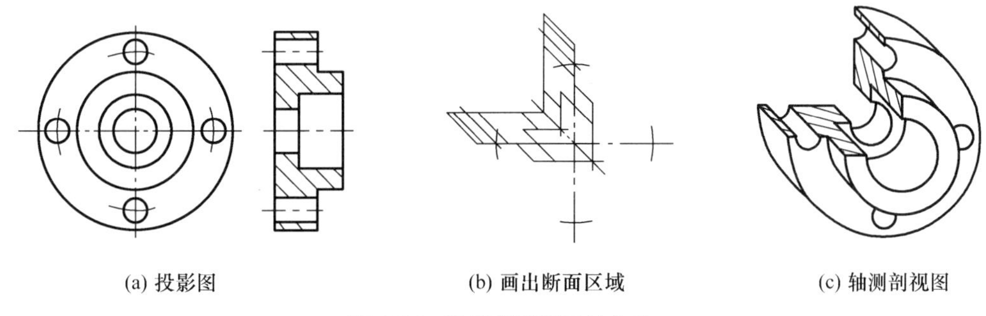

(a) 投影图　　(b) 画出断面区域　　(c) 轴测剖视图

图 6-75　轴测剖视图画法(二)

6.7　第三角画法简介

我国机械制图国家标准规定，机件的视图应采用正投影法，并优先采用第一角画法绘制，必要时允许采用第三角画法。但有些国家(如美国、日本等)采用第三角画法。为了便于国际间技术交流，本节对第三角画法简介如下。

第三角画法是将需表达的机件放在第三分角内投射生成投影图。此时投影面处在观察者和物体之间，即“观察者—投影面—物体”(图 6-76(a))，此时把投影面看作透明的，投射生成投影图后，按如图 6-76(a)所示的箭头方向将投影面展开，所得视图配置如图 6-76(b)所示。第三角画法也可将物体向六个基本投影面投射得到六个基本视图(图 6-77)，展开后的六个基本视图的配置关系如图 6-78 所示，它们的名称与第一角画法(图 6-2)有些不同，分别称为前视图(在 V 面的投影)、顶视图(在 H 面上的投影)、右视图(在 W 面的投影)、左视图、底视图和后视图。显而易见，第三角画法与第一角画法的主要区别是视图的配置位置不同，其投影原理和投影规律不变，如“长对正、高平齐、宽相等”以及实形性、积聚性等都是同样适用的。

国标规定，采用第三角画法必须在图样标题栏附近画出第三角画法的识别符号，如图 6-79(a)所示。当采用第一角画法时，在图样中一般不画第一角画法的识别符号，当必要时，也可画出第一角画法的识别符号，如图 6-79(b)所示。

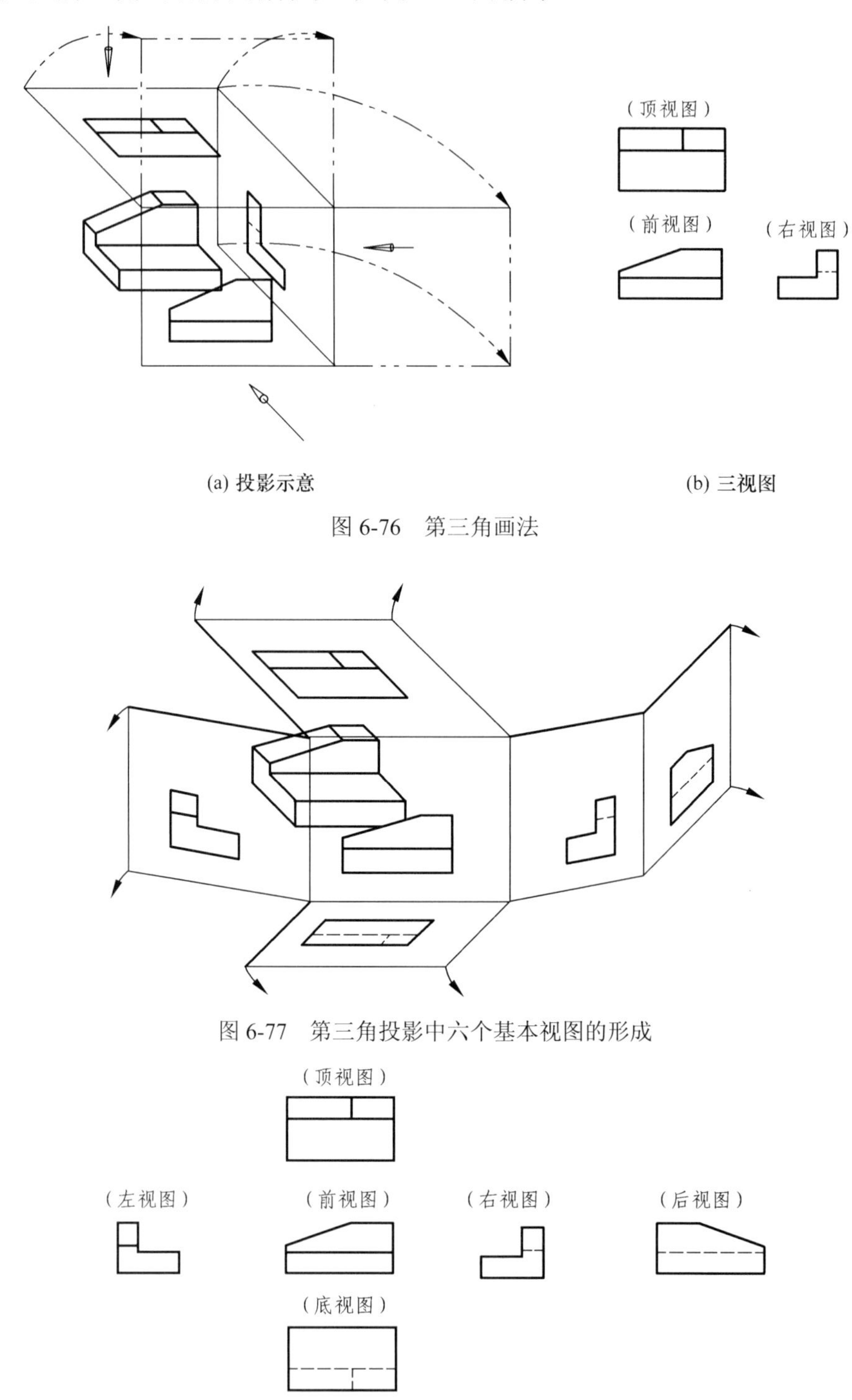

图 6-76　第三角画法

图 6-77　第三角投影中六个基本视图的形成

图 6-78　第三角投影中六个基本视图的配置

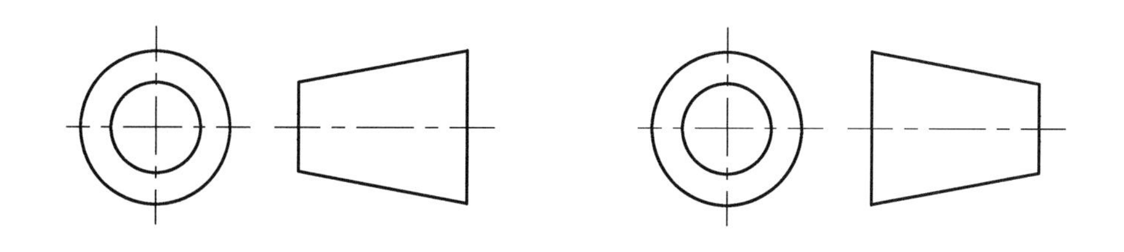

(a) 第三角画法的识别符号　　(b) 第一角画法的识别符号

图 6-79　第三角和第一角画法的识别符号

第7章　零　件　图

7.1　零件图的作用和内容

零件图是指导生产零件的图样。任何机器或部件都是由各种零件按一定的要求装配而成的。

在生产中，根据零件图制造零件，根据装配图把零件装配成机器或部件。因此，零件图是表达机器零件结构形状、尺寸及其技术要求的图样，是设计部门提交给生产部门的重要技术文件之一，是制造和检验零件的技术依据。本章主要讨论零件的表达、零件图中尺寸的合理标注及技术要求的标注等。

一张完整的零件图(图 7-1)应包括下列四项内容。

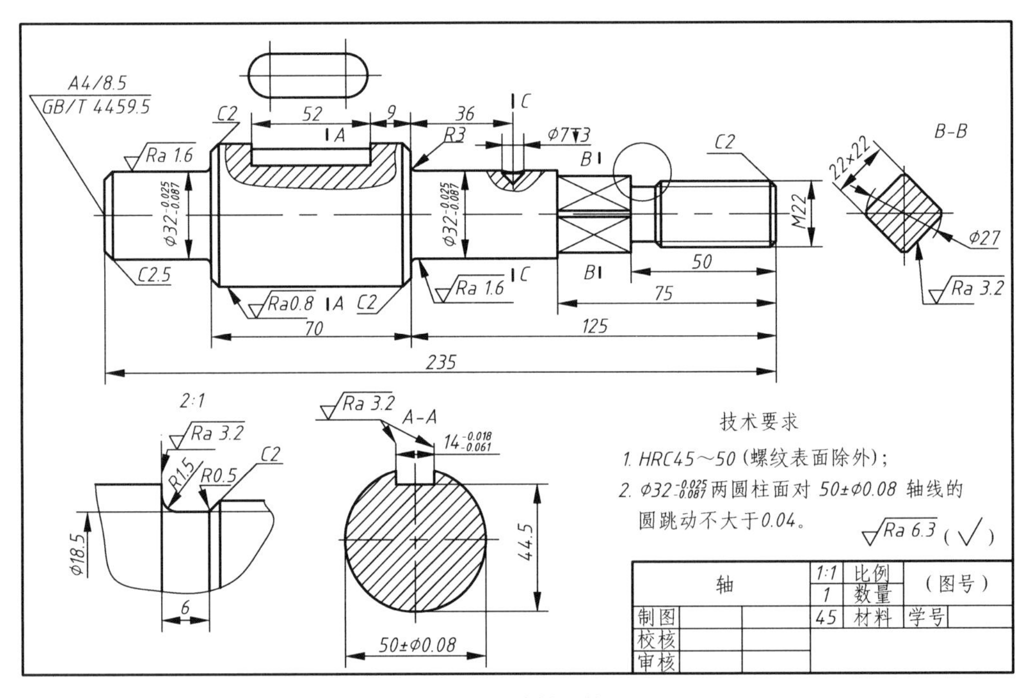

图 7-1　蜗轮轴零件图

1. 一组视图

用一组视图(包括视图、剖视图、断面图、局部放大图和简化画法等)完整、清晰地表达零件各部分的结构形状。

2. 完整的尺寸

零件图中应正确、完整、清晰、合理地标注出制造零件所需的全部尺寸，以确定零件各部分的大小及其相对位置。

3. 技术要求

零件图中必须用规定的代号、符号标注出或用文字简要地说明零件在制造时应达到的一些技术要求，如表面结构要求、尺寸公差、几何公差、材料的表面处理和热处理要求等。

4. 标题栏

在零件图的右下角画出标题栏，标题栏中填写该零件的名称、材料、比例、图号以及设计、制图、校核人员签名等内容。

7.2 零件图的工艺结构

零件的结构除需要满足设计要求外，其结构形状还应满足加工、测量、装配等制造过程所提出的一系列工艺要求。

1. 毛坯制造的工艺结构

制造毛坯主要有铸造、锻造、焊接三种方法，机械工程中大多数零件的毛坯是通过铸造获得的。对于铸造毛坯设计时应考虑：

(1) 拔模斜度。在铸造时，为了便于将木模从砂型中取出，一般沿木模拔模方向设计出 1°～3° 的拔模斜度。因此，铸件上也有相应的拔模斜度(图 7-2(a))。绘制零件图时，拔模斜度在图上一般不必画出(图 7-2(b))。

(2) 铸造圆角。为满足铸造工艺要求，防止砂型在尖角处落砂，避免金属冷却时，因应力集中产生裂纹和缩孔，在铸件两表面相交处应做出圆角(图 7-3)。

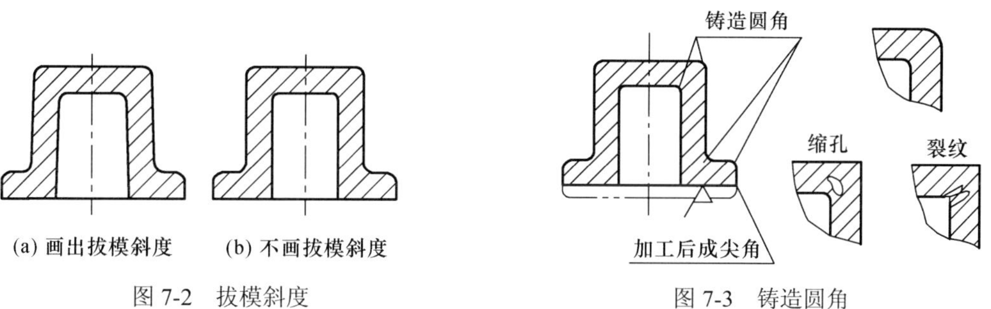

图 7-2 拔模斜度

图 7-3 铸造圆角

(3) 铸件应壁厚均匀。铸件的壁厚不均匀时，由于厚薄部分的冷却速度不一样，容易形成缩孔或产生裂纹。所以在设计铸件时，壁厚应尽量均匀。图 7-4 为铸件壁厚均匀与不均匀的比较。

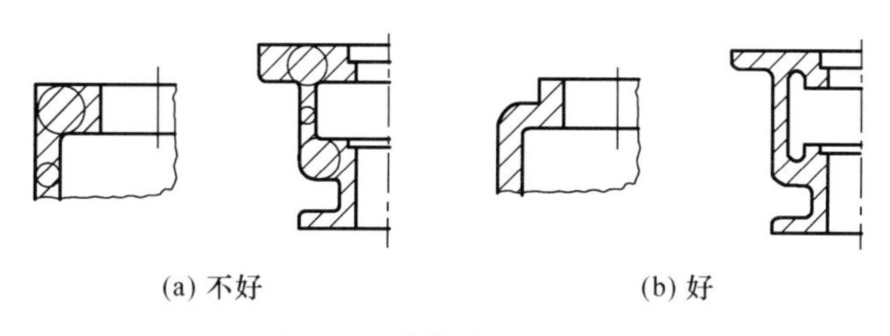

(a) 不好　　(b) 好

图 7-4 铸件壁厚应均匀

(4) 过渡线的形成及画法。由于铸件上有圆角的存在，铸件表面上交线就不十分明显了，称为过渡线(图 7-5)。

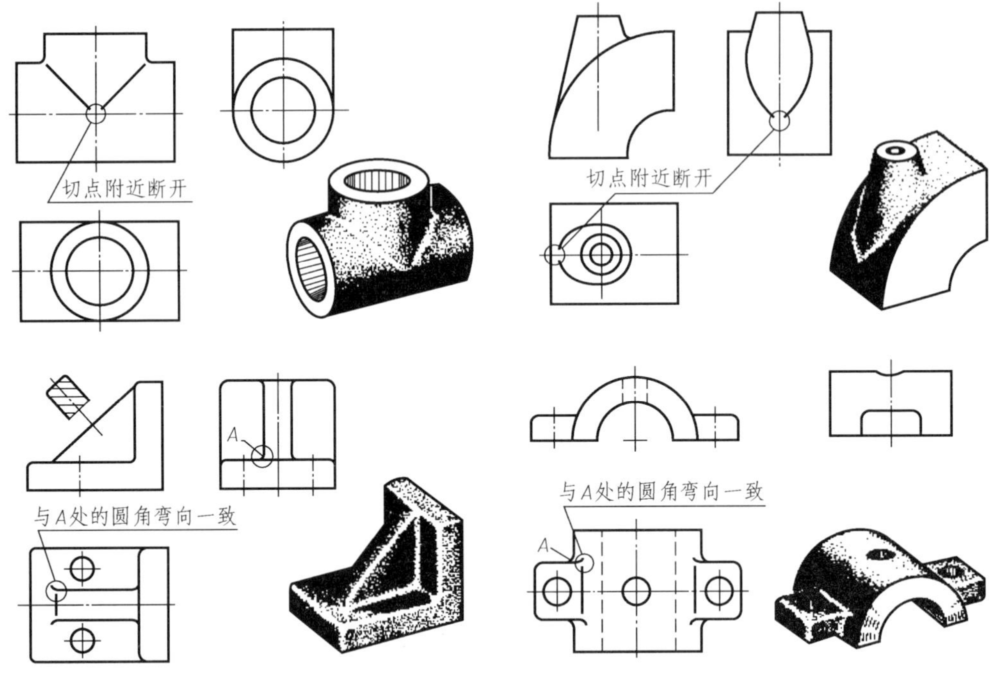

图 7-5　过渡线

零件上的肋板与圆柱和底板相交(或相切)时，过渡线的画法取决于肋板的断面形状(图 7-6)。

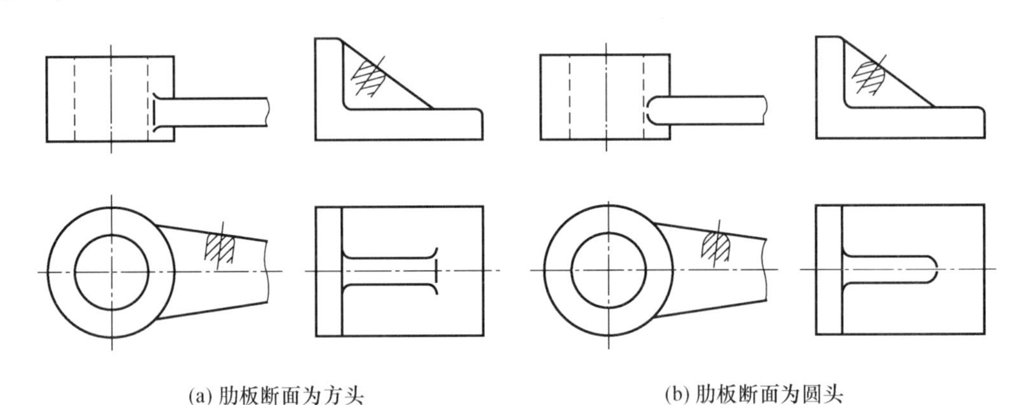

(a) 肋板断面为方头　　(b) 肋板断面为圆头

图 7-6　肋板过渡线的画法

2. 机械加工的工艺结构

(1) 倒角。为了便于装配和保护装配表面，常将尖角加工成倒角。常见的倒角为 45°，也有 30° 和 60° 的，如图 7-7 所示。倒角大小可根据轴或孔的直径尺寸查阅附录 C 中附表 C-1 或机械设计手册。倒角尺寸的标注形式见 7.4 节表 7-1。

(2) 退刀槽和砂轮越程槽。为了切削加工零件时便于退刀，以及在装配时使其与相邻零件保证靠紧，常在零件的台肩处预先加工出退刀槽和砂轮越程槽(图 7-8)。它们的结构尺寸可根据轴或孔的直径尺寸查阅附录 C 中附表 C-2 或机械设计手册，标注形式见 7.4 节表 7-1。

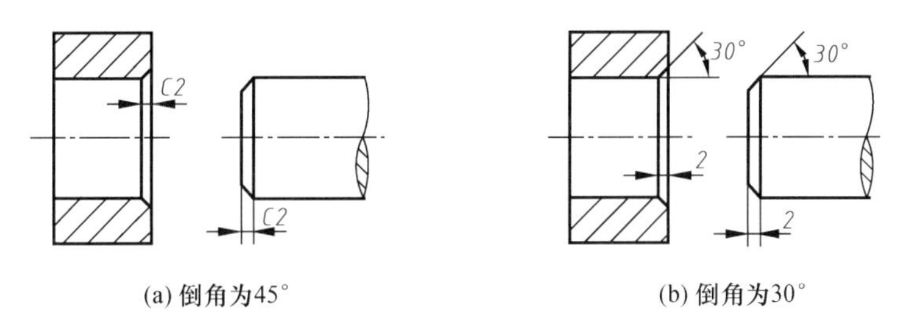

图 7-7　倒角

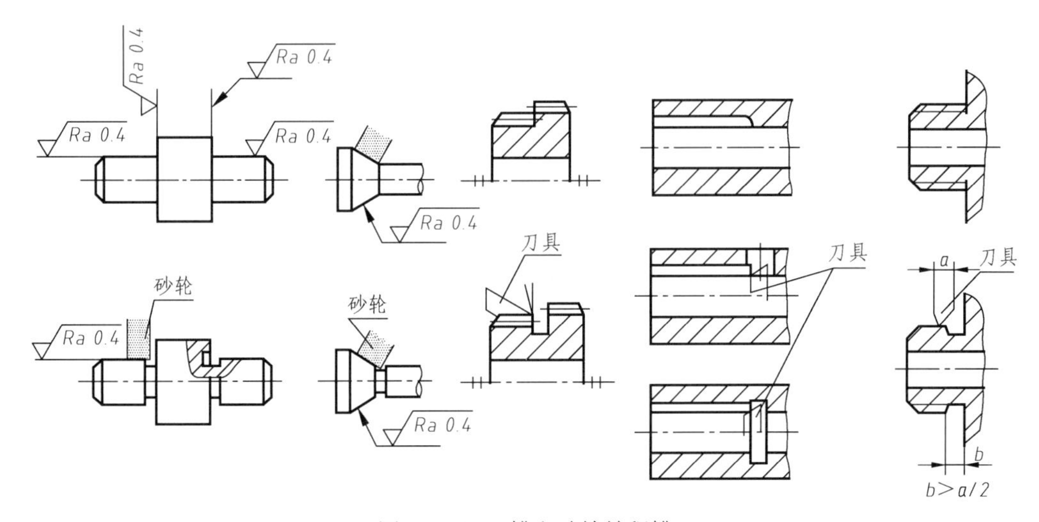

图 7-8　退刀槽和砂轮越程槽

(3) 凸台、凹坑和沉孔。为了保证零件间的接触面接触良好，零件上凡与其他零件接触的表面一般都要加工。为了减少加工面、降低加工费用，并且保证接触良好，一般采用在零件上设计凸台或凹坑。为便于加工和保证加工质量，凸台应在同一平面上(图 7-9(a))。

为了减少加工面且保证接触良好，在螺纹连接的支承面上，常加工出凹坑或凸台，如图 7-9(b) 所示。图 7-9(c) 是螺栓连接常用的沉孔形式及加工方法。

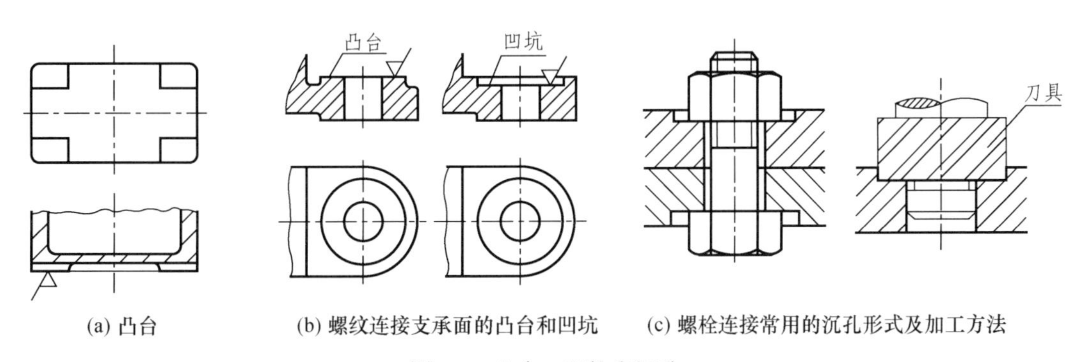

(a) 凸台　(b) 螺纹连接支承面的凸台和凹坑　(c) 螺栓连接常用的沉孔形式及加工方法

图 7-9　凸台、凹坑和沉孔

(4)钻孔结构。图 7-10 是用钻头加工盲孔(不通的孔)和两直径不同的通孔时的加工过程、画法和尺寸注法。

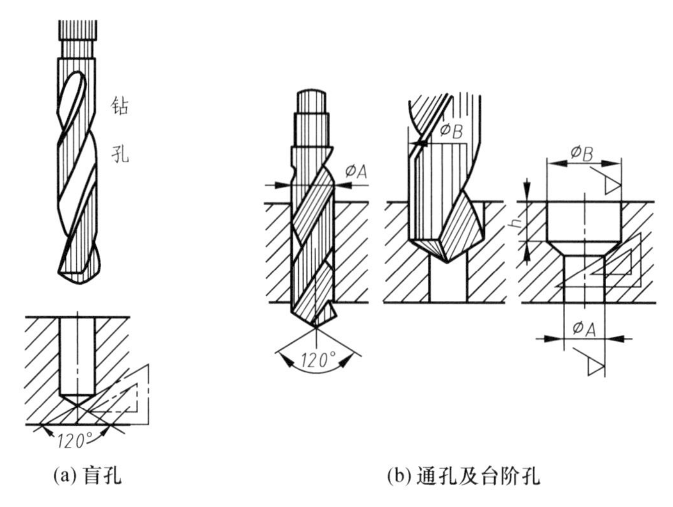

(a) 盲孔　　(b) 通孔及台阶孔

图 7-10　钻头加工孔的过程和画法

7.3　零件图表达方案的选择

运用第 6 章所学的各种表达方法，选择一组恰当的视图，正确、完整、清楚地表达零件的内、外部结构形状，称为给零件确定一个较好的表达方案。合理地为零件确定一个较好的表达方案(包括主视图的选择、表达方法和视图数量的选择等)，需根据零件的形状、功用和加工方法而确定，同时还应考虑易于画图和读图。

7.3.1　主视图的选择

主视图是一组视图的核心，主视图选择得是否合理，直接关系到其他视图的选择以及是否画图简便和读图容易。选择主视图时，应考虑下述两个方面的问题。

1. 确定零件的摆放位置

零件主视图所反映零件在投影体系中的摆放位置应按以下原则选定。

1)加工位置原则

零件主视图所反映零件在投影体系中的摆放位置一般要符合加工位置，以使工人加工零件时看图方便。对主要工序在车床上加工的轴、套、轮和盘等零件，按零件在机床上的装夹位置来确定零件的摆放位置。如图 7-1 所示轴零件图的主视图所反映的零件摆放位置与零件在车床上的加工位置一致(图 7-11)。

2)工作位置原则

对有些形状复杂的零件，需要在不同的机床上加工，且加工位置各不相同时，零件主视图所反映的零件摆放位置应符合工作位置。如图 7-12 所示，汽车前拖钩的主视图所反映的零件摆放位置与它在汽车上的工作位置一致。

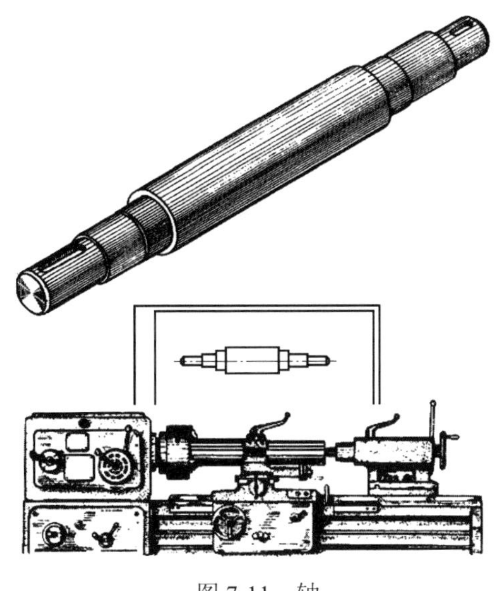

图 7-11　轴

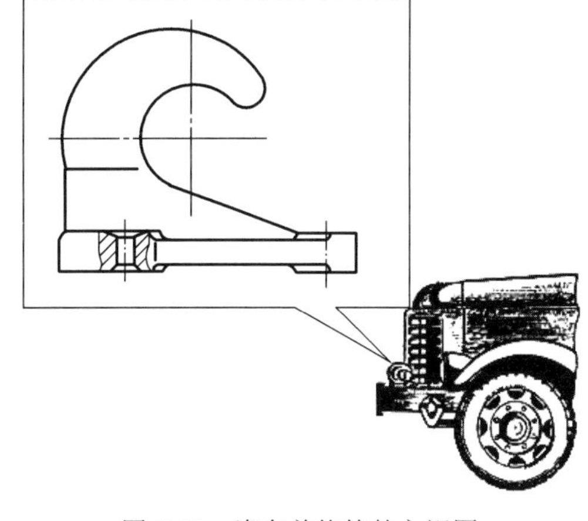

图 7-12　汽车前拖钩的主视图

3)摆正放平的原则

选择主视图时,若零件的加工位置和工作位置都难以确定,可将零件摆平放正,如图 7-13 所示，杠杆的主视图反映将杠杆摆正放平的位置。

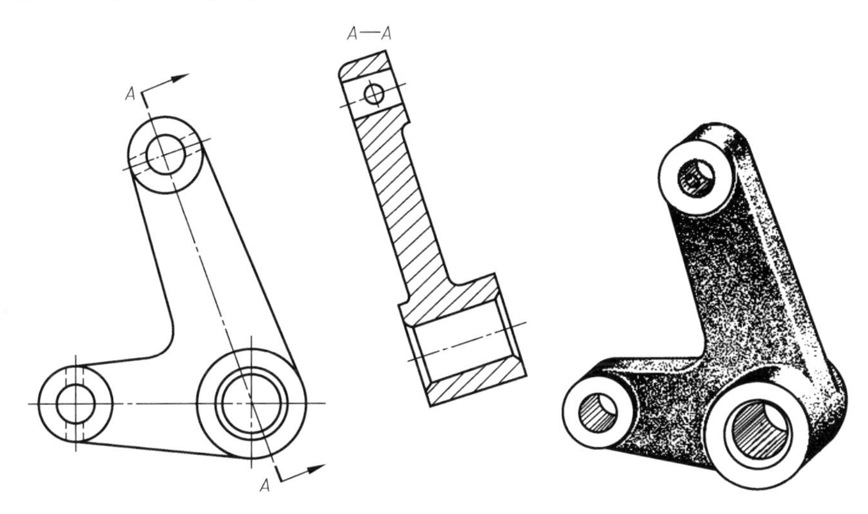

图 7-13　杠杆

2. 确定主视图的投射方向

零件主视图的投射方向，应以主视图能较多地表达零件各部分形状、结构及相对位置关系为原则。每个零件虽然都有它独特的形状、结构特征，但从构型观点出发，零件的“工作部分”是其最基本的结构组成部分。所以主视图若以零件的“工作部分”为主，一般都能较多地反映零件各部分形状、结构及相对位置关系。

图 7-14、图 7-15 是轴套和尾座主视图投射方向的选择比较，从中可看出：图 7-14(a)、图 7-15(a)作为零件的主视图能较多地反映出零件的结构特征和各部分的相对位置，表达效果较好，它们都是以考虑零件的“工作部分”为主，确定主视图投射方向的。

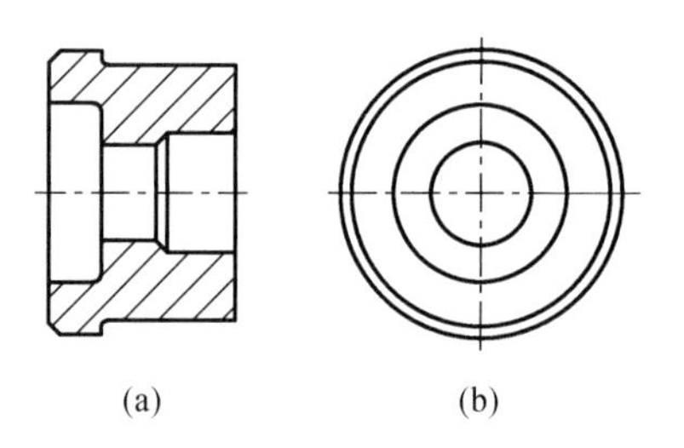

(a)　　(b)

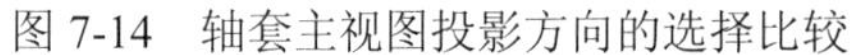

图 7-14　轴套主视图投影方向的选择比较

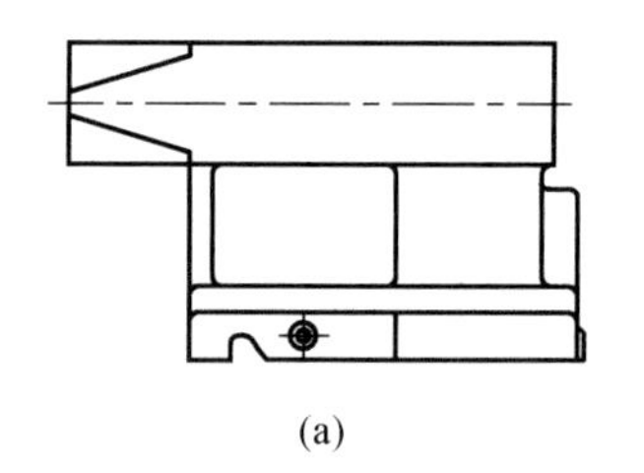

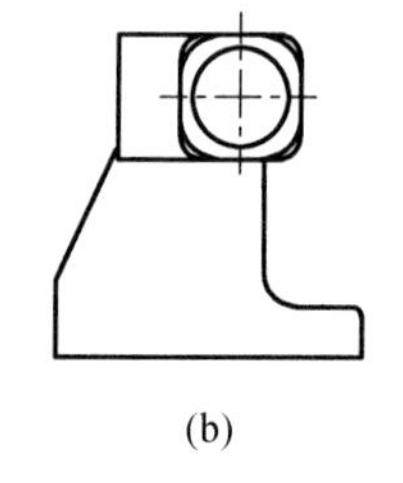

(a)　　(b)

图 7-15　尾座主视图投影方向的选择比较

7.3.2　其他视图的选择

主视图确定后，还要根据零件的形状、结构特征选择其他视图。视图的数量和表达方法往往是同时考虑的，所选视图的数量，以能够清楚地表达零件的结构形状和便于读图为准，在确定视图数量的同时，应考虑采用何种表达方法来表达零件，以使各视图表达重点明确，简明易懂。选择视图时主要考虑下列几个问题：

(1) 优先选用基本视图，并尽可能地在基本视图上作适当的剖视、断面，以表达零件的内部结构和形状。

(2) 采用局部视图或局部剖视图、断面图时，应尽量按投影关系配置在相关视图的附近。

(3) 通过标注尺寸可表达清楚的形体，可考虑不再用视图重复表达，如图 7-1 中的 M22 和ϕ32 等。

7.3.3　零件图表达方案选择举例

根据零件的作用、结构和形状，大致分为以下四类零件。

1. 轴套类零件

轴套类零件的结构一般比较简单，主要有轴、套筒和衬套等。轴套类零件主要在车床上加工，加工方法单一。确定零件的主视图时，一般采用加工位置原则，即使轴线为侧垂线。用一个基本视图(主视图)表达各段回转体在轴向方向上的相对位置及轴上键槽、退刀槽等结构的形状和位置。用断面图、局部剖视图、局部视图、局部放大图等，补充表达键槽、退刀槽、砂轮越程槽和中心孔等局部结构。对长度方向无变化或有规律变化的较长零件还可用折断等简化画法表达。

如图 7-1 所示轴的零件图，其表达方案的选择步骤如下：

(1) 结构分析。其基本形状为同轴回转体，轴上有键槽、退刀槽、倒角等工艺结构。

(2) 表达方案的选择。按零件的加工位置确定主视图，用一个基本视图(主视图)表达各段回转体在轴向方向上的相对位置以及轴上键槽、退刀槽等结构的形状和位置。用断面图和局部放大图补充表达键槽和退刀槽结构。

2. 轮盘类零件

轮盘类零件主要有齿轮、带轮、手轮、法兰盘及端盖等，其基本形状多为扁平的盘状结构。轮盘类零件主要在车床上加工。因此，确定主视图时，采用零件的加工位置。

图 7-16 所示为法兰盘的零件图，其表达方案的选择步骤如下：

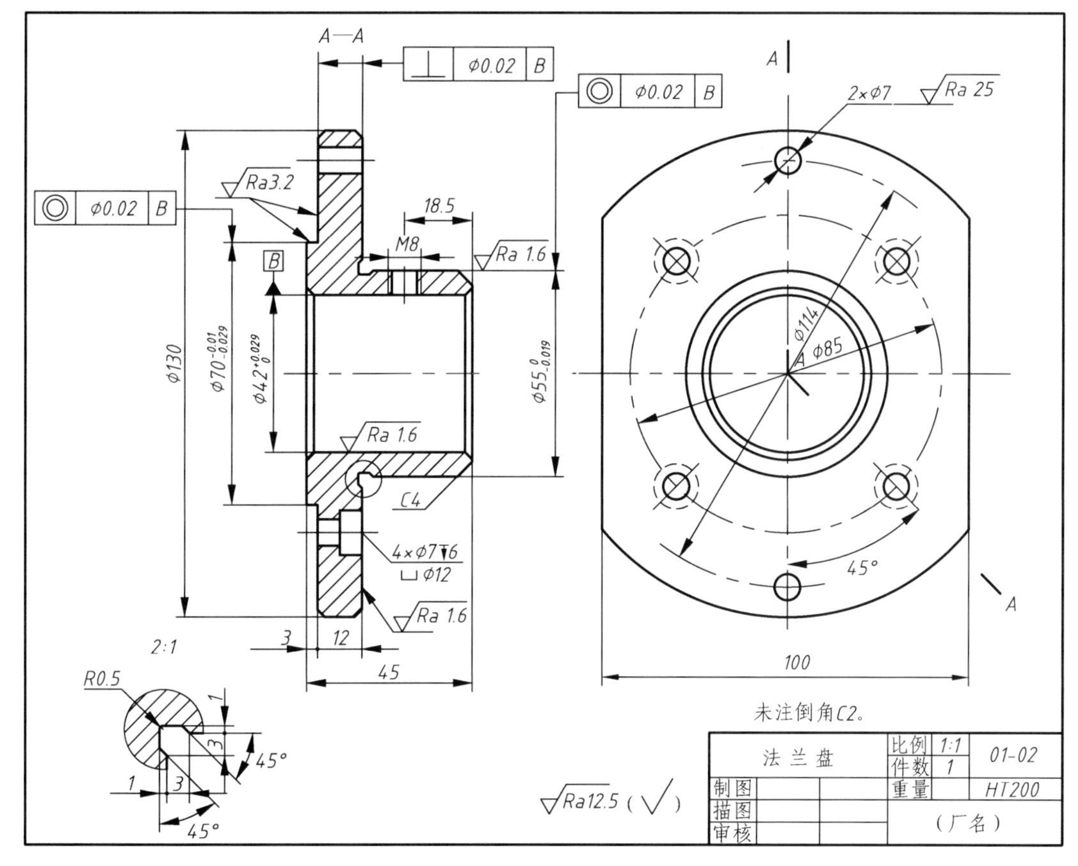

图 7-16　法兰盘零件图

(1) 结构分析。主要结构为同轴回转体，圆盘上有均匀分布的孔，轴上有退刀槽结构，轴端及孔端有倒角。

(2) 表达方案的选择。按加工位置，使轴线水平放置确定主视图。主视图采用 *A—A* 全剖视图，以表达不同孔的结构；采用左视图表达圆盘的形状及圆盘上孔的数量及其分布状况；采用了局部放大图表达退刀槽的结构及尺寸。

3. 叉架类零件

叉架类零件包括拨叉、连杆、拉杆、支架等，其零件毛坯为铸件或锻件，需多种机加工，故确定其主视图时，一般考虑按工作位置或摆正放平的位置放置零件。

图 7-17 为轴承架的立体图，图 7-18 为轴承架的零件图，其表达方案的选择步骤如下：

(1) 结构分析。轴承架由底板、支撑套筒、支撑板、肋板、半圆头凸台五部分组成。套筒上有三个均匀分布的孔。为了减少加工面，底板下部有长方槽。

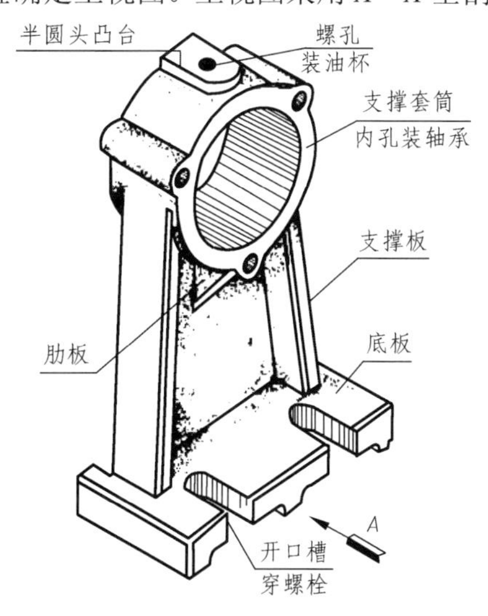

图 7-17　轴承架

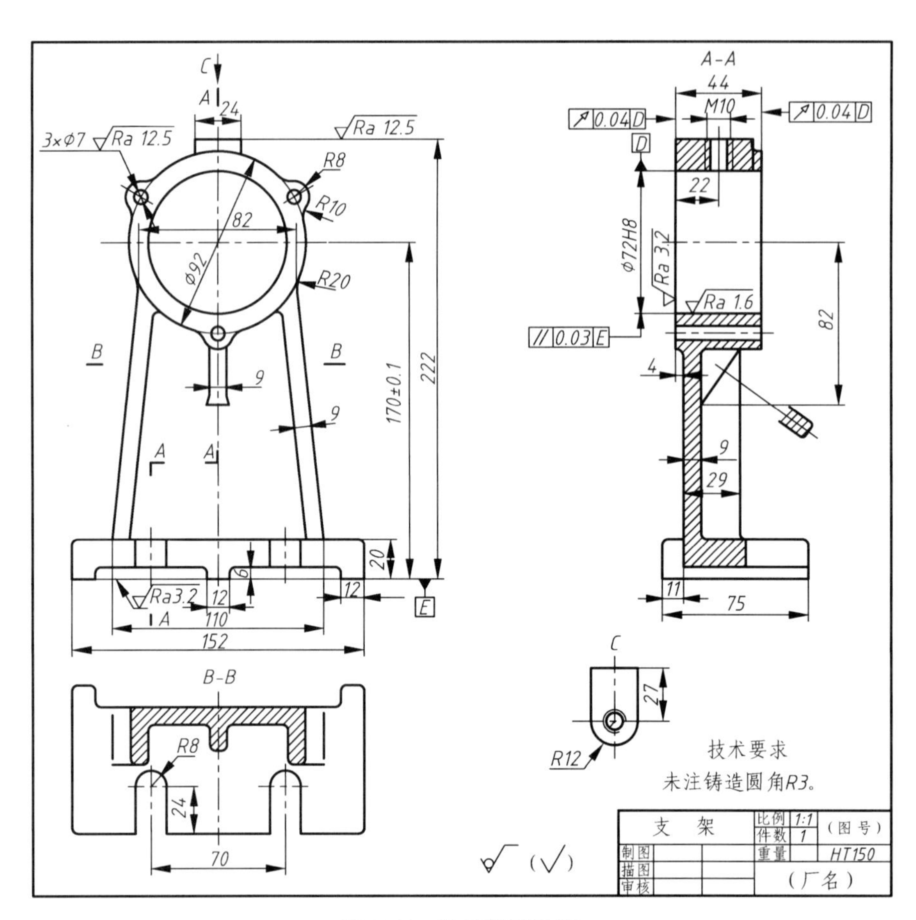

图 7-18　轴承架零件图

(2)表达方案的选择。按工作位置放置，选取最能反映形状特征的 *A* 方向作为主视图的投射方向，如图 7-18 所示。轴承架的主要外部结构在主视图中表达；为了同时表达顶部螺孔、轴承孔及底板上长方槽和开口槽的结构，左视图采用 *A*—*A* 全剖视图；为了表达底板的真实形状及支撑板的真实断面，俯视图采用 *B*—*B* 全剖视图。顶部凸台为次要结构，采用 *C* 向局部视图反映其真实形状；而肋板的断面轮廓则在左视图中用移出断面图表示。

4. 箱体类零件

箱体类零件主要有各种泵体、阀体、变速箱箱体、机座等。它们的作用为容纳、支撑其他零件。其结构形状较复杂，毛坯多为铸件，需经多道工序加工而成。因此，确定其主视图时，一般考虑按工作位置放置零件。

图 7-19 为球阀的轴测图，图 7-20 为球阀阀体的零件图，其表达方案的选择步骤如下：

(1)结构分析。从球阀轴测装配图可知，阀体的中间是容纳阀芯的空腔。左端是带四个螺孔的方形连接结构。阀体右端有用于连接管道系统的外螺纹 M36×2−6g；内部有阶梯孔与空腔相连。阀体的上部为圆柱体，顶端有 90° 的扇形凸块；在圆柱体内有阶梯孔与空腔相连，阶梯孔的上端有螺纹孔。由于铸造工艺的要求，在外部结构的相邻表面连接处有铸造圆角。

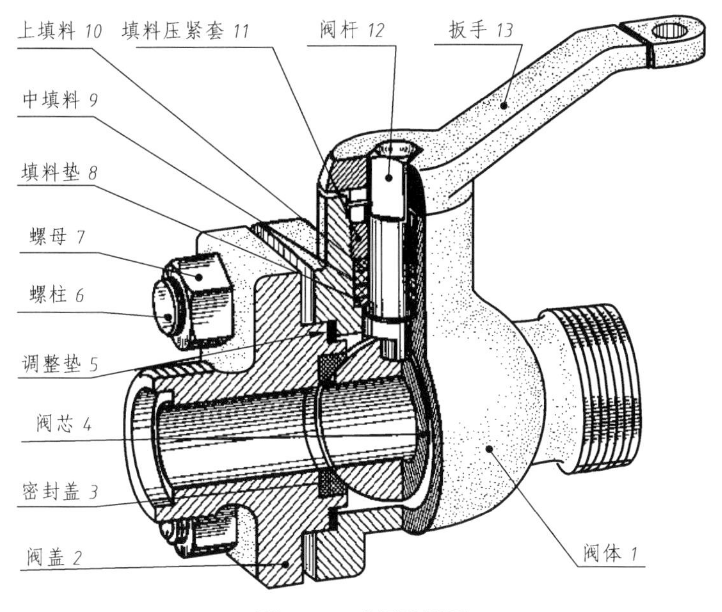

图 7-19　球阀轴测图

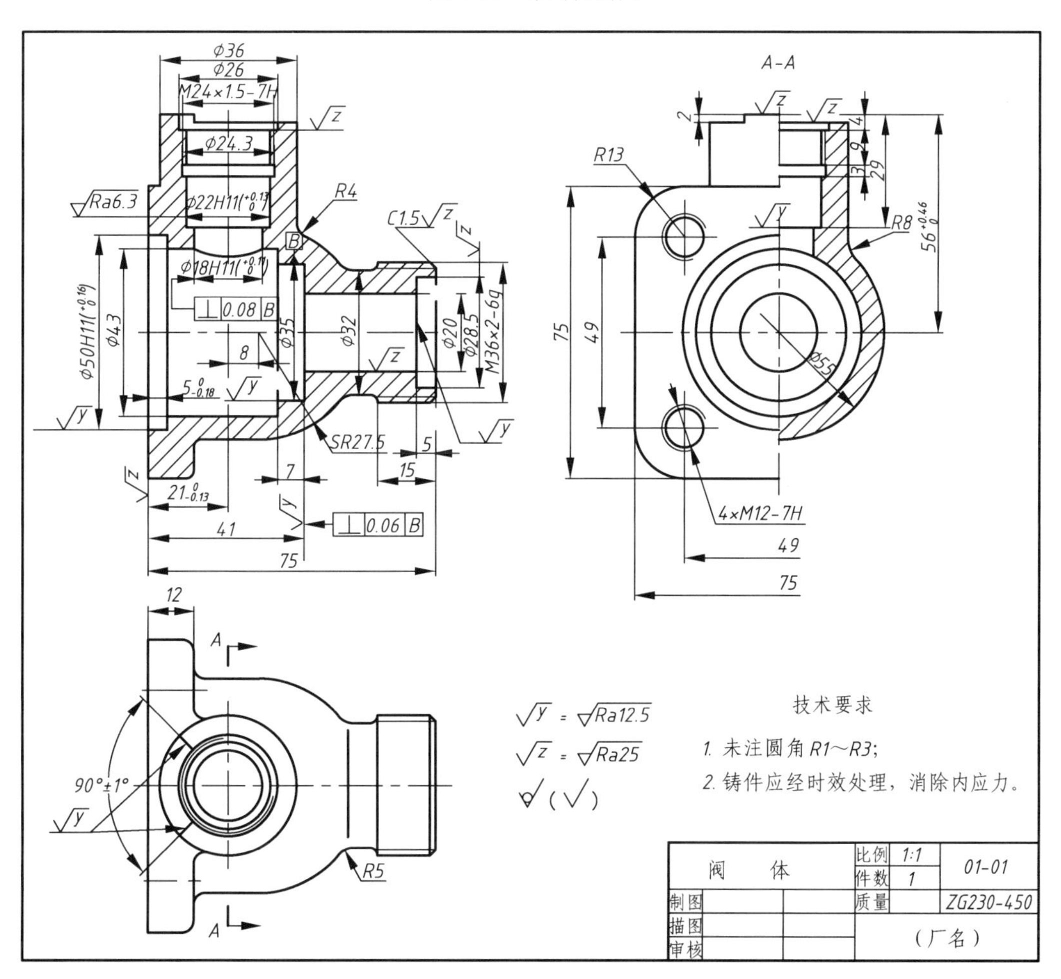

图 7-20　球阀阀体零件图

(2) 表达方案的选择。按工作位置放置，以反映阀体“工作部分”的形状、结构特征为主，确定主视图投射方向垂直于阀体的对称平面。为了表达较为复杂的内腔结构，主视图采用全剖视图，左视图采用 *A—A* 半剖视图表达左端连接端的方形凸缘和阀体中间的主要结构。俯视图主要表达阀体的整体外形结构和顶端 90° 的扇形凸块。

7.4 零件图的尺寸标注

零件的视图选择是为了表达零件的结构形状，零件的大小则要由尺寸来确定。在零件图上标注尺寸，除了要符合正确、完整、清晰的要求，还应尽可能做到合理。所谓合理是指尺寸标注不但能符合设计要求，保证机器的使用性能，还能满足加工工艺要求，符合生产实际，便于零件的加工、测量和检验。所以在标注零件尺寸时，必须对零件进行构型分析才能够结合具体情况合理地选择零件的尺寸基准，从而保证尺寸标注完整而且尽可能合理。

7.4.1 合理选择尺寸基准

尺寸基准是标注尺寸的起点。零件上较大的加工面、对称面、重要的端面、与其他零件的结合面、轴肩、轴和孔的轴线、对称中心线等都可作为尺寸基准。

1. 基准的分类

(1) 设计基准。根据零件在机器中的作用、装配关系以及机器的结构特点对零件的设计要求等所选定的基准称为设计基准。

如图 7-21 所示的阶梯轴，在设计时，考虑到轴与轮类零件的孔相配合，轴与孔应同心。因此，确定阶梯轴的径向尺寸的设计基准为轴线。

(2) 工艺基准。根据零件在加工、测量和检验等方面的要求所选定的基准称为工艺基准。

如图 7-21(b) 所示的阶梯轴，在车床上加工时，其长度尺寸都是以端面为起点来测定的。因此，确定右端面为长度方向的工艺基准，由此注出 52、26、18 等尺寸。

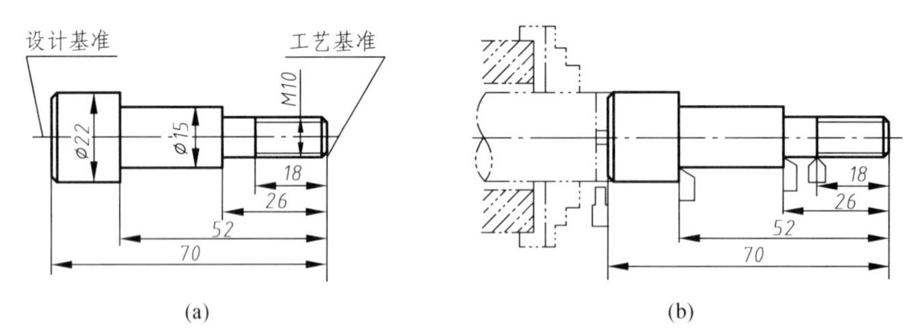

图 7-21 基准的种类

2. 选择尺寸基准的一般原则

机件有长、宽、高三个方向，每一方向应至少有一个尺寸基准，尺寸基准的选择应遵守以下原则。

1) 设计基准和工艺基准重合原则

合理地选择尺寸基准，应尽量使设计基准和工艺基准统一。如图 7-21 所示，阶梯轴的径向尺寸的设计基准为轴线，而加工时此轴线与车床主轴的轴线一致，故轴线也是径向方向的工艺基准。

2) 重要尺寸基准选择原则

为了满足设计要求，零件中的重要尺寸应从设计基准出发标注，一些次要尺寸从工艺基准标注。因此，若设计基准和工艺基准不重合，应首先选择设计基准作为主要基准，再根据零件加工、测量等的需要，可选一个或几个工艺基准作为辅助基准，主要基准与辅助基准之间一定要有相联系的尺寸。如图 7-22 所示，为了加工、测量方便，顶部凸台上螺孔的深度 H 则是从辅助基准(顶面)出发来标注的。主要基准和辅助基准之间由尺寸 E 联系。

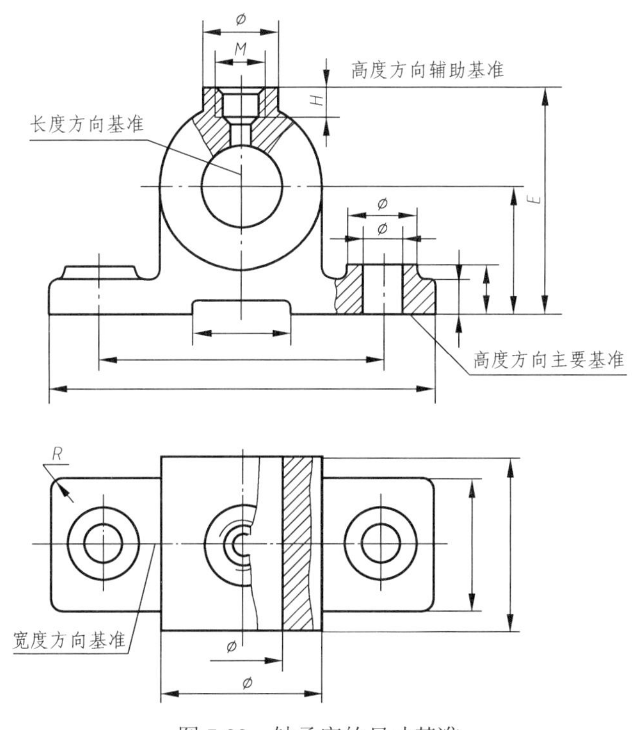

图 7-22　轴承座的尺寸基准

7.4.2　合理标注尺寸

1. 避免注成封闭的尺寸链

如图 7-23 所示，a、b、c、d 四个尺寸首尾相接成为闭合的一组尺寸，每个尺寸是其中一环，形成封闭的尺寸链。如按这种方式标注尺寸，轴上各段尺寸可以得到保证，而总长尺寸则可能得不到保证。这是因为在加工中，各段的误差累积起来，最后都集中反映到总长尺寸上。因此，在标注尺寸时，对于有一定精确度要求的尺寸要直接注出，而让误差积累在不重要的一段上，如空出 d 段不注尺寸(称为开口环)，如图 7-24(a)所示。有时，为了设计和加工时参考，把开口环的尺寸加上括号标注出来，称为参考尺寸，如图 7-24(b)所示，生产中不检验参考尺寸。

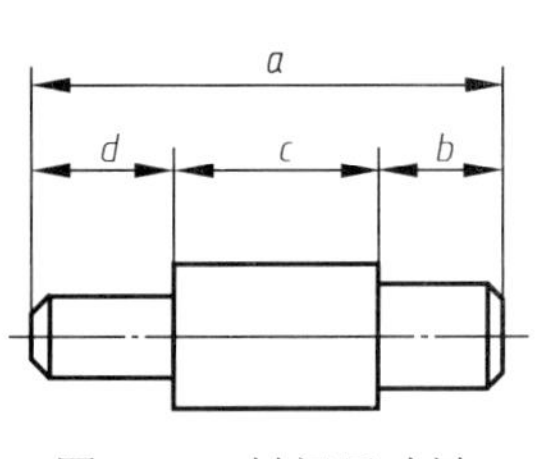

图 7-23　封闭尺寸链

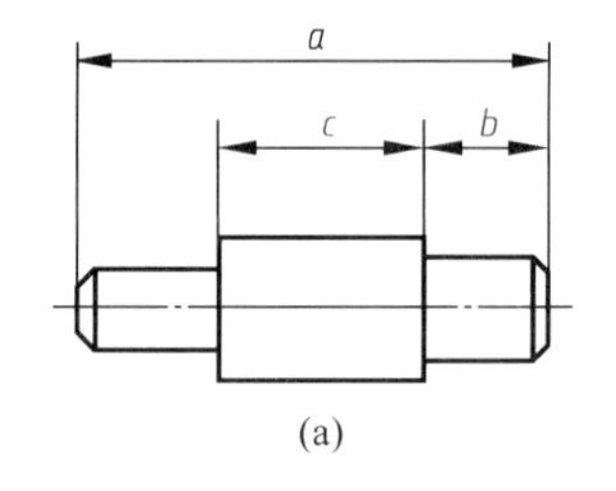

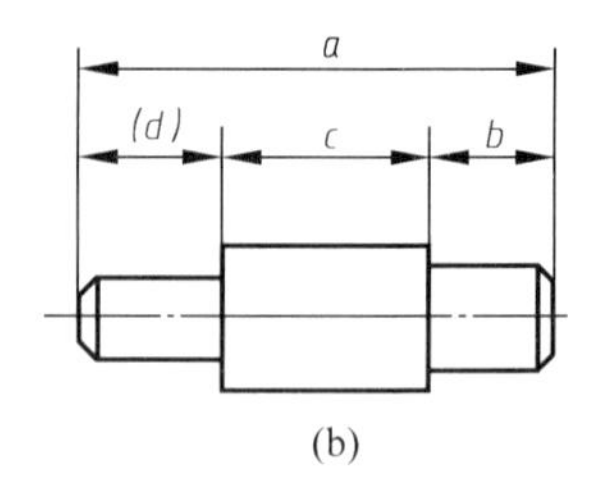

图 7-24　开口环的确定

2. 重要尺寸要直接注出

重要尺寸是指零件上对机器(或部件)的使用性能和装配质量有影响的尺寸。如零件之间的配合尺寸，确定零件在机器或部件中的位置尺寸，反映该零件所属机器(或部件)规格、性能的尺寸等，这些尺寸的加工和检验都比较严格。凡属零件的重要尺寸必须直接注出，而且尽可能从设计基准出发标注。

重要尺寸从主要基准注出可避免加工误差的积累，保证尺寸的精度。如图 7-25(a)所示，轴承孔的中心高 A 是重要尺寸，这是因为轴承座在工作中要求两轴承孔的轴线在同一条线上，这一尺寸为设计时需保证的重要尺寸。若将中心高注成图 7-25(b)的形式，则尺寸 A 的误差是 B 和 C 的误差累计，因此，不能保证重要尺寸 A 的精度，这样标注是不合理的。同样，两安装孔的中心距 L 也应从长度方向的基准直接注出，而不应采用图 7-25(b)的形式。

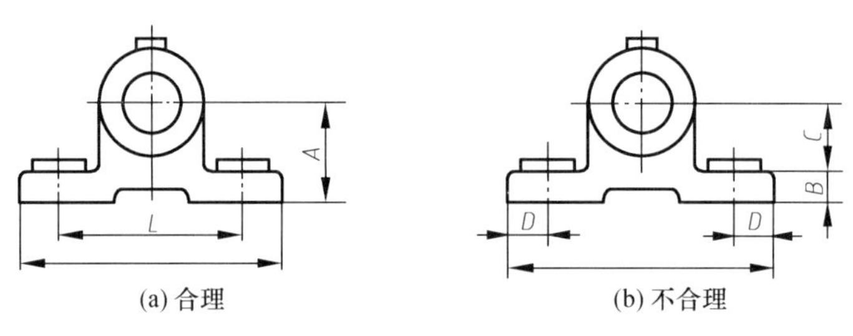

图 7-25　重要尺寸直接注出

3. 满足加工和测量要求

标注零件的尺寸时，在符合设计要求的前提下，应考虑便于加工和测量。如图 7-26 所示，轴上有一退刀槽，该部分轴的加工顺序：先加工长为 20mm 的外圆，再选用一定宽度的刀具加工长为 3mm 的退刀槽，显然，退刀槽的宽度尺寸是选择刀具的依据。因此，图 7-26(a)比较合理，而图 7-26(b)的注法不便于加工。图 7-27 是标注尺寸要便于测量的正误比较，请读者自行分析。

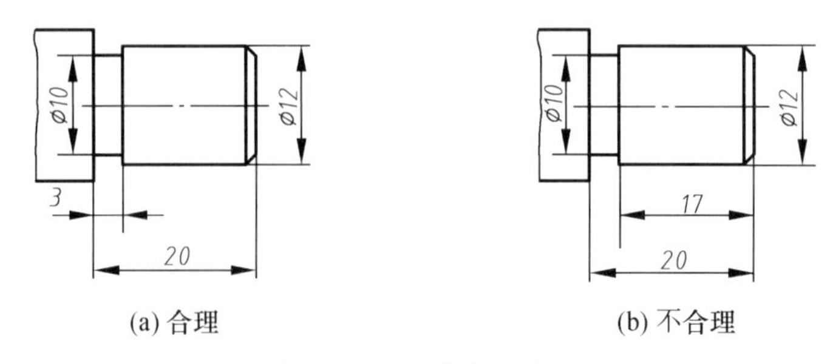

图 7-26　尺寸要便于加工

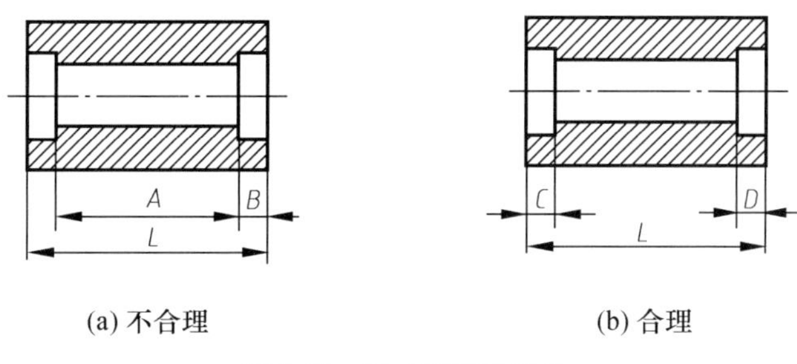

(a) 不合理　　　　(b) 合理

图 7-27　尺寸要便于测量

4. 零件上常见典型结构的尺寸注法(表 7-1 和表 7-2)

表 7-1　零件上常见典型结构的尺寸注法(一)

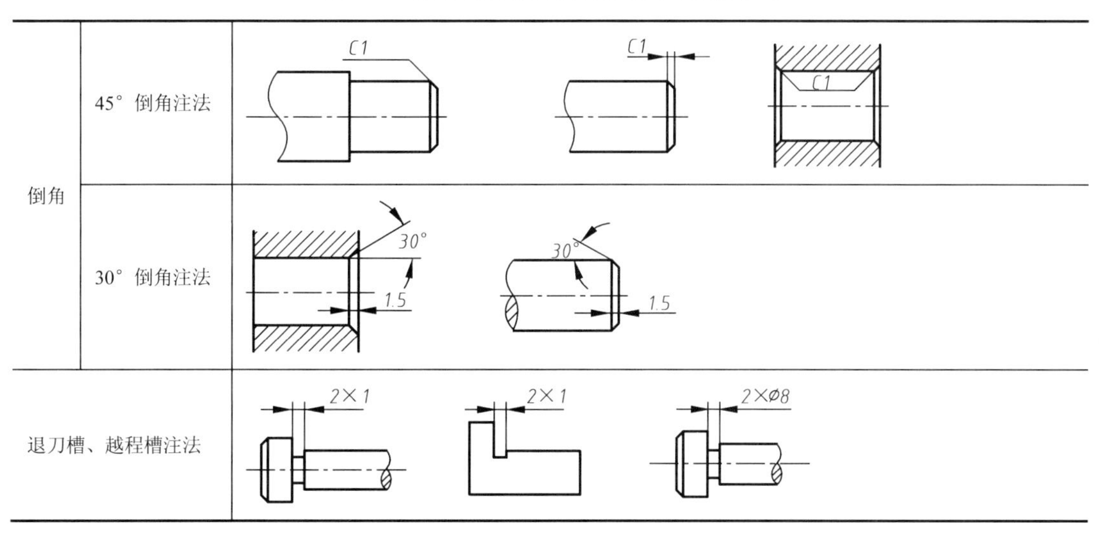

倒角	45° 倒角注法	C1　C1　C1
	30° 倒角注法	30°　1.5　30°　1.5
退刀槽、越程槽注法		2×1　2×1　2×Ø8

表 7-2　零件上常见典型结构的尺寸注法(二)

类型	旁注法		普通注法
光孔	4×Ø4↧10	4×Ø4↧10	4×Ø4　10
	4×Ø4H7↧10 孔↧12	4×Ø4H7↧10 孔↧12	4×Ø4H7　10　12
螺孔	3×M6-7H	3×M6-7H	3×M6-7H

续表

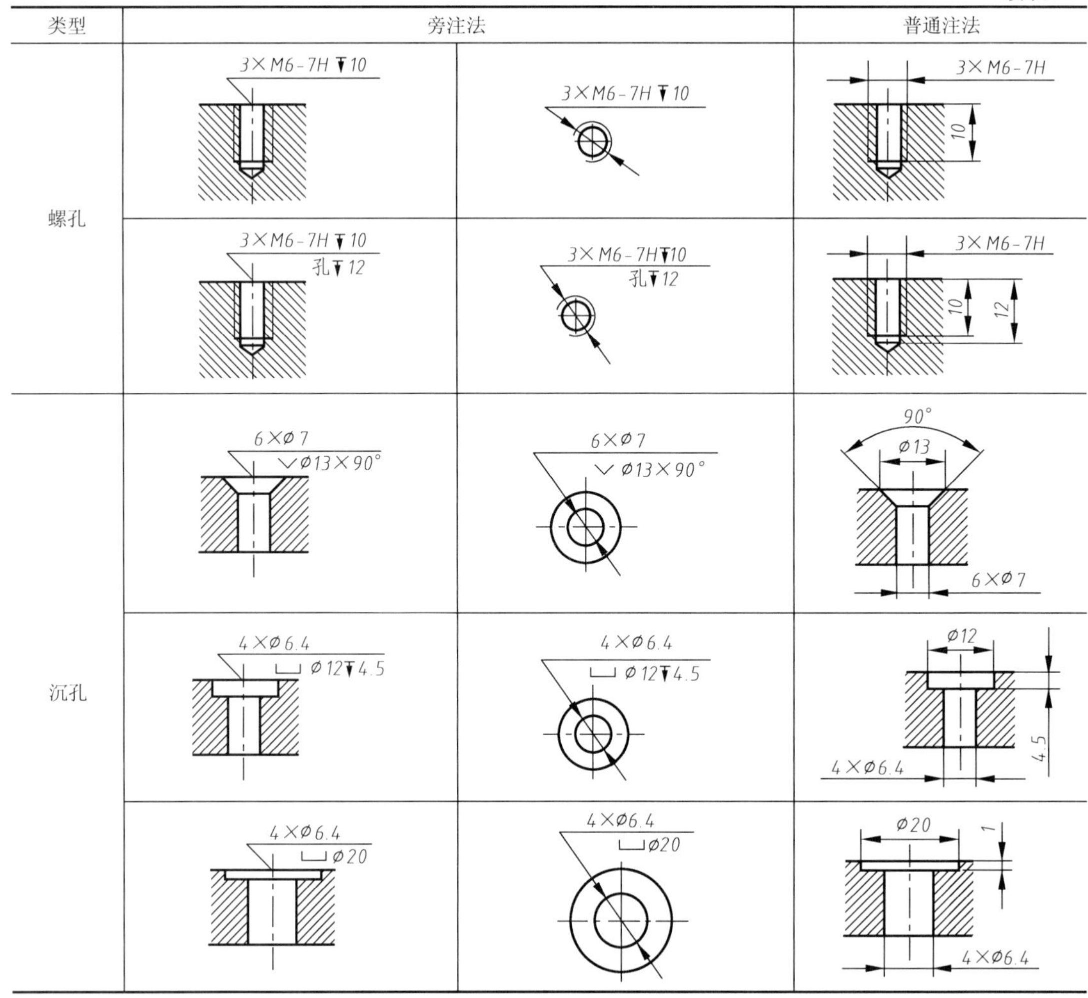

7.4.3 零件尺寸标注举例

零件不同于组合体，零件每一部分的形状和结构都与设计要求、工艺要求有关。因此，标注零件尺寸时，既要进行形体分析，把零件抽象成组合体，考虑各部分的定形和定位尺寸，以保证零件的尺寸“完整、清晰”；还要对零件进行构型分析，了解该零件在部件中的作用以及该零件加工方法，使零件的尺寸满足设计要求和工艺要求，以达到尺寸标注的合理要求。

以球阀阀体的尺寸标注为例，说明标注尺寸的一般步骤。

例 7-1 如图 7-28 所示，标注阀体的尺寸。

分析 根据图 7-19 可知阀体在球阀中的作用以及零件的结构形状特征。

标注步骤如下。

(1)选择基准(图 7-28)。

(2)考虑设计要求，从设计基准出发标注功能尺寸(图 7-28)。

(3)考虑工艺要求，从工艺基准出发标注非功能尺寸(略)。

(4)用形体分析法检查尺寸是否完整，同时检查长、宽、高三个方向的尺寸链是否正确。完成后的尺寸标注如图 7-20 所示。

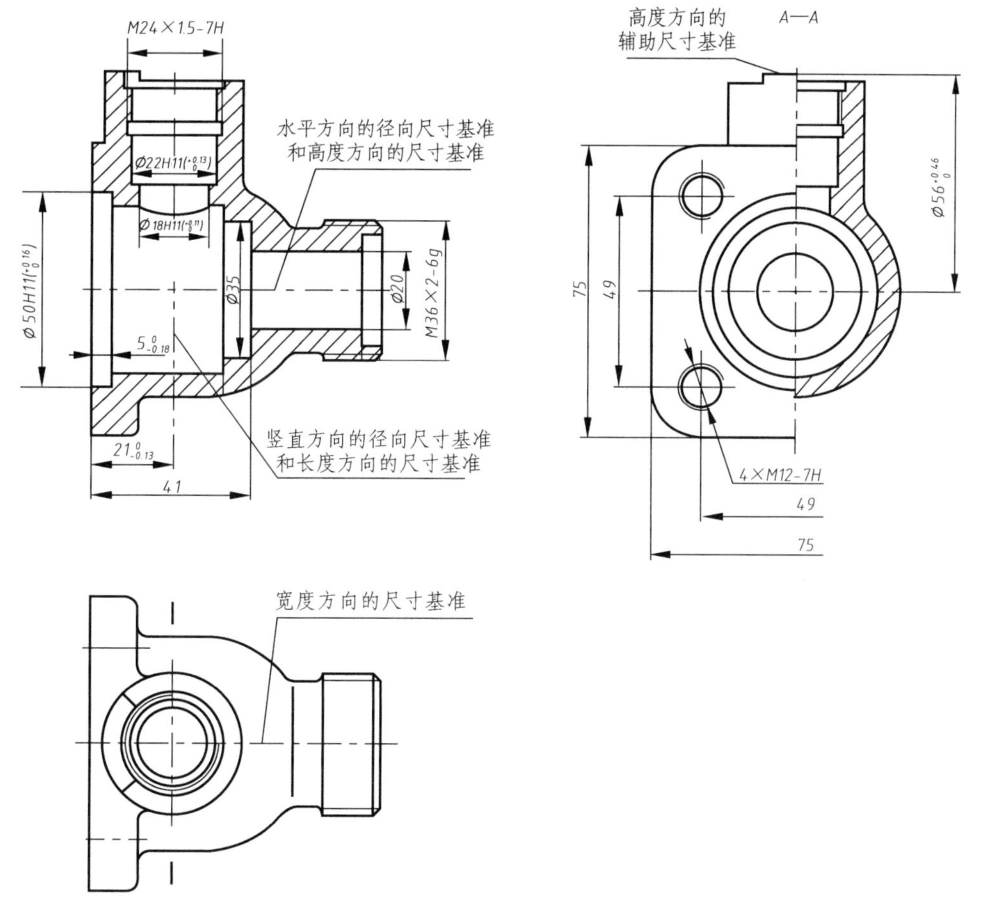

图 7-28 阀体的尺寸标注

7.5 零件图中的技术要求

在零件图中，除了表达零件结构形状与大小的视图和尺寸标注，还要注写出制造零件应达到的一些机械加工的质量指标，这些质量指标统称为技术要求，技术要求是为了保证加工制造零件时的加工精度。在加工零件时，要使每个尺寸绝对准确、表面绝对平滑，这在制造工艺上是不可能做到的，同时在使用中也没有必要，对尺寸的准确度要求越高、表面要求越平滑，会使零件的制造成本大大地增长。如何既保证零件的加工质量，又要降低成本是零件设计制定技术要求时必须考虑的问题。

零件的加工精度主要包括表面结构要求、尺寸精度、形状和位置精度等。

7.5.1 零件的表面结构要求

表面结构要求是评定机械零件质量的重要技术指标之一，是在机械零件的设计、生产、加工和验收过程中必不可少的质量标准，对于零件的配合、抗腐蚀性、耐磨性、接触刚度、

疲劳强度及零件的使用寿命等都有很重要的意义。因此在产品技术文件中必须正确标注表面结构要求。标注表面结构要求必须遵循《产品几何技术规范(GPS) 技术产品文件中表面结构的表示法》(GB/T 131—2006)的规定，该标准规定了有关表面结构的评定方法、主要评定参数、代号及标注方法。

图 7-29　表面轮廓

1. 表面结构的基本概念

肉眼看到的零件表面不管加工的多么平滑，在微观条件下(放大镜或显微镜)观察都是凹凸不平的状况，如图 7-29 所示。实际表面的结构轮廓包含：表面原始轮廓(*P* 轮廓)、表面波纹度轮廓(*W* 轮廓)和表面粗糙度轮廓(*R* 轮廓)三类结构特征。这三种结构特征的概念详见《产品几何技术规范(GPS)表面结构 轮廓法 术语、定义及表面结构参数》(GB/T 3505—2009)的规定。

2. 评定表面结构常用的轮廓参数

零件的表面结构特性是粗糙度、波纹度和原始轮廓特性的统称。它是通过不同的测量与计算方法得出的一系列参数进行评定的，在工程技术文件中表面结构参数中的 *R* 轮廓(粗糙度轮廓)参数 *Ra* 和 *Rz* 是最常用的评定参数。

1)轮廓算术平均偏差 *Ra*

如图 7-30 所示，在零件表面的一段取样长度(用于判别具有表面粗糙度特征的一段基准线长度)内，轮廓偏距 *y*(表面轮廓上的点至基准线的距离)绝对值的算术平均值，称轮廓算术平均偏差，用 *Ra* 表示。

$$Ra = 1/l\int_0^l \left|y(x)\right| \mathrm{d}x$$

或近似表示为

$$Ra = 1/n\sum_{i=1}^{n}\left|y_i\right|$$

2)轮廓最大高度 *Rz*

Rz 是在一个取样长度内，最大的轮廓峰高 Z_p 和最大的轮廓谷深 Z_v 之和，如图 7-30 中的 *Rz*。*Rz* 值越大，表面越粗糙，但它不如 *Ra* 对表面粗糙程度反映的客观全面。

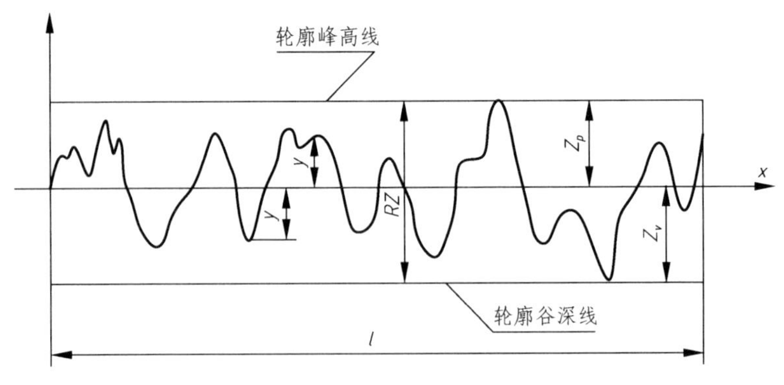

图 7-30　表面的结构轮廓和表面粗糙度参数

表面结构要求 *Ra* 参数已标准系列化，如表 7-3 所示。*Ra* 值测量时，取样长度 *l* 按标准推荐值选用，否则需要在图样或技术文件中另行标注说明要求的取样长度。

不同表面 *Ra* 值的外观情况以及与之对应的加工方法和应用举例(表 7-3)，可供选用时参考。

表 7-3　*Ra* 参数值与应用举例

Ra / μm	表面特征	主要加工方法	应用举例
50、100	明显可见刀痕	粗车、粗铣、粗刨、钻、粗绞锉刀和粗砂轮加工	粗糙度最低的加工面，或称没有要求的自由表面，一般很少使用
25	可见刀痕		
12.5	微见刀痕	粗车、刨、立铣、平铣、钻	不接触表面、不重要的接触面，如螺钉孔、倒角、机座底面等
6.3	可见加工痕迹	精车、精铣、精刨、铰、镗、粗磨等	没有相对运动的零件接触面，如箱、盖、套筒、要求紧贴的表面、键和键槽工作表面；相对运动速度不高的接触面，如支架孔、衬套、带轮轴孔的工作表面等
3.2	微见加工痕迹		
1.6	看不见加工痕迹		
0.8	可辨加工痕迹方向	精车、精铰、精拉、精镗、精磨等	要求很好密合的接触面，如滚动轴承的配合表面、锥销孔等；相对运动速度较高的接触面，如滑动轴承的配合表面、齿轮轮齿的工作表面等
0.4	微辨加工痕迹方向		
0.2	不可辨加工痕迹方向		
0.1	暗光泽面	研磨、抛光、超级精细研磨等	精密量具的表面、极重要零件的摩擦面，如汽缸的内表面、精密机床的主轴颈、坐标镗床的主轴颈
0.05	亮光泽面		
0.025	镜状光泽面		
0.012	雾状镜面		

3. 标注表面结构要求的图形符号、代号及其标注方法

1)表面结构的图形符号

表面结构的各种符号及其含义如表 7-4 所示。

表 7-4　表面结构符号及其含义

符　号	意义及说明
	基本图形符号——表示未指定工艺方法的表面，仅用于简化代号的标注，没有补充说明时不能单独使用
	扩展图形符号——基本符号加一短横线，表示表面是用去除材料的方法获得的，如车、铣、钻、刨、磨等；基本符号加一小圆，表示表面是用不去除材料的方法获得的，如铸、锻、轧、冲压等，也可用于表示保持上道工序形成的表面
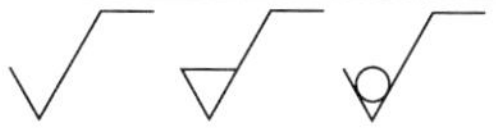	完整图形符号——在上述三个符号的长边上加一横线，用于标注表面结构的补充信息
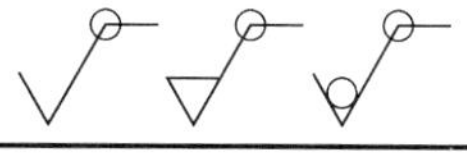	带有补充注释的图形符号——在完整图形符号上加一小圆，表示某个视图上构成封闭轮廓的各表面具有相同的表面结构要求

2)表面结构要求的代号

表面结构要求的代号由完整图形符号、参数代号(如 *Ra*、*Rz*)和参数值组成，如图 7-31 所示，其中 $d'=h/10$(d'即图形的线宽)、$H_1=1.4h$、h=字高、$H_2=2H_1$。在必要时，表面结构代号中还应标注补充要求，如取样长度、加工工艺、表面纹理及方向、加工余量等，如图 7-32 所示，其中：

位置 *a*——注写表面结构的单一要求(包括参数代号、极限值、取样长度(或传输带)等)；

位置 b——注写两个或多个表面结构要求，如位置不够，图形符号应在垂直方向扩大；
位置 c——注写加工方法、镀覆、涂覆、表面处理或其他说明等；
位置 d——注写加工纹理方向符号，如“=”“⊥”等；
位置 e——注写所要求的加工余量(单位为 mm)。

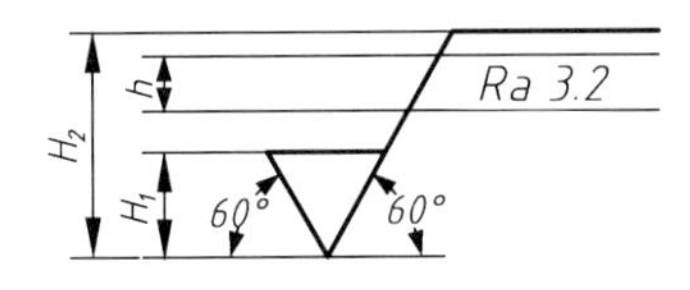

图 7-31 表面结构图形符号、代号的画法

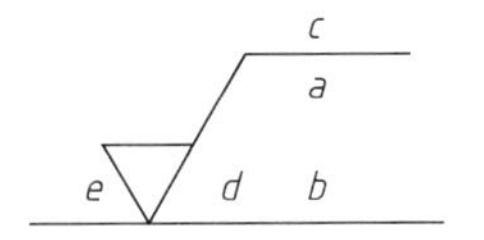

图 7-32 补充要求的注写位置及各项说明

表 7-5 是表面结构要求的代号示例及含义。

表 7-5 表面结构要求的代号示例及含义

代号示例	含　义
Ra 0.8	表示不允许去除材料，*Ra* 的单项上限值为 0.8μm
Ra 1.6	表示去除材料，*Ra* 的单项上限值为 1.6μm
Ra max1.6	表示去除材料，*Ra* 的所有实测值不超过 1.6μm
URa 3.2 LRa 1.6	表示去除材料，*Ra* 的双向极限值，上限值为 3.2μm，下限值为 1.6μm

4. 表面结构在图样上的标注方法

表面结构要求对每一表面一般只标注一次，并尽可能注在相应的尺寸及其公差的同一视图上。表面结构要求在图样上的常用标注方法及说明见表 7-6。

表 7-6 表面结构要求在图样上的常用标注方法及说明

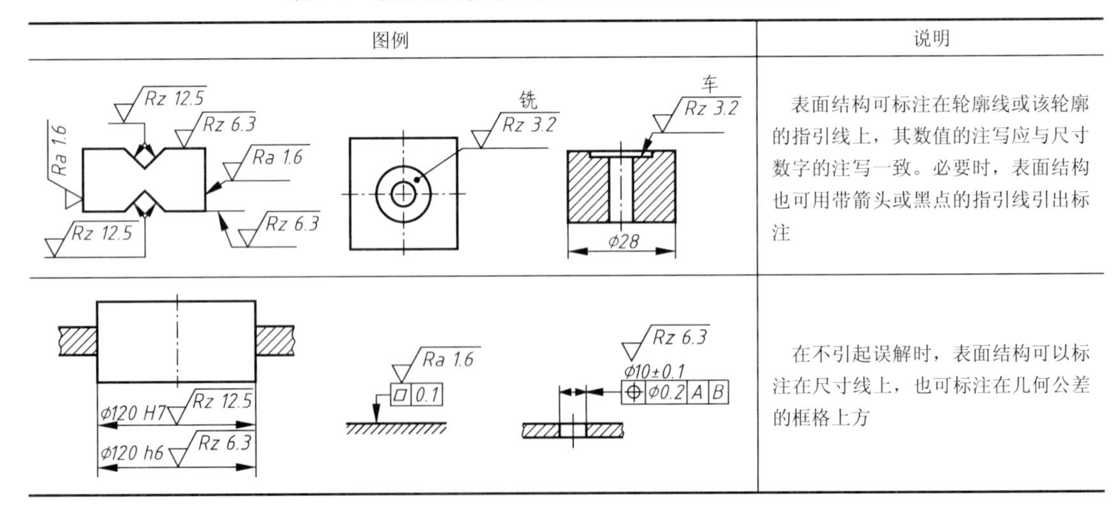

图例	说明
（见上图）	表面结构可标注在轮廓线或该轮廓的指引线上，其数值的注写应与尺寸数字的注写一致。必要时，表面结构也可用带箭头或黑点的指引线引出标注
（见上图）	在不引起误解时，表面结构可以标注在尺寸线上，也可标注在几何公差的框格上方

续表

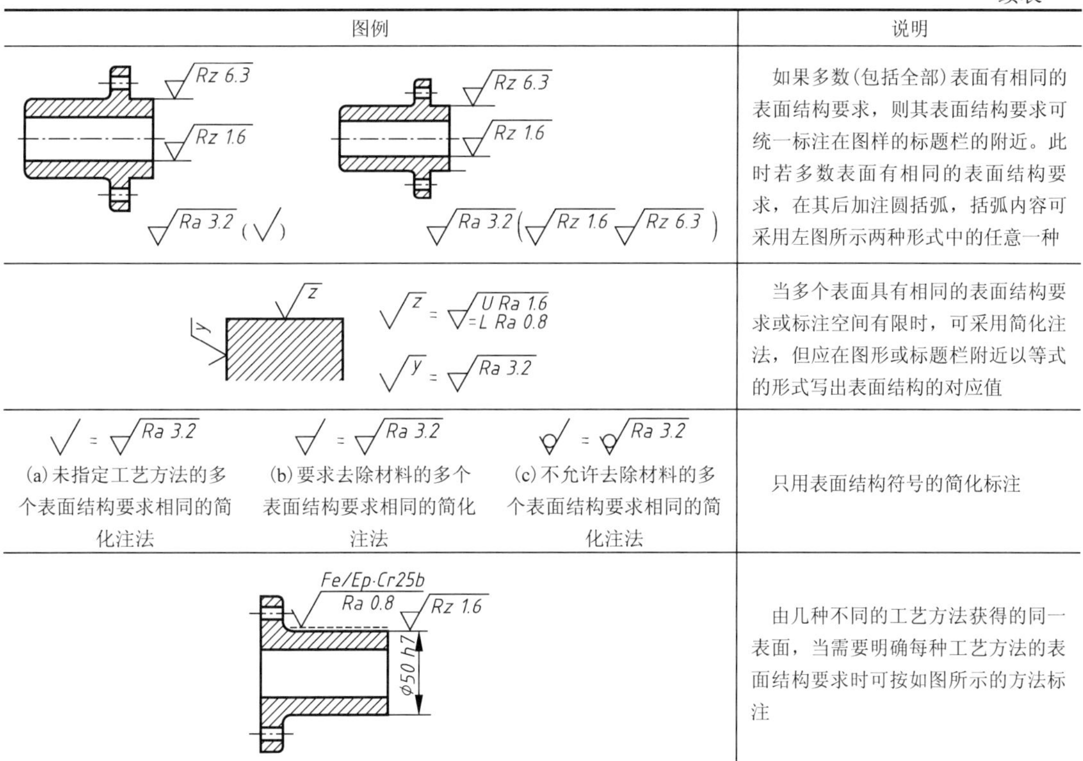

图例	说明
Rz 6.3; Rz 1.6; Ra 3.2 (√) Rz 6.3; Rz 1.6; Ra 3.2 (Rz 1.6 Rz 6.3)	如果多数(包括全部)表面有相同的表面结构要求，则其表面结构要求可统一标注在图样的标题栏的附近。此时若多数表面有相同的表面结构要求，在其后加注圆括弧，括弧内容可采用左图所示两种形式中的任意一种
z; y; z = U Ra 1.6 L Ra 0.8; y = Ra 3.2	当多个表面具有相同的表面结构要求或标注空间有限时，可采用简化注法，但应在图形或标题栏附近以等式的形式写出表面结构的对应值
= Ra 3.2 (a)未指定工艺方法的多个表面结构要求相同的简化注法 = Ra 3.2 (b)要求去除材料的多个表面结构要求相同的简化注法 = Ra 3.2 (c)不允许去除材料的多个表面结构要求相同的简化注法	只用表面结构符号的简化标注
Fe/Ep·Cr25b; Ra 0.8; Rz 1.6; φ50 h7	由几种不同的工艺方法获得的同一表面，当需要明确每种工艺方法的表面结构要求时可按如图所示的方法标注

7.5.2　极限与配合

极限与配合是零件图和装配图中的一项重要的技术指标也是检验产品质量的技术指标。国家技术监督局颁布了《产品几何技术规范(GPS)极限与配合　第1部分：公差、偏差和配合的基础》(GB/T 1800.1—2009)、《产品几何技术规范(GPS)极限与配合　第2部分：标准公差等级和孔、轴极限偏差表》(GB/T 1800.2—2009)、《产品几何技术规范(GPS)极限与配合　公差带和配合的选择》(GB/T 1801—2009)等标准，其应用几乎涉及国民经济的各个部门，特别是对机械工业更具有重要的作用。

1. 极限与配合的基本概念

1)互换性

同一规格的一批零件中任取其一，不需任何挑选或附加修配就能装到机器上，达到规定的性能要求，这样的一批零件就称为具有互换性的零件。零件具有互换性，不但给机器的装配、修理带来方便，更重要的是为机器的专业化、批量化生产提供了可能性。

2)尺寸公差

在零件的加工过程中，由于机床精度、刀具磨损、测量误差等因素的影响，不可能把零件的尺寸做得绝对准确。为保证互换性，需把零件尺寸的加工误差限制在一定范围内，规定出尺寸的变动量。零件尺寸的允许变动量就称为“尺寸公差”，有关公差的术语，以图7-33圆柱轴尺寸$\phi 20^{+0.013}_{-0.008}$为例，简要说明如下。

(1) 公称尺寸和实际尺寸。设计确定的尺寸称为基本尺寸，如图 7-31 中的ϕ20。零件完工后测量所得的尺寸称为实际尺寸。

(2) 极限尺寸。允许零件尺寸变化的两个界限值称为极限尺寸。两个界限值中较大的一个称为上极限尺寸；较小的一个称为下极限尺寸。如图 7-33 中ϕ20.013 为上极限尺寸，ϕ19.992 为下极限尺寸。

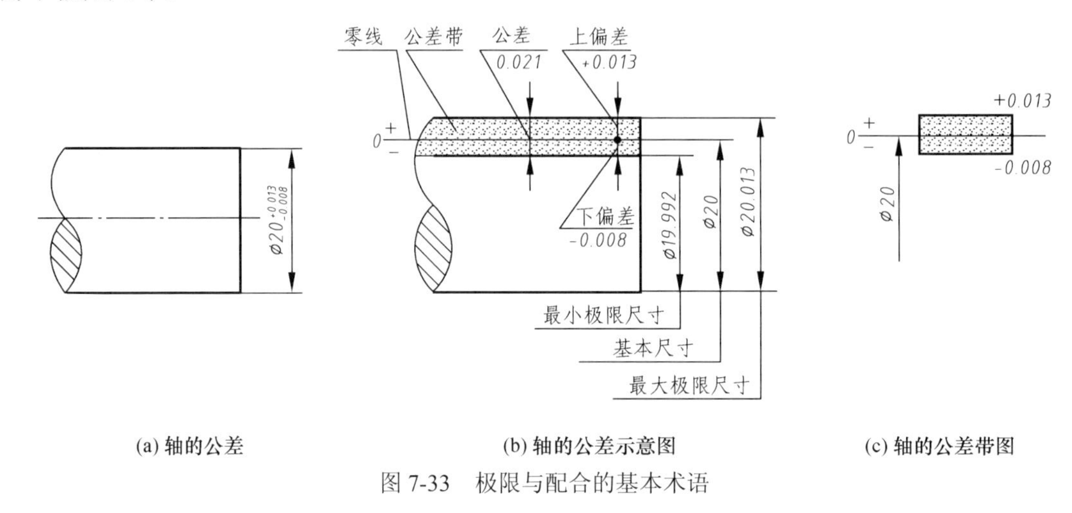

(a) 轴的公差　　(b) 轴的公差示意图　　(c) 轴的公差带图

图 7-33　极限与配合的基本术语

(3) 极限偏差。上极限尺寸减其公称尺寸的代数差称为上极限偏差；下极限尺寸减其公称尺寸的代数差为下极限偏差；上、下极限偏差统称为极限偏差。极限偏差可以为正值、负值或零。如图 7-33 中写在基本尺寸ϕ20 后的 $^{+0.013}_{-0.008}$ 为极限偏差，其中+0.013 称为上极限偏差，−0.008 称为下极限偏差。国家标准规定：孔的上极限偏差代号为 ES，下极限偏差代号为 EI；轴的上极限偏差代号为 es，下偏差代号为 ei。

(4) 尺寸公差。允许尺寸的变动量。

尺寸公差=上极限尺寸−下极限尺寸=上极限偏差−下极限偏差。如图 7-33 所示轴的直径公差为 20.013−19.992=0.021（或(+0.013)−(−0.008)=0.021）。公差值越小，零件尺寸的精度越高，加工成本越高，反之，亦然。

(5) 公差带图。为形象起见，将尺寸公差与公称尺寸的关系，按比例放大画成简图，称为公差带图，如图 7-33(c)所示。在公差带图中，零线是表示公称尺寸的一条直线，规定正偏差位于零线之上，负偏差位于零线之下，上、下偏差的距离应成比例，由代表上、下极限偏差的两条直线所限定的一个区域(区域的左右长度可任意确定)，称为公差带。

在公差带图中，包含了“公差带大小”和“公差带位置”两个要素。国标规定前者由“标准公差等级”确定，后者由“基本偏差”来确定。

3) 标准公差与基本偏差

国家标准规定了公差带的大小，即所谓标准公差，其大小由标准公差等级和基本尺寸两个因素决定。国家标准将标准公差等级分为 20 个等级，即 IT01、IT0、IT1、…、IT18。其中 IT01 精度最高，IT18 精度最低。公称尺寸相同时，公差等级越高，标准公差越小。标准公差详见附录 D 中附表 D-3。

基本偏差是指公差带中靠近零线的那个偏差，用它来确定公差带相对于零线的位置，它可以是上偏差也可以是下偏差。如图 7-33 中圆柱轴尺寸ϕ20 的基本偏差是下偏差。

根据实际需要，国家标准分别对孔和轴各规定了 28 个基本偏差，基本偏差用代号表示，如图 7-34 所示。基本偏差代号用拉丁字母(一个或两个)表示，大写表示孔，小写表示轴。因为基本偏差只决定公差带的位置，并不能确定公差带的大小，因此，图中公差带不封口。国标规定孔和轴的基本偏差数值由基本偏差代号和公称尺寸来决定。附录 D 中附表 D-1 和附表 D-2 是国家标准规定的轴和孔的基本偏差数值表。

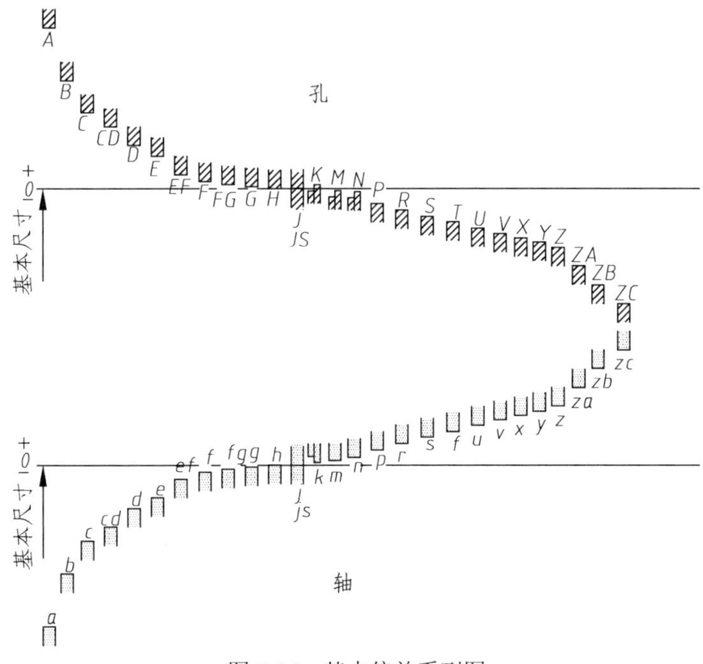

图 7-34　基本偏差系列图

4) 公差带代号

由表示公差带位置的基本偏差代号和表示公差带大小的公差等级组成公差带代号。例如，ϕ50H8 和ϕ50f 7，它们的含义如下：

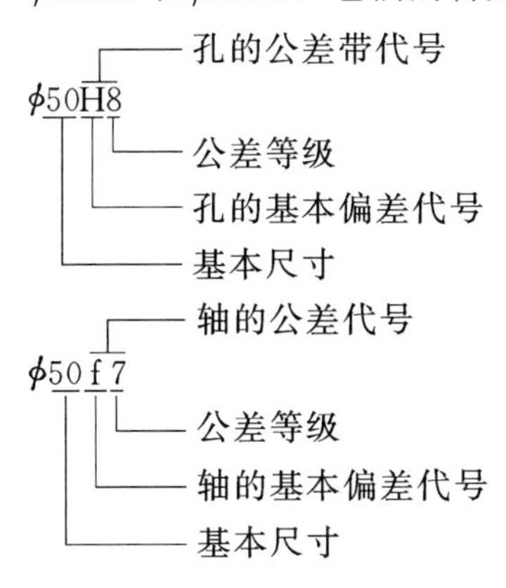

5) 配合关系

基本尺寸相同的两个相互结合的孔和轴公差带之间的关系称为配合。根据孔、轴公差带的关系，配合分为三类。

（1）间隙配合。如图 7-35（a）所示，孔的公差带在轴的公差带之上。此时，即使孔为下极限尺寸，轴为上极限尺寸，它们装配在一起后，也仍然有一定的间隙，轴在孔中能自由转动。

（2）过盈配合。如图 7-35（b）所示，孔的公差带在轴的公差带之下。此时，即使孔为上极限尺寸，轴为下极限尺寸，它们装配在一起后，轴也比孔大，轴在孔中不能自由转动。

（3）过渡配合。如图 7-35（c）所示，孔的公差带和轴的公差带相互交叠。此时，任一孔的实际尺寸比任一轴的实际尺寸有时大，有时小。

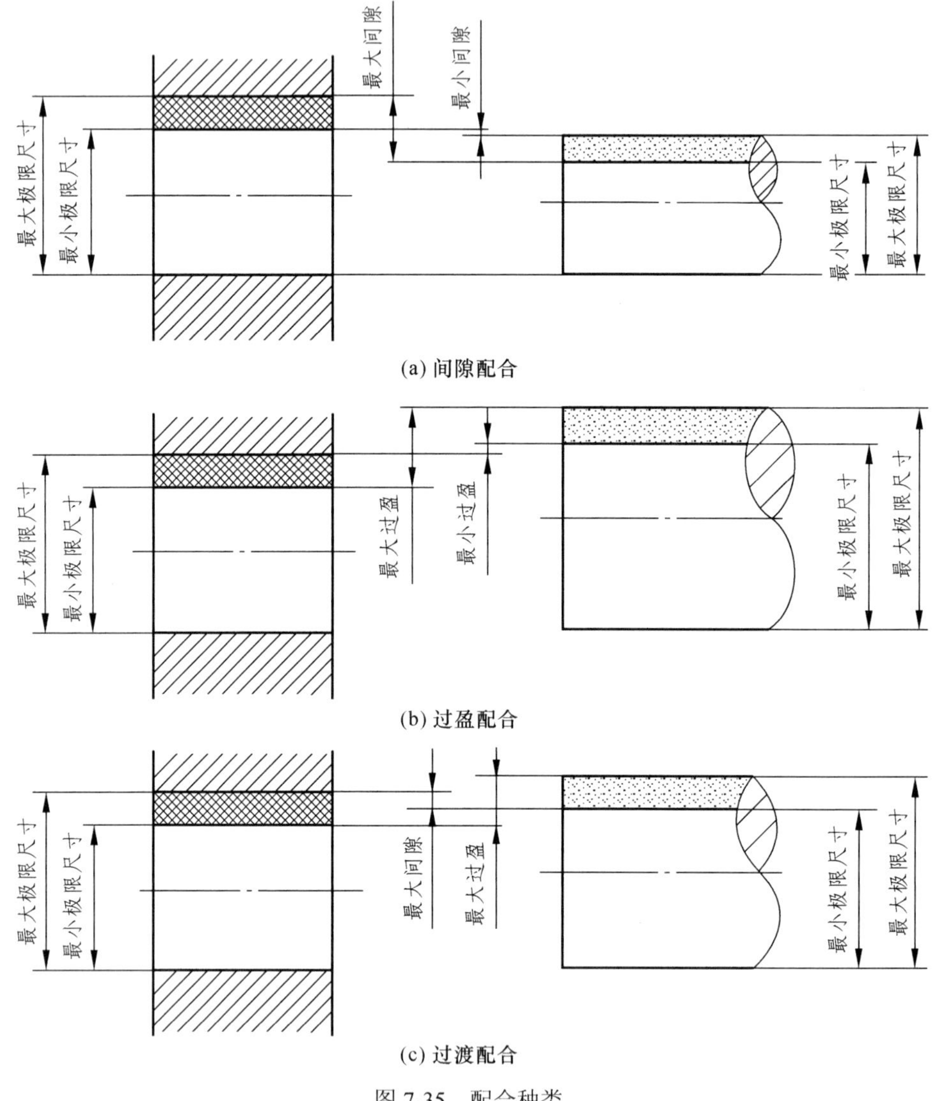

(a) 间隙配合

(b) 过盈配合

(c) 过渡配合

图 7-35　配合种类

6）配合制

公称尺寸确定后，相互配合的孔和轴，将其中一个零件作为基准件，使其基本偏差不变，通过改变另一零件的基本偏差来获得各种不同的配合的制度称为配合制。根据实际需要，国家标准规定了两种配合制，即基孔制和基轴制。

(1) 基孔制。基本偏差为一定的孔的公差带与不同基本偏差的轴的公差带形成各种配合的制度。基孔制的孔称为基准孔，基准孔的基本偏差代号为 H，其下偏差为零，如图 7-36(a)所示。

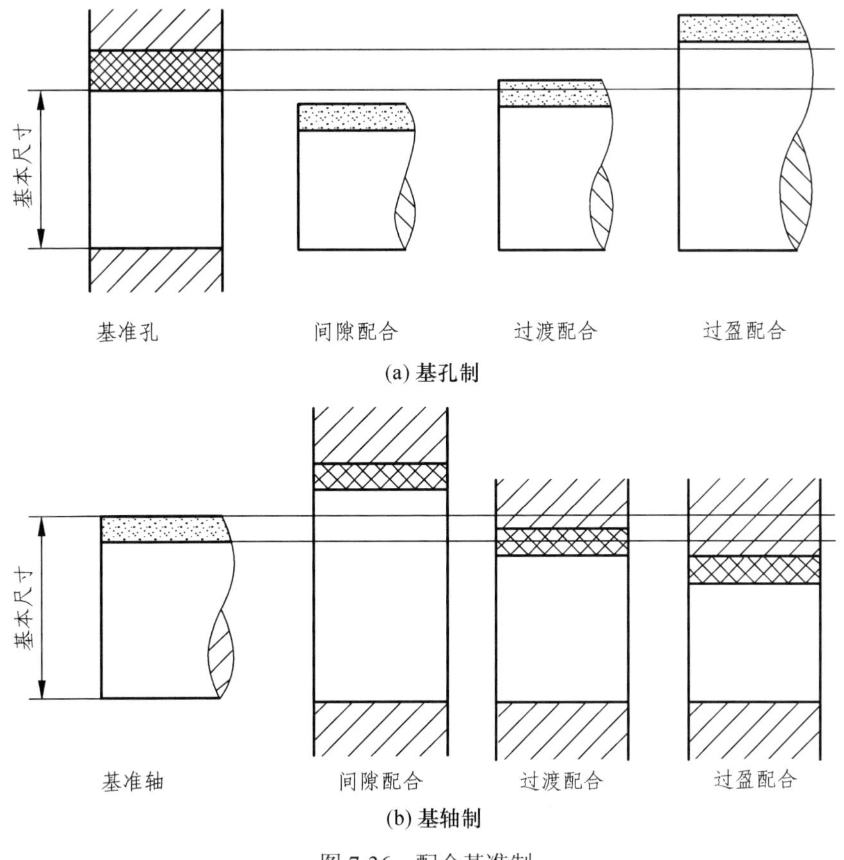

图 7-36　配合基准制

(2) 基轴制。基本偏差为一定的轴的公差带与不同基本偏差的孔的公差带形成各种配合的制度。基轴制的轴称为基准轴，基准轴的基本偏差代号为 h，其上偏差为零，如图 7-36(b)所示。

《产品几何技术规范(GPS)极限与配合　公差带和配合的选择》(GB/T 1801—2009)根据我国生产的实际情况，对公称尺寸不大 500mm 的轴和孔规定了优先和常用的配合，具体见附录 D 中附表 D-4 和附表 D-5。

由于轴的加工比孔容易，因此，一般优先选用基孔制配合。而一根等直径的轴上需装配几个不同配合性质的孔时，采用基轴制。

2. 公差与配合的标注

1) 在零件图中的标注方法

在零件图中，线性尺寸的公差有三种标注形式：① 只标注上、下极限偏差值(适应于单件、小批量生产)；② 只标注公差带代号(适应于大批量生产)；③ 既标注公差带代号，又标注上、下极限偏差值，但偏差值用括号括起来(适应于产品试制阶段)，如图 7-37 所示。

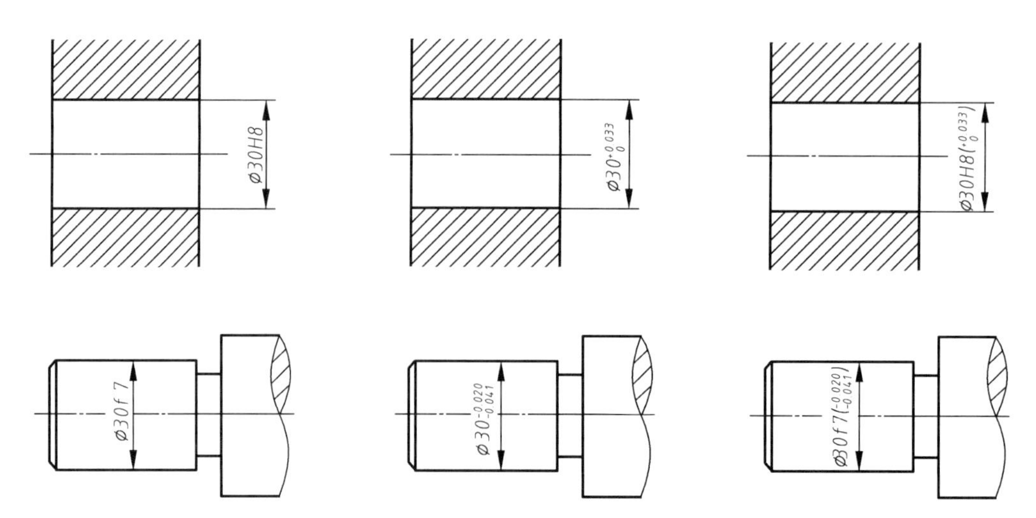

图 7-37　零件图中尺寸公差的标注

2）在装配图中的标注方法

在装配图上一般只标注配合代号。配合代号用分数表示，分子为孔的公差带代号，分母为轴的公差带代号，其标注如图 7-38 所示。

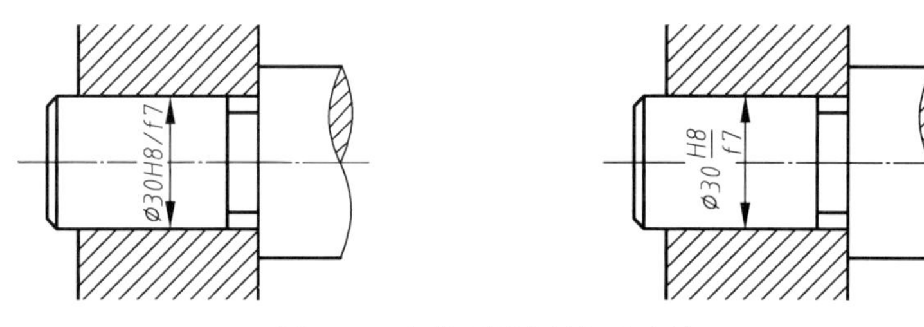

图 7-38　在装配图中的标注方法

7.5.3　几何公差

在机器制造中，机床精度、加工方法等多种因素，不仅会产生尺寸误差，也会产生几何形状误差以及某些要素之间相互位置误差。如图 7-39（b）中轴产生了形状误差，发生了弯曲；图 7-39（c）中轴产生了位置误差，端面发生了倾斜；这些误差都会影响零件的使用性能和装配要求。因此，在零件图样中必须对零件的一些重要表面或轴线的几何形状和位置误差进行限制。

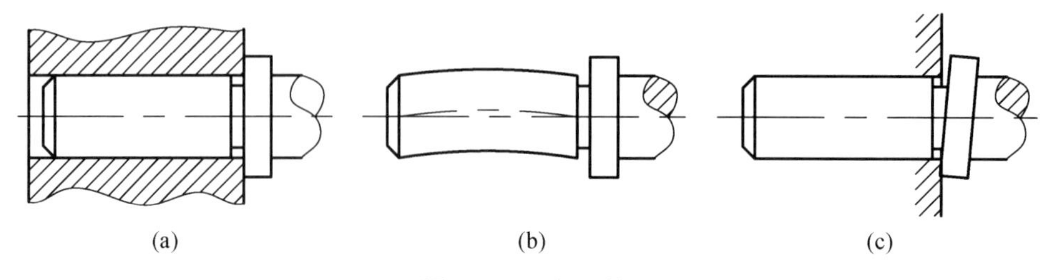

(a)　(b)　(c)

图 7-39　几何误差

1. 几何公差的基本概念

1）几何公差

几何公差是指零件实际形状和位置对理想形状和位置所允许的最大变动量。有关几何公差的规定详见国家标准《产品几何技术规范(GPS) 几何公差 形状、方向、位置和跳动公差标注》(GB/T 1182—2008)。

2)几何要素

几何要素是指零件特征部位的点、线和面。要求较高的零件部位的几何元素一般要有形状或位置公差要求，这些几何元素称为被测要素，位置公差要有相对应的几何要素作为基准。

3)几何公差带

几何公差带是允许几何要素的形状和位置的变动区域。主要形式有：一个圆内的区域、两个同心圆之间的区域、两等距线之间的区域、一个圆柱面内的区域、两同轴圆柱面之间的区域、两等距面之间的区域、一个球面的区域。

如图 7-40 所示圆柱，除了标注直径尺寸的公差值，还标注了圆柱轴线的形状公差。

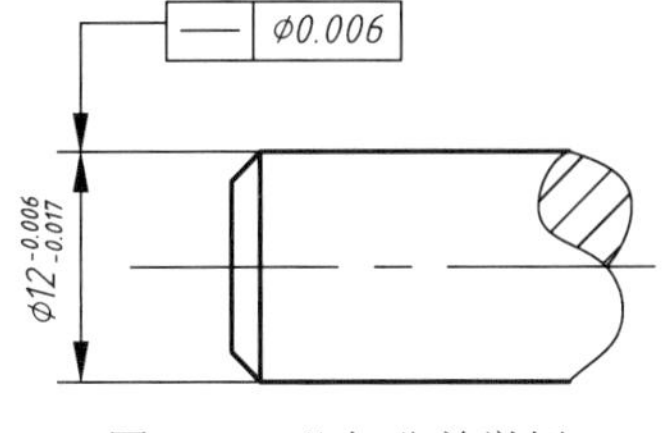

图 7-40 几何公差举例

2. 几何公差的特征项目及符号

国标所规定的几何公差的特征项目及符号如表 7-7 所示。

表 7-7 几何公差的特征项目及符号

公差类别	几何特征	符号	有无基准要求	公差类别	几何特征	符号	有无基准要求
形状公差	直线度	—	无	方向公差	平行度	//	有
	平面度	▱	无		垂直度	⊥	有
	圆度	○	无		倾斜度	∠	有
	圆柱度	⌭	无	形状或位置或方向公差	线轮廓度	⌒	有
位置公差	位置度	⌖	有或无		面轮廓度	⌓	有
	同心度(用于中心点)	◎	有	跳动公差	圆跳度	↗	有
	同轴度(用于轴线)	◎	有		全跳度	⌰	有
	对称度	⌯	有				

3. 几何公差的标注和规定

(1)在图样中，几何公差应以框格的形式进行标注，其框格内容及框格的绘制如图 7-41(a)所示。框格应与被测要素用带箭头的指引线相连，基准要素用字母注写在框格的最后项内，并在视图上作出相应标记的基准符号，如图 7-41(b)所示。

(2)公差值一般为线性值，如果公差带是圆形或圆柱形的，则在公差值前加注ϕ，若公差带是球形则加注“$s\phi$”。

(3)框格内用一个字母表示单个基准，若用几个字母则表示基准体系或公共基准要素，如图 7-42(b)所示。

(4)当有一个以上要素作为被测要素，应在框格上方标明，如图 7-42(c)中 6×ϕ5；如果对同一被测要素有一个以上公差特征项目要求，为方便起见，可将一个框格放在另一框格的下面，如图 7-42(d)所示。

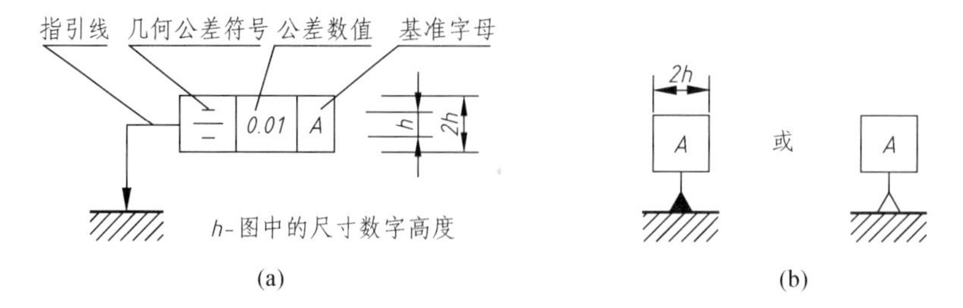

图 7-41　几何公差框格与基准符号

(5)被测要素与公差框格之间带箭头的指引线的位置规定。当被测要素是轮廓线或表面时，将箭头置于要素的轮廓线或轮廓线的延长线上，但必须与尺寸线明显分开(图 7-43)。

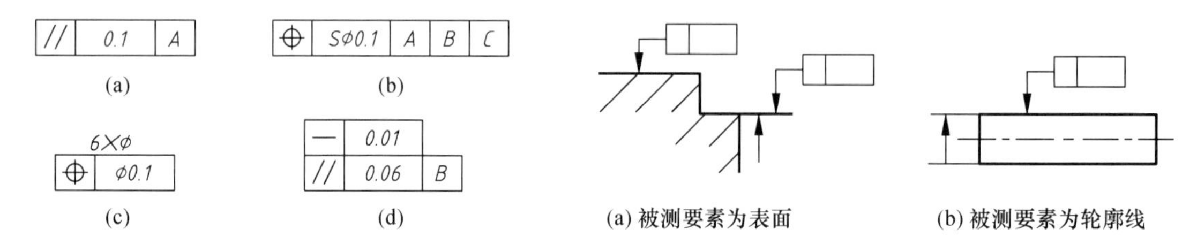

图 7-42　公差值、被测要素、基准要素的注法

图 7-43　被测要素为轮廓线或表面时

当被测要素为实际表面时，箭头可置于带点的参考线上，该点应在实际表面上(图 7-44)。

当被测要素是轴线、中心平面或带尺寸要素确定的点时，带箭头的指引线应与尺寸线的延长线重合(图 7-45)。

(6)基准符号(图 7-41(b))应与基准要素用一个涂黑的或空白的三角形相连。

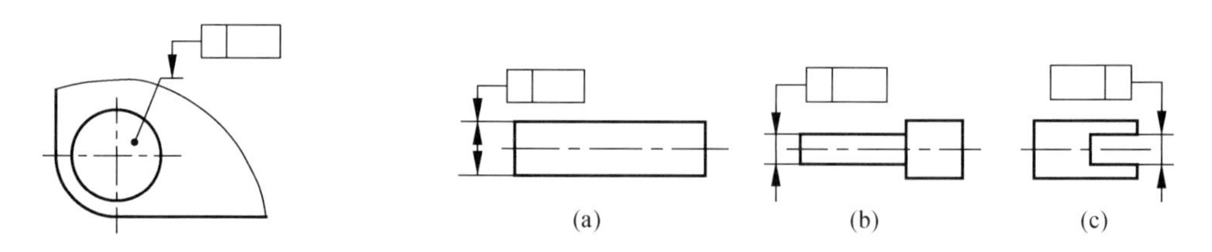

图 7-44　被测要素为实际表面

图 7-45　被测要素为轴线、中心平面时

当基准要素是轮廓线或轮廓表面时，基准三角形应放置在要素的外轮廓线上或它的延长线上，但应与尺寸线明显错开，另外，基准三角形还可放置在该轮廓面引出线的水平线上，图 7-46(a)所示。

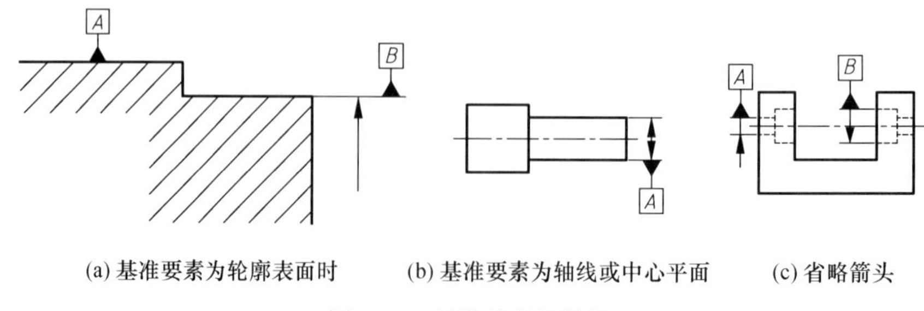

图 7-46　基准符号的标注

当基准要素是轴线或中心平面(线)或由带尺寸的要素确定的点时，基准三角形应与尺寸线对齐(图 7-46(b))。如尺寸线处安排不下两个箭头，则另一箭头省略(图 7-46(c))。

4. 几何公差标注示例

例 7-2 说明图 7-47 所示气门阀杆零件图的几何公差含义。

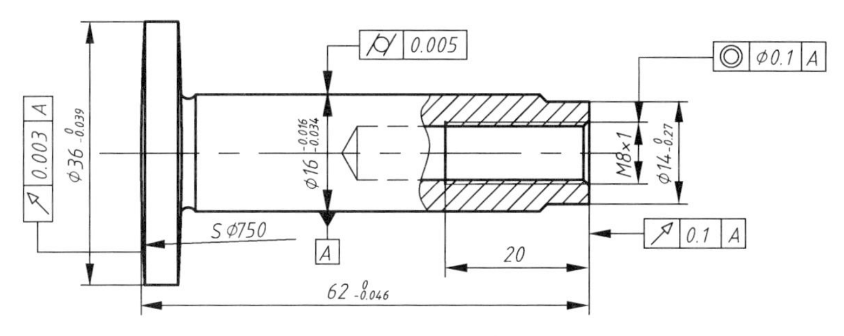

图 7-47　几何公差的标注举例

说明：图中有四个几何公差的标注，他们的含义如下：

(1) $S\phi750$ 球面相对于$\phi16$ 圆柱轴线的圆跳动公差为 0.003mm。

(2) $\phi16$ 圆柱面的圆柱度公差为 0.005mm。

(3) M8×1 的螺纹孔轴线相对于$\phi16$ 圆柱轴线的同轴度公差为$\phi0.1$mm。

(4) 右端面对$\phi16$ 圆柱轴线的圆跳动公差为 0.1mm。

7.6　零件测绘的方法与步骤

7.6.1　测绘方法与步骤

零件测绘就是根据现有零件画出图形来表达零件的结构形状，测量并标注出它的尺寸，然后制定出技术要求并标注在图样上。测绘时，首先画出零件草图(徒手图)，然后根据零件草图画出零件工作图，在仿造机器设备或修配损坏零件时需进行零件的测绘工作。下面以球阀阀盖(图 7-19 中阀盖)为例介绍零件测绘的方法与步骤。

1. 分析零件，确定表达方案

了解零件的名称、用途、材料、制造方法及其与其他零件的关系，查看零件有无磨损和缺陷，分析零件的形状和结构，以便选择合适的表达方案。

零件的每个结构都有一定的作用，测绘前只有在弄清这些结构功用的基础上，才能完整、清楚地表达所测绘零件的结构形状，并且完整、合理、清晰地标出尺寸。构型分析对测绘破旧、磨损和带有某些制造缺陷的零件尤为重要，测绘过程中需在构型分析的基础上，用构型观点修正这些缺陷。

2. 画出零件草图

绘制零件草图应做到投影正确、线型符合要求、尺寸完整、字体工整等基本要求。

画零件草图的步骤：

(1) 布置视图，画各主要视图的基准线。布置视图时要考虑标注尺寸的位置，如图 7-48(a)所示。

(2) 按目测比例徒手或部分使用绘图仪器画图。从主视图入手按投影关系完成各视图、剖视图等，如图 7-48(b)所示。

(3) 画剖面线，选择尺寸基准，画出尺寸界线、尺寸线和箭头，如图 7-48(c)所示。

(4) 测量标注尺寸。

(5) 根据阀盖各表面的工作情况，标注表面结构符号、确定尺寸公差；注写技术要求和标题栏，如图 7-48(d)所示。

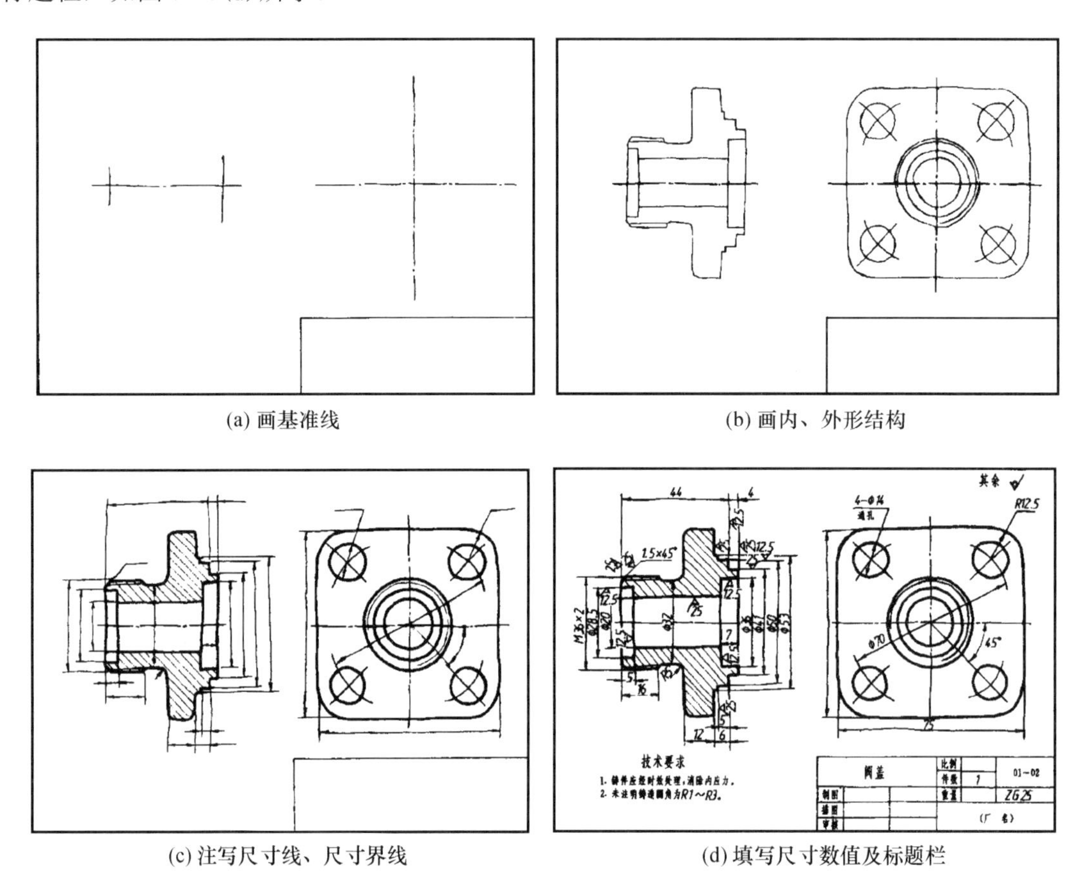

(a) 画基准线

(b) 画内、外形结构

(c) 注写尺寸线、尺寸界线

(d) 填写尺寸数值及标题栏

图 7-48 绘制零件草图的步骤

(6) 检查，完成全图。

3. 由零件草图绘制零件工作图

由零件草图绘制零件工作图前，需要对零件草图进行复核。应根据零件加工单位的设备条件重新考虑表面结构要求、尺寸公差、形位公差、材料及表面热处理等；表达方案的选择、尺寸的标注也需经过复查、补充、修改。

由零件草图绘制阀盖的零件工作图如图 7-49 所示。

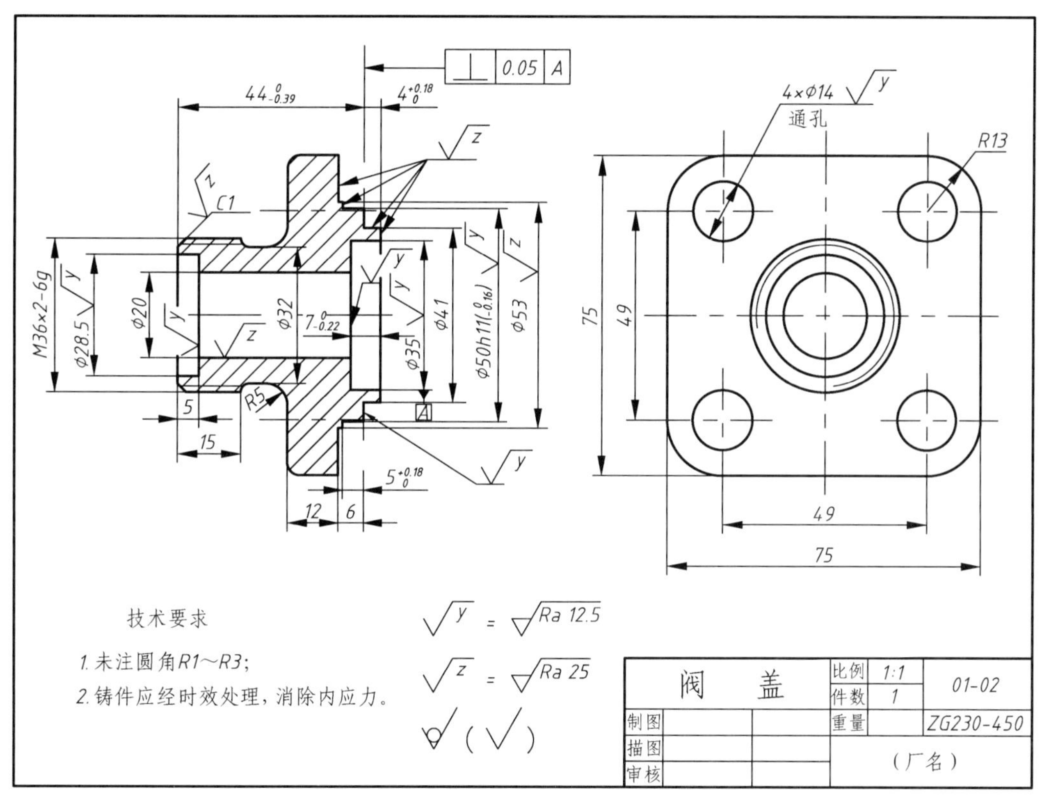

图 7-49 阀盖

7.6.2 测量工具和测量方法

测量零件尺寸常用的测量工具有钢直尺、内外卡钳、游标卡尺、千分尺等。几种常用的测量工具及测量方法见表 7-8。

表 7-8 几种常见的测量方法

测量对象	图 例	说 明
孔径和轴径	D2 D1	孔径用内卡钳测量，轴径用外卡钳测量； 精确度要求较高的孔径和轴径，可用游标卡尺测量

续表

测量对象	图例	说明
壁厚		当无法直接测量壁厚时，可用外卡钳和钢尺间接测量，再经简单计算，即得到所需尺寸 壁厚 $x=A-B$ 底厚 $y=C-D$
孔的中心距		先用内外卡钳测量 d 和 A，再经简单计算，便可得出所需尺寸 中心距 $L=A+d$
曲面轮廓		测量曲面轮廓常用拓印法。用纸印下曲面的轮廓形状，或用铅丝弯贴在曲面上，然后用三点定圆法定出圆弧的圆心和半径

7.6.3 零件测绘的注意事项

(1) 零件上的工艺结构，如倒角、倒圆、退刀槽、凸台及凹坑等都应用图形或文字表达清楚。对零件在制造过程中产生的缺陷，如铸造裂纹、缩孔以及因长期使用所产生的磨损等均应修正后画出。

(2) 测量螺纹、键槽、退刀槽等标准结构要素的尺寸时，应将测得的数据与有关标准核对并取成标准值。

(3) 零件的技术要求，如表面结构要求、极限与配合及热处理等，可根据零件的作用参照同类产品的图样或资料，用类比的方法确定。

(4) 零件上的非配合尺寸或不重要的尺寸若测得有小数，可取成整数。对于配合尺寸，一般只需测得其基本尺寸，其配合性质及公差值需根据零件的使用要求确定。

7.7 读零件图的方法和步骤

在设计、生产活动中，读零件图是一项非常重要的工作。前面所学过的组合体的读图方法，在读零件图中同样适用。

1. 读零件图的基本要求

(1) 了解零件的名称、材料和用途。

(2) 弄清零件的结构形状。

(3) 分析尺寸基准及尺寸标注。

(4) 了解零件的制造方法和技术要求。

(5) 综合考虑，得出零件的完整形状。

2. 读零件图的方法与步骤

以蜗轮减速箱箱体的零件图(图 7-50)为例介绍读零件图的方法步骤。

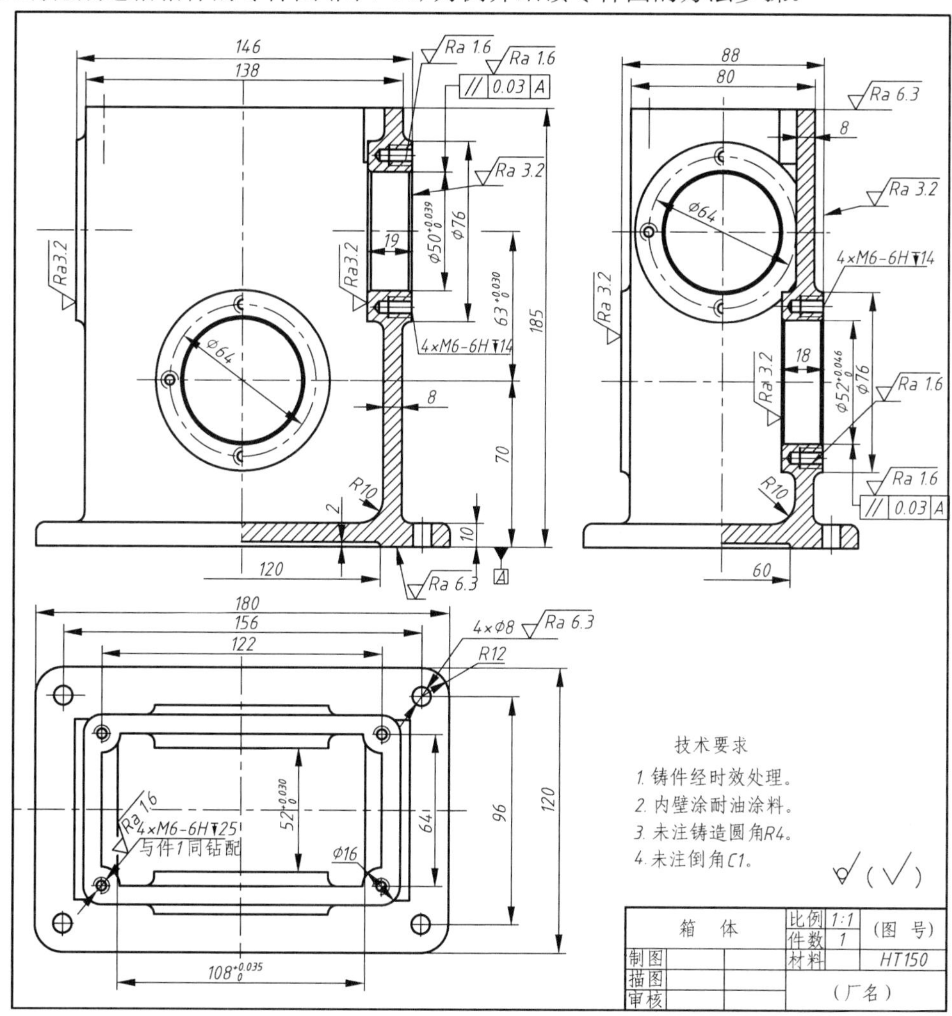

图 7-50　蜗轮减速箱体零件图

1) 概括了解

从标题栏入手，了解零件的名称、材料、质量和画图比例等。

从图 7-50 中的标题栏可看出：该零件是蜗轮减速箱的箱体，材料为灰铸铁(HT150)，画图比例 1:1。箱体是减速箱的主体零件，用于安装和支承蜗轮及蜗杆轴。

2) 分析视图，想象零件形状

分析视图是读零件图的重要一环。读图时，先要找出主视图，然后看有多少个视图，每个视图表达的重点是什么，以及与其他视图间的关系。

在分析表达方案的基础上，运用形体分析法及线面分析法，弄清零件各组成部分的形状及相对位置，进而想象出零件的整体形状。

如图 7-50 所示，箱体由主、俯、左三个视图表示。主视图采用半剖视图，剖切平面通过箱体前后方向的对称面，表达了箱体主视方向的内、外结构和形状。俯视图表达了箱体俯视方向的外形。左视图也采用半剖视图，剖切平面通过箱体左右方向的对称面，反映了箱体左视方向的内、外结构和形状。从而可知箱体的大致形状：由腔体和底板两部分组成。

腔体是由四块壁板围成的长方体，对称地叠加在底板上。腔体上部四个角的凸缘上各有一个 M6 深 25 的螺孔，用于连接箱盖。左、右壁板上各有一个直径为$\phi 76$ 的圆形凸台，其上有直径为$\phi 50^{+0.039}_{0}$ 的圆孔，用于支承蜗杆轴。每个凸台上有四个均匀分布的 M6 深 14 的螺孔。同样，在腔体的前、后壁板上也各有一个直径为$\phi 76$ 并带有$\phi 52^{+0.046}_{0}$ 圆孔的凸台，用于支承蜗轮轴。每个凸台上同样有四个均匀分布的 M6 深 14 的螺孔。根据上述分析可以看出，蜗杆轴孔与蜗轮轴孔的轴线互相交叉垂直。

底板是一块长 180、宽 120、高 10 的长方形平板。为减少加工面积并保证接触良好，中部有一个长 120、宽 60、深 2 的凹槽。底板的四个角上各有一个直径为$\phi 8$ 的通孔，用于连接箱体与机座。

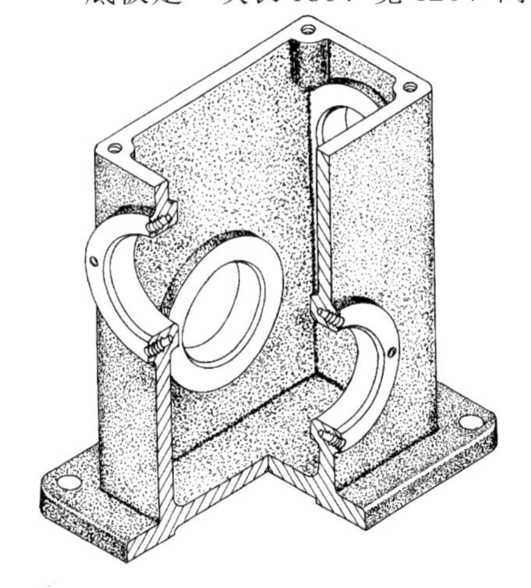

图 7-51　蜗轮减速箱体轴测图

综合以上分析，可想象出箱体的整体形状如图 7-51 所示。

3) 分析尺寸

根据零件的结构特点，先找出基准，分析出主要尺寸；然后分析各部分的定形尺寸和定位尺寸；最后找出零件的总体尺寸。

如图 7-50 所示，箱体长度方向的尺寸基准为箱体的左右对称面。宽度方向的尺寸基准为箱体的前后方向的对称面。高度方向的尺寸基准为箱体的安装基面，即底面。各方向上的主要尺寸，如$108^{+0.035}_{0}$、$52^{+0.030}_{0}$ 以及为保证蜗轮与蜗杆正确啮合的两轴孔的中心距$63^{+0.030}_{0}$ 等，都是从这些主要基准直接注出的。

其余的尺寸读者可自行分析。

4) 分析技术要求

分析零件图上表面结构、尺寸公差、几何公差以及其他技术要求的标注，可以明确零件的加工和测量方法。

图 7-50 中标注的尺寸公差、几何公差、表面结构要求等技术要求进一步体现了箱体的结构特点。从图中可以看出，蜗杆轴孔$\phi 50^{+0.039}_{0}$ 及蜗轮轴孔$\phi 52^{+0.046}_{0}$ 均为表面粗糙度要求较高（R_a 的值为 1.6μm）、尺寸精度要求较高（查表可知公差带代号为 H8）的基准孔。它们的轴线与底面的平行度公差均为 0.03，以保证传动准确。此外，为保证蜗轮与蜗杆的正确啮合，两轴孔的中心距$63^{+0.030}_{0}$、腔体左右壁板上两圆形凸台内侧面的距离$108^{+0.035}_{0}$、腔体前后壁板上两圆形凸台内侧面的距离$52^{+0.030}_{0}$ 都标注了尺寸公差要求。

通过以上分析，将零件的结构形状、尺寸和技术要求等综合起来，就能对零件有一个较为全面的认识，从而达到读懂零件图的目的。

第 8 章　标准件和常用件

在各种机械产品、设备中，大量使用各种零件和部件，为了简化设计、便于生产、保证通配性和互换性，在结构、尺寸方面均已标准化的零件，称为标准件；部分重要参数标准化、系列化的零件，称为常用件，如齿轮、弹簧等。

本章应重点掌握有关标准件和常用件的结构特点、规定画法、代号、标记以及查阅相关标准的方法。

8.1　螺　　纹

螺纹连接是利用螺纹紧固件构成的一种可拆连接，它具有结构简单、装拆方便、工作可靠、类型多样等优点，所以螺纹连接是机械制造和结构工程中应用最广泛的一种连接。

8.1.1　螺纹的形成、结构和要素

1. 螺纹的形成

一个平面图形，如三角形、矩形、梯形，绕一圆柱(锥)面做螺旋运动，形成的圆柱(锥)螺旋体称为螺纹。图 8-1 为螺纹加工的示意图。在圆柱(锥)外表面上加工的螺纹，称为外螺纹；在圆柱(锥)内表面上加工的螺纹，称为内螺纹。在加工螺纹的过程中，由于刀具的切入构成了凸起和沟槽两部分，凸起的顶端称为牙顶，沟槽的底部称为牙底，如图 8-2 所示。

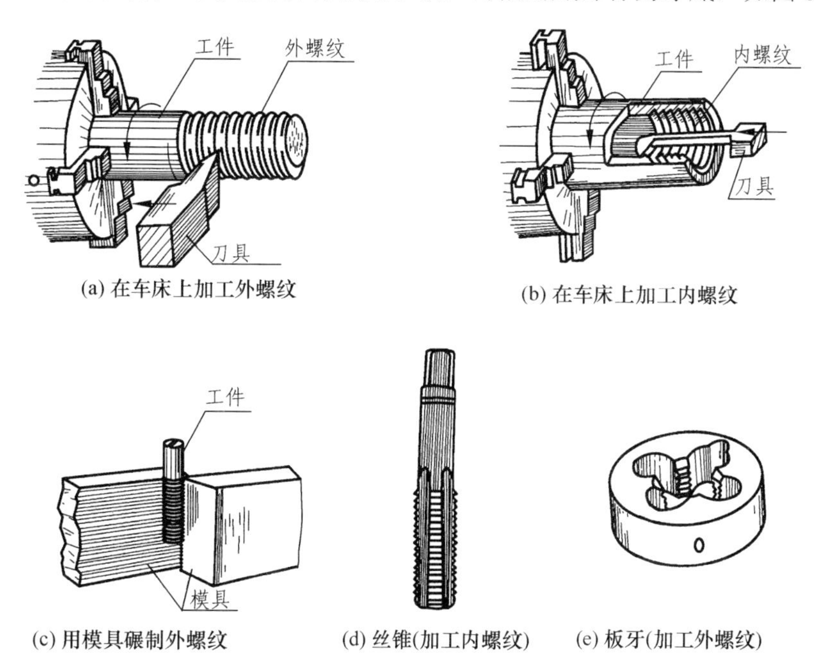

图 8-1　螺纹的加工

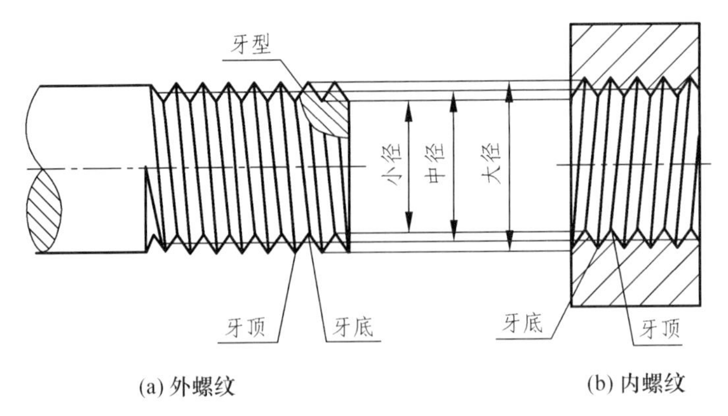

图 8-2 外螺纹和内螺纹

2. 螺纹的结构

(1) 螺纹末端。

为了防止螺纹的起始圈损坏和便于装配，通常在螺纹起始处做出一定形式的末端，如倒角、圆端等，如图 8-3 所示。

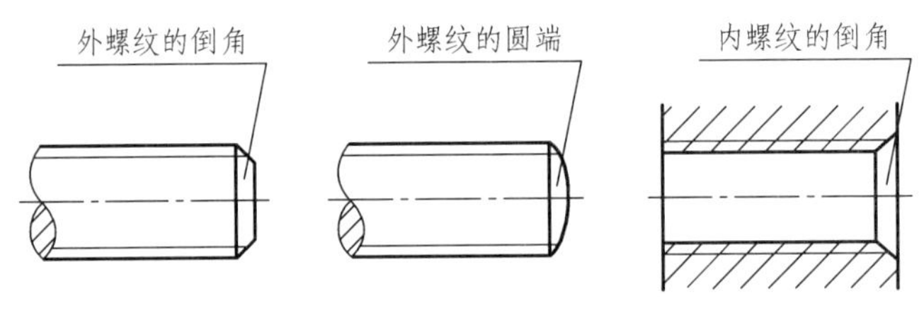

图 8-3 螺纹末端

(2) 螺纹的收尾和退刀槽。

在实际生产中，当车削螺纹的刀具快到达螺纹终止处时，要逐渐离开工件，因而螺纹终止处附近的牙型将逐渐变浅，形成不完整的螺纹牙型，这段螺纹称为螺尾，如图 8-4(a) 中的 l 处，当需要表示螺纹收尾时，螺尾部分的牙底用与轴线成 30° 的细实线表示。为避免产生螺尾，可在螺纹终止处先车削出一个槽，便于刀具退出，这个槽称为退刀槽，如图 8-4(b) 所示。螺纹收尾、退刀槽已标准化，各部分尺寸均可查阅附录 A 中的附表 A-3 或机械设计手册。

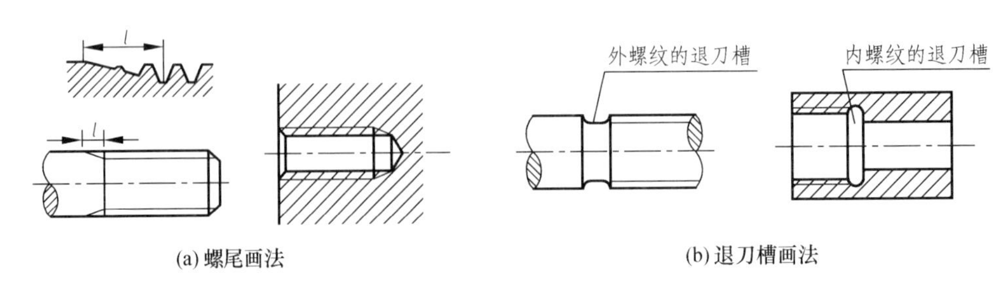

图 8-4 螺纹的收尾和退刀槽

3. 螺纹的要素

(1) 牙型。在通过螺纹轴线的断面上，螺纹的轮廓形状称为螺纹牙型。常见的螺纹牙型有三角形、梯形、锯齿形等，图 8-2 所示为三角形。

(2) 公称直径。公称直径是代表螺纹尺寸的直径，指螺纹大径的基本尺寸。如图 8-2 所示，螺纹大径是与外螺纹牙顶或内螺纹牙底相重合的假想圆柱面的直径，内、外螺纹的大径分别用 D 和 d 表示；螺纹小径是与外螺纹牙底或内螺纹牙顶相重合的假想圆柱面的直径，内、外螺纹的小径分别用 D_1 和 d_1 表示；螺纹中径是母线通过牙型上沟槽和凸起宽度相等处的一个假想圆柱面的直径，内、外螺纹的中径分别用 D_2 和 d_2 表示。

(3) 线数 n。当圆柱面上只有一条螺旋线所形成的螺纹称单线螺纹，有两条或两条以上沿轴向等距分布的螺旋线所形成的螺纹称双线或多线螺纹，如图 8-5 所示。连接螺纹一般用单线螺纹。

(4) 旋向。当螺旋体的轴线垂直放置时，所看到的螺纹自左向右升高者(符合右手定则)，称为右旋；反之为左旋(符合左手定则)，如图 8-6 所示。在实践中顺时针方向旋转能够拧紧、逆时针方向旋转能够松开的螺纹即右旋螺纹，反之为左旋螺纹。

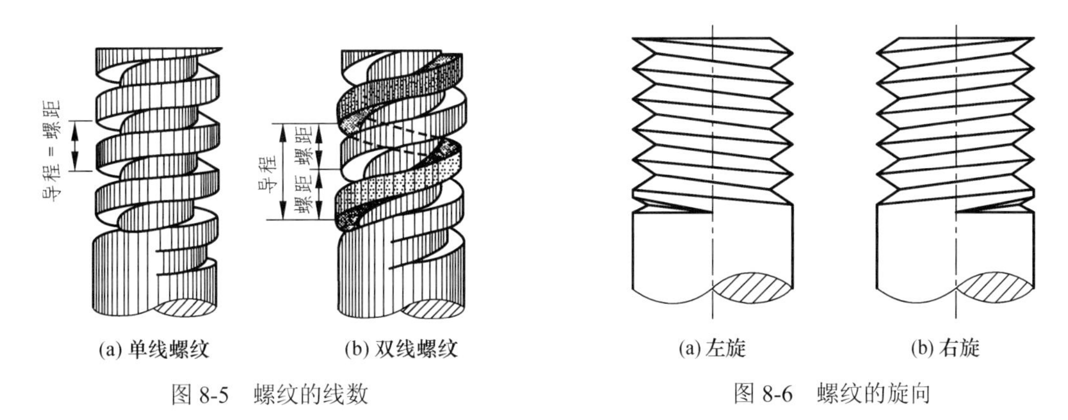

(a) 单线螺纹　(b) 双线螺纹

图 8-5　螺纹的线数

(a) 左旋　(b) 右旋

图 8-6　螺纹的旋向

(5) 螺距 P 和导程 P_h。螺纹中径线上相邻两牙对应点之间的轴向距离称为螺距，用 P 表示。同一条螺纹线相邻两牙在中径线上对应点间的轴向距离称为导程，用 P_h 表示。螺距 P 和导程 P_h 之间的关系：$P_h=nP$，其中 n 为螺纹线数(图 8-5)。

只有上述五个要素都完全相同的一对内、外螺纹才能互相旋合，起到连接和传动作用。为了便于设计计算和加工制造，国家标准对螺纹诸要素中的牙型、大径和螺距都做了规定，凡这三要素都符合标准的称为标准螺纹；而牙型符合标准，大径或螺距不符合标准的称为特殊螺纹；牙型不符合标准(如方牙螺纹)，则称为非标准螺纹，如图 8-11 所示的螺纹。

8.1.2　螺纹的种类

(1) 按牙型可将螺纹分为普通螺纹、梯形螺纹、锯齿形螺纹等，见表 8-1。

(2) 按用途可将螺纹分为连接螺纹和传动螺纹。

(3) 按基本要素标准化的程度可将螺纹分为标准螺纹、特殊螺纹和非标准螺纹。

表 8-1 螺纹的种类、代号及标注

螺纹类别		外形图	螺纹特征代号	标注图例	说明
连接螺纹	粗牙普通螺纹	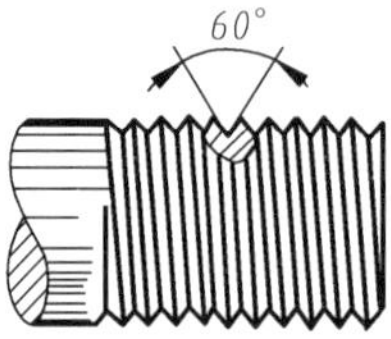 60°	M	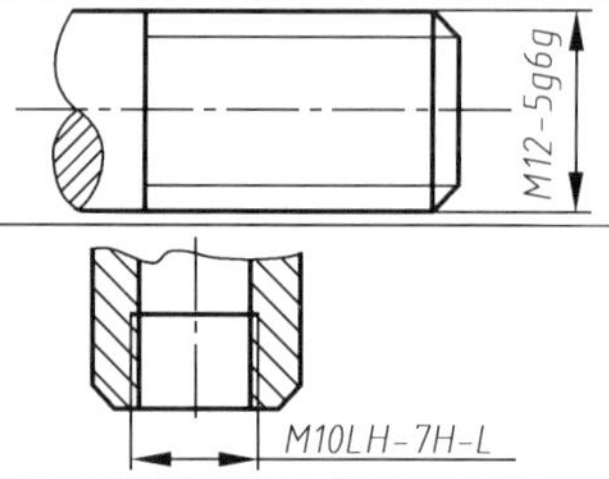 M12-5g6g M10LH-7H-L	粗牙普通螺纹不标注螺距，右旋螺纹不注旋向，左旋加注“LH”表示
	细牙普通螺纹	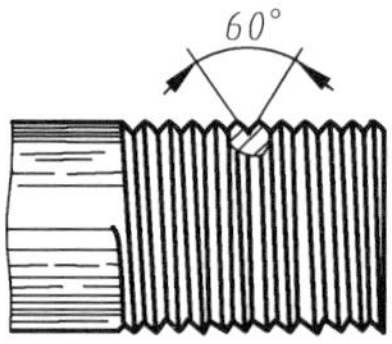 60°		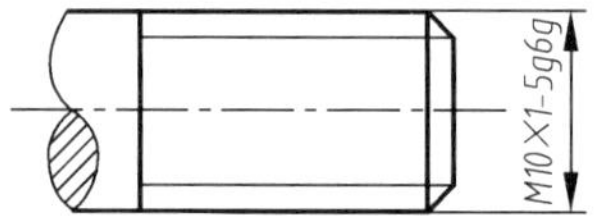 M10×1-5g6g	细牙普通螺纹必须注明螺距，右旋螺纹不注旋向，左旋加注“LH”表示
	非螺纹密封管螺纹	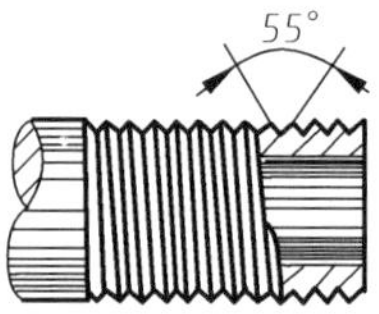 55°	G	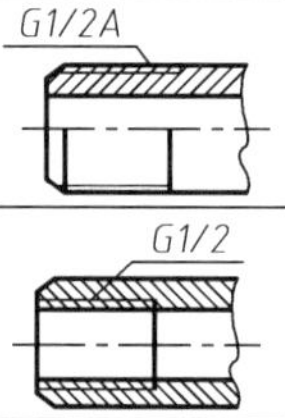 G1/2A G1/2	外螺纹公差等级代号有两种 A、B，内螺纹公差等级仅有一种，不必标注代号
	螺纹密封管螺纹	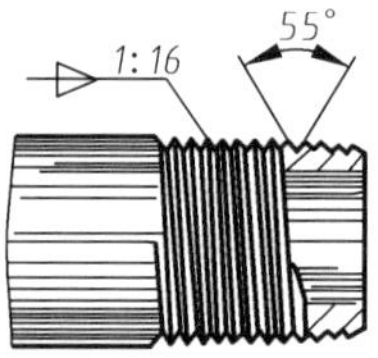 1:16 55°	Rc Rp R	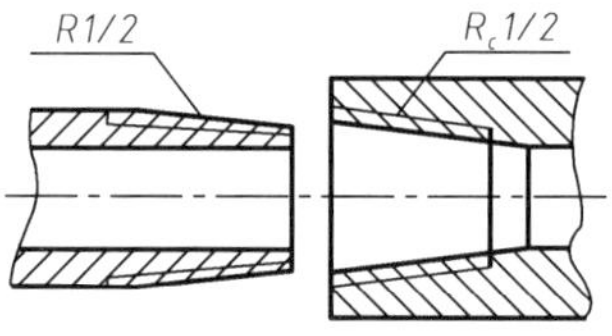 R1/2 $R_c1/2$	Rc-圆锥内管螺纹 Rp-圆柱内管螺纹 R-圆锥外管螺纹
	60°圆锥管螺纹	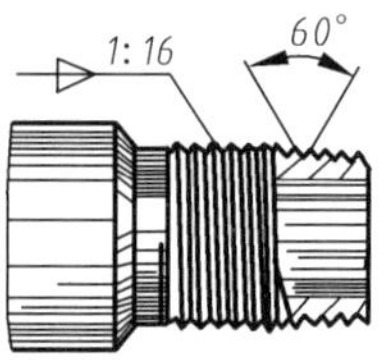 1:16 60°	NPT	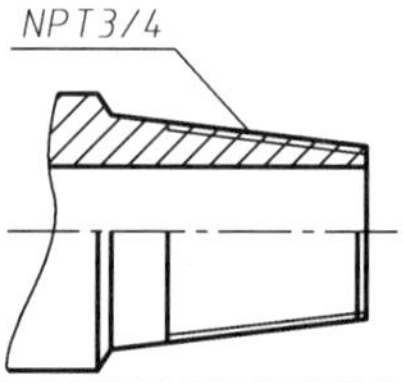 NPT3/4	内外管螺纹均加工在 1∶16 的圆锥面上，具有很高的密封性，常用于系统压力要求为中、高压的液压或气压系统
传动螺纹	梯形螺纹	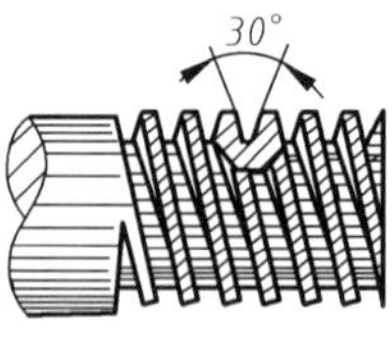 30°	Tr	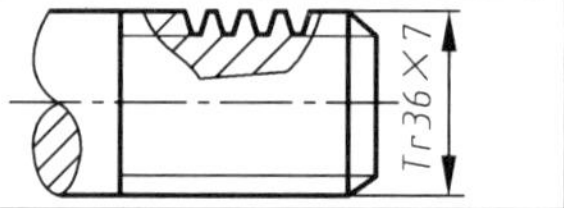 Tr36×7	单线螺纹省略标注线数和导程
				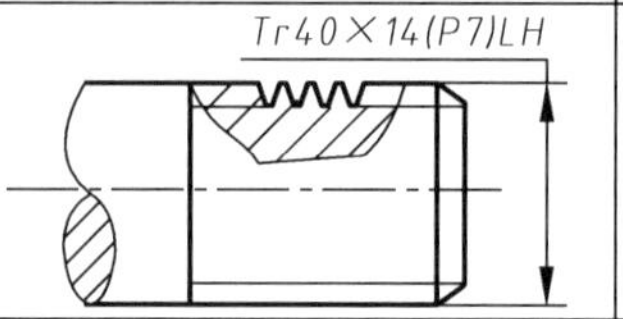 Tr40×14(P7)LH	多线螺纹必须注明导程及螺距

8.1.3 螺纹的规定画法

螺纹的真实投影很复杂，而制造螺纹又常采用专用刀具和机床。为了方便作图，《机械制图 螺纹及螺纹紧固件表示法》(GB/T 4459.1—1995)规定螺纹在图样中采用规定画法。

1. 外螺纹的规定画法

外螺纹的牙顶(大径)及螺纹终止线用粗实线表示，牙底(小径)用细实线表示，在平行于螺杆轴线投影面的视图中，还要画出螺杆的倒角或倒圆。在垂直于螺杆轴线投影面的视图中表示牙底的细实线圆只画约 3/4 圈(空出约 1/4 圈的具体位置不作规定)，在此视图中螺纹的倒角圆省略不画，如图 8-7 所示。小径通常画成大径的 85%，其实际数值可查阅附录 A 中附表 A-1、附表 A-2 或机械设计中有关标准。

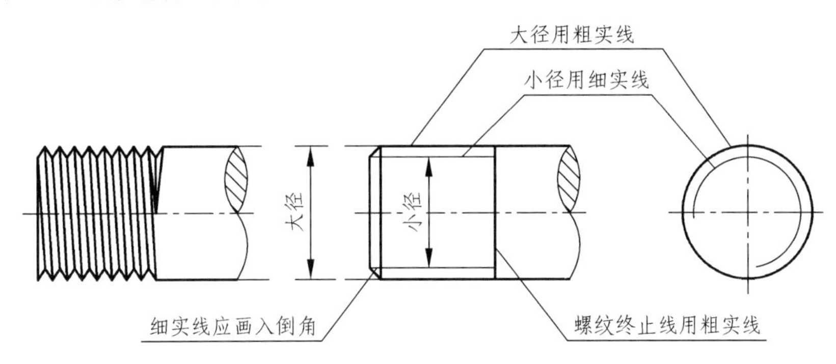

图 8-7 外螺纹的规定画法

2. 内螺纹的规定画法

内螺纹沿其轴线剖开时，牙底(大径)用细实线表示，牙顶(小径)及螺纹终止线用粗实线表示。剖面线应画至表示小径的粗实线处。不剖时，牙顶、牙底及螺纹终止线皆用虚线表示。在垂直于螺杆轴线投影面的视图中，牙底(大径)画成约 3/4 圈的细实线圆，螺纹孔的倒角圆省略不画，如图 8-8 所示。

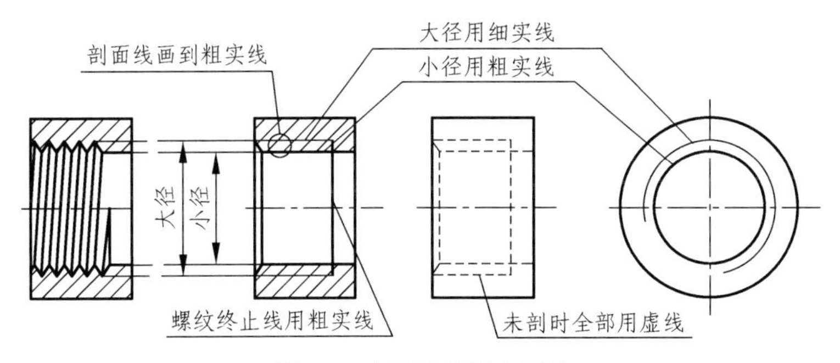

图 8-8 内螺纹的规定画法

3. 螺纹连接的规定画法

在剖视图中表示螺纹连接时，其旋合部分按外螺纹的画法绘制，非旋合部分按各自的画法绘制。内螺纹的牙顶线(粗实线)与外螺纹的牙底线(细实线)应对齐画在一条线上；内螺纹的牙底线(细实线)与外螺纹的牙顶线(粗实线)应对齐画在一条线上，如图 8-9 所示。

4. 螺纹其他结构的规定画法

(1)无论是外螺纹还是内螺纹在作剖视处理时，剖面线符号应画至表示大径或表示小径的粗实线处。

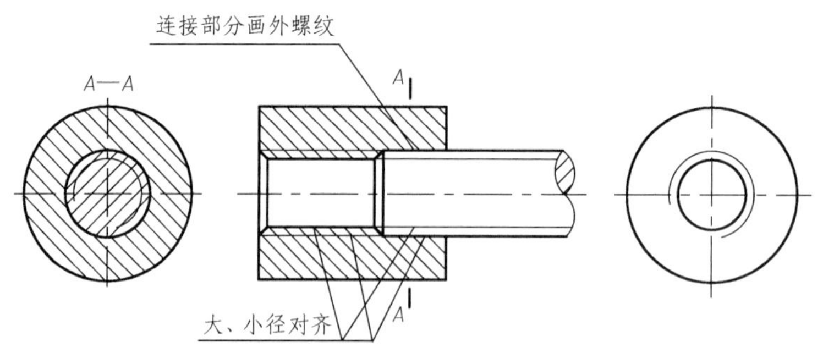

图 8-9　螺纹连接的规定画法

(2)绘制不穿通的螺孔时，一般应将钻孔深度和螺纹深度分别画出，如图 8-10(a)所示。钻孔深度一般应比螺纹深度大 0.5*D*，其中 *D* 为螺纹大径。钻孔底部锥面是由钻头钻孔时不可避免产生的工艺结构，其锥顶角为 120°，且尺寸标注中的钻孔深度也不包括该锥顶角部分。

(3)图 8-10(b)表示了螺纹孔中相贯线的画法。

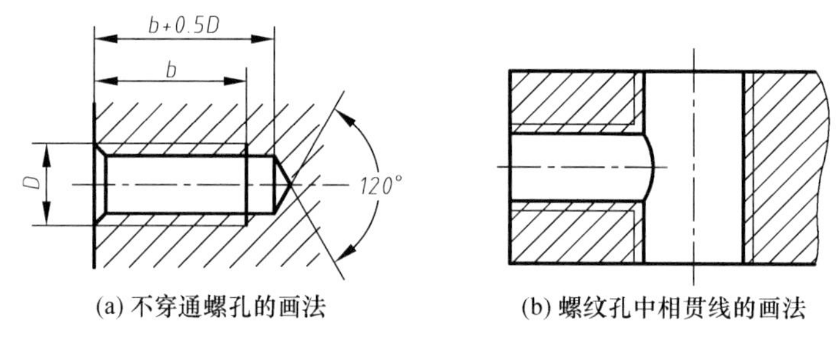

(a) 不穿通螺孔的画法　　(b) 螺纹孔中相贯线的画法

图 8-10　螺纹其他结构的规定画法

5. 非标准螺纹的画法

非标准螺纹指牙型不符合标准的螺纹，所以应画出螺纹牙型，并标注出牙型所需的加工尺寸及有关要求，如图 8-11 所示。

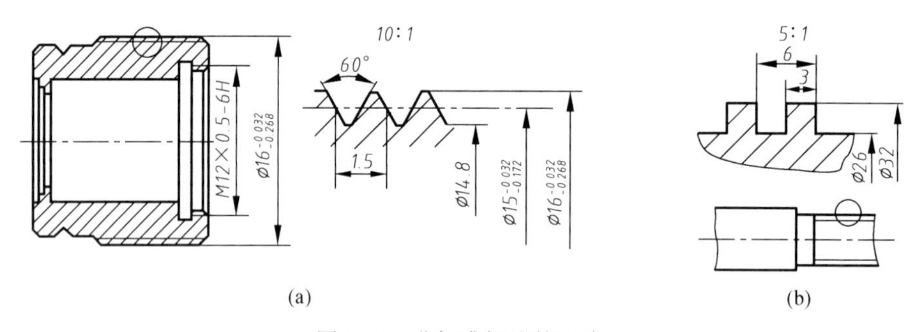

(a)　　(b)

图 8-11　非标准螺纹的画法

8.1.4　螺纹的标注

因为各种螺纹均采用统一的规定画法，绘制的螺纹不能完全表示出螺纹的基本要素及尺寸，故必须在图上用规定代号进行标注(表 8-1)。

1. 普通螺纹、梯形螺纹、锯齿形螺纹的标注

其完整的标注格式如下：

螺纹特征代号 公称直径 × 螺距（单线时）/ 导程(P 螺距)（多线时） 旋向—公差带代号—旋合长度代号

其中：

(1) 螺纹特征代号见表 8-1。单线螺纹，其导程和线数省略不注；右旋螺纹则旋向省略不注，左旋螺纹用 LH 表示；普通粗牙螺纹螺距省略不注。

(2) 螺纹公差带代号由表示其大小(公差等级)的数字和表示其位置(基本偏差)的字母所组成(内螺纹用大写字母、外螺纹用小写字母)，如 6H、6g 等。当螺纹的中径公差带与顶径公差带代号不同时，应分别注出，如 M10-5g6g，其中 6g 为顶径公差带代号，5g 为中径公差带代号；当中径与顶径公差带代号相同时，只注一个代号，如 M10-6g。梯形螺纹、锯齿形螺纹只标注中径公差带代号。

内外螺纹旋合在一起时，其公差带代号可用斜线分开，左边表示内螺纹公差带代号，右边表示外螺纹公差带代号，如 M20-6H/5g。

(3) 旋合长度代号。螺纹的配合性质与旋合长度有关。普通螺纹的旋合长度分为短、中、长三组，分别用代号 S、N、L 表示。梯形螺纹为 N、L 两组。当旋合长度为 N 时可省略标注，必要时可用数值注明旋合长度。旋合长度的分组可根据螺纹大径及螺距从有关规范中查取。

2. 管螺纹的标注

螺纹特征代号 尺寸代号 公差等级代号

由于在管螺纹的标注中，尺寸代号是指管子内径的大小，而不是螺纹的大径，所以管螺纹必须采用旁注法标注，而且指引线从螺纹大径轮廓线引出。其公差等级代号仅限于非螺纹密封的外管螺纹，有 A 级和 B 级两种之分，其他管螺纹无此划分，故不需标注。

3. 非标准螺纹的标注

非标准螺纹必须画出牙型图并标注全部尺寸，如图 8-11 所示。

8.2 常用螺纹紧固件

8.2.1 螺纹紧固件的种类、用途及其规定标记

螺纹紧固件类型很多，机械中常见的螺纹紧固件有螺栓、双头螺柱、螺钉、垫圈和螺母等，均为标准件(图 8-12)。各种紧固件都有相应的规定标记，通常只需在技术文件中注写其规定标记而不画零件工作图。

螺纹紧固件的标记方法见《紧固件标记方法》(GB/T 1237—2000)，表 8-2 列出了一些常用螺纹紧固件及其规定标记。螺纹紧固件的规定标记应包含如下内容：名称标准编号—规格尺寸—性能等级。其中标准编号由该螺纹紧固件编号和颁发标准年号组成；规格尺寸一般由螺纹代号×公称长度组成；性能等级为标准规定的常用等级时可省略不注。

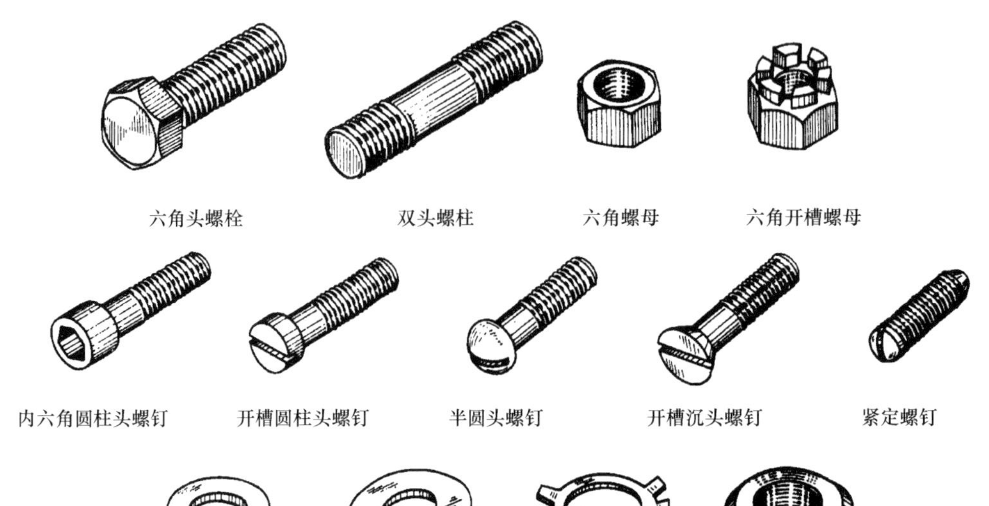

六角头螺栓　双头螺柱　六角螺母　六角开槽螺母

内六角圆柱头螺钉　开槽圆柱头螺钉　半圆头螺钉　开槽沉头螺钉　紧定螺钉

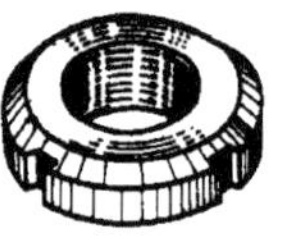

平垫圈　弹簧垫圈　圆螺母用止动垫圈　圆螺母

图 8-12　常用的螺纹紧固件

表 8-2　常用螺纹紧固件的图例及规定标记

名称	规定标记示例	名称	规定标记示例
六角头螺栓	螺栓 GB/T 5782—2016—M10×45	1型六角螺母	螺母 GB/T 6170—2015—M12
双头螺柱	螺柱 GB 898—1988—M10×40 螺柱 GB 898—1988—AM10×40	1型六角开槽螺母	螺母 GB 6178—1986—M12
开槽圆柱端紧定螺钉	螺钉 GB/T 75—1985—M5×16	十字槽沉头螺钉	螺钉 GB/T 819.1—2016—M5×20
开槽沉头螺钉	螺钉 GB/T 68—2016—M5×20	内六角圆柱头螺钉	螺钉 GB/T 70.1—2008—M5×20
开槽锥端紧定螺钉	螺钉 GB/T 71—1985—M5×16	平垫圈	GB/T 97.1—2002—12
开槽圆柱头螺钉	螺钉 GB/T 65—2016—M5×20	标准型弹簧垫圈	垫圈 GB 93—1987—12

8.2.2 螺纹紧固件的绘制

在装配图中为表示连接关系还需画出螺纹紧固件。绘制螺纹紧固件的方法有两种。

1. 查表画法

通过查阅设计手册或附录A中的附表A-4～附表A-10，按手册中国标规定的数据画图，所有螺纹紧固件都可用查表方法绘制。

2. 比例画法

为了提高画图速度，螺纹紧固件各部分的尺寸(除公称长度 l 和旋合长度 bm 外)，是以螺纹大径 d(或 D)为基础数据，根据相应的比例系数计算得出的，根据计算出的尺寸绘制紧固件，称比例画法。画图时，螺纹紧固件的公称长度 l 根据被连接零件的厚度确定，旋合长度 bm 与连接件材料有关。各种常用紧固件的比例画法，如表8-3所示。

表8-3 常用螺纹紧固件的比例画法

名　　称	比例画法
螺栓、螺母	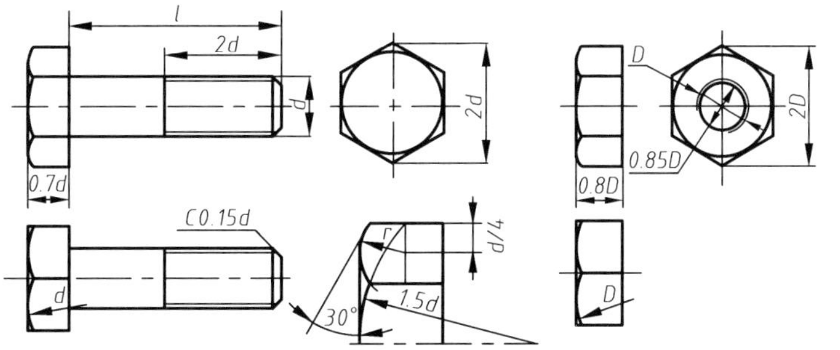
双头螺柱、内六角圆柱头螺钉	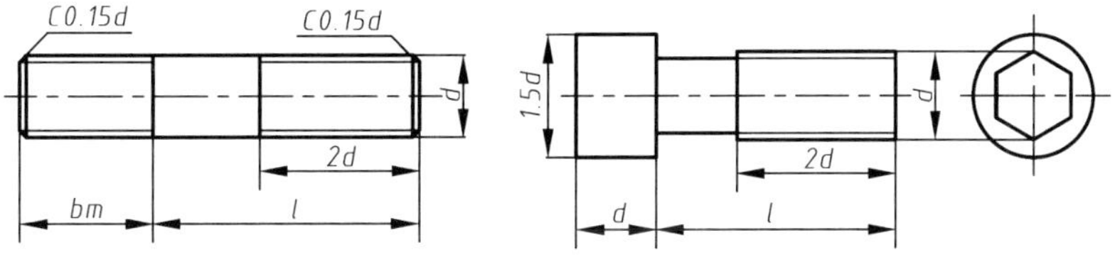
开槽圆柱头螺钉、沉头螺钉	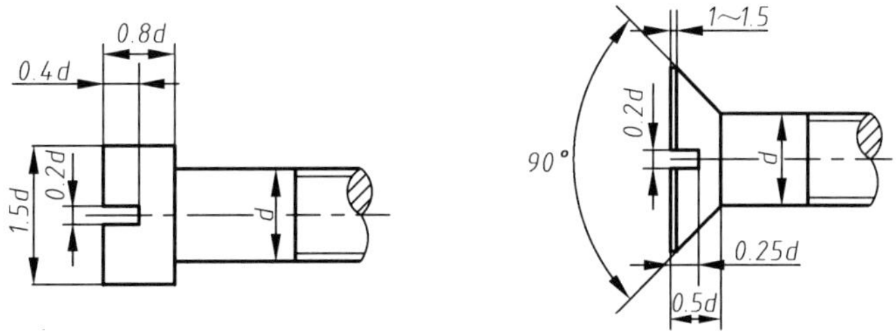
平垫圈、弹簧垫圈	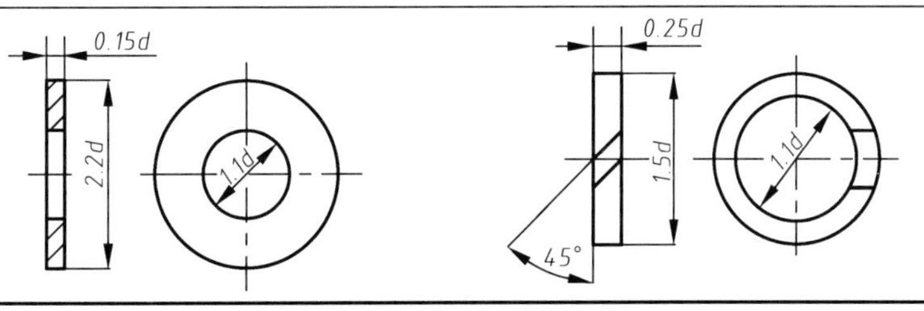

续表

名　　称	比例画法
钻孔、螺孔和光孔尺寸	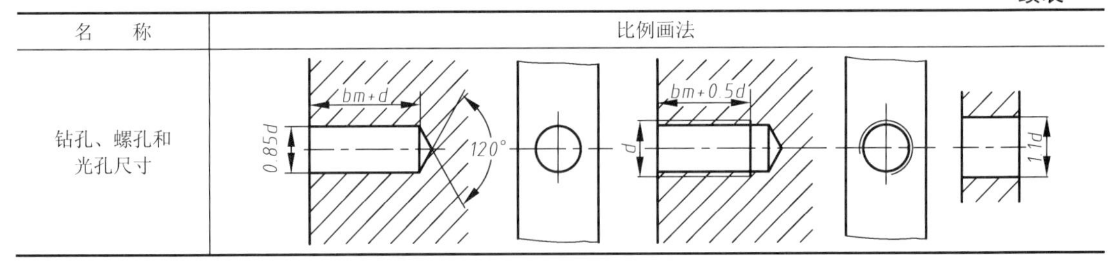

8.2.3 螺纹连接的画法

1. 常见的三种螺纹连接

(1)螺栓连接。螺栓连接由螺栓、螺母、垫圈组成(图 8-13)。螺栓连接用于被连接零件厚度不大，可加工出通孔时的情况，优点是无需在被连接零件上加工螺纹。设计和绘图时应注意，被连接零件的通孔尺寸应大于螺栓的大径，一般通孔直径是 1.1*d*(表 8-3)。螺栓有效长度 *l* 的计算见图 8-16(a)，其中 *a* 为螺栓伸出螺母的长度，一般应取(0.3～0.4)*d*。

(2)双头螺柱连接。双头螺柱连接由双头螺柱、螺母、垫圈组成(图 8-14)。双头螺柱连接适用于结构上不能采用螺栓连接的场合，如被连接件之一太厚不宜制成通孔，或材料较软，且需要经常装拆时，往往采用双头螺柱连接。双头螺柱的两端都有螺纹，用于旋入被连接件螺孔的一端，称为旋入端，用来拧紧螺母的另一端称为紧固端。旋入端的长度 *bm* 根据旋入零件的材料和螺柱大径确定(图 8-16(d))，对于钢、青铜零件取 *bm*=*d*(GB/T 897—1988)；铸铁零件取 *bm*=1.25*d*(GB 898—1988)；材料强度介于铸铁和铝之间的零件取 *bm*=1.5*d*(GB 899—1988)；铝合金、非金属材料零件取 *bm*=2*d*(GB/T 900—1988)。双头螺柱有效长度 *l* 的计算见图 8-16(b)，其中 *a* 的取值与螺栓相同。

(3)螺钉连接。螺钉连接由螺钉、垫圈组成(图 8-15)。螺钉直接拧入被连接件的螺孔中，不用螺母，在结构上比双头螺柱连接更简单、紧凑。其用途和双头螺柱连接相似，但如果经常装拆则容易使螺孔磨损，导致被连接件报废，故多用于受力不大，或不需要经常拆装的场合。螺钉有效长度 *l* 的计算见图 8-16(c)，其中 *bm* 的取值与双头螺柱相同。

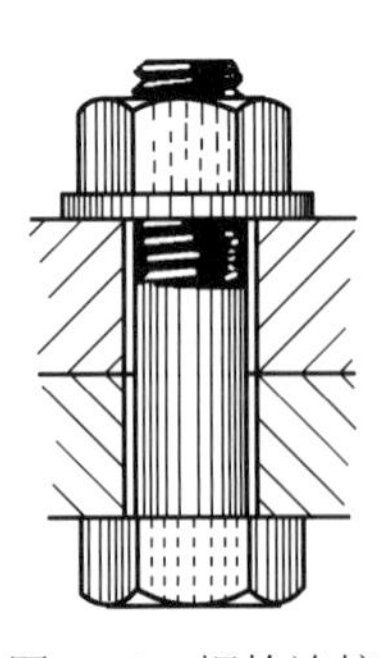

图 8-13　螺栓连接

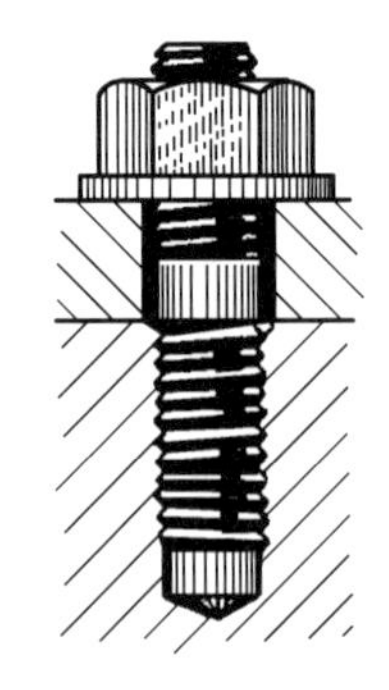

图 8-14　双头螺柱连接

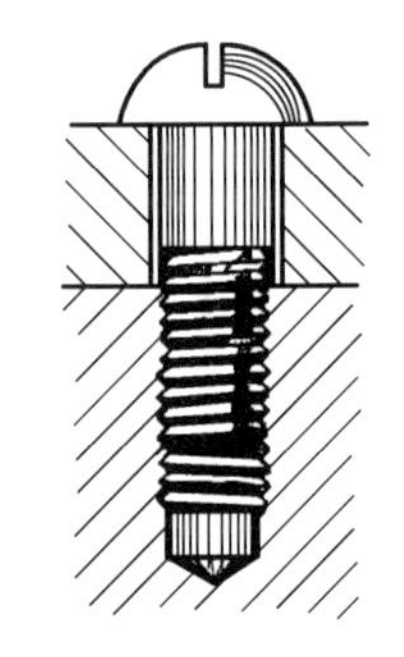

图 8-15　螺钉连接

2. 常见螺纹连接的规定画法

图 8-16(a)、(b)、(c)为常见的三种螺纹连接的规定画法。螺纹连接的视图实际上是一

个简单结构的装配图，因此，无论哪种螺纹连接，其视图的绘制均应符合装配图画法的基本规定。图 8-16(d)为旋入端长度 *bm* 与钻孔深度和螺孔深度的关系。

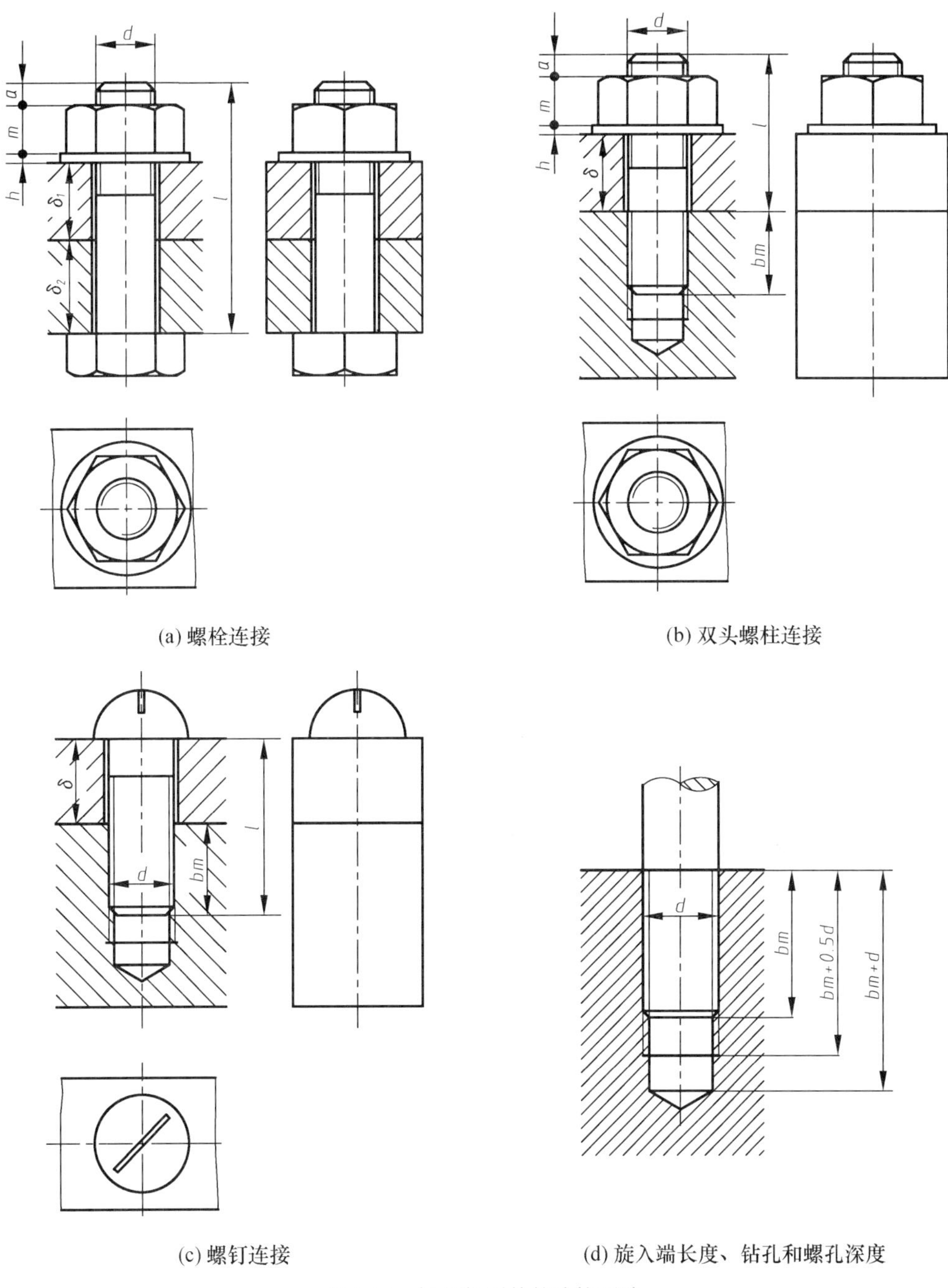

(a) 螺栓连接

(b) 双头螺柱连接

(c) 螺钉连接

(d) 旋入端长度、钻孔和螺孔深度

图 8-16 螺纹紧固件的连接画法

3. 画图步骤(比例画法)

以螺栓连接为例，过程如图 8-17 所示。

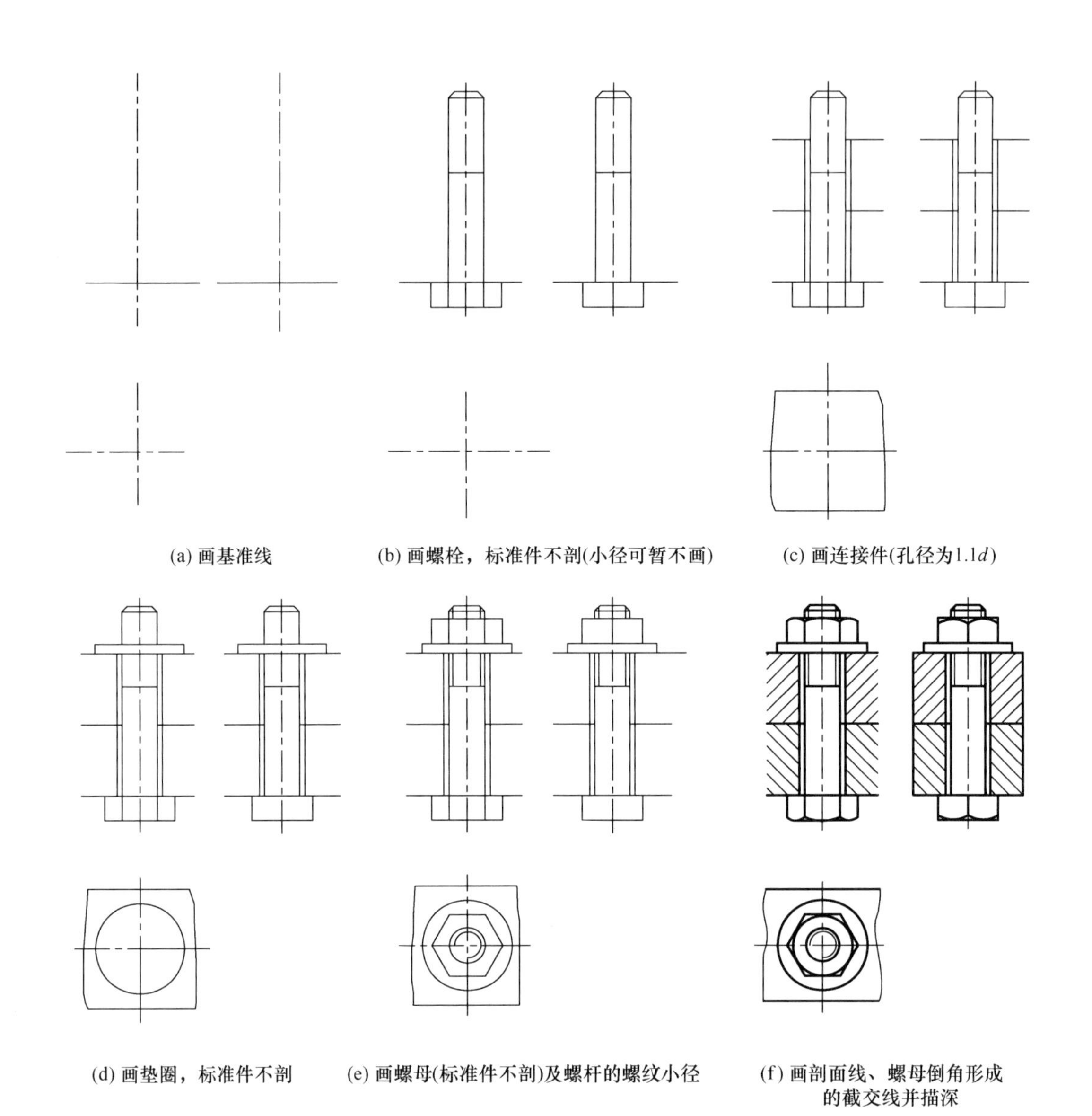
(a) 画基准线　(b) 画螺栓，标准件不剖(小径可暂不画)　(c) 画连接件(孔径为1.1d)

(d) 画垫圈，标准件不剖　(e) 画螺母(标准件不剖)及螺杆的螺纹小径　(f) 画剖面线、螺母倒角形成的截交线并描深

图 8-17　螺栓连接的画图步骤

4. 各种螺纹连接画法的注意点

螺纹连接的画法比较烦琐，容易出错，下面以正误对比的方法分别指出三种螺纹连接中容易画错的地方。

(1) 螺栓连接(图 8-18)。

① 处两零件的接触面画一条粗实线，此线应画至螺栓轮廓。

② 处螺栓大径与孔径不等，有间隙，应画两条粗实线。

③ 处应为 30° 斜线。

④ 处应为直角。

⑤ 处应为粗实线及 3/4 圈的细实线(按螺栓画)，倒角圆不画。

⑥ 处应画出螺纹小径且螺纹小径的细实线应画入倒角内。

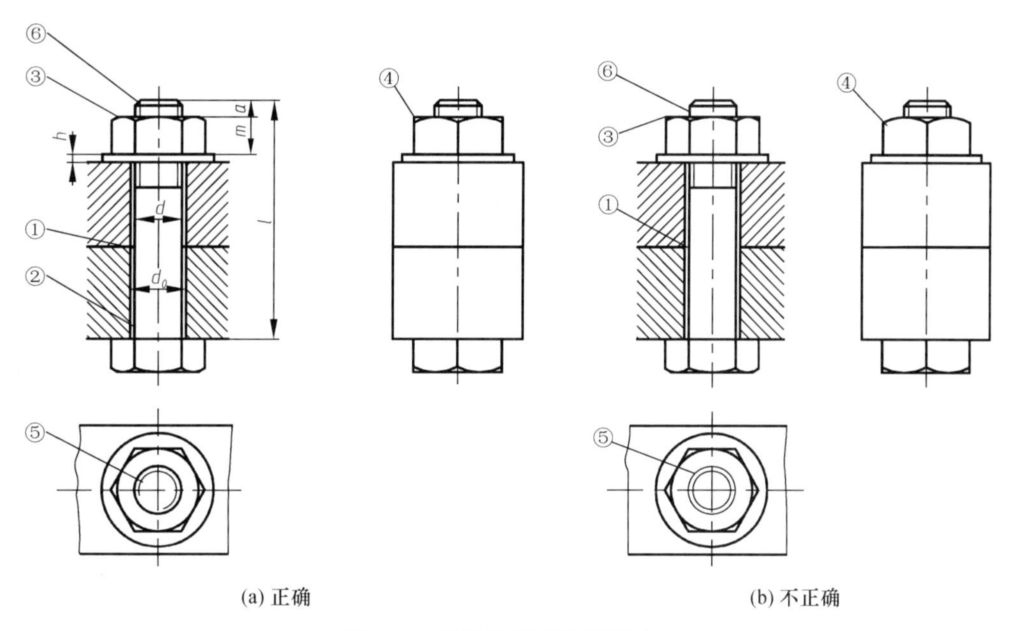

(a) 正确　　　　(b) 不正确

图 8-18　螺栓连接画法正误对比

(2) 双头螺柱连接(图 8-19)。

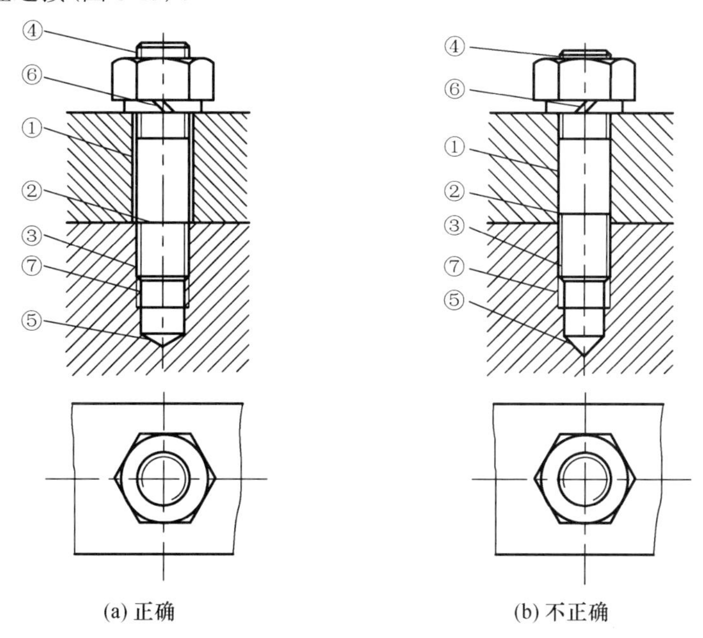

(a) 正确　　　　(b) 不正确

图 8-19　双头螺柱连接画法正误对比

① 处被连接零件的孔径按螺柱大径的 1.1 倍画，所以此处应画成两条粗实线。

② 处螺柱旋入端的螺纹终止线应与两零件接触面画在一条线上，表示旋入端已全部拧入机体。

③ 处螺孔的牙底线和牙顶线与螺柱的牙顶线和牙底线应分别对齐画在一条线上。

④ 处螺柱伸出螺母的长度应取(0.3～0.4)d，如图 8-19(a)所示。

⑤ 处钻头角应按 120° 作图。

⑥ 处弹簧垫圈开口处的倾斜方向应与螺纹旋向相同，如图 8-19(a)所示。

⑦ 处机体的剖面线应画至表示内螺纹牙顶的粗实线处。

(3)螺钉连接(图 8-20)。

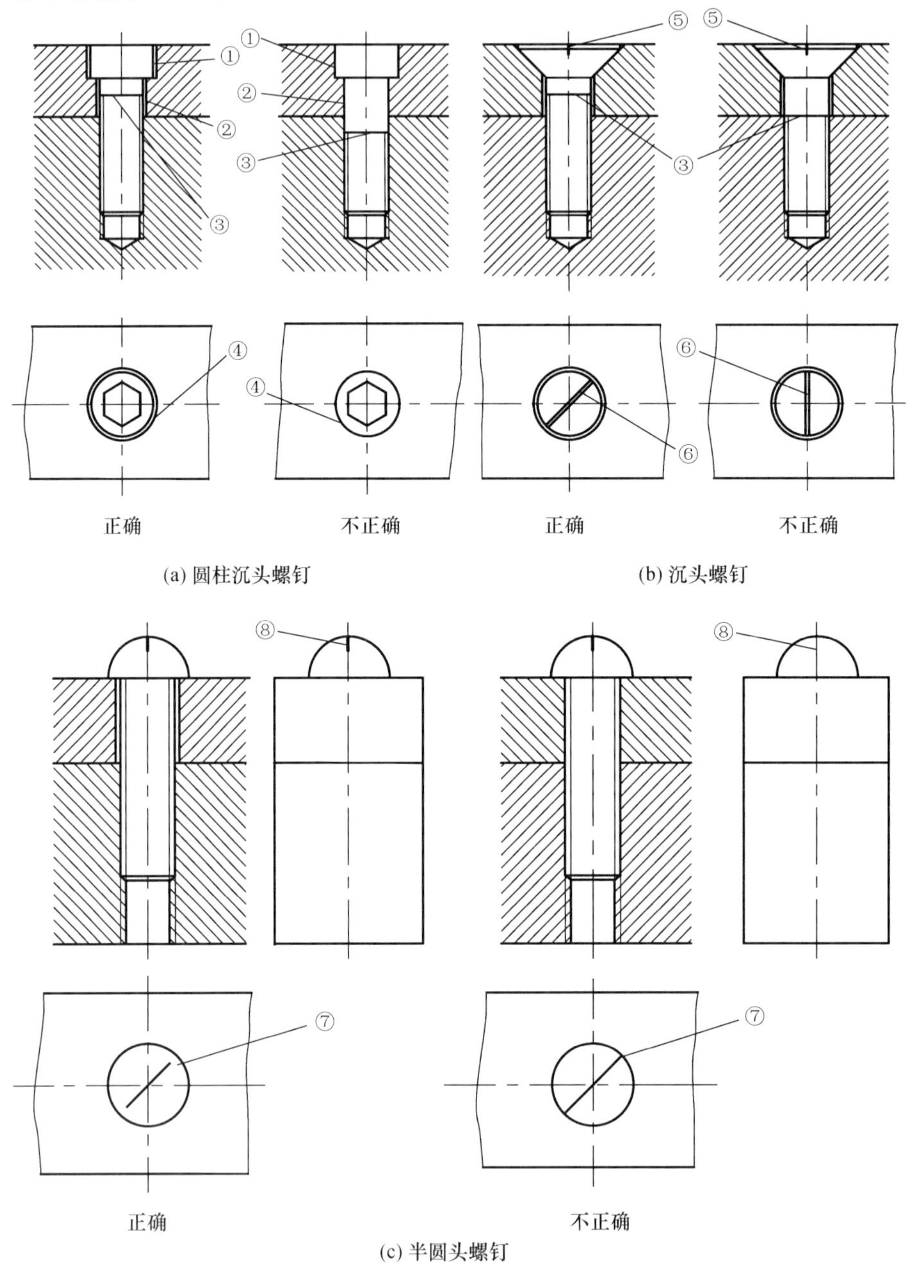

图 8-20　螺钉连接画法的正误对比

① 处零件上的沉孔，其直径大于螺钉头部直径，应画两条粗实线。

② 处上部制有光孔的零件，其光孔直径大于螺钉大径，作图时按 1.1d 画出，所以此处应画两条粗实线。

③ 处螺纹终止线应高于两零件的接触面。

④ 处俯视图上应有沉孔的投影，如图 8-20(a)所示。

⑤ 处螺钉拧紧后，不论其头部的一字槽位置如何，在与螺钉轴线平行的视图上，一字槽都按图 8-20(b)处所示的位置绘制。

⑥ 处在与螺钉轴线垂直的视图上，一字槽都按图 8-20(b)处所示画成与水平线倾斜 45°的斜线。在装配图中表示螺钉头部槽宽的两条轮廓线，也可画成宽度为粗实线 2 倍的 45° 斜线。

⑦ 处半圆头螺钉的一字槽不应与半圆头的投影圆相接，如图 8-20(c)所示。

⑧ 处螺钉头部的一字槽在主视图和左视图上应画成一样，如图 8-20(c)所示。

5. 螺纹连接的简化画法

画螺纹连接装配图时可采用简化画法，即不画倒角和因倒角而产生的截交线；对于不穿通的螺纹孔，可以不画钻孔深度，仅画螺纹部分的深度，如图 8-21 所示。

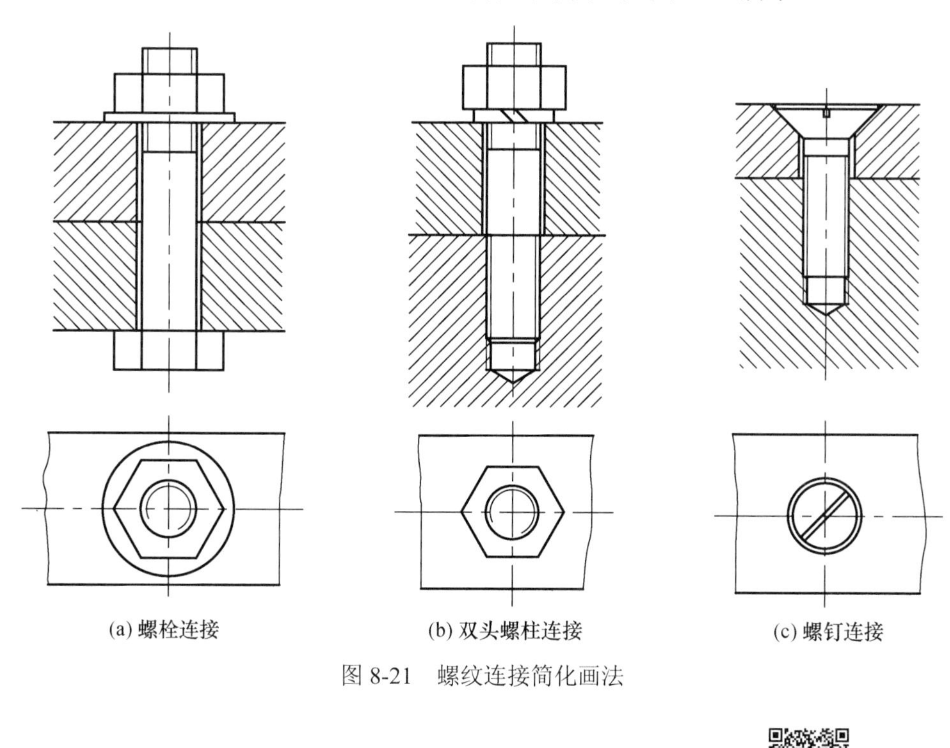

(a) 螺栓连接　　(b) 双头螺柱连接　　(c) 螺钉连接

图 8-21　螺纹连接简化画法

8.3 键和销

8.3.1 键联结

键联结主要用于实现轴与轴上的传动零件(如齿轮、皮带轮等)间在圆周方向的固定以及传递扭矩。其种类较多，常用的有普通平键、半圆键和钩头楔键等。键及其有关结构已标准化，是标准件。平键、半圆键、楔键的分类、规定标记及画法见表 8-4。

普通平键的形式有 A 型(圆头)、B 型(方头)和 C 型(单圆头)三种，其形状和尺寸如图 8-22 所示。在标记时，A 型平键省略 A 字，而 B 型、C 型应写出 B 或 C 字。

表 8-4　平键、半圆键与钩头楔键的规定标记示例及画法

名称	轴测图及标准号	画法	标记示例
普通平键	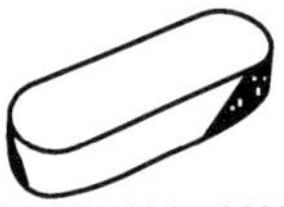 GB / T 1096—2003	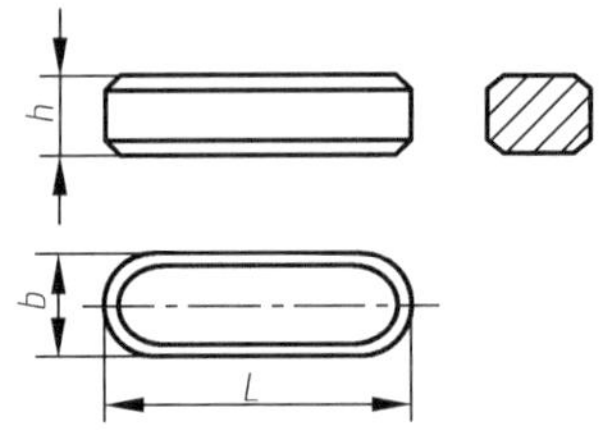	键 6×20GB/T 1096—2003 表示圆头普通平键(A 型可不标出 A 字)其中：键宽 b=6mm，键长 L=20mm
半圆键	 GB / T 1099.1—2003	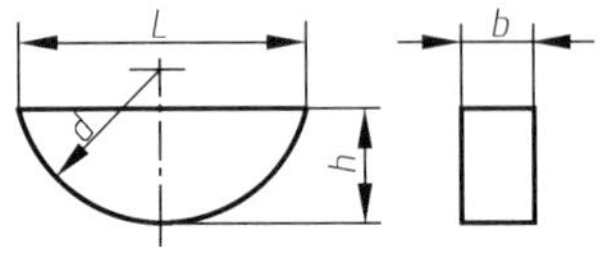	键 6×22GB/T 1099.1—2003 表示半圆键，其中：键宽 b=6mm，键长 d=22mm
钩头楔键	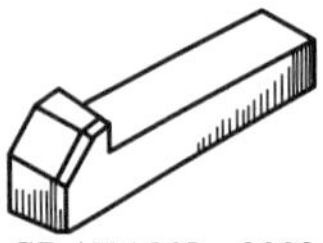 GB / T 1565—2003	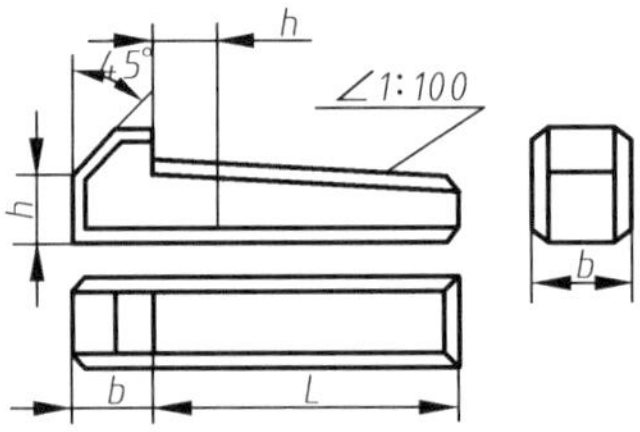	键 18×100GB/T 1565—2003 表示钩头楔键，其中：键宽 b=18mm，键长 L=100mm

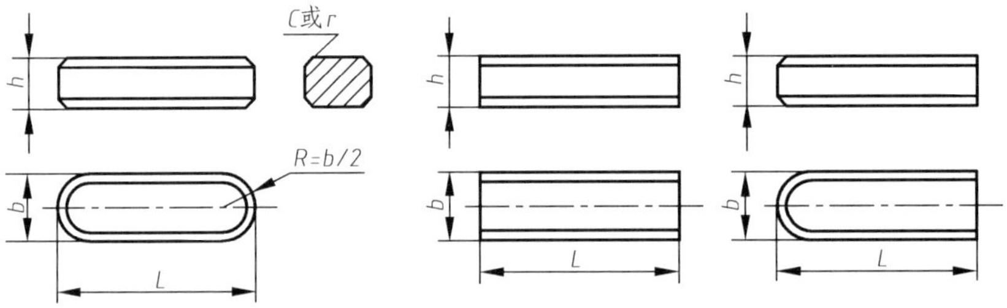

图 8-22　普通平键的形式和尺寸

平键工作时靠键与键槽侧面的挤压来传递扭矩，故平键的两个侧面是工作面，平键的上表面与轮毂孔键槽的顶面之间留有间隙。平键联结的对中性好，装拆方便，常用于轮和轴的同心度要求较高的场合。

在绘制平键联结的装配图时，由于其两侧面是工作面也是接触面，所以只画一条线。而平键与轮毂孔的键槽顶面之间是非接触面应画两条线，如图 8-23 所示。在零件图上，轴上的

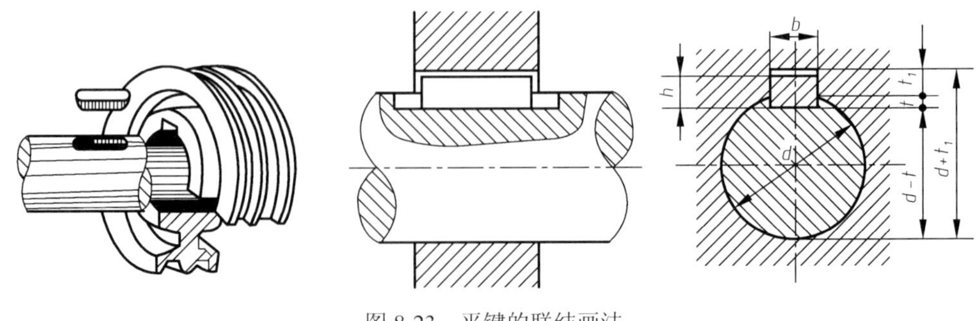

图 8-23　平键的联结画法

键槽常采用局部剖视图(沿轴线方向)和移出断面图表达,轮毂孔上的键槽常采用全剖视图(沿轴线方向)和局部视图表达，如图 8-24 所示。键槽的尺寸可根据轴的直径从附录 A 中的附表 A-12 或机械设计手册中查取。键的长度,应选取标准参数,但须小于轮毂长度(图 8-23)。

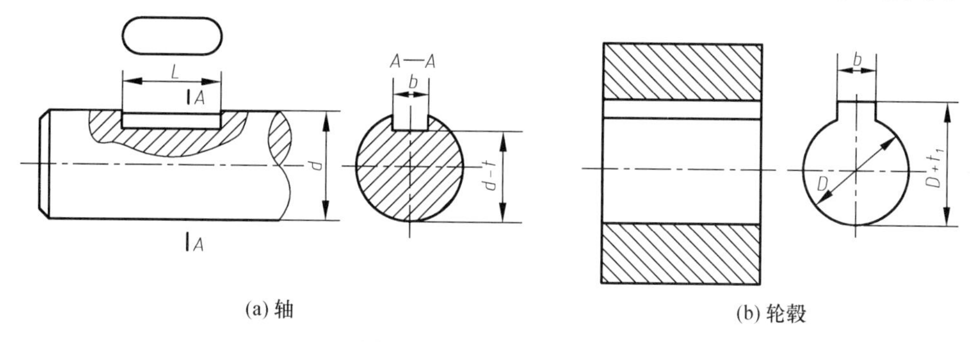

(a) 轴　　(b) 轮毂

图 8-24　平键键槽的画法

8.3.2　销连接

销连接常用于零件之间的连接和定位。按销形状的不同，销连接分为圆柱销连接、圆锥销连接和开口销连接等，如图 8-25 所示。其中开口销常与六角开槽螺母配合使用，它穿过螺母上的槽口和螺杆上的孔，以防螺母松动。销也是标准件，其形式、尺寸可查阅附录 A 中的附表 A-13、附表 A-14。

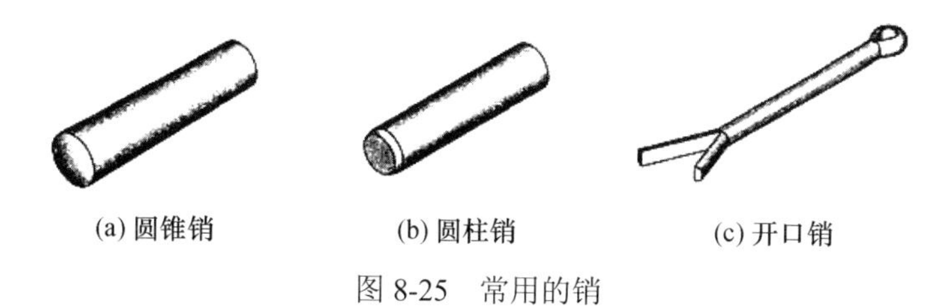
(a) 圆锥销　　(b) 圆柱销　　(c) 开口销

图 8-25　常用的销

圆柱销靠轴孔间的过盈量实现连接，因此不宜经常装拆，否则会降低定位精度和连接的紧固性，图 8-26 是圆柱销孔的零件图画法和连接时的装配图画法。在零件上除标记销孔的尺寸与公差外，还需注明与其相关联的零件配作的字样。圆锥销具有 1∶50 的锥度，小头直径为公称直径。圆锥销安装方便，多次装拆对定位精度影响不大，应用较广。图 8-27 是圆锥销孔的画法及其连接画法。

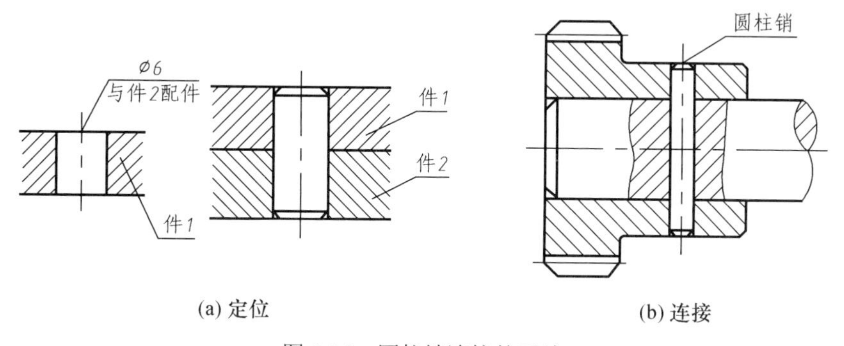

(a) 定位　　(b) 连接

图 8-26　圆柱销连接的画法

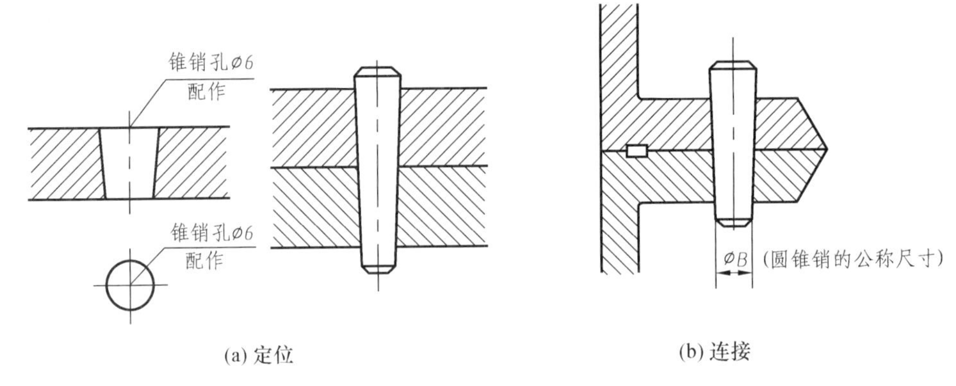

图 8-27　圆锥销连接的画法

8.4　齿　　轮

8.4.1　齿轮的用途及分类

齿轮是机器中的传动零件，常用来传递两轴间的动力和变换运动方向、运动速度，是机械传动中最常用的一类传动。齿轮的参数中只有模数、压力角已经标准化，因此它属于常用件。

齿轮的种类很多，按齿廓曲线来分有摆线、渐开线等。一般机械传动中常采用渐开线齿轮。按齿轮的传动情况分有圆柱齿轮传动(图 8-28(a)、(b)、(d))，常用于两平行轴间的传动；圆锥齿轮传动(图 8-28(c))，常用于两相交轴间的传动；蜗轮与蜗杆传动(图 8-28(e))，常用于两垂直交叉轴间的传动；齿轮与齿条啮合(图 8-28(f))，常用于改变运动方式(即旋转运动和直线运动相互改变)。

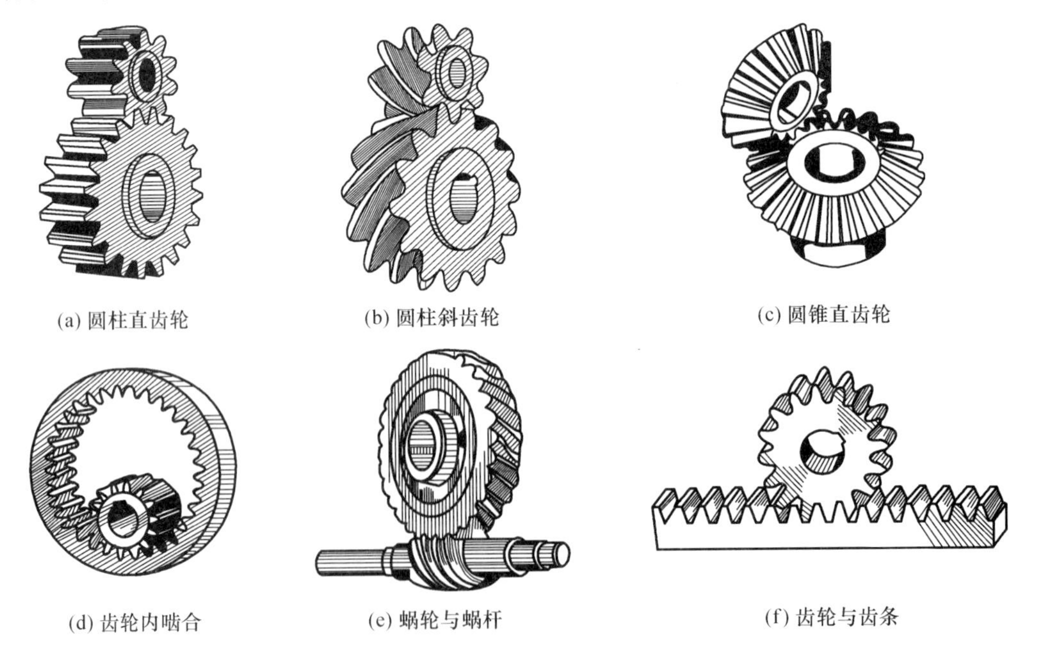

图 8-28　齿轮传动

8.4.2 圆柱齿轮

圆柱齿轮的轮齿有直齿、斜齿、人字齿等。下面主要介绍直齿圆柱齿轮的几何要素、基本尺寸以及圆柱齿轮的规定画法。

1. 直齿圆柱齿轮几何要素的名称和代号

直齿圆柱齿轮简称直齿轮。直齿轮的各部分名称(图 8-29)及尺寸关系如下。

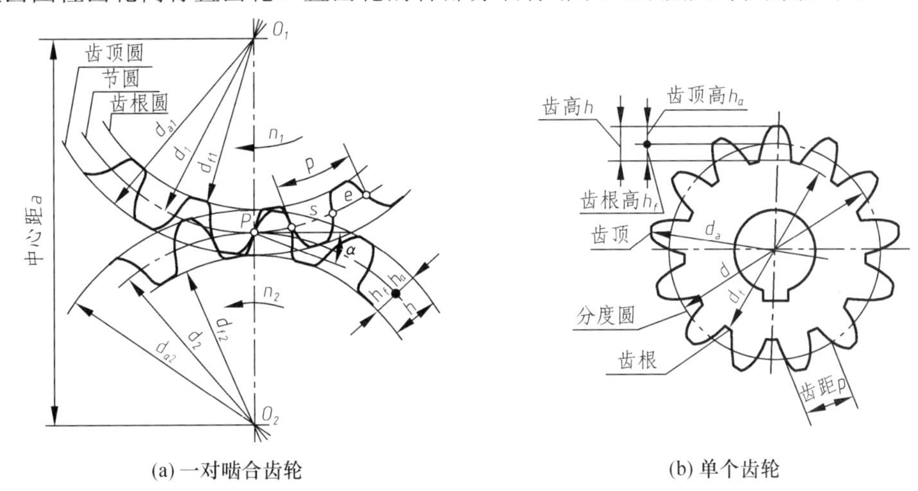

(a) 一对啮合齿轮 (b) 单个齿轮

图 8-29 直齿轮各部分名称及其代号

(1) 齿顶圆直径 d_a。轮齿顶部的圆称为齿顶圆，其直径用 d_a 表示。

(2) 齿根圆直径 d_f。轮齿根部的圆称为齿根圆，其直径用 d_f 表示。

(3) 节圆直径 d'和分度圆直径 d。两啮合齿轮齿廓在两齿轮中心的连心线 $O_1 O_2$ 上的啮合接触点 P 称为节点，以 O_1、O_2 为圆心，O_1P、O_2P 为半径作出的两个相切的圆称为节圆，直径用 d'表示。分度圆是设计、计算齿轮时各部分尺寸所依据的圆，其直径用 d 表示。一对正确安装的标准齿轮，其分度圆和节圆相重合。

(4) 齿距 p、齿厚 s、槽宽 e。在分度圆上，相邻两个轮齿同侧齿面间的弧长称为齿距，用 p 表示；在分度圆上一个轮齿齿廓间的弧长称为齿厚，用 s 表示；在分度圆上一个齿槽齿廓间的弧长，称为槽宽，用 e 表示。对于标准齿轮，$s=e=p/2$。

(5) 齿全高 h、齿顶高 h_a、齿根高 h_f。齿顶圆与齿根圆的径向距离，称为齿全高，用 h 表示。分度圆把齿高分为两个不等的部分。齿顶圆与分度圆的径向距离，称为齿顶高，用 h_a 表示；分度圆与齿根圆的径向距离，称为齿根高，用 h_f 表示； $h = h_a+h_f$。

2. 直齿轮的基本参数

(1) 齿数 z。齿数是齿轮轮齿的数目。

(2) 模数 m。齿轮分度圆周长$=\pi d=zp$，等式变换得 $d=(p/\pi)z$，取 $m=p/\pi$，故 $d=mz$。式中 m 称为模数。因为两啮合齿轮的齿距必须相等，所以它们的模数也必须相等。

由于模数是齿距 p 和 π 的比值，因此齿轮的模数大，其齿距就大，齿轮的轮齿就厚。若齿数一定，模数大的齿轮，其分度圆直径就大。模数是设计和制造齿轮的基本参数，为简化设计和便于制造，我国已经将模数标准化(表 8-5)。

表 8-5　标准模数(GB/T 1357—2008)　(单位：mm)

第一系列	0.1，0.12，0.15，0.2，0.25，0.3，0.4，0.5，0.6，0.8，1，1.25，1.5，2，2.5，3，4，5，6，8，10，12，16，20，25，32，40，50
第二系列	0.35，0.7，0.9，1.75，2.25，2.75，(3.25)，3.5，(3.75)，4.5，5.5，(6.5)，7，9，(11)，14，18，22，28，36，45

注：在选用模数时，应优先采用第一系列，括号内的模数尽可能不用。

(3)压力角 α（啮合角、齿形角)。两个相啮合的轮齿齿廓在节点 P 处的公法线与两分度圆的公切线的夹角，称为压力角 α。我国标准齿轮的压力角 α 为 20°。两相互啮合的齿轮必须模数 m 和压力角 α 都相同，才能啮合。

(4)传动比 i。传动比 i 为主动齿轮转速 n_1 与从动齿轮转速 n_2 之比。由于转速与齿数成反比，因此传动比也等于从动齿轮齿数 z_2 与主动齿轮齿数 z_1 之比，即 $i = n_1/ n_2= z_2/ z_1$。

3. 直齿轮的基本尺寸(表 8-6)

表 8-6　直齿轮基本尺寸的计算关系

基本参数：模数 m、齿数 z			已知 $m = 2$，$z = 30$
名称	符号	计算公式	计算举例
齿距	p	$p=\pi m$	p=6.28mm
齿顶高	h_a	$h_a=m$	h_a=2mm
齿根高	h_f	$h_f=1.25m$	h_f=2.5mm
齿高	h	$h=h_a+h_f=m+1.25m=2.25m$	h=4.5mm
分度圆直径	d	$d=mz$	d=60mm
齿顶圆直径	d_a	$d_a=d+2ha=mz+2m=m(z+2)$	d_a=64mm
齿根圆直径	d_f	$d_f=d-2h_f=mz-2.5m=m(z-2.5)$	d_f=55mm
中心距	a	$a=(d_1+d_2)/2=m(z_1+z_2)/2$	

4. 圆柱齿轮的规定画法(GB/T 4459.2—2003)

1)单个圆柱齿轮的画法

按国标规定，齿轮的齿顶圆用粗实线绘制，分度圆用细点画线绘制，齿根圆用细实线绘制(也可省略不画)，如图 8-30(a)所示。在剖视图中，剖切平面通过齿轮的轴线时，轮齿均按不剖处理，齿顶线和齿根线用粗实线绘制，分度线用细点画线绘制，如图 8-30 所示。若为斜齿或人字齿，则该视图可画成半剖视图或局部剖视图，并用三条与齿线方向一致的细实线表示轮齿的方向，如图 8-30(b)、(c)所示，其中 β 和 δ 为齿轮螺旋角，相关参数的计算参见有关规范和标准。

2)圆柱齿轮零件工作图

图 8-31 为圆柱齿轮零件工作图。在齿轮工作图中，应包括足够的视图及制造时所需的尺寸和技术要求；除具有一般零件工作图的内容外，齿轮齿顶圆直径、分度圆直径及有关齿轮的基本尺寸必须直接注出，齿根圆直径规定不标注；在图样右上角的参数表中注写模数、齿数等基本参数。

3)圆柱齿轮啮合的画法

只有模数和压力角都相同的齿轮才能互相啮合。两个相互啮合的圆柱齿轮，在反映为圆的视图中，啮合区内的齿顶圆也可用粗实线绘制(图 8-32(a))，也可省略不画(图 8-32(b))；

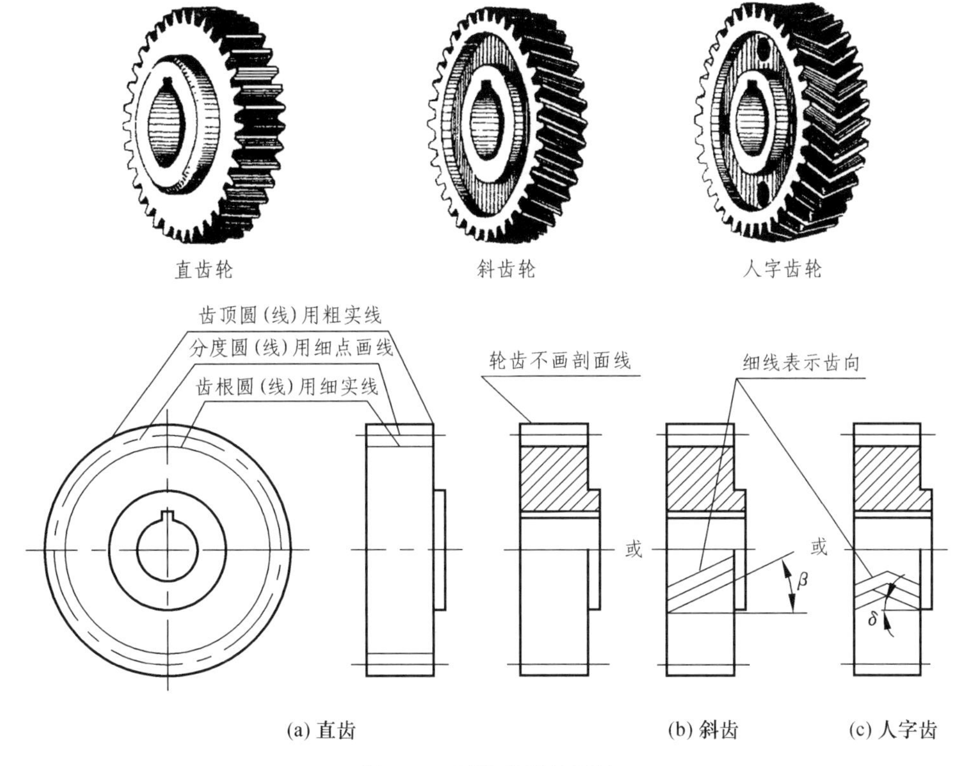

(a) 直齿　　(b) 斜齿　　(c) 人字齿

图 8-30　圆柱齿轮的画法

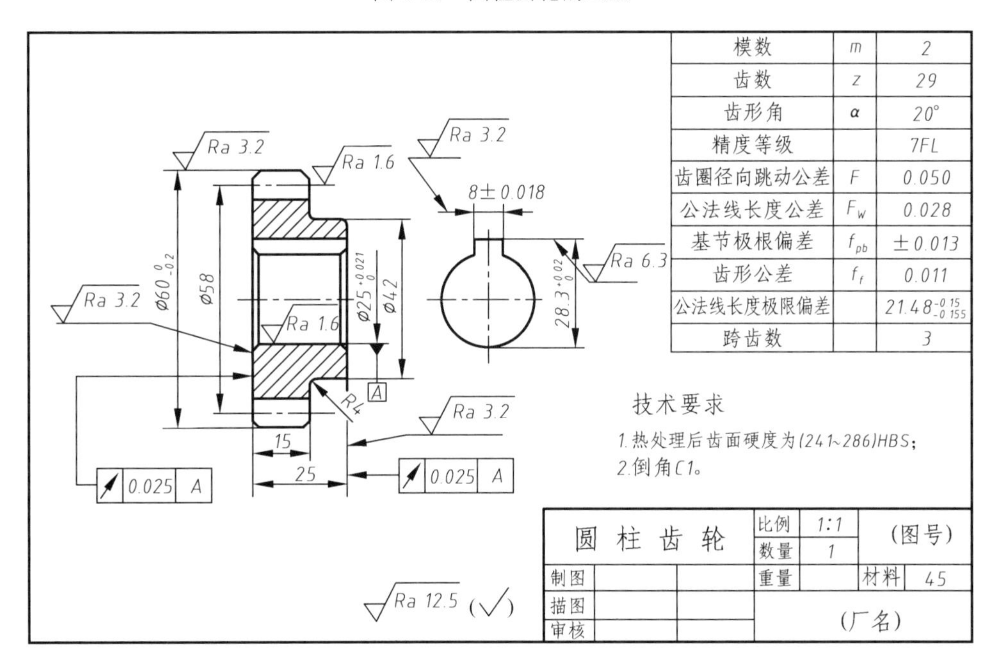

图 8-31　圆柱齿轮零件工作图

用细点画线画出相切的两分度圆；两齿根圆也可用细实线画出，也可省略不画。在非圆视图中，若画成剖视图，由于齿根高与齿顶高相差 0.25m(m 为模数)，一个齿轮的齿顶线与另一个齿轮的齿根线之间，应有 0.25m 的间隙(图 8-33)，将一个齿轮的齿顶圆用粗实线绘制，按投影关系另一个齿轮的齿顶圆被遮挡用虚线绘制(图 8-32(c)、图 8-33)。若不剖(图 8-32(d)),则啮合区的齿顶圆不需画出,节圆用粗实线绘制,非啮合区的节圆仍用细点画线绘制。图 8-34 为一对圆柱齿轮内啮合的画法。

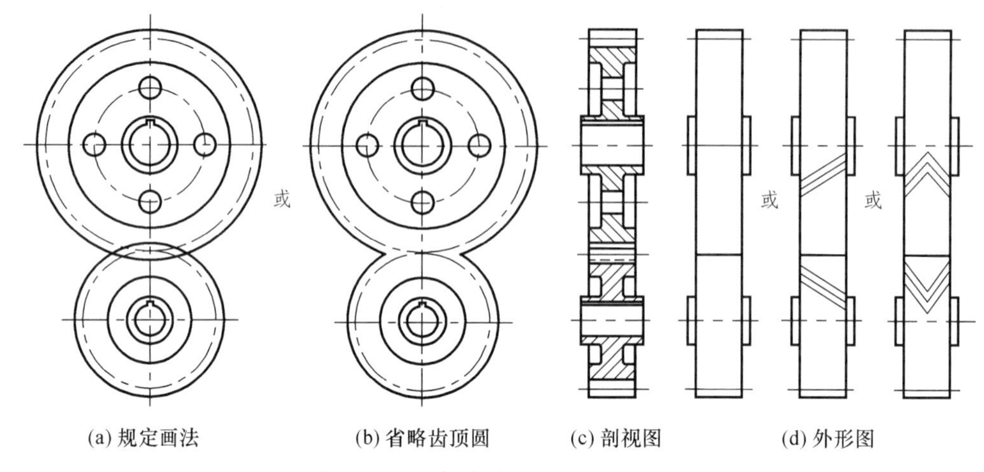

(a) 规定画法　(b) 省略齿顶圆　(c) 剖视图　(d) 外形图

图 8-32　圆柱齿轮的啮合规定画法

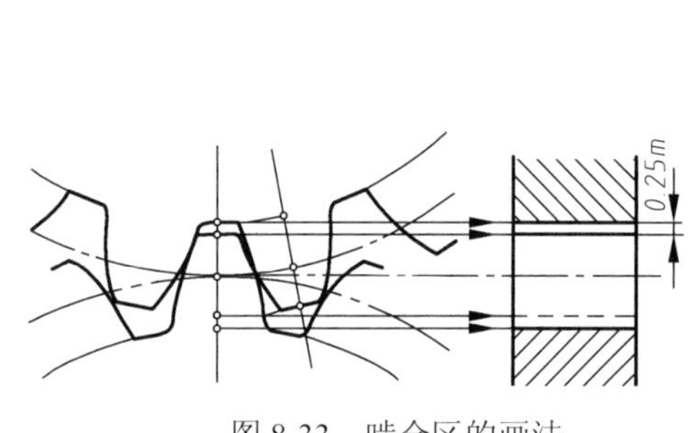

图 8-33　啮合区的画法

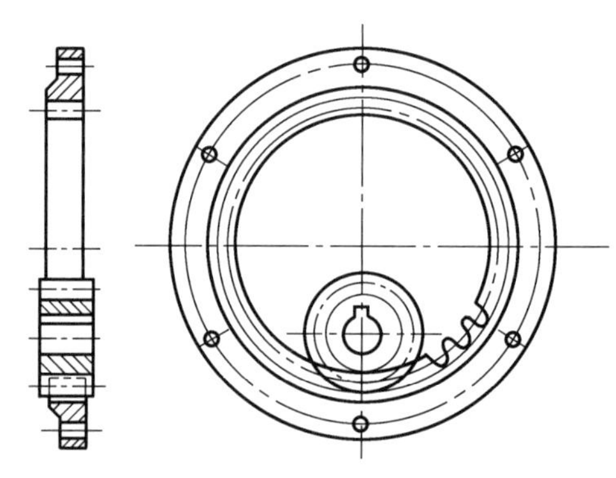

图 8-34　齿轮的内啮合画法

8.5　滚动轴承

滚动轴承是支持机器转动(或摆动)并承受其载荷的标准部件。由于滚动轴承的摩擦系数低,启动阻力小,而且它已标准化,对设计、使用、润滑、维护都很方便,因此,在一般机器中应用较广。

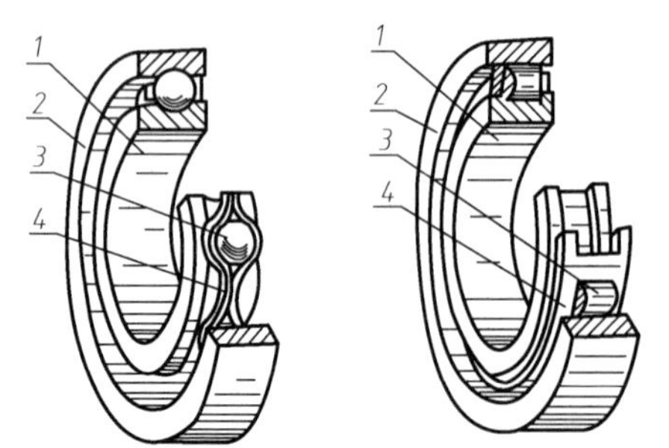

图 8-35　滚动轴承的基本结构
1—内圈;2—外圈;3—滚动体;4—保持架

1. 滚动轴承的基本构造和类型

滚动轴承的基本构造如图 8-35 所示,由内圈 1、外圈 2、滚动体 3 和保持架 4 四部分组成。内圈与轴颈装配,外圈和轴承座孔装配。通常内圈随轴颈转动,外圈固定。但也可用于外圈转动而内圈不动,或是内、外圈同时转动的场合。当内、外圈相对转动时,滚动体则在内、外圈滚道间滚动。常用的滚动体有钢球、圆柱滚子、圆锥滚子、滚针等几种。保持架的主要作用是均匀地隔开滚动体，减少摩擦和磨损。按照轴承所能承受的外载荷不同，滚动轴承可分为向心轴承、推力轴承和向心推力轴承三大类。主要承受径向载荷的轴承称为向心轴承，其中有几种类型还可以承受不大的轴向载荷；只能承受轴向载荷的轴承称为推力轴承；能同时承受径向载荷和轴向载荷的轴承称为向心推力轴承。

2. 滚动轴承的代号(GB/T 272—2017)

滚动轴承代号由基本代号、前置代号、后置代号组成，用字母和数字表示。基本代号表示轴承的基本类型、结构和尺寸，是轴承代号的基本内容。只有当滚动轴承在结构、形状、尺寸、公差、技术要求等有改变时，才在其基本代号的前后添加前置代号和后置代号作为补充。滚动轴承基本代号的构成见表 8-7。

表 8-7 滚动轴承基本代号的构成

五	四	三	二	一
类型代号	宽度系列代号	直径系列代号	内径代号	

注：基本代号的一至五表示代号自右向左的位置序数。

(1) 轴承内径用基本代号右起第一、第二位数字表示。内径代号 00、01、02、03 分别对应于内径为 10mm、12mm、15mm、17mm 的轴承，对常用内径 d=20～495mm 的轴承，内径 d 是内径代号数的 5 倍，如 12 表示 d=60mm。对于内径小于 10mm，大于 500mm 的轴承，内径的表示方法参看 GB/T 272—2017。

(2) 轴承的直径系列是指结构相同、内径相同的轴承由于负载的需求在外径和宽度方面的变化系列(图 8-36)，用基本代号右起第三位数字表示。例如，对于向心轴承和向心推力轴承，0、1 表示特轻系列；2 表示轻系列；3 表示中系列；4 表示重系列。推力轴承除了用 1 表示特轻系列之外，其余与向心轴承一致。

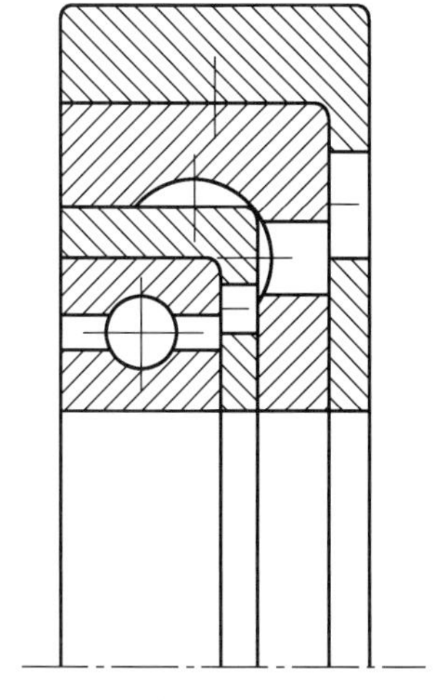

图 8-36 滚动轴承的直径系列

(3) 轴承的宽度系列指结构、内径、外径系列都相同的轴承，在宽度方面的变化系列，用基本代号右起第四位数字表示。宽度系列代号 0 可不标出。

(4) 轴承类型代号用基本代号右起第五位数字(或字母)表示。

代号举例：

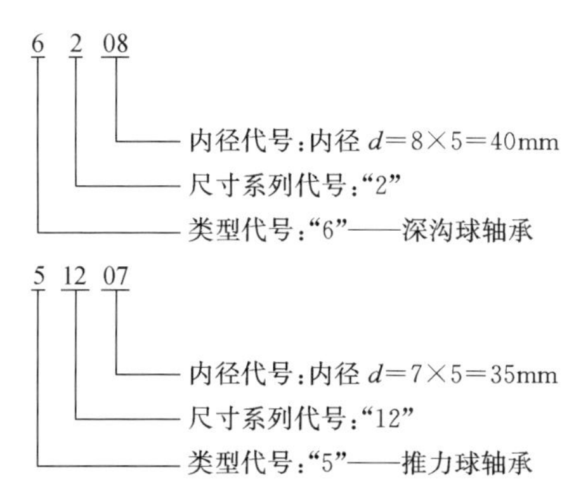

3. 滚动轴承的结构形式和画法(GB/T 4459.7—2017)

滚动轴承的类型很多，常用滚动轴承的结构形式、规定画法和特征画法见表 8-8。表中尺寸，除 A 可以计算得出外，其余尺寸均可从附录 B 或机械设计手册中查取。

表 8-8 常用滚动轴承的形式和画法

名称、标准号、结构和代号	由标准查数据	结构形式	规定画法	特征画法
深沟球轴承 GB/T 276—2013 60000 型	*D* *d* *B*	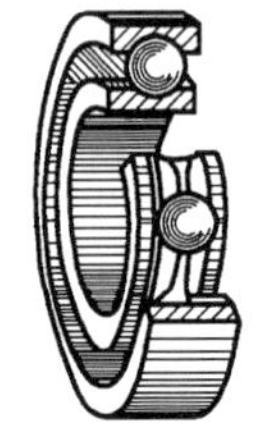	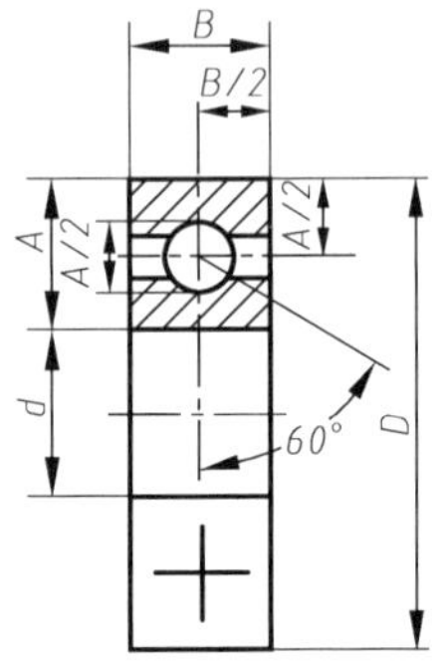	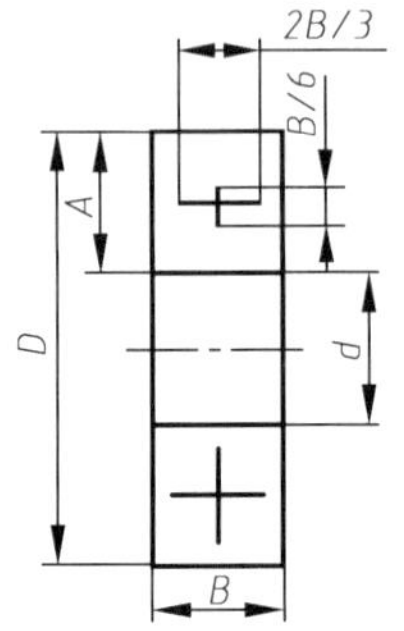
圆锥滚子轴承 GB/T 297—2015 30000 型	*D* *d* *T*	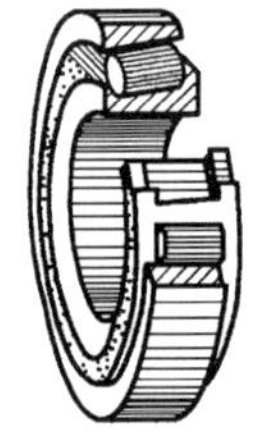	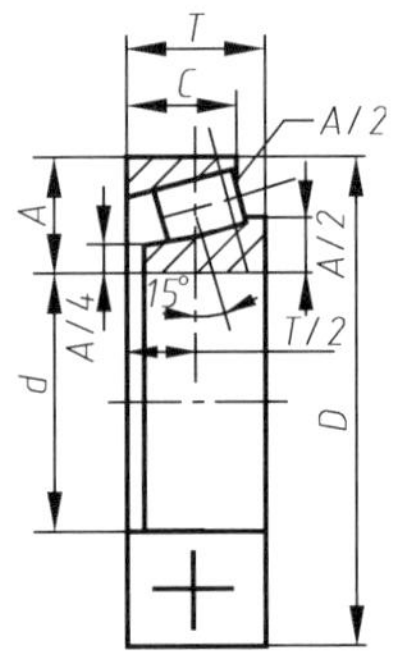	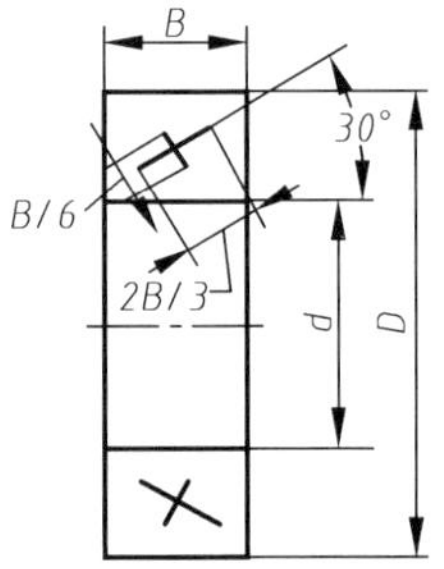
推力球轴承 GB/T 301—2015 51000 型	*D* *d* *T*	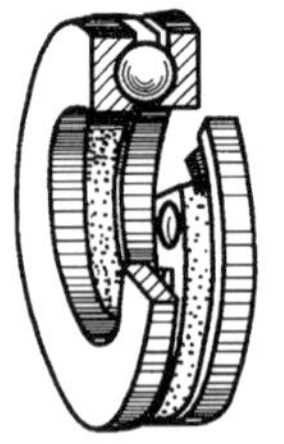	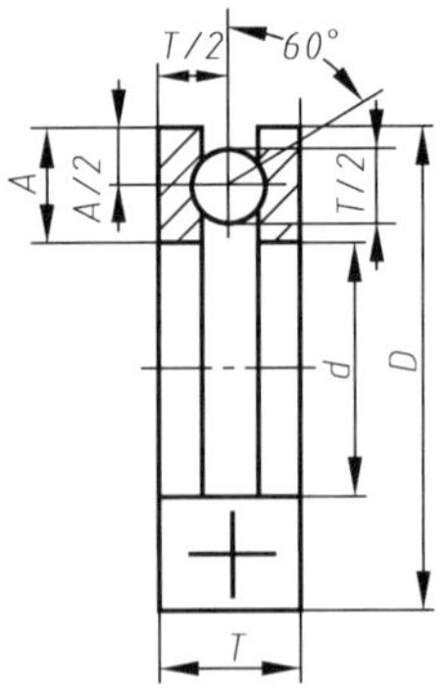	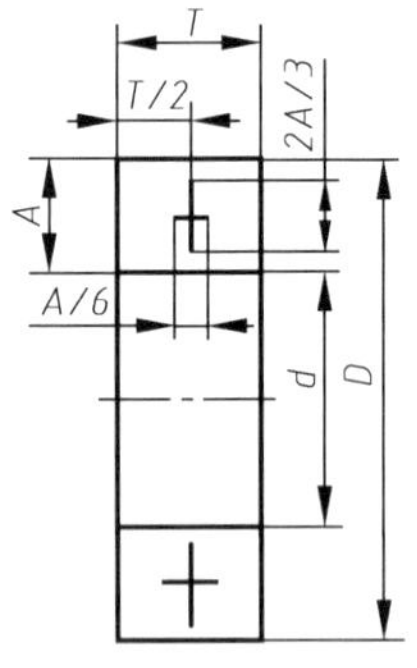

滚动轴承是标准部件，因此不必画出其零件图。在装配图中，滚动轴承一般按规定画法画出，注意轴承的内圈和外圈的剖面线方向和间隔均要相同(图 8-37)，而且在明细栏中需写出其代号。所有滚动轴承在轴线垂直于投影面的视图中，一般按图 8-38 绘制。

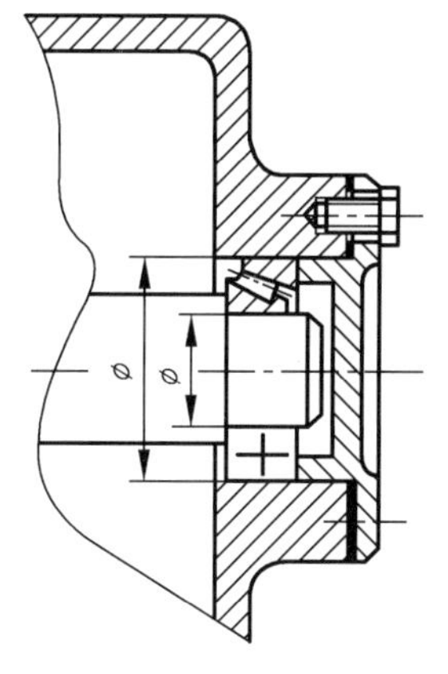

图 8-37　装配图中滚动轴承用规定画法

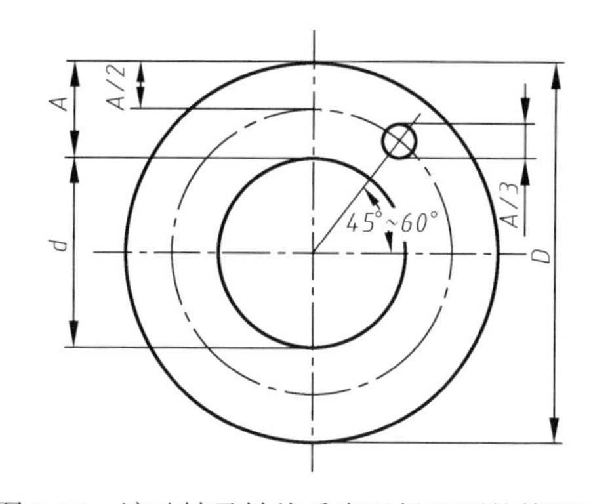

图 8-38　滚动轴承轴线垂直于投影面的特征画法

8.6　弹　　簧

8.6.1　弹簧的类型及功用

弹簧主要用于减振、夹紧、储存能量和测力等方面。

弹簧的种类很多，按其外形可分为螺旋弹簧(图 8-39(a)～(d))、板弹簧(图 8-39(e))、平面涡卷弹簧(图 8-39(f))、碟形弹簧(图 8-39(g))等。其中用弹簧钢丝按螺旋线卷绕而成的螺旋弹簧，由于制造简便，广泛应用于缓冲、吸振、测力等功用。螺旋弹簧按形状分为圆柱螺旋弹簧(图 8-39(a)～(c))和圆锥螺旋弹簧(图 8-39(d))；根据受力方向不同又可分为压缩弹簧(图 8-39(a))、拉伸弹簧(图 8-39(b))和扭转弹簧(图 8-39(c))。板弹簧主要用来承受弯矩，有较好的消振能力，所以多用作各种车辆的减振弹簧。平面涡卷弹簧属于扭转弹簧，作为储能元件，多用于受转矩不大的钟表和仪表中。碟形弹簧刚性大，能承受很大的冲击载荷，并有良好的吸振能力，常用于各种缓冲、预紧装置中。

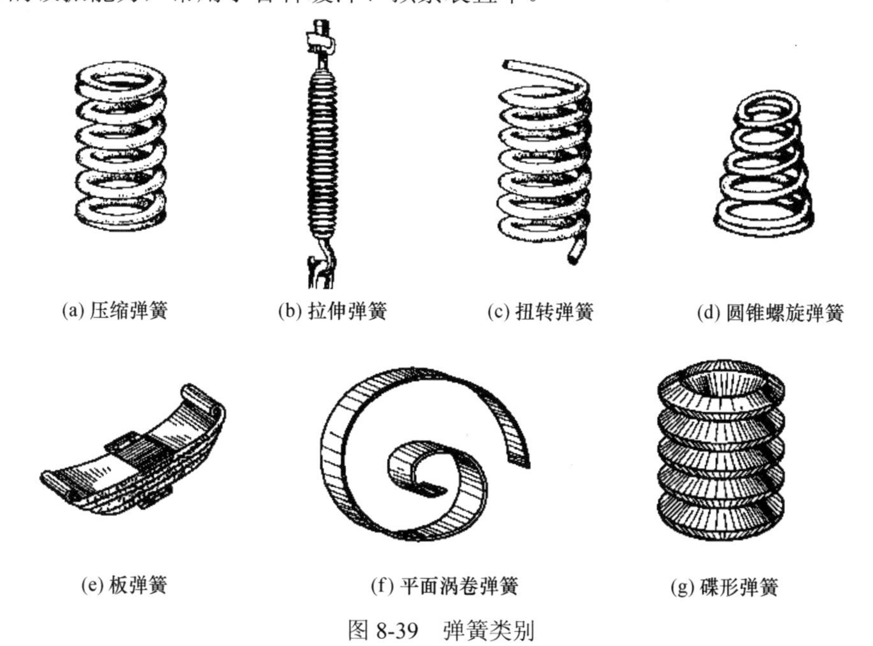

图 8-39　弹簧类别

8.6.2 弹簧的规定画法

国家标准《机械制图 弹簧表示法》(GB/T 4459.4—2003)对弹簧的画法作了具体规定。本书重点介绍应用最广泛的圆柱螺旋压缩弹簧的画法。

1. 圆柱螺旋压缩弹簧的参数名称及尺寸关系(图 8-40)

(1) 簧丝直径 d。制造弹簧的钢丝直径。

(2) 弹簧中径 D。弹簧的平均直径。

(3) 弹簧内径 D_1。圆柱螺旋弹簧的最小直径，$D_1=D-d$。

(4) 弹簧外径 D_2。圆柱螺旋弹簧的最大直径，$D_2=D+d$。

(5) 节距 t。除支承圈外，相邻两圈对应点间的轴向距离。

(6) 有效圈数 n、支承圈数 n_2、总圈数 n_1。为使螺旋压缩弹簧工作时受力均匀，增加弹簧的平稳性，故将弹簧的两端并紧，且将端面磨平。并紧、磨平的各圈仅起支承作用，称为支承圈，两端的支撑圈数之和，就是支撑圈数 n_2，n_2 有 1.5 圈、2 圈、2.5 圈三种形式。大多数螺旋压缩弹簧的支承圈为 2.5 圈。除支承圈外其他各圈保持相等节距，称为有效圈数(或称工作圈数)。有效圈数与支承圈数之和，称为总圈数，即 $n_1=n+n_2$。

(7) 自由高度 H_0。弹簧在不受外力作用时的高度，$H_0=nt+(n_2-0.5)d$。

(8) 簧丝展开长度 L。制造弹簧时，簧丝坯料的长度。由螺旋线的展开知 $L \approx n_1\sqrt{(\pi D)^2+t^2}$ 。

2. 圆柱螺旋弹簧的规定画法

(1) 弹簧在平行于轴线的投影面上的视图中，各圈的投影转向轮廓线均应画成直线(图 8-41)。

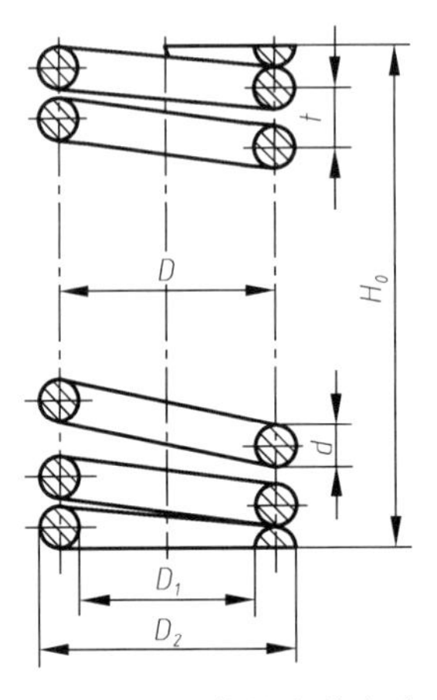

图 8-40 弹簧的参数名称

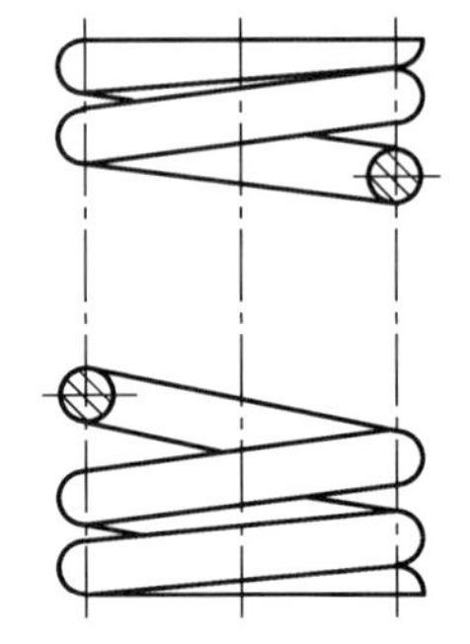

图 8-41 圆柱螺旋弹簧画法

(2) 有效圈数在四圈以上的弹簧，可只画出两端的一两圈(支承圈除外)，中间各圈可省略不画，仅用通过簧丝断面中心的细点画线连起来(图 8-41)。若簧丝为非圆形断面的锥形弹簧，则中间部分用细实线连起来。当中间部分省略后，可适当缩短图形的长度，如图 8-41 所示。

(3) 在图样中，右旋螺旋弹簧必须画成右旋。左旋螺旋弹簧可画成左旋或右旋，但一律要在图上加注“LH”字样表示左旋。

(4) 在装配图中，被弹簧挡住的零件轮廓不画出，其可见部分应从弹簧的外轮廓线或从簧丝的中心线画起(图 8-42(a)、(b))。

(5) 在装配图中，弹簧被剖切时，在剖视图中，当簧丝直径在图形上小于或等于 2mm 时，可用涂黑代替簧丝断面，且允许只画出簧丝断面(图 8-42(b))，或采用示意画法(图 8-42(c))。

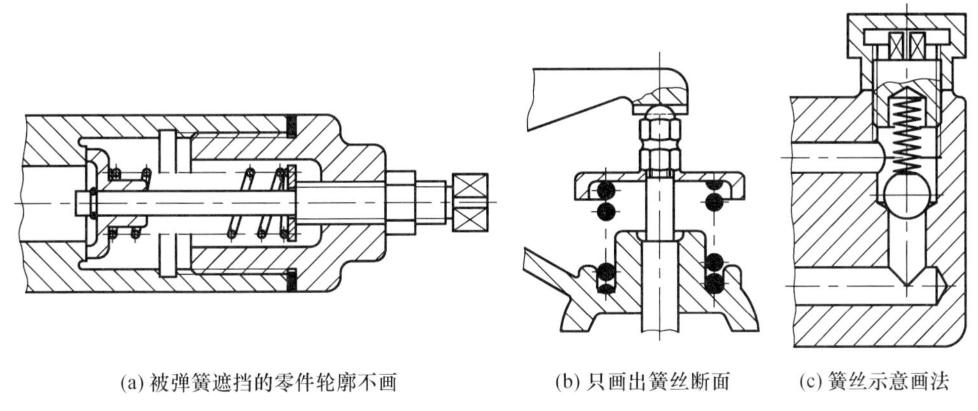

(a) 被弹簧遮挡的零件轮廓不画　　(b) 只画出簧丝断面　　(c) 簧丝示意画法

图 8-42　弹簧在装配图中的画法

3. 圆柱螺旋压缩弹簧的画图步骤

对于两端并紧且磨平的圆柱螺旋压缩弹簧，不论支承圈数多少，均可按支承圈为 2.5 绘制。必要时，也可按支承圈的实际结构绘制。

例 8-1　已知弹簧外径 D_2=45mm，簧丝直径 d=5mm，节距 t=10mm，有效圈数 n=8，支承圈数 n_2=2.5，右旋，试画出该弹簧的投影图。

(1) 计算弹簧中径和自由高度。

弹簧中径 $D=D_2-d$=40mm。

自由高度 $H_0=nt+(n_2-0.5)d$=90mm。

(2) 以弹簧中径 D 为间距画两条平行点画线，并定出自由高度 H_0，如图 8-43(a)所示。

(3) 画支承圈部分，d 为簧丝直径，如图 8-43(b)所示。

(4) 按节距画工作圈部分(允许只画四圈)，t 为节距，如图 8-43(c)所示。

(5) 按右旋方向作相应圆的公切线，再加画剖面线，如图 8-43(d)所示。

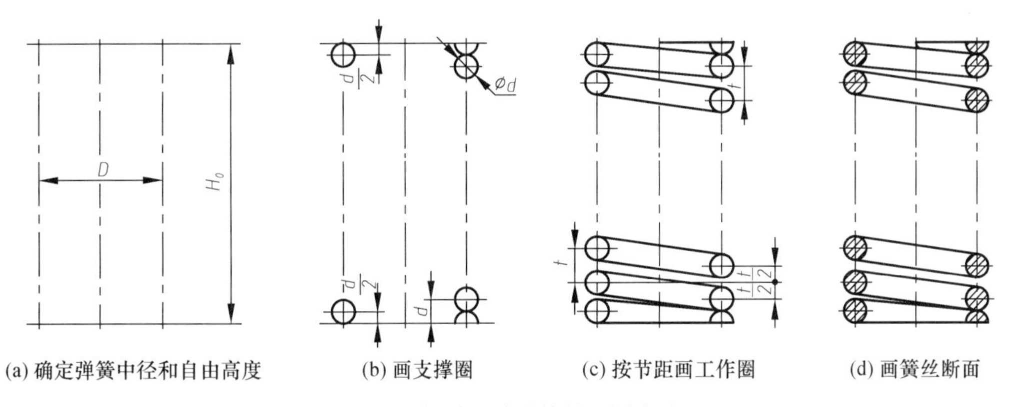

(a) 确定弹簧中径和自由高度　　(b) 画支撑圈　　(c) 按节距画工作圈　　(d) 画簧丝断面

图 8-43　螺旋压缩弹簧的画图步骤

4. 圆柱螺旋压缩弹簧零件图

图 8-44 是一个圆柱螺旋压缩弹簧的零件图，弹簧的参数应直接标注在视图上，若直接标注有困难，可在技术要求中说明；图 8-44 中还应注出完整的尺寸、尺寸公差和几何公差及技术要求。当需要表明弹簧的力学性能时，需在零件图中用图解表示。

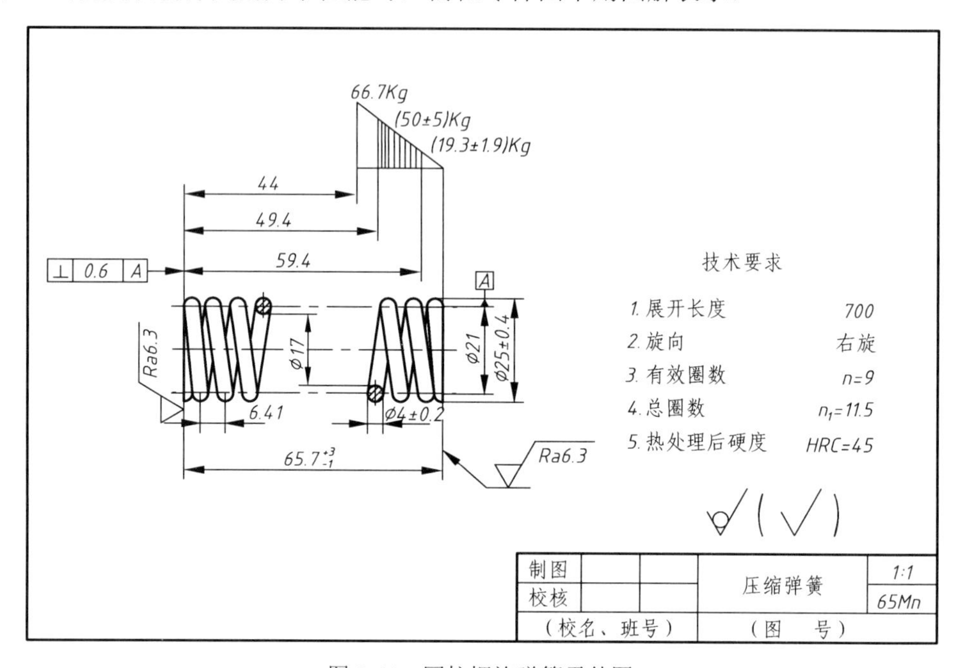

图 8-44　圆柱螺旋弹簧零件图

第9章　装　配　图

9.1　装配图的作用和内容

用来表达机器或部件工作原理和各零件间的装配、连接关系的图样，称为装配图。一般把表达一台完整机器的装配图称为总装配图，简称总图；表达机器中某一部件的装配图称为部件装配图。

9.1.1　装配图的作用

在机器或部件的设计过程中，一般是先画出装配图，再根据装配图分析零件的结构、构型要求和其他要求，然后设计零件并绘制零件图。在机器或部件的生产过程中，则根据装配图把零件装配成机器或部件。此外，在安装、调试和检修部件或机器时，也是通过装配图了解机器的构造、工作原理、运动传递、装拆顺序等有关内容。所以装配图是机器或部件在设计、装配、安装、检验、使用及维修等工作过程中必不可少的重要技术文件。

总图一般用来表达机器的整体关系，如整体轮廓形状、各组成部(零)件间的相对位置和连接关系、整机的传动顺序和技术性能等。而部件装配图则要详细表达出部件的工作原理、传动方式及功用、性能；组成部件的各零件间的装配关系、连接方式、配合性质、主要零件的结构形状，以及与部件设计、装配有关的主要尺寸和技术要求等内容。所以当机器比较复杂时，就用总图来表达机器外形和整体关系，用部件装配图来表达机器各组成部分(部件)的详细结构、工作原理、装配关系等内容。当机器比较简单时，不再划分总图和部件装配图，直接用一张详细的装配图表达全部内容。

对于复杂机器来讲，尽管总图和部件装配图在表达分工上有所不同，但总图和部件装配图的表达原则以及有关的画法和标注等，并无本质的区别。所以本章通过讨论部件装配图，说明装配图的表达方法、画法和标注的特点。

9.1.2　装配图的内容

图 9-1 是第 7 章图 7-19 所示球阀的装配图。球阀是安装在管道中的部件，它由阀体、阀盖、球形阀芯、阀杆、扳手及密封圈组成。转动扳手，带动阀杆及阀芯转动，可起到使管道开通或关闭的开关作用。通过装配图可以了解球阀的工作原理、装配关系等，一张完整的装配图应包括下列四项内容(图 9-1)。

1.　一组视图

用来表达机器或部件的工作原理、结构特点及零件间的装配关系、连接方式和传动顺序。

2.　几类必要的尺寸

必要的尺寸指机器或部件的规格(性能)尺寸、零件之间的配合尺寸、机器或部件的外形尺寸、安装尺寸、总体尺寸以及其他重要尺寸。

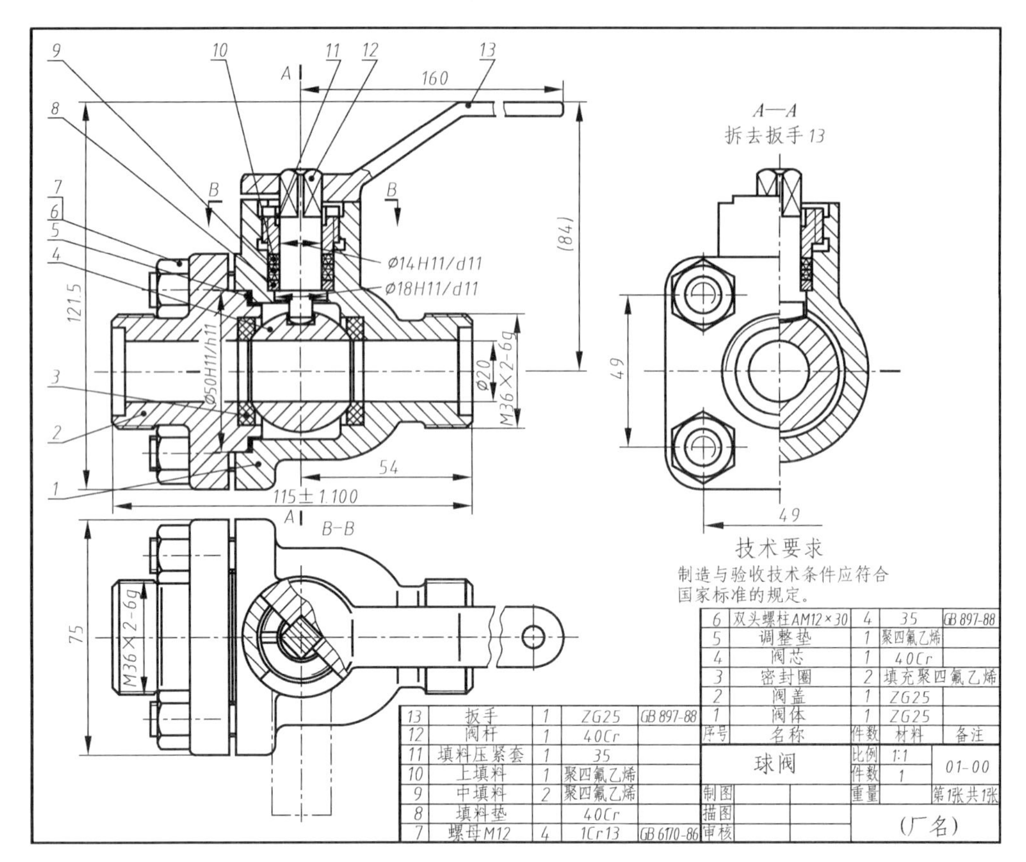

图 9-1　球阀装配图

3. 技术要求

用文字和符号说明机器或部件在装配、检验、安装、使用与维护等方面的要求。

4. 零、部件序号，明细栏和标题栏

在装配图中，必须将部件所包含的所有零件按一定规则进行编号，并在标题栏上方的明细栏中依次填写零件的序号、名称、件数、材料等内容。标题栏应包含机器或部件的名称、绘图比例、图号、出图单位以及有关责任人员的签名等。

9.2　装配图的表达方法

装配图所采用的一般表达方法与零件图基本相同，也是通过各种视图、剖视图、断面图和局部放大图等表达的。装配图所表达的是由若干零件组成的部件，主要用来表达部件的功能、工作原理、零件间的装配和连接关系，以及主要零件的结构形状，因此，装配图除一般表达方法外，还有一些特殊的表达方法和规定画法。

9.2.1　规定画法

为了在装配图中区分不同零件，并正确表示零件间的装配关系和连接关系，画装配图时应遵守下列规定。

(1) 相邻两零件的接触面和配合表面只画一条粗实线，如图 9-2 中①；非接触表面画两条线，如图 9-2 中②。

(2) 相邻两个(或两个以上)零件的剖面线应倾斜方向相反，或方向一致但间隔不等，如图 9-2 中③所示轴承盖与箱体等的剖面线画法。

但是同一零件在各个视图上的剖面线方向和间隔必须一致，如图 9-1 中主视图和左视图上阀体的剖面线。

当零件厚度小于或等于 2mm 时，剖切时允许以涂黑代替剖面符号，如图 9-2 中④。

(3) 在装配图中，对实心零件，如轴、手柄、连杆、拉杆、球、销、键以及标准紧固件或其他标准组件等，当剖切平面通过其基本轴线时，这些零件均按不剖绘制，如图 9-2 中⑤。当剖切平面垂直这些零件的轴线时，应照常画出剖面线，如图 9-1 俯视图中的阀杆。

(4) 若需要特别表明轴等实心零件的结构，如键槽、销孔等，则可采用局部剖视图，如图 9-2 中⑥。

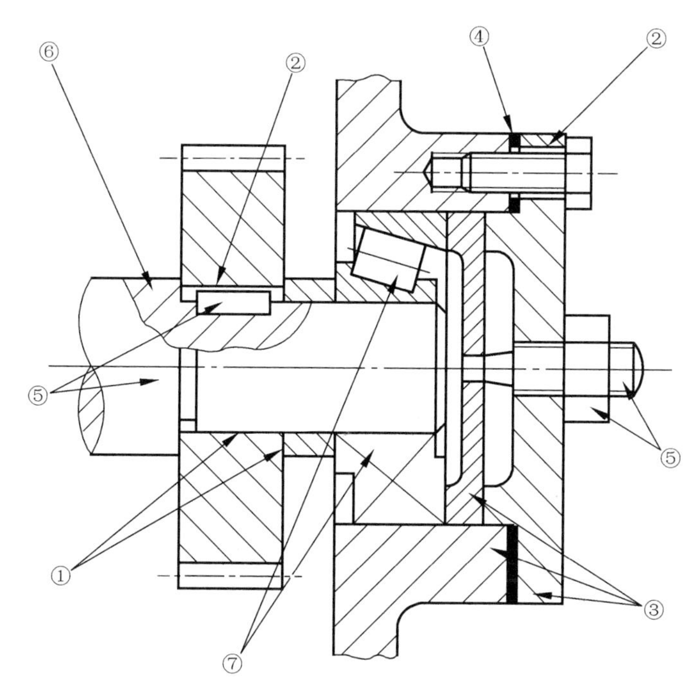

图 9-2　装配图的规定画法和简化画法

9.2.2　特殊画法

1. 拆卸画法和沿结合面剖切

在画装配图时，为了表达部件内部或被遮盖部分的装配情况，可假想将某些零件拆卸后绘制，或沿某些零件的结合面剖切表示。例如，图 9-1 中的左视图就是拆去扳手 13 后画出的，为了便于看图需在视图上方标注“拆去××”。图 9-3 中的 *C—C* 剖视图是沿泵体与泵盖的接触面作的剖切。采用沿结合面剖切画法时，应注意零件的结合面上不画剖面线，但剖到横穿结合面的零件时，应在其断面上绘制剖面线，如图 9-3 中 *C—C* 剖视图中的泵轴、螺栓、定位销等。

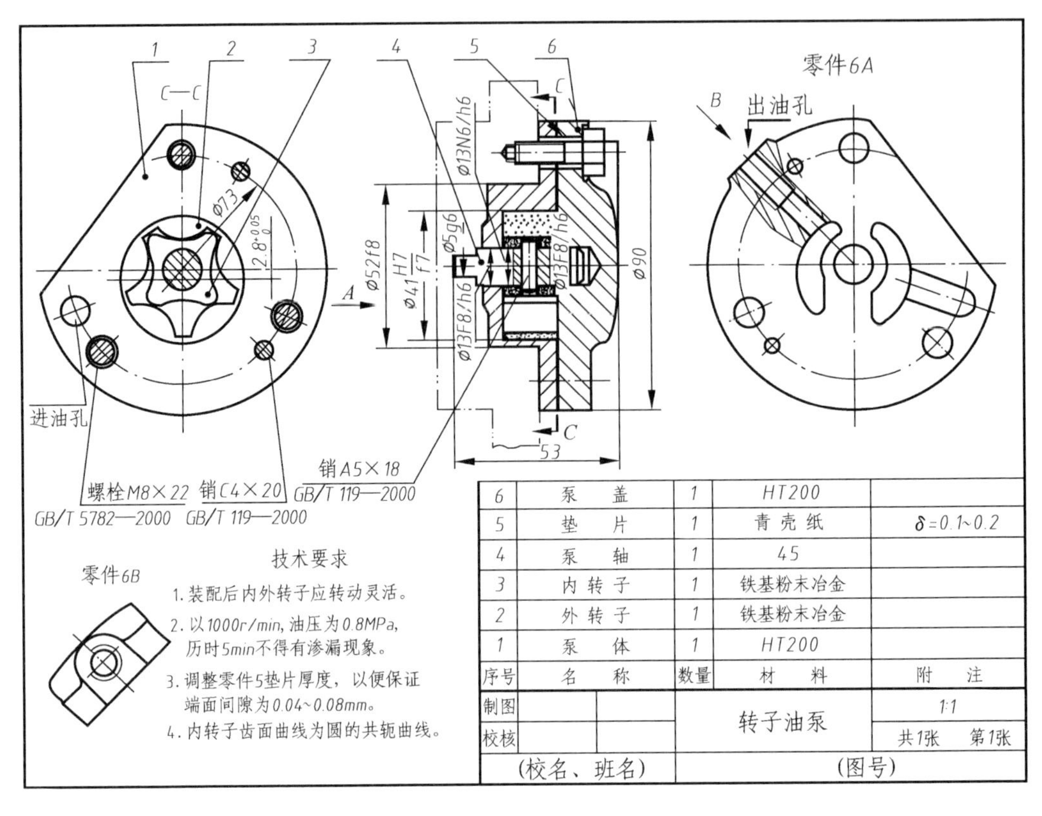

图 9-3 转子泵装配图

2. 假想画法

在装配图中，为了表示运动零件的运动范围或极限位置，可以用双点画线画出极限位置处的外形轮廓线，如图 9-1 中用双点画线在俯视图上画出扳手的另一个极限位置；或为了表示与本部件有装配关系但又不属于本部件的其他相邻零、部件间的连接关系，可用双点画线画出其他相邻零、部件的轮廓，图 9-3 中就用双点画线画出了与转子油泵相连的机体轮廓。

3. 夸大画法

在画装配图时，对于薄片零件、细丝弹簧、微小间隙等，当按实际尺寸画图很难画出，或虽能如实画出，但不能明显表达其结构时，均可采用夸大画法，即把垫片厚度、簧丝直径、微小间隙等都适当夸大画出。如图 9-1 中球阀的调整垫厚度、图 9-3 中转子油泵的调整垫片厚度都是用夸大画法画出的。

9.2.3 简化画法

(1) 在装配图中，零件的工艺结构，如圆角、倒角、退刀槽等允许不画。

(2) 在装配图中，螺母和螺栓头允许采用简化画法(图 9-1～图 9-3)绘制，对于装配图中的螺栓连接等若干相同零件组，允许详细画出一处或几处，其余以点画线表示其中心位置即可(图 9-1、图 9-3)。

(3) 装配图中的滚动轴承允许采用图 9-2 中⑦所示的简化画法。

9.3 装配图的尺寸标注

装配图和零件图在生产中的作用不同，因此标注尺寸的要求也不同。在装配图中，只需要标注与部件的性能(规格)、工作原理、装配关系和安装要求相关的几类必要尺寸。

1. 性能(规格)尺寸

表示机器或部件性能(规格)的尺寸，这些尺寸在设计机器或部件时就已确定，是设计、了解、选用机器或部件的主要依据，如图 9-1 中球阀的管口直径ϕ20。

2. 装配尺寸

(1)配合尺寸。表示两个零件之间配合性质的尺寸，如图 9-1 中阀盖和阀体的配合尺寸ϕ50H11/h11 等。这类尺寸由基本尺寸和孔与轴的公差代号组成，是拆画零件图时确定零件尺寸偏差的依据。

(2)相对位置尺寸。表示装配时需要保证的零件间相互位置的尺寸，如重要的距离、间隙以及零件沿轴向装配后，每个零件所在位置的轴向方向尺寸。如图 9-1 中双头螺柱的定位尺寸 49。

3. 安装尺寸

机器或部件安装在地基上或与其他机器或部件相连接时所需要的尺寸。如图 9-1 中主视图上的 M36×2、54 都是安装尺寸。

4. 外形尺寸

表示机器或部件外形轮廓的尺寸，即总长、总宽、总高。机器或部件在包装、运输以及厂房设计和安装过程中都需考虑外形尺寸，因为外形尺寸为包装、运输和安装过程中机器所占空间的大小提供了数据。如图 9-1 中 115±1.100、75、121.5 分别为球阀的总长、总宽和总高。

5. 其他重要尺寸

指在设计中经过计算确定或选定的尺寸，但又不属于上述几类尺寸的一些重要尺寸，如运动零件的极限尺寸、主体零件的主要结构尺寸等。这类尺寸在拆画零件图时不能改变。

以上所列的五类尺寸，彼此并不是孤立无关的，实际上有的尺寸往往同时具有几种不同的含义，如图 9-1 中的尺寸 115±1.100，它既是外形尺寸，又与安装有关。此外，每一个部件不一定都具备上述五类尺寸。因此，在标注装配图尺寸时，应按上述五类尺寸，结合机器或部件的具体情况加以选注。

9.4 装配图中零、部件序号和明细栏

为了便于读图、图样管理以及做好生产准备工作，装配图中所有零、部件都必须编写序号及代号(序号是为了看装配图方便而编制的，代号是该零件或部件工作图的图号)，同一装

配图中相同的零、部件只编写一个序号，同时在标题栏上方填写与图中序号一致的明细栏，用以说明每个零、部件的名称、数量、材料、规格等。

1. 零、部件序号注写方法

(1) 序号应注在图形轮廓线的外边，并填写在指引线的横线上或圆内，指引线、横线或圆均用细实线画出，如图 9-4 所示。序号字高应比装配图中尺寸数字大一号(图 9-4(a))或两号(图 9-4(b))，也允许采用图 9-4(c) 的形式注写，这时序号字高必须比尺寸数字大两号。在同一张装配图中序号的形式应一致。

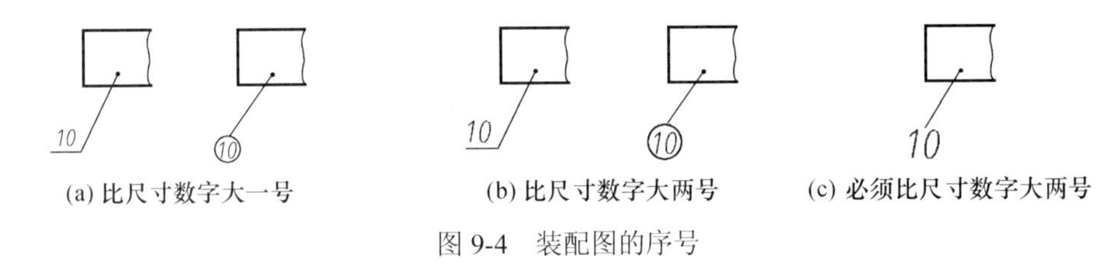

(a) 比尺寸数字大一号　　(b) 比尺寸数字大两号　　(c) 必须比尺寸数字大两号

图 9-4　装配图的序号

(2) 指引线应从所指零、部件的可见轮廓内引出，并在末端画一小黑点，当所指部分为很薄的零件或涂黑的断面时，可在指引线末端画出指向该部分轮廓的箭头(图 9-5)。

(3) 指引线相互不能相交；当通过有剖面线的区域时，指引线不应与剖面线平行；必要时，指引线可画成折线，但只能曲折一次，如图 9-5 中零件 1。

(4) 一组紧固件(如螺栓、螺母、垫圈)以及装配关系清楚的零件组，可采用公共指引线，如图 9-5 中的零件 2、3、4。零件组公共指引线的形式及画法如图 9-6 所示。

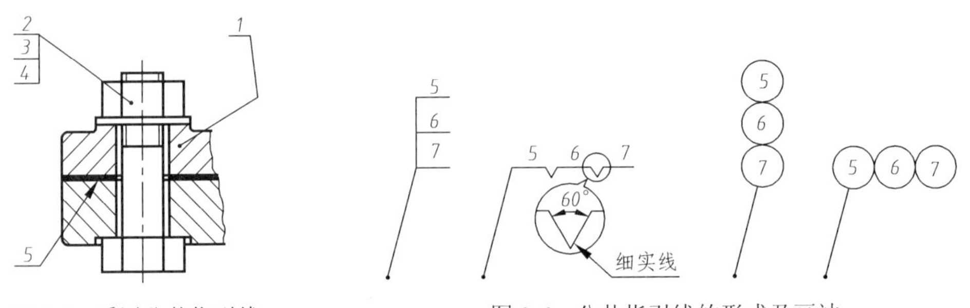

图 9-5　采用公共指引线　　图 9-6　公共指引线的形式及画法

(5) 装配图中的标准化组件(如油杯、滚动轴承、电机等)作为一个整体，只编写一个序号。

(6) 装配图中的序号应沿水平或竖直方向按逆时针或顺时针顺次排列整齐(图 9-1)。

(7) 常用的序号编排方法有下列两种，一种是标准件与非标准件混合一起编排(图 9-1)；另一种是将非标准件序号填入明细栏中，而标准件不编写序号，直接在图上注出规格、数量和国标号(图 9-3)。

2. 明细栏

明细栏是机器或部件中全部零、部件的详细目录，国标推荐了明细栏格式，图 9-7 是本书建议采用的制图作业明细栏格式。

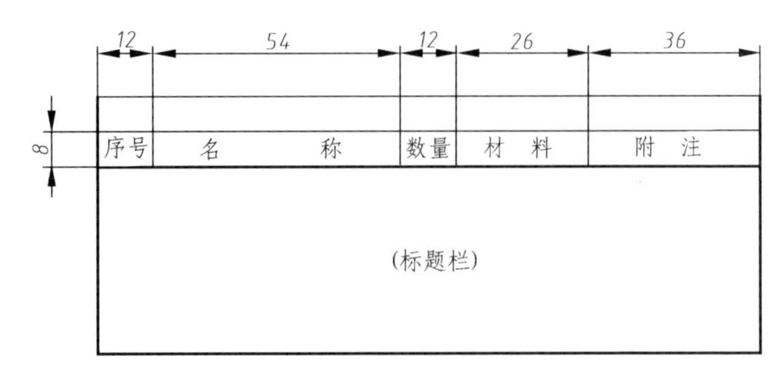

图 9-7　装配图的标题栏、明细栏

明细栏的左右外框线为粗实线，内格为细实线，画在标题栏的上方，若地方不够，可将明细栏分段，在标题栏的左方再画一排。明细栏中零、部件的序号应自下向上填写，以便增加零件时可以继续向上延伸，因此，明细栏最上边的外框线用细实线绘制。在实际生产中，对于零、部件较多的复杂机器，明细栏也可以不画在装配图内，按 A4 图幅作为装配图的续页单独绘出，填写顺序自上向下，并可连续加页，但在明细栏下方应配置与装配图完全相同的标题栏。

9.5　常见装配结构的合理性简介

在机器(或部件)的设计和绘图过程中，不仅要考虑使部件的结构能充分地满足机器(或部件)在运转和功能方面的要求，还要考虑装配结构的合理性，从而使零件装配成机器(或部件)后能达到性能要求，而且使零件的加工、装拆方便。确定合理的装配结构要有必要的机械知识，也要有一定的实践经验，要做深入细致的构型分析比较，在实践中不断提高。这里仅就常见装配结构的合理性问题进行讨论，以便读者做零、部件构型设计和画装配图时参考。

(1) 当两个零件接触时，在同一方向上的接触面只能有一组。如图 9-8 所示，若 $a_1>a_2$、$\phi B>\phi C$ 就可避免在同一方向同时有两组接触面。

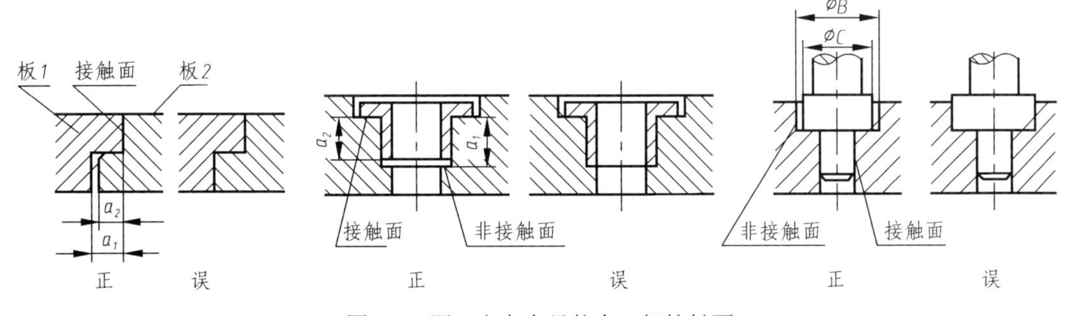

图 9-8　同一方向上只能有一组接触面

(2) 当轴和孔配合，且轴肩与孔的端面相互接触时，应将孔的接触端面制成倒角或在轴肩根部切槽(退刀槽)，以保证两零件接触良好(图 9-9)。

(3) 为了保证接触良好，接触面需经机械加工，因此，合理地减少加工面积，不但可以降低加工难度，而且可以改善接触质量。如图 9-10 所示，为了保证连接件(螺栓、螺母、垫圈)与被连接件间的良好接触，在被连接件上加工出沉孔、凸台等结构。沉孔的尺寸可根据连接件的尺寸从机械设计手册中查取。

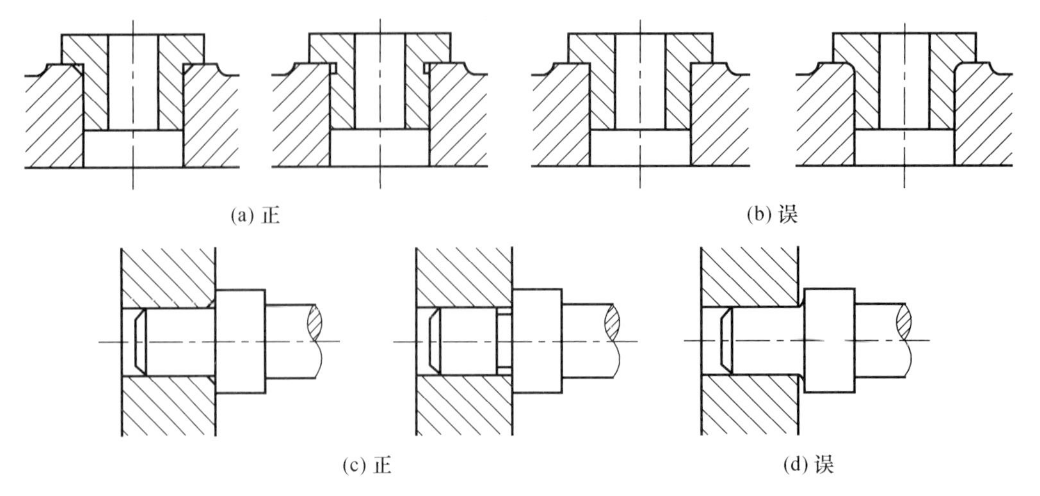

图 9-9　接触面转角处的结构及画法

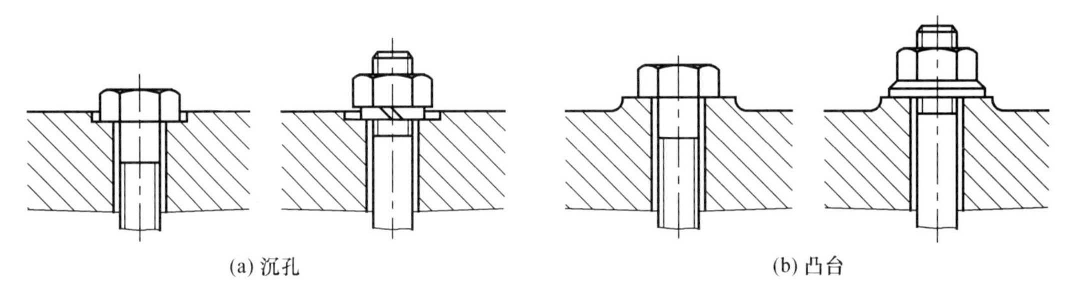

图 9-10　沉孔和凸台接触面

(4) 为了便于装拆，应留出扳手的活动空间(图 9-11)，以及拆装螺栓的空间(图 9-12)。

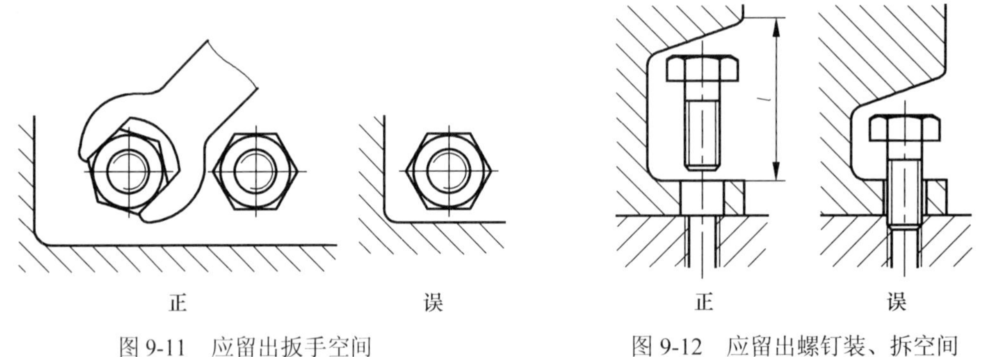

图 9-11　应留出扳手空间

图 9-12　应留出螺钉装、拆空间

(5) 在图 9-13(a) 中，螺栓头部完全封在箱体内，导致无法安装。应在箱体上加一手孔(图 9-13(b))，或采用双头螺柱连接(图 9-13(c))。

(6) 为了保证两零件在装拆前后不致降低装配精度，常采用圆柱销或圆锥销定位，故对销孔的加工要求较高(销为标准件)，为了加工销孔和拆卸销子方便，在可能的条件下，最好将销孔加工成通孔(图 9-14(a))。

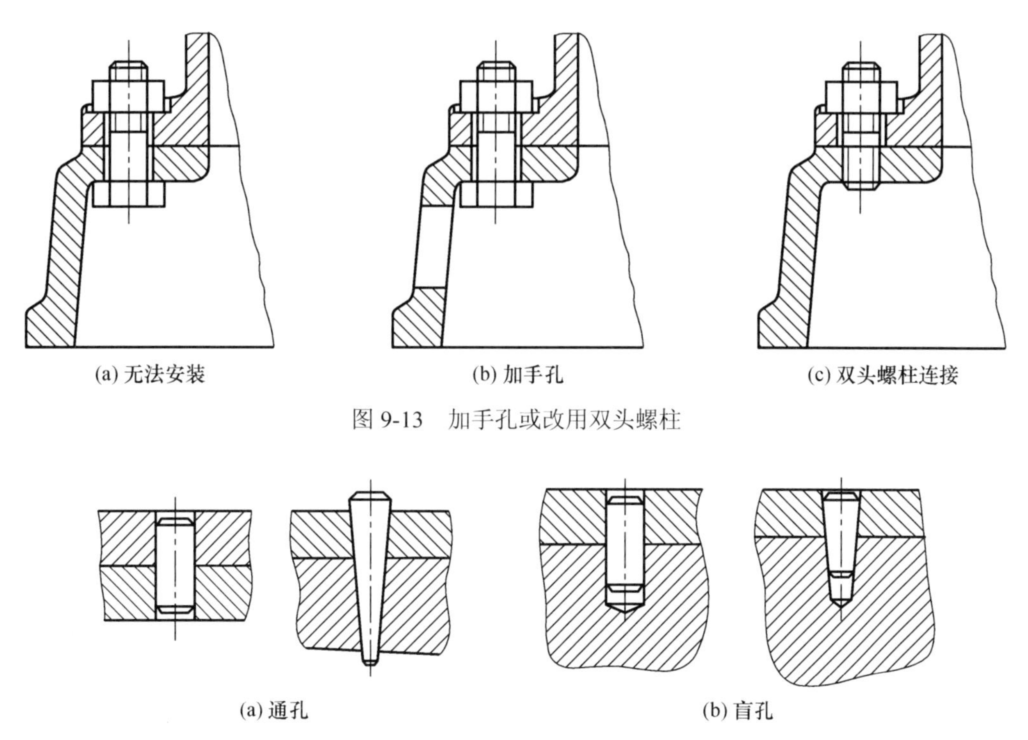

(a) 无法安装　　(b) 加手孔　　(c) 双头螺柱连接

图 9-13　加手孔或改用双头螺柱

(a) 通孔　　(b) 盲孔

图 9-14　定位销的装配结构

9.6　由零件图画装配图

机器或部件是由若干零件装配而成的，根据它们的零件图、装配示意图及相关资料，可以看清各零件的结构形状，了解装配体的用途、工作原理、连接和装配关系，然后拼画成机器或部件的装配图。下面以图 9-1 所示的球阀为例，说明由零件图画装配图的方法和步骤。球阀主要零件阀体、阀盖的零件图参考第 7 章图 7-20 和图 7-49，其余主要零件的零件图见图 9-15，还有一些非标准件的零件图，因限于篇幅，不再全部列出。

9.6.1　明确部件的装配关系和工作原理

对部件实物或图 7-19 所示球阀的轴测装配图进行分析，明确各零件间的装配关系和部件的工作原理。该球阀的装配关系是：阀体 1 和阀盖 2 都带有方形凸缘，它们用四个螺柱 6 和螺母 7 连接，并用合适的调整垫 5 调节阀芯 4 与密封圈 3 之间的松紧程度。在阀体上部有阀杆 12，阀杆下部有凸台，榫接阀芯 4 上的凹槽。为了密封，在阀体与阀杆之间加进填料垫 8、中填料 9 和上填料 10，并旋入填料压紧套 11。球阀的工作原理：将扳手 13 的方孔套进阀杆 12 上部的四棱柱，当扳手处于如图 9-1 所示的位置时，阀门全部开启，管道畅通；当扳手按顺时针方向旋转 90° 时(扳手处于图 9-1 的俯视图中双点画线所示的位置)，则阀门全部关闭，管道断流。从装配图中俯视图的 *B—B* 局部剖视图，可看到阀体 1 顶部限位凸台的形状(为 90° 扇形)，该凸台用来限制扳手 13 的旋转位置。

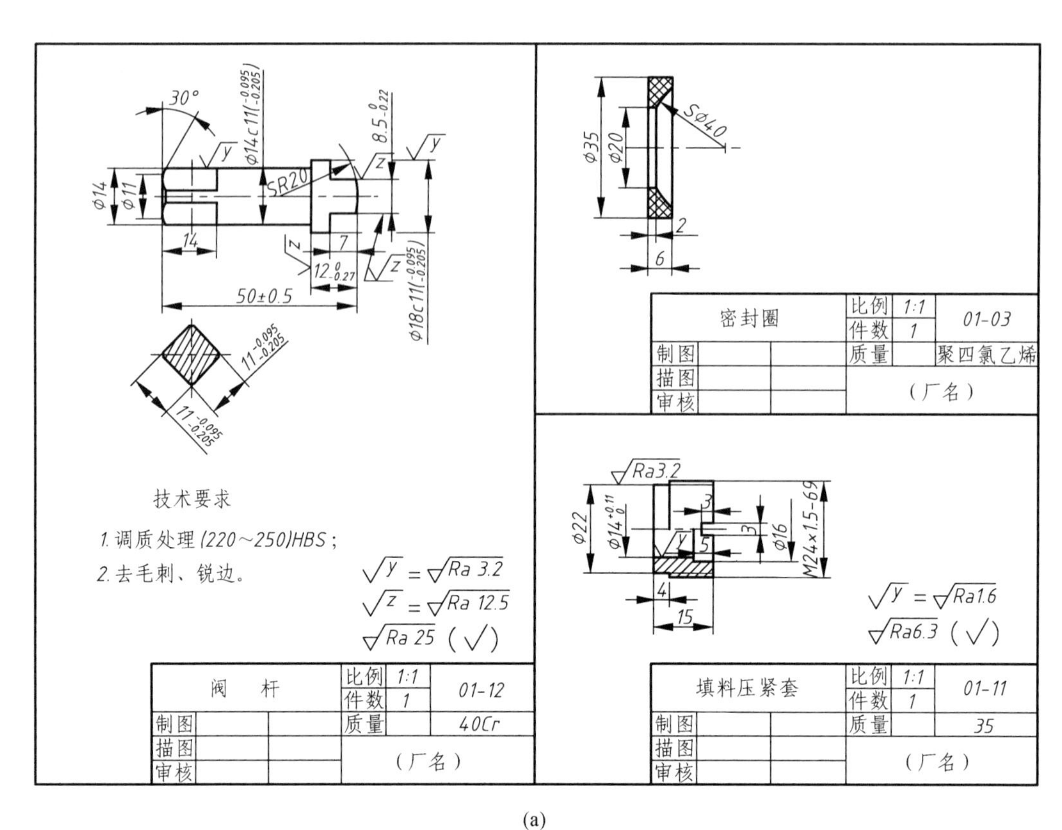

(a)

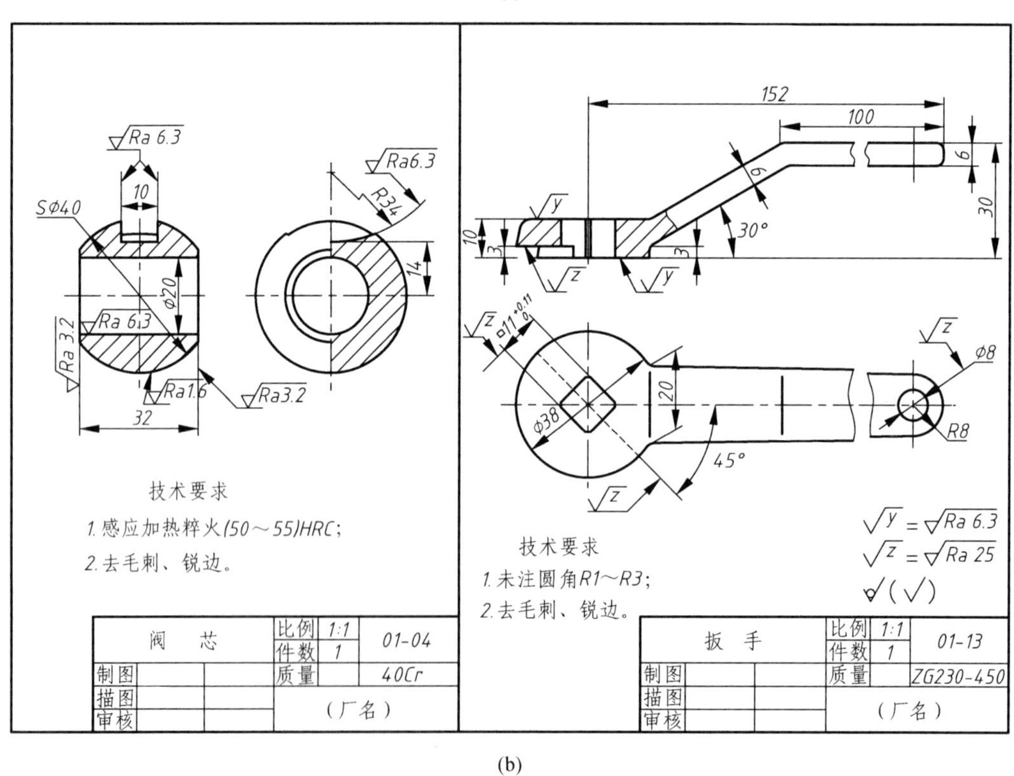

(b)

图 9-15　球阀零件图

9.6.2 确定视图表达方案

对部件装配图视图表达的基本要求：必须清楚地表达部件的工作原理、各零件间的装配关系以及主要零件的基本形状。画装配图与零件图一样，应先确定表达方案，也就是视图选择，选定部件的安放位置和主视图的投影方向后确定主视图，再配合主视图选择其他视图。

1. 选择主视图

为方便设计和指导装配，部件的安放位置应尽可能与部件的工作位置相符，当部件的工作位置多变或工作位置倾斜时，可将其放正使安装基面或主装配干线处于水平或竖直位置。当部件的工作位置确定后，应选择能清楚地反映主要装配关系和工作原理的视图作为主视图，并采取适当的剖视，比较清晰地表达各个主要零件以及零件间的相互关系。图 9-1 中球阀的主视图就体现了上述选择主视图的原则。

2. 确定其他视图

根据装配图对视图表达的基本要求，针对部件在主视图上还没有表达清楚的工作原理或零件间的装配关系和相互位置关系，选择合适的其他视图或剖视图等。如图 9-1 所示，球阀沿前后对称面剖开的主视图，虽清楚地反映了各零件间的主要装配关系和球阀的工作原理，可是球阀的外形结构以及其他一些装配关系还没有表达清楚。于是选择左视图，补充反映了它的外形结构；选择俯视图，并作 *B—B* 局部剖视，反映扳手与定位凸台的关系。

装配图的视图选择，主要是围绕着如何表达部件的工作原理和部件的各条装配线来进行的。而表达部件的各条装配线时，还要分清主次，首先把部件的主要装配线反映在基本视图上，然后考虑如何表达部件的局部装配关系，务必使各个视图和剖视图的表达内容都有明确的表达目的。

9.6.3 画装配图

根据确定的部件表达方案以及部件的大小和复杂程度，先确定绘图比例，安排各视图的位置，选定图幅后，便可着手按下述步骤画图。

1. 画图框、标题栏、明细栏和布置各视图位置

画出图框、图幅以及标题栏、明细栏的外框，再画出各视图的主要轴线、对称中心线、部件主要基面的轮廓(图 9-16(a))。布置视图时，要注意留有编写零、部件序号以及注写尺寸和技术要求的位置，图面的总体布置应力求布局匀称。

2. 画底稿

画装配图一般可从主视图画起，几个视图相互配合一起画，但也可按具体情况先画某一视图。在画零件的先后顺序上，为了使图中每个零件表示在正确的位置，并尽可能少画一些不必要的线条，可围绕部件的装配干线进行绘制，一般由里向外逐个画出各个零件，也可由外向里画，视作图方便而定。图 9-16(b)～(d)表示了绘制球阀装配图底稿的画图步骤。

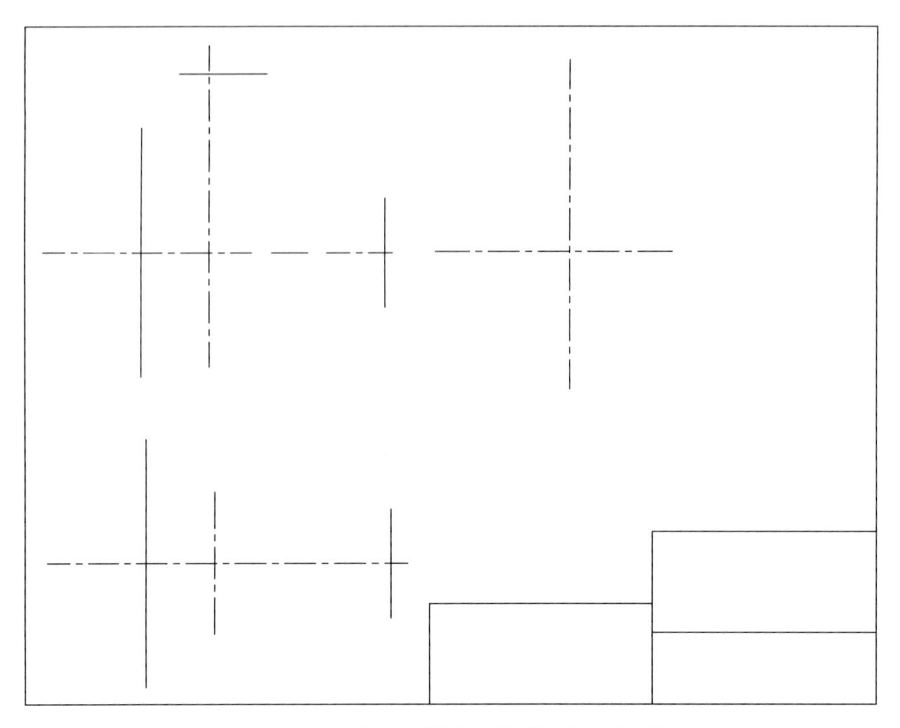

(a) 画图幅、标题栏、明细栏及视图基准线

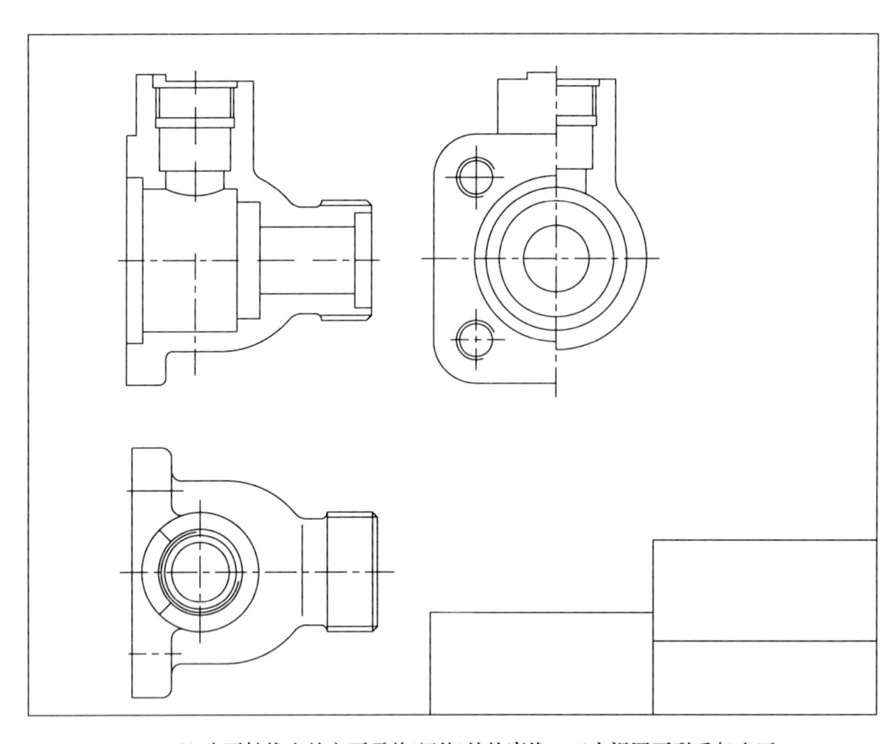

(b) 先画轴线上的主要零件(阀体)的轮廓线，三个视图要联系起来画

图 9-16　球阀装配图的画图步骤

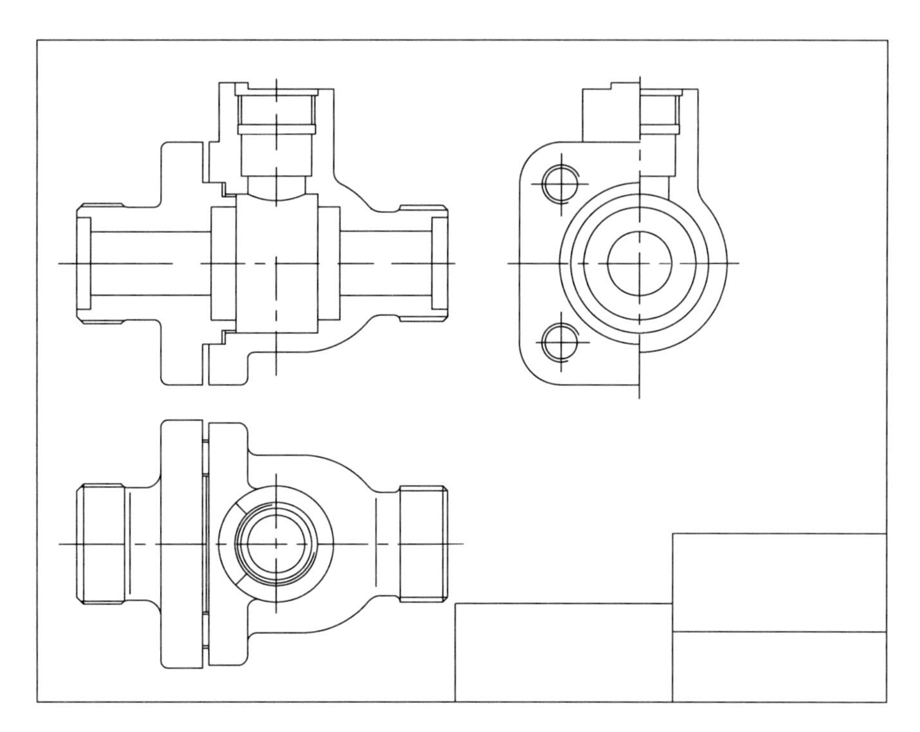

(c) 根据阀盖和阀体的相对位置，沿水平轴线画出阀盖的三视图

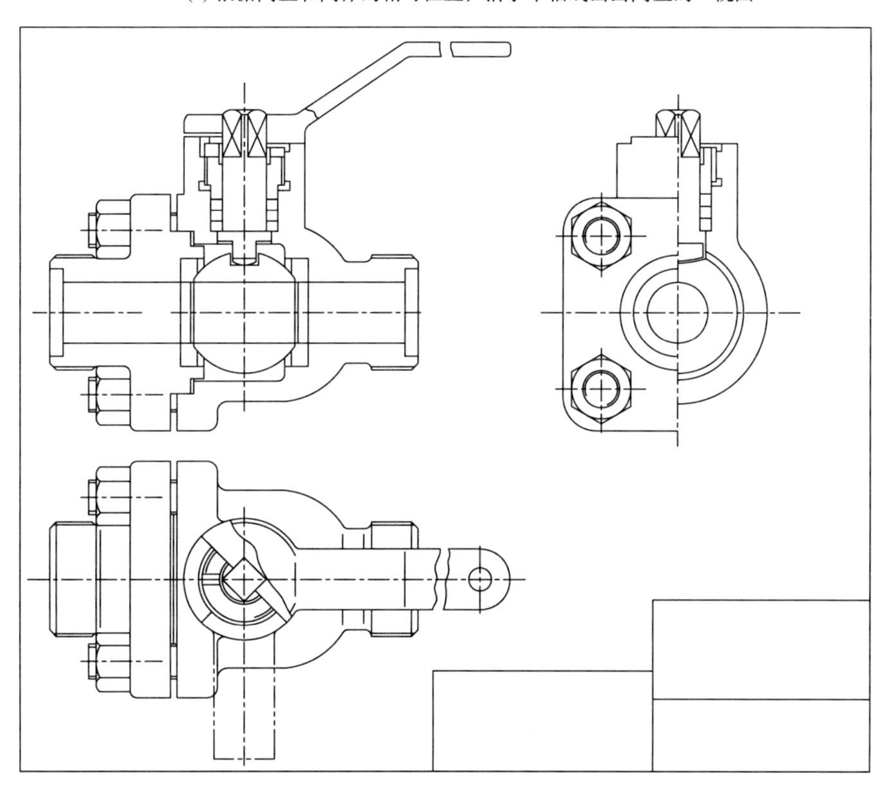

(d) 沿水平轴线画出各个零件，再沿竖直轴线画出各个零件，然后画出其他零件，最后画出扳手的极限位置

图 9-16　球阀装配图的画图步骤(续)

在画装配图时，要检查零件间正确的装配关系，哪些面应该接触，哪些面之间应该留有间隙，哪些面为配合面等，必须正确判断并相应画出，还要检查零件间有无干扰和互相碰撞，并及时纠正。

3. 检查、描深完成全图

底稿完成后，需经检查后加深图线，画剖面线，注出尺寸及公差配合。最后，编写零、部件序号，填写明细栏、标题栏、技术要求等。图 9-1 是最后完成的球阀装配图。

9.7 读装配图及拆画零件图

在生产过程中，从机器或部件的设计到制造、技术交流、使用和维修等，都需要读装配图。通过装配图了解机器或部件中零件间的装配关系，分析其工作原理，以及读懂其中主要零件及其他有关零件的主要结构形状，以便设计时根据装配图绘制该机器或部件中所有非标准件的零件图。下面以激光干涉仪中的微调机构为例，详细介绍如何读装配图以及拆画零件图。

9.7.1 读装配图

1. 概括了解

读装配图时，首先通过标题栏和有关说明书了解机器或部件的名称、性能和用途等，再从明细表了解组成该机器或部件的零件名称、数量、材料和规格等。根据视图的大小、绘图比例和机器或部件的外形尺寸，初步了解其大小，从而对装配图所表达的机器或部件建立一个总体的认识。

图 9-17 所示微调机构用于微调激光干涉系统中的参考反光镜，通过微调机构可使反光镜 1 平稳地绕 Z 轴和 Y 轴做微量转动(Z 轴和 Y 轴的方向见图 9-18)，以达到改变干涉条纹的间隔和方向的目的。从图上总体尺寸 45、55、55 和明细栏可以看出，这个部件的结构是比较简单而紧凑的。图 9-18 是该微调机构的轴测分解图。

2. 分析视图

通过分析视图，要了解装配图中采用了哪些视图、剖视图等表达方法，对剖视图要找到剖切位置，弄清各视图之间的投影关系及其所表达的主要内容。初步了解装配关系、装配结构及连接关系。

图 9-17 装配图中主视图采用全剖视图，表达了反光镜 1 绕 Z 轴旋转的结构；俯视图采用全剖视图，表达了反光镜 1 绕 Y 轴旋转的结构；左视图采用局部剖视图，这样既表达了微调机构的外形，又清楚地表达了微调机构中两个微调螺钉的相互位置；右视图着重表达微调机构的外形和其他结构形状；*A—A* 剖视图主要表达盘簧 9 的形状；*C—C* 剖视图主要表达盘簧 9 与反光镜座外套 2 的连接情况。

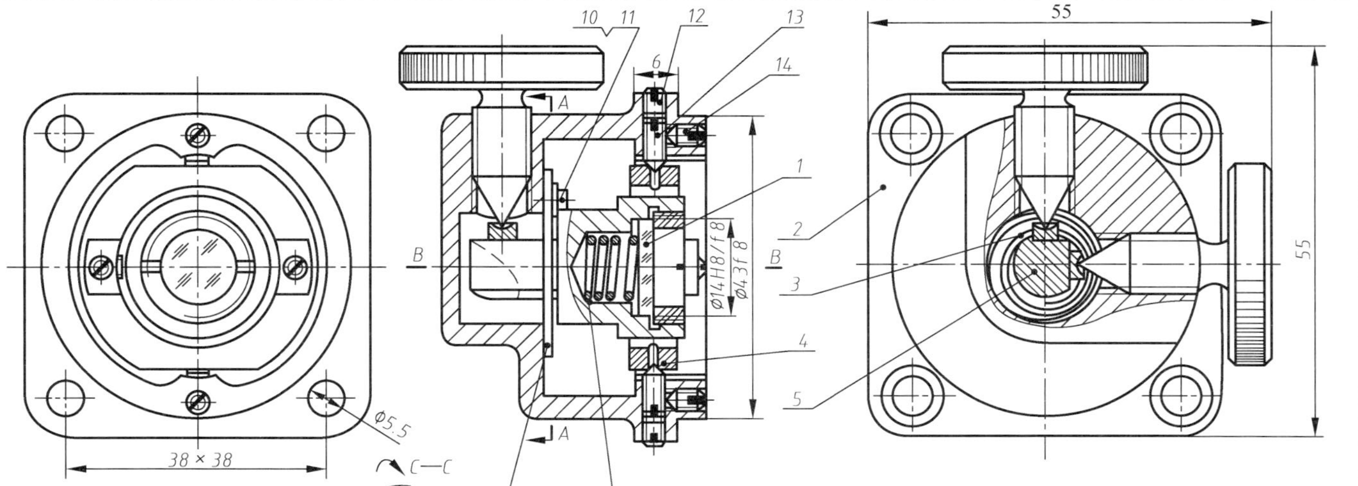

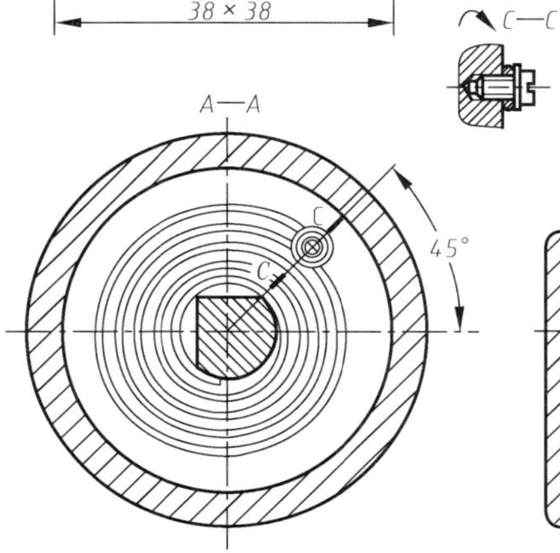

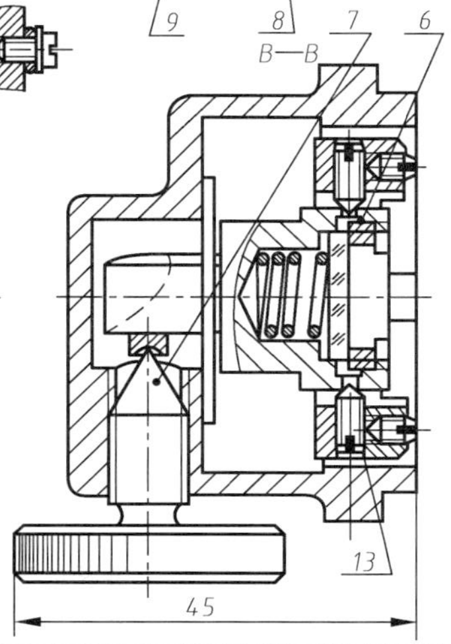

序号	代　号	名　称	材　料	数量	备　注
14	GB/T 71	螺钉 M4×5		4	
13	GB/T 71	螺钉 M4×8		4	
12	GB/T 73	螺钉 M4×4		2	
11	GB/T 97.1	垫圈 2-140HV		1	
10	GB/T 65	螺钉 M2×6		1	
9	85.13.09	盘簧	65Mn	1	
8	85.13.08	弹簧	65Mn	2	
7	85.13.07	调整螺钉 M10×0.5	45	2	
6	85.13.06	压圈	45	1	
5	85.13.05	反光镜座	45	1	
4	85.13.04	反光镜调整圈	45	2	
3	85.13.03	调整垫片	45	2	
2	85.13.01	反光镜座外套	45	1	
1	85.13.02	反光镜	K9	1	

微调机构				比例	2:1		
				净重			
设计		制图		数量		第 1 张	共 1 张
审核		描图					
批准		校对					

技术要求

调整螺钉与反光镜座外套上的螺孔，应研配使转动时平滑舒适。

图 9-17　微调机构装配图

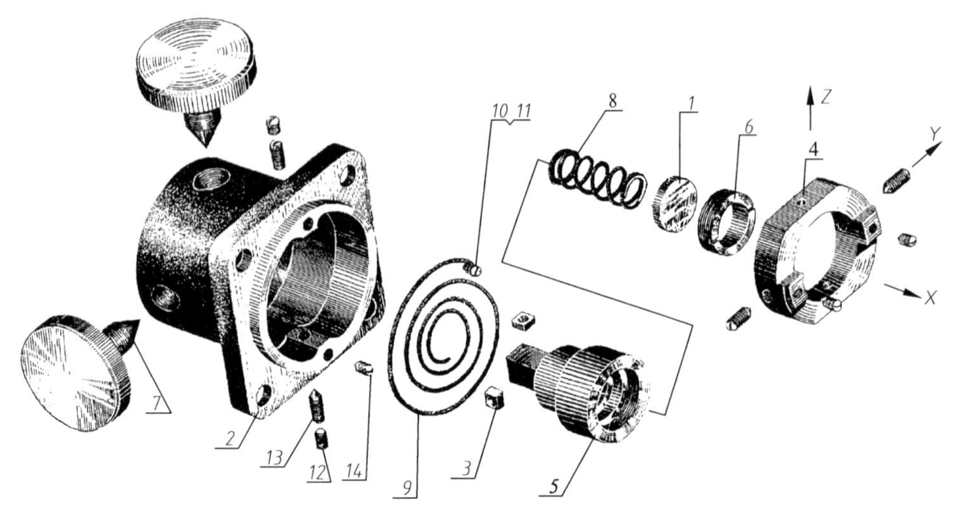

图 9-18　微调机构轴测分解图

3. 分析工作原理

一般从图纸上直接分析，当部件比较复杂时，需要参考说明书。分析时，常从部件的传动入手，分析其工作原理、传动关系，找出部件的各条装配干线。

微调机构的作用是可以使反光镜平稳地绕 *Z* 轴和 *Y* 轴做微量转动。这里先分析 *Z* 轴和 *Y* 轴的结构。由反光镜座外套 2 和装在其中的两个螺钉 13(在主视图上)，形成了 *Z* 方向的轴线，这两个螺钉 13 的锥端支撑着反光镜调整圈 4，从而使反光镜座 5 通过两个螺钉 13(这两个螺钉在俯视图上)带动反光镜调整圈 4 绕锥端螺钉 13(这两个螺钉在主视图上)所形成的 *Z* 轴方向旋转。由反光镜调整圈 4 和装在其中的两个螺钉 13(在俯视图上)，形成了 *Y* 方向的轴线。两个螺钉 13 的锥端支撑着反光镜座 5，可使反光镜座 5 绕着锥端螺钉所形成的 *Y* 轴方向旋转。

当捻动装在前面的调整螺钉 7 时，即可获得 *Z* 轴方向的转动；而捻动装在上面的调整螺钉 7，则可获得 *Y* 轴方向的转动。其中调整垫片 3 的作用除了在垫片磨损后可以方便地调换外，还可以在受力时易于对准中心位置。

四个螺钉 13 除了起到支撑轴 *Z* 和 *Y* 的作用，还可以用来调整反光镜 1 的中心。螺钉 12 和 14 起锁紧的作用。

4. 分析装配关系和零件形状

逐一分析部件的各条装配干线，弄清零件间的配合要求，零件间的定位、连接方式以及密封、装拆顺序等问题，同时必须做到正确地区分不同零件的轮廓范围，从而了解每个零件的主要结构形状和用途。

由图 9-17 和图 9-18 可知微调机构的装配顺序：首先把弹簧 8、反光镜 1、压圈 6 装在反光镜座 5 上，再把反光镜调整圈 4 套在反光镜座 5 上，旋上螺钉 13 和 14，然后把它们一起装到反光镜座外套 2 中，此时反光镜座 5 的一端套在已装在反光镜座外套 2 内的盘簧 9 中，然后把调整垫片 3 放在反光镜座 5 上，旋上调整螺钉 7，最后再拧紧螺钉 13、12、14。

在了解机器或部件作用及装配关系的基础上，进一步分析主要零件的作用和结构形状，可以更好地了解机器或部件的工作原理和结构特点。一个零件的结构形状主要由零件的作用及其与其他零件的关系以及铸造、机械加工的工艺要求等因素决定。所以，从装配图上分析零件时，也需要从这几方面综合考虑。分析零件结构形状一般可先从功能和结构重要的零件开始。

5. 归纳总结

在以上分析的基础上，还要对技术要求、全部尺寸进行研究，进一步了解机器或部件的设计意图和装配工艺性，并进行归纳总结，如结构有何特点、能否实现工作要求、装配和拆卸的顺序如何、系统是如何润滑和密封的等，这样对机器或部件就可以有一个全面的认识。

9.7.2 拆画零件图

按照设计程序，在设计部件或机器时，通常是根据使用要求先画出确定部件或机器主要结构的装配图，然后再根据装配图拆画零件图。由装配图拆画零件图的过程称为拆图。拆画零件图必须在全面看懂装配图工作原理，弄清主要零部件结构形状的基础上进行，按照零件图的内容和要求，拆画出零件图。

下面以拆画微调机构(图 9-17、图 9-18)中的反光镜座外套 2 为例，说明由装配图拆画零件图的方法和步骤。

1. 分离零件，确定零件的结构形状

由装配图分离某零件时，首先要把该零件从装配图中分离出来，具体分析方法如下。

(1)从零件序号及明细栏了解零件的名称和作用，根据装配图的规定画法，找出这个零件在主视图上的投影范围。

(2)运用投影原理，找出这个零件在其他视图上的投影范围。

(3)根据分离出来的投影和零件的作用特点，想象出这个零件的形状。

如图 9-17 明细栏中序号为 2 的零件是反光镜座外套，在装配图的绘图区域找到零件标号为 2 的指引线，指引线末端实心圆点所指的零件就是反光镜座外套的左视图。根据视图间的投影规律以及同一零件的剖面线方向、间距的一致性，将零件的几个视图同时从装配图中分离出来。对图 9-17 的微调机构进行仔细的分析，将反光镜座外套从中分离出来，拆去其他零件，可获得反光镜座外套粗略的视图，如图 9-19(a)所示。

2. 确定零件的表达方案

零件图视图的选择应按零件本身的结构、形状特点而定，因此拆画零件图考虑零件的视图表达方案时，不应简单照抄装配图中该零件的表达方法，而应从零件的具体情况出发重新考虑。在大多数情况下，箱体类零件，如减速器的底座、各种泵的泵体等，主视图的表达一般与装配图一致；对轴套类零件和盘盖类零件，则一般按零件的加工位置选择主视图；对支架类零件，主视图的位置一般与装配图一致，而投影方向则取其最能反映零件形状特征的一面。

图 9-19 为拆画反光镜座外套零件图的过程，图 9-20 为反光镜座外套的零件图。

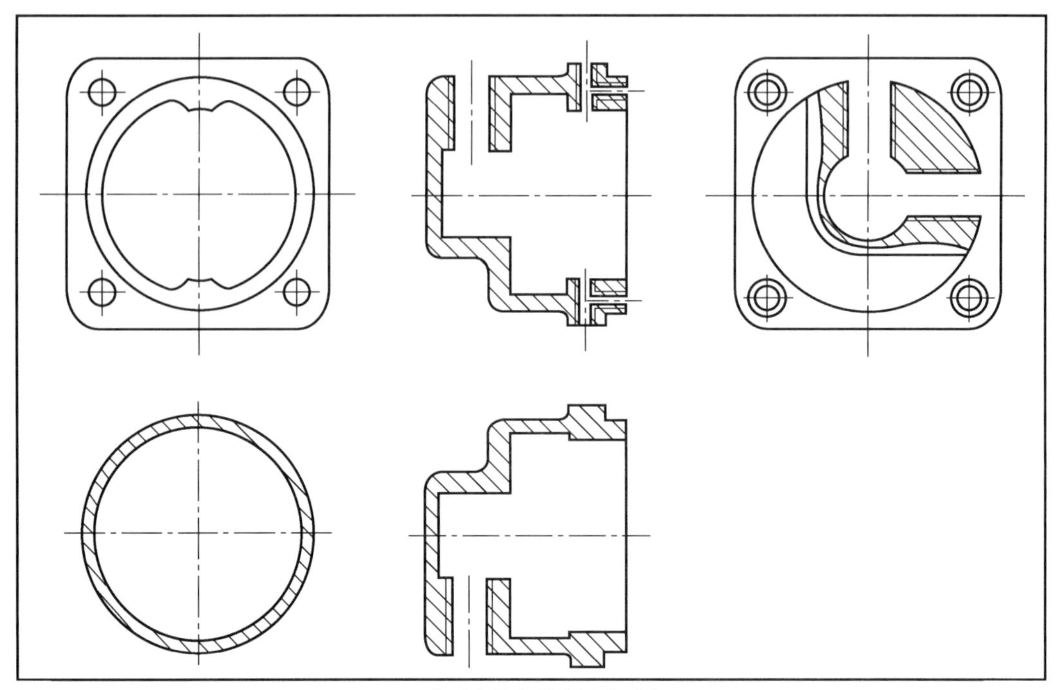
(a) 将反光镜座外套单独画出

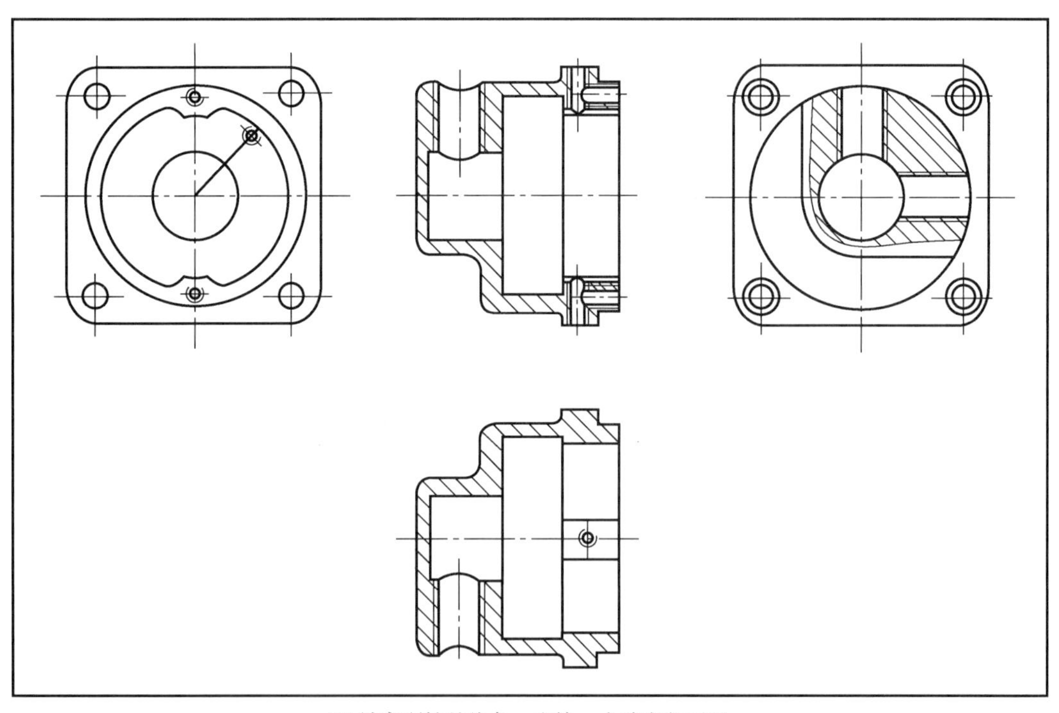
(b) 补齐所缺的线条，去掉一个移出断面图

图 9-19　拆画反光镜座外套零件图

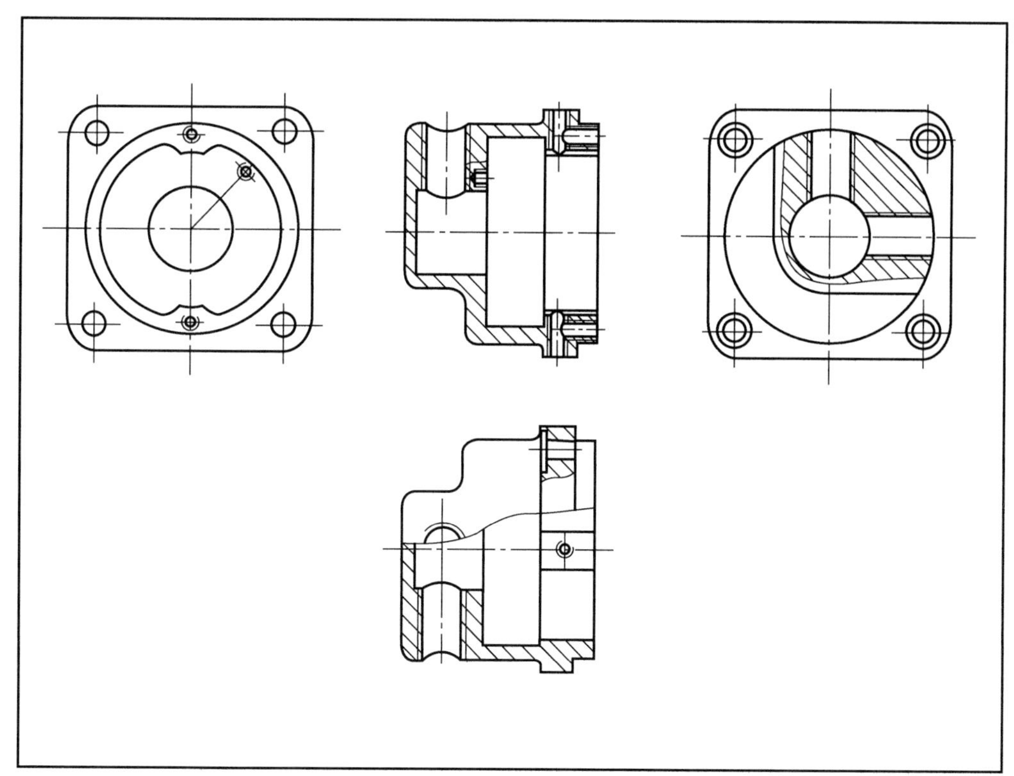

(c) 在主视图中加画一个螺孔的深度，俯视图改画成局部剖视图

图 9-19　拆画反光镜座外套零件图(续)

3. 确定未表达完整的零件结构

有时零件的某一个局部没有在装配图上表达清楚，画零件图时则必须表达清楚，这时可以从该局部的作用，或从该局部与其相接触的零件形状中获得启发，从而确定该局部的形状。

4. 增补省略的结构

由于在装配图中对零件的一些细小工艺结构，如小倒角、圆角、退刀槽、砂轮越程槽等采用了简化画法，因此在拆图时应全部补上。

5. 尺寸标注

零件图中应正确、完整、清晰、合理地注出制造零件所需要的全部尺寸信息。根据部件的工作性能和使用要求，分析零件各部分尺寸的作用及其对部件的影响，首先确定主要尺寸和选择尺寸基准，而具体的尺寸大小可根据不同情况分别处理。

(1) 对装配图中已注明的尺寸，按所标注的尺寸和公差带代号(或极限偏差数值)直接标注在零件图上。

(2) 有关标准化的结构(如标准直径、标准长度、键槽、螺纹、倒角、退刀槽等)，可从明细栏及相应标准中查到，然后取标准数值。

(3) 有些尺寸需由公式计算确定。例如，齿轮分度圆直径、齿顶圆直径等需根据模数、齿数计算决定。

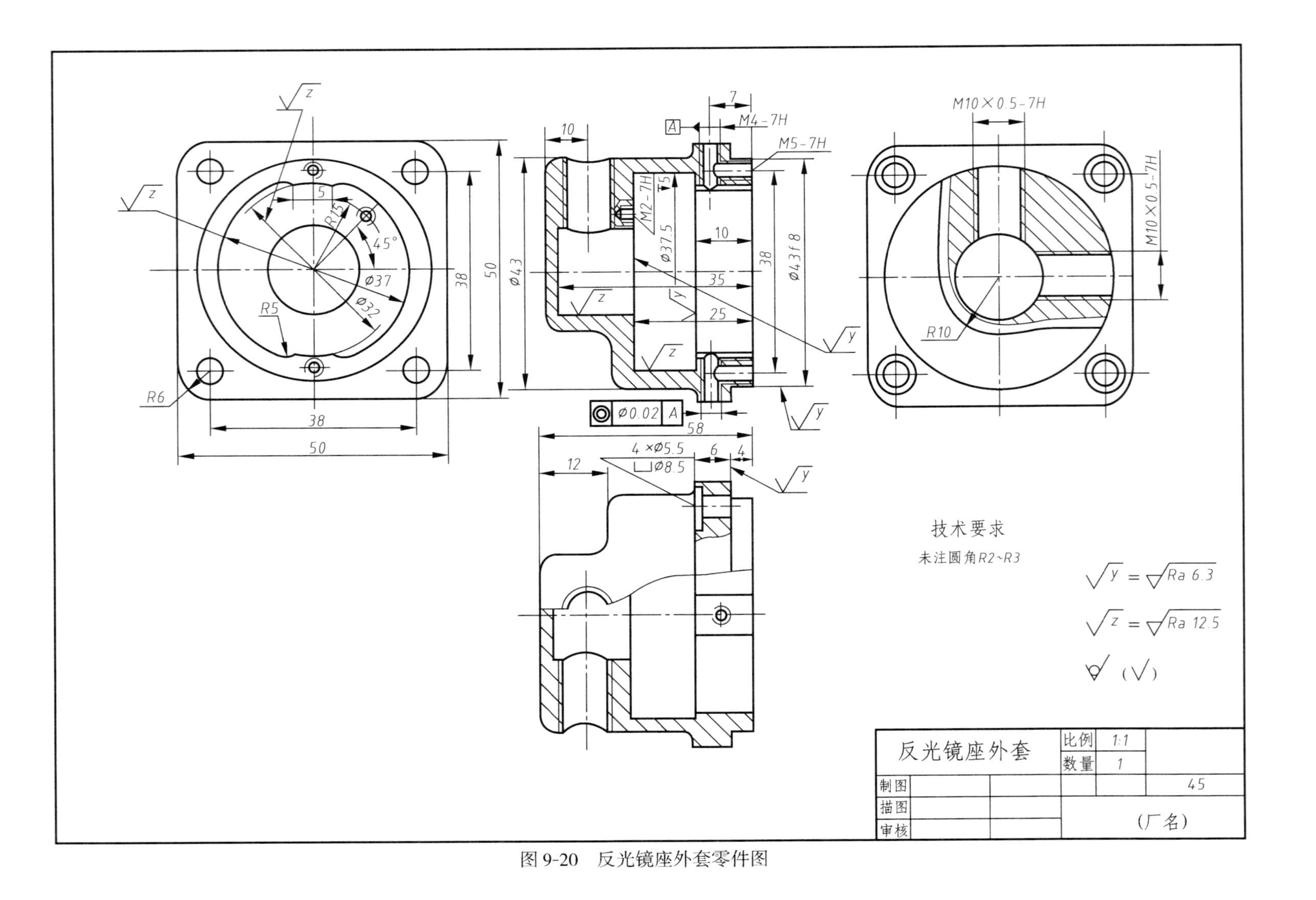

图 9-20　反光镜座外套零件图

(4) 一般尺寸按比例从装配图中直接量取，并取整数。

6. 确定零件的技术要求

零件的技术要求除在装配图中已标出的(如极限与配合)可直接应用到零件图上外，其他的技术要求，如表面结构、几何公差等，要根据零件的作用和使用要求通过参考有关手册和同类产品的技术要求确定。

7. 填写标题栏

零件图标题栏中所填写的零件名称、材料和数量等要与装配图明细栏中的内容一致。

零件图画完后，必须对所拆画的零件图进行仔细校核，校核内容包括：检查每张零件图的各项内容是否完整；对零件的形状、结构表达是否完整、合理；有关的配合尺寸、表面结构等级、几何公差的要求是否一致；零件的名称、材料、数量等是否与装配图中明细栏所注相符。

第10章 焊 接 图

焊接是利用电弧或火焰，在被连接处局部加热并填充熔化金属，或用加压等方法将被连接件熔合而连接在一起。焊接是一种不可拆连接。它施工简单，连接可靠，在生产上应用广泛，大多数板材制品和工程结构件都采用焊接的方法来连接。连接件上因焊接形成的熔接处称为焊缝，国标对焊缝代号有详细规定，对焊接要求(如焊接方法、焊缝形式、焊缝尺寸)在图纸上需用规定的符号表示。本章仅介绍焊缝的符号及其标注。

1. 焊接接头的基本形式

常见的焊接接头形式有对接接头、T 形接头、角接接头、搭接接头四种。焊缝的形式有对接焊缝、角焊缝及塞焊缝三种，如图 10-1 所示。

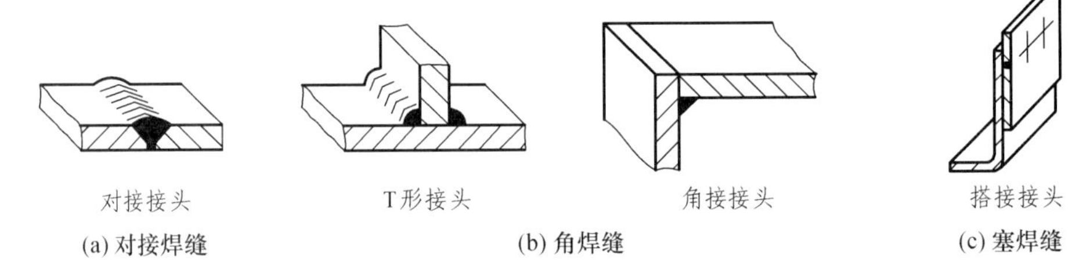

(a) 对接焊缝　(b) 角焊缝　(c) 塞焊缝

图 10-1　常见的焊缝形式及接头形式

2. 焊缝的符号及其标注

在国标《焊缝符号表示法》(GB/T 324—2008)中，对焊缝符号做了规定。焊缝符号包括基本符号、指引线、补充符号、尺寸符号及数据等。

1)基本符号

基本符号是表示焊缝横截面形状的符号。表 10-1 为常见焊缝的基本符号及其标注示例。

表 10-1　常见焊缝的基本符号及标注示例

名称	焊缝形式	基本符号	标注示例
I 形焊缝			
V 形焊缝			
单边 V 形焊缝			
角焊缝			

续表

名称	焊缝形式	基本符号	标注示例
带钝边 U 形焊缝			
封底焊缝			
点焊缝			
塞焊缝			

2) 补充符号

补充符号用来说明焊缝的某些特征(如表面形状、衬垫、焊缝分布、施焊地点等)，需要时可随基本符号标注在指引线规定的位置上。表 10-2 为补充符号及其标注示例。

表 10-2　补充符号及其标注示例

名称	符号	形式及标注示例	说明
平面			表示 V 形对接焊缝表面齐平(一般通过加工)
凹面			表示角焊缝表面凹陷
凸面			表示 X 形对接焊缝表面凸起
带垫板			表示 V 形焊缝的背面底部有垫板
三面焊缝			工件三面施焊，开口方向与实际方向一致
周围焊缝			表示在现场沿工件周围施焊
现场			
尾部		5 250 4	表示有四条相同的角焊缝

3) 指引线指

引线由箭头线(必要时可转折)和两条基准线(一条为细实线，另一条为虚线)组成，如图 10-2 所示。

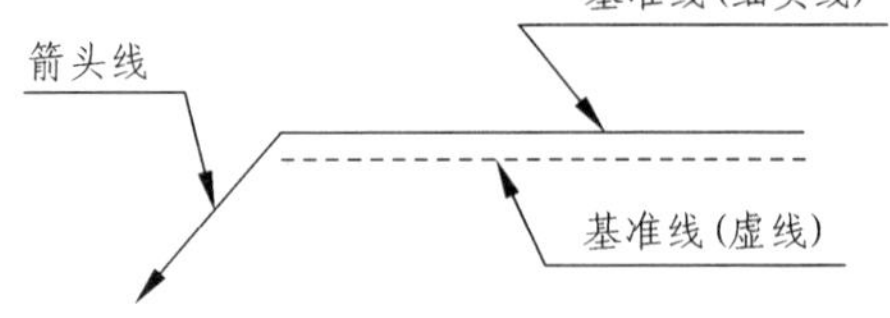

图 10-2　指引线的画法

4) 焊缝符号相对于基准线的位置

国标《焊缝符号表示法》(GB/T 324—2008) 对基本符号相对基准线的位置作了如下规定：

(1) 基本符号在实线侧时，表示焊缝在箭头侧，如图 10-3(a)所示。

(2) 基本符号在虚线侧时，表示焊缝在非箭头侧，如图 10-3(b)所示。

(3) 对称焊缝允许省略虚线，如图 10-4(a)所示。

(4) 在明确焊缝分布位置的情况下，有些双面焊缝也可省略虚线，如图 10-4(b)所示。

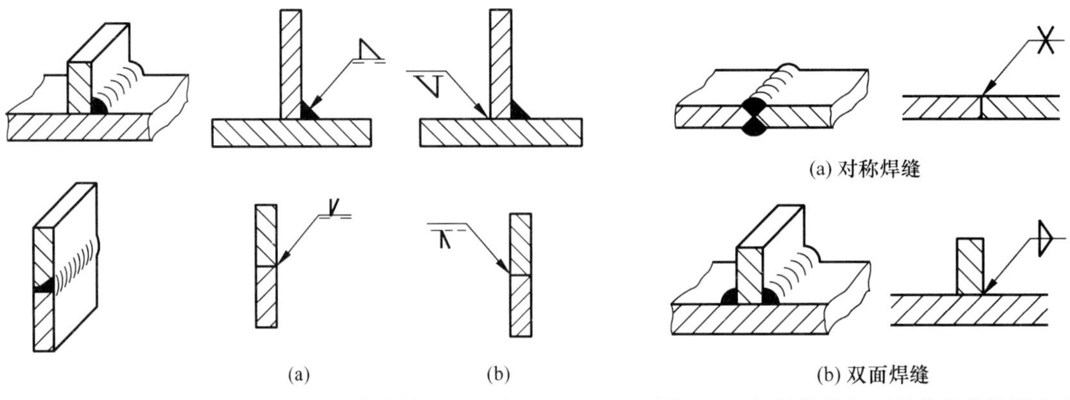

(a)　　(b)

图 10-3　焊缝符号相对基准线的位置(一)

(a) 对称焊缝

(b) 双面焊缝

图 10-4　焊缝符号相对基准线的位置(二)

5) 焊缝尺寸符号及其标注

焊缝尺寸在需要时才标注，标注时，随基本符号标注在规定的位置上。表 10-3 为焊缝尺寸符号及其标注示例。焊缝尺寸标注位置的规定如图 10-5 所示。

表 10-3　常用的焊缝尺寸符号

名称	符号	示意图及标注	名称	符号	示意图及标注
工件厚度	δ		焊缝段数	n	
坡口角度	α		焊缝间距	e	
根部间隙	b		焊缝长度	l	
钝边	p		焊角尺寸	K	
坡口深度	H		相同焊缝数量	N	

图 10-5　焊缝尺寸的标注方法

3. 焊缝的画法及标注示例

1) 焊缝的规定画法

(1) 在垂直于焊缝的剖视图或剖面图中，焊缝的剖面形状应涂黑表示。如图 10-6 所示。

(2) 在视图中，可用栅线表示焊缝(栅线段为细实线，允许徒手绘制)，如图 10-6(a)～(d)，也可用加粗线($2d$～$3d$)表示可见焊缝，如图 10-6(e)、(f)。但在同一图样中只允许采用一种画法。

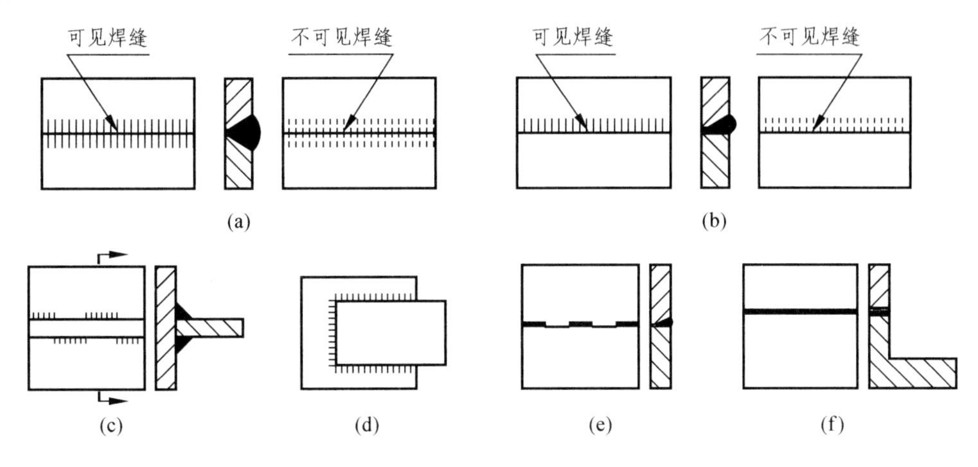

图 10-6　焊缝的画法示例

2) 图样中焊缝的表达

(1) 在能清楚地表达焊缝技术要求的前提下，一般在图样中可用焊缝符号直接标注在视图的轮廓线上，如图 10-7 所示。

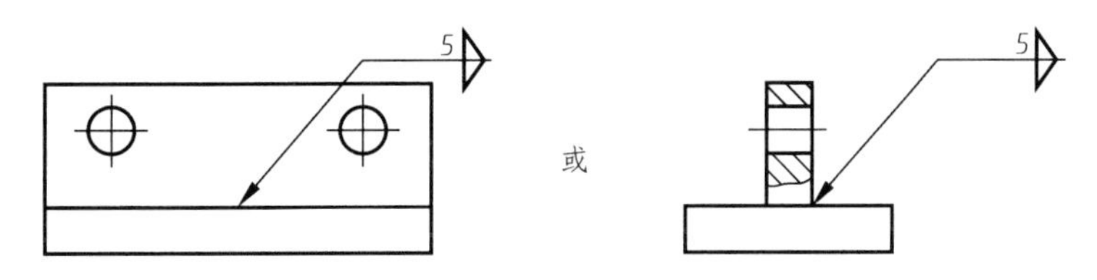

图 10-7　焊缝的表达

(2) 若需要也可在图样中采用图示法画出焊缝，并应同时标注焊缝符号，如图 10-8(a)所示。

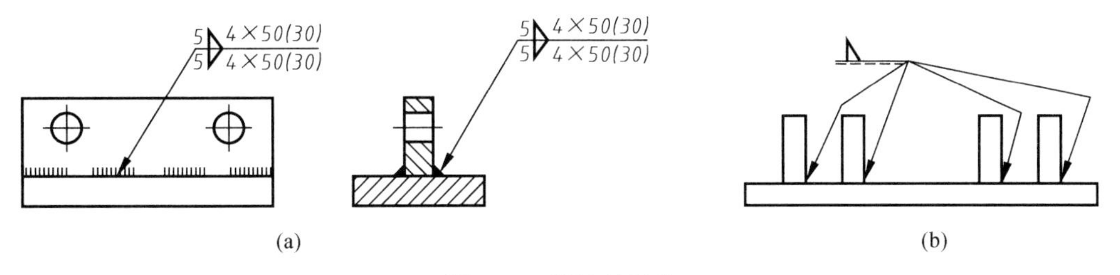

图 10-8　焊缝的标注

(3) 当若干条焊缝相同时，可用公共基准线进行标注，如图 10-8(b)所示。

3）焊接图示例

图 10-9 是轴承挂架的焊接图示例。

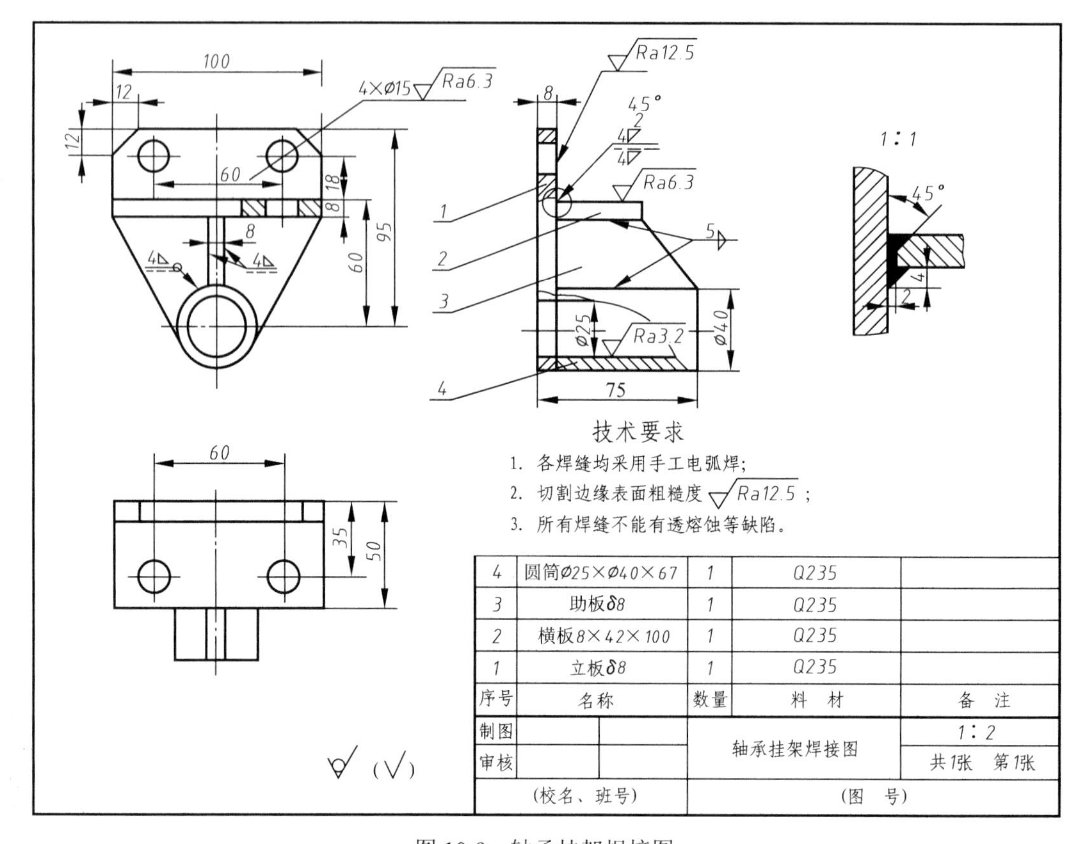

图 10-9 轴承挂架焊接图

参 考 文 献

大连理工大学工程画教研室，2003. 机械制图. 5 版. 北京：高等教育出版社
刘荣珍，2000. 现代工程图学——基础制图. 兰州：甘肃教育出版社
陆国栋，2002. 图学应用教程. 北京：高等教育出版社
毛家华，莫章金，2000. 建筑工程制图与识图. 北京：高等教育出版社
毛之颖，2001. 机械制图(非机械类). 北京：高等教育出版社
邱泽阳，武晓丽，2005. 现代工程图学——图学基础. 北京：中国铁道出版社
同济大学，上海交通大学等院校机械制图编写组，2004. 机械制图. 5 版. 北京：高等教育出版社
王兰美，2004. 机械制图. 北京：高等教育出版社
武晓丽，邱泽阳，2006. 现代工程图学——机械制图. 北京：中国铁道出版社
西安交通大学制图教研室，1989. 画法几何及机械制图(修订本). 西安：陕西科学技术出版社
薛广红，赵武云，2000. 现代工程图学——图学基础. 兰州：甘肃教育出版社
杨惠英，王玉坤，2002. 机械制图. 北京：清华大学出版社
杨裕根，诸世敏，2007. 现代工程图学. 3 版. 北京：北京邮电大学出版社
中国纺织大学工程图学教研室，1986. 画法几何及工程制图. 上海：上海科学技术出版社
中华人民共和国国家标准——机械制图，1999～2009. 中华人民共和国国家质量监督检验检疫总局发布
中华人民共和国国家标准——技术制图，1999～2012. 国家质量技术监督局发布
中华人民共和国国家标准——建设制图，2010. 中华人民共和国国家质量监督检验检疫总局发布

附录A　连　　接

一、螺纹

附表 A-1　普通螺纹直径、螺距和基本尺寸(摘自 GB/T 193—2003)(单位:mm)

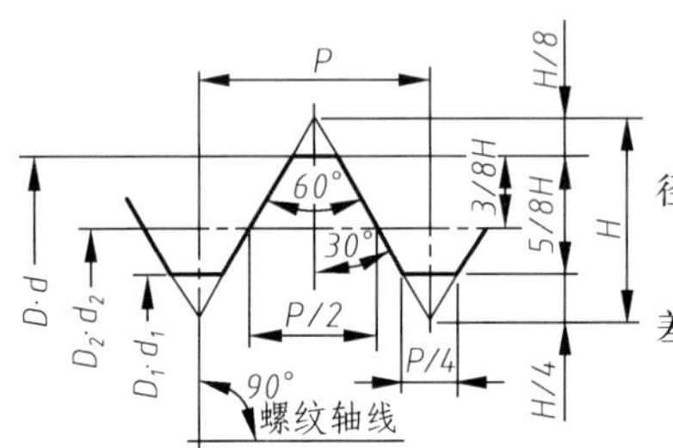

标记示例

粗牙普通螺纹,公称直径 $d=10$,中径公差带代号 5g,顶径公差带代号 6g,标记:

M10－5g6g

细牙普通螺纹,公称直径 $d=10$,螺距 $P=1$,中径、顶径公差带代号 7H,标记:

M10×1－7H

公称直径 D,d		螺距 P		螺纹小径 D_1,d_1
第一系列	第二系列	粗牙	细牙	粗牙
3		0.5	0.35	2.459
	3.5	0.6		2.850
4		0.7	0.5	3.242
	4.5	0.75		3.688
5		0.8		4.134
6		1	0.75	4.917
8		1.25	1,0.75	6.647
10		1.5	1.25,1,0.75	8.376
12		1.75	1.25,1	10.106
	14	2	1.5,1.25,1	11.835
16		2	1.5,1	13.835
	18	2.5	2,1.5,1	15.294
20		2.5		17.294
	22	2.5	2,1.5,1	19.294
24		3	2,1.5,1	20.752
	27	3	2,1.5,1	23.752
30		3.5	(3),2,1.5,1	26.211
	33	3.5	(3),2,1.5	29.211
36		4	3,2,1.5	31.670

注:① 螺纹公称直径应优先选用第一系列,第三系列未列入。
② 括号内的尺寸尽量不用。

附表 A-2　用螺纹密封的管螺纹(摘自 GB/T 7306.1—2000、GB/T 7306.2—2000)

(单位:mm)

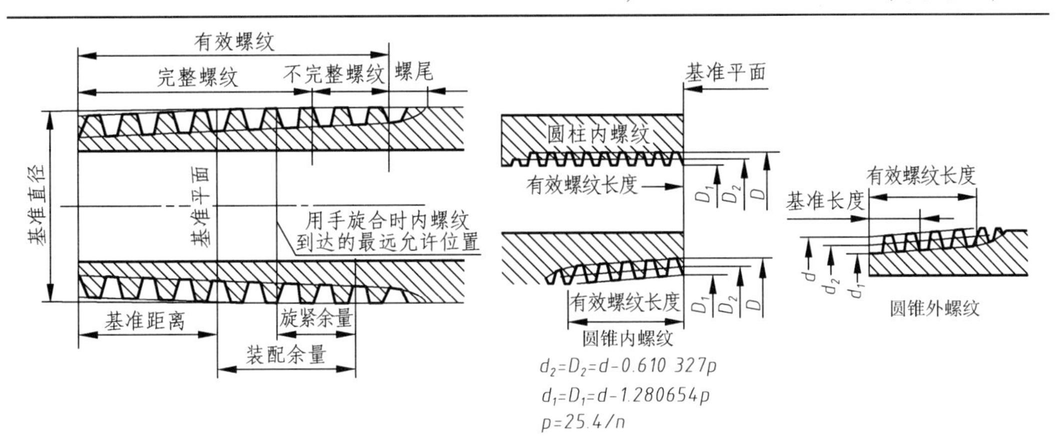

1) GB/T 7306.1—2000(用于圆锥外螺纹与圆柱内螺纹所组成的连接形式)

标注示例

Rp/R3 为尺寸代码为 3 右旋的圆锥外螺纹(R3)与圆柱内螺纹(Rp3)所组成的螺纹副,当螺纹为左旋时为 Rp/R3LH。

尺寸代号	每25.4mm内所包含的牙数 n	螺距 P	牙高 h	基准平面内的基本直径			基准距离					装配余量		外螺纹的有效螺纹不小于			圆柱内螺纹直径的极限偏差 ±	
				大径(基准直径) $d=D$	中径 $d_2=D_2$	小径 $d_1=D_1$	基本	极限偏差 $\pm T_1/2$		最大	最小	mm	圈数	基准距离			径向	轴向圈数 $T_1/2$
								mm	圈数					基本	最大	最小		
$\frac{1}{16}$	28	0.907	0.581	7.723	7.142	6.561	4	0.9	1	4.9	3.1	2.5	$2\frac{3}{4}$	6.5	7.4	5.6	0.071	$1\frac{1}{4}$
$\frac{1}{8}$	28	0.907	0.581	9.728	9.147	8.566	4	0.9	1	4.9	3.1	2.5	$2\frac{3}{4}$	6.5	7.4	5.6	0.071	$1\frac{1}{4}$
$\frac{1}{4}$	19	1.337	0.856	13.157	12.301	11.445	6	1.3	1	7.3	4.7	3.7	$2\frac{3}{4}$	9.7	11	8.4	0.104	$1\frac{1}{4}$
$\frac{3}{8}$	19	1.337	0.856	16.662	15.806	14.950	6.4	1.3	1	7.7	5.1	3.7	$2\frac{3}{4}$	10.1	11.4	8.8	0.104	$1\frac{1}{4}$
$\frac{1}{2}$	14	1.814	1.162	20.955	19.793	18.631	8.2	1.8	1	10.0	6.4	5.0	$2\frac{3}{4}$	13.2	15	11.4	0.142	$1\frac{1}{4}$
$\frac{3}{4}$	14	1.814	1.162	26.441	25.279	24.117	9.5	1.8	1	11.3	7.7	5.0	$2\frac{3}{4}$	14.5	16.3	12.7	0.142	$1\frac{1}{4}$
1	11	2.309	1.479	33.249	31.770	30.291	10.4	2.3	1	12.7	8.1	6.4	$2\frac{3}{4}$	16.8	19.1	14.5	0.180	$1\frac{1}{4}$
$1\frac{1}{4}$	11	2.309	1.479	41.910	40.431	38.952	12.7	2.3	1	15.0	10.4	6.4	$2\frac{3}{4}$	19.1	21.4	16.8	0.180	$1\frac{1}{4}$
$1\frac{1}{2}$	11	2.309	1.479	47.803	46.324	44.845	12.7	2.3	1	15.0	10.4	6.4	$2\frac{3}{4}$	19.1	21.4	16.8	0.180	$1\frac{1}{4}$
2	11	2.309	1.479	59.614	58.135	56.656	15.9	2.3	1	18.2	13.6	7.5	$3\frac{1}{4}$	23.4	25.7	21.1	0.180	$1\frac{1}{4}$
$2\frac{1}{2}$	11	2.309	1.479	75.184	73.705	72.226	17.5	3.5	$1\frac{1}{2}$	21.0	14.0	9.2	4	26.7	30.2	23.2	0.216	$1\frac{1}{2}$
3	11	2.309	1.479	87.884	86.405	84.926	20.6	3.5	$1\frac{1}{2}$	24.1	17.1	9.2	4	29.8	33.3	26.3	0.216	$1\frac{1}{2}$
4	11	2.309	1.479	113.030	111.551	110.072	25.4	3.5	$1\frac{1}{2}$	28.9	21.9	10.4	$4\frac{1}{2}$	35.8	39.3	32.3	0.216	$1\frac{1}{2}$
5	11	2.309	1.479	138.430	136.951	135.472	28.6	3.5	$1\frac{1}{2}$	32.1	25.1	11.5	5	40.1	43.6	36.6	0.216	$1\frac{1}{2}$
6	11	2.309	1.479	163.830	162.351	160.872	28.6	3.5	$1\frac{1}{2}$	32.1	25.1	11.5	5	40.1	43.6	36.6	0.216	$1\frac{1}{2}$

2）GB/T 7306.2—2000（用于圆锥外螺纹与圆锥内螺纹所组成的连接形式）

标注示例

Rc/R1 $\frac{1}{2}$为尺寸代码为 1 $\frac{1}{2}$右旋的圆锥外螺纹（R1 $\frac{1}{2}$）与圆锥内螺纹（Rc1 $\frac{1}{2}$）所组成的螺纹副，当螺纹为左旋时标注为 Rc/R1 $\frac{1}{2}$LH。

尺寸代号	每25.4mm内所包含的牙数 n	螺距 P	牙高 h	基准平面内的基本直径			基准距离					装配余量		外螺纹的有效螺纹不小于			圆锥内螺纹基准平面轴向位置的极限偏差 $\pm T_2/2$	
				大径（基准直径）$d=D$	中径 $d_2=D_2$	小径 $d_1=D_1$	基本	极限偏差 $\pm T_1/2$		最大	最小			基准距离				
								mm	圈数			mm	圈数	基本	最大	最小	mm	圈数
$\frac{1}{16}$	28	0.907	0.581	7.723	7.142	6.561	4	0.9	1	4.9	3.1	2.5	$2\frac{3}{4}$	6.5	7.4	5.6	1.1	$1\frac{1}{4}$
$\frac{1}{8}$	28	0.907	0.581	9.728	9.147	8.566	4	0.9	1	4.9	3.1	2.5	$2\frac{3}{4}$	6.5	7.4	5.6	1.1	$1\frac{1}{4}$
$\frac{1}{4}$	19	1.337	0.856	13.157	12.301	11.445	6	1.3	1	7.3	4.7	3.7	$2\frac{3}{4}$	9.7	11	8.4	1.7	$1\frac{1}{4}$
$\frac{3}{8}$	19	1.337	0.856	16.662	15.806	14.950	6.4	1.3	1	7.7	5.1	3.7	$2\frac{3}{4}$	10.1	11.4	8.8	1.7	$1\frac{1}{4}$
$\frac{1}{2}$	14	1.814	1.162	20.955	19.793	18.631	8.2	1.8	1	10.0	6.4	5.0	$2\frac{3}{4}$	13.2	15	11.4	2.3	$1\frac{1}{4}$
$\frac{3}{4}$	14	1.814	1.162	26.441	25.279	24.117	9.5	1.8	1	11.3	7.7	5.0	$2\frac{3}{4}$	14.5	16.3	12.7	2.3	$1\frac{1}{4}$
1	11	2.309	1.479	33.249	31.770	30.291	10.4	2.3	1	12.7	8.1	6.4	$2\frac{3}{4}$	16.8	19.1	14.5	2.9	$1\frac{1}{4}$
$1\frac{1}{4}$	11	2.309	1.479	41.910	40.431	38.952	12.7	2.3	1	15.0	10.4	6.4	$2\frac{3}{4}$	19.1	21.4	16.8	2.9	$1\frac{1}{4}$
$1\frac{1}{2}$	11	2.309	1.479	47.803	46.324	44.845	12.7	2.3	1	15.0	10.4	6.4	$2\frac{3}{4}$	19.1	21.4	16.8	2.9	$1\frac{1}{4}$
2	11	2.309	1.479	59.614	58.135	56.656	15.9	2.3	1	18.2	13.6	7.5	$3\frac{1}{4}$	23.4	25.7	21.1	2.9	$1\frac{1}{4}$
$2\frac{1}{2}$	11	2.309	1.479	75.184	73.705	72.226	17.5	3.5	$1\frac{1}{2}$	21.0	14.0	9.2	4	26.7	30.2	23.2	3.5	$1\frac{1}{2}$
3	11	2.309	1.479	87.884	86.405	84.926	20.6	3.5	$1\frac{1}{2}$	24.1	17.1	9.2	4	29.8	33.3	26.3	3.5	$1\frac{1}{2}$
4	11	2.309	1.479	113.030	111.551	110.072	25.4	3.5	$1\frac{1}{2}$	28.9	21.9	10.4	$4\frac{1}{2}$	35.8	39.3	32.3	3.5	$1\frac{1}{2}$
5	11	2.309	1.479	138.430	136.951	135.472	28.6	3.5	$1\frac{1}{2}$	32.1	25.1	11.5	5	40.1	43.6	36.6	3.5	$1\frac{1}{2}$
6	11	2.309	1.479	163.830	162.351	160.872	28.6	3.5	$1\frac{1}{2}$	32.1	25.1	11.5	5	40.1	43.6	36.6	3.5	$1\frac{1}{2}$

附表 A-3 螺纹收尾、肩距、退刀槽、倒角(摘自 GB/T 3—1997)(单位:mm)

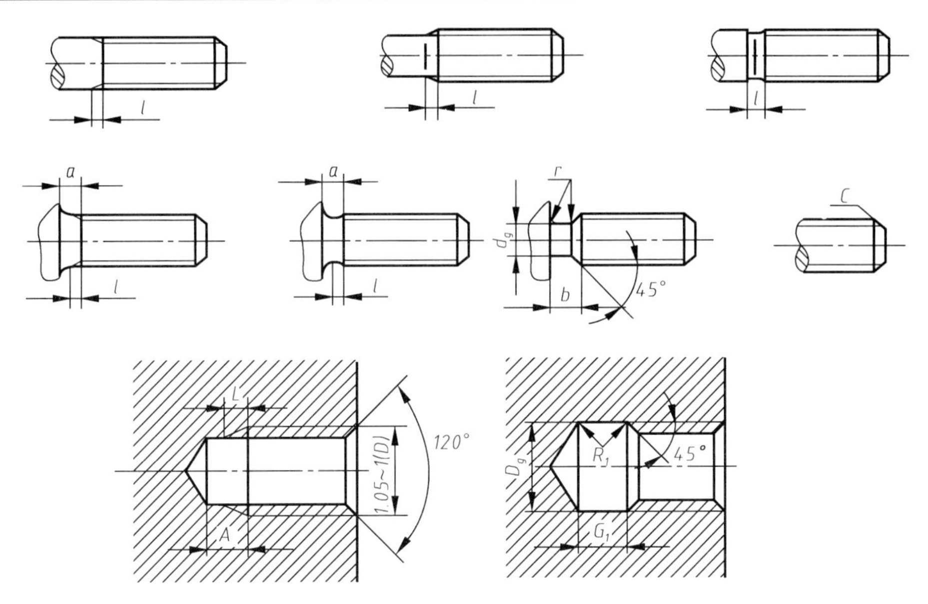

	外螺纹												内螺纹							
	螺距	粗牙螺纹大径 d	螺纹收尾 l(不大于)		肩距 a(不大于)			退刀槽 b		退刀槽 r	退刀槽 d_g	倒角 C	螺纹收尾 L 不大于		肩距 A 不小于		退刀槽 G_1		退刀槽 R_1	退刀槽 D_g
			一般	短的	一般	长的	短的	一般	短的				一般	长的	一般	长的	一般	短的		
普通螺纹	0.35	1.6;1.8	0.9	0.45	1.05	1.4	0.7	1.05		0.5P	d-0.6	0.3	0.7	1.1	2.2	2.8			0.5P	
	0.4	2	1	0.5	1.2	1.6	0.8	1.2			d-0.7	0.4	0.8	1.2	2.5	3.2				
	0.45	2.2;2.5	1.1	0.6	1.35	1.8	0.9	1.35			d-0.7		0.9	1.4	2.8	3.6				
	0.5	3	1.25	0.7	1.5	2	1	1.5	1		d-0.8	0.5	1	1.5	3	4	2	1.5		d+0.3
	0.6	3.5	1.5	0.75	1.8	2.4	1.2	1.8			d-1		1.2	1.8	3.2	4.8				
	0.7	4	1.75	0.9	2.1	2.8	1.4	2.1			d-1.1	0.6	1.4	2.1	3.5	5.6	3			
	0.75	4.5	1.9	1	2.25	3	1.5	2.25	1.5		d-1.2		1.5	2.3	3.8	6		2		
	0.8	5	2	1	2.4	3.2	1.6	2.4			d-1.3	0.8	1.6	2.4	4	6.4				
	1	6;7	2.5	1.25	3	4	2	3			d-1.6	1	2	3	5	8	4	2.5		d+0.5
	1.25	8	3.2	1.6	4	5	2.5	3.75			d-2	1.2	2.5	3.8	6	10	5	3		
	1.5	10	3.8	1.9	4.5	6	3	4.5	2.5		d-2.3	1.5	3	4.5	7	12	6	4		
	1.75	12	4.3	2.2	5.3	7	3.5	5.25			d-2.6	2	3.5	5.2	9	14	7			
	2	14;16	5	2.5	6	8	4	6	3.5		d-3		4	6	10	16	8	5		
	2.5	18;20;22	6.3	3.2	7.5	10	5	7.5			d-3.6	2.5	5	7.5	12	18	10	6		
	3	24;27	7.5	3.8	9	12	6	9	4.5		d-4.4		6	9	14	22	12	7		
	3.5	30;33	9	4.5	10.5	14	7	10.5			d-5	3	7	10.5	16	24	14	8		
	4	36;39	10	5	12	16	8	12	5.5		d-5.7		8	12	18	26	16	9		
	4.5	42;45	11	5.5	13.5	18	9	13.5	6		d-6.4	4	9	13.5	21	29	18	10		
	5	48;52	12.5	6.3	15	20	10	15	6.5		d-7		10	15	23	32	20	11		
	5.5	56;60	14	7	16.5	22	11	17.5	7.5		d-7.7	5	11	16.5	25	35	22	12		
	6	64;68	15	7.5	18	24	12	18	8		d-8.3		12	18	28	38	24	14		

附表 **A-4** 六角头螺栓——**A** 级和 **B** 级(摘自 GB/T 5782—2016)
六角头螺栓 **C** 极(摘自 GB/T 5780—2016) (单位:mm)

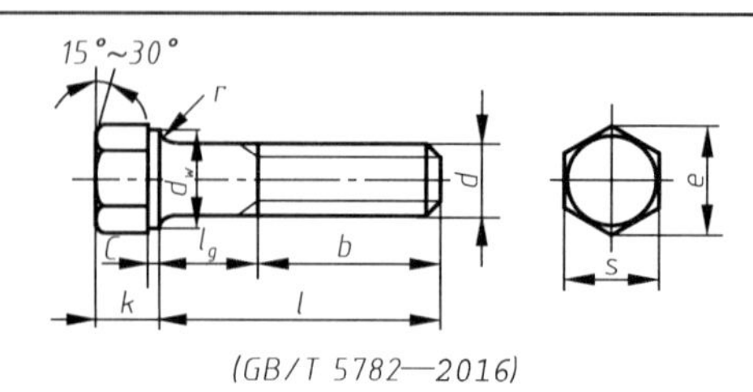

(GB/T 5782—2016)

标记示例

螺纹规格 d = M12,公称长度 l = 80mm,性能等级为 8.8 级,表面氧化,A 级的六角头螺栓:

螺栓 GB/T 5782—2016 M12 × 80

螺纹规格 d			M3	M4	M5	M6	M8	M10	M12	M16	M20	M24	M30	M36	M42
b 参考	$l \leqslant 125$		12	14	16	18	22	26	30	38	46	54	66	—	—
	$125 < l \leqslant 200$		18	20	22	24	28	32	36	44	52	60	72	84	96
	$l > 200$		31	33	35	37	41	45	49	57	65	73	85	97	109
c			0.4	0.4	0.5	0.5	0.6	0.6	0.6	0.8	0.8	0.8	0.8	0.8	1
d_w	产品等级	A	4.57	5.88	6.88	8.88	11.63	14.63	16.63	22.49	28.19	33.61	—	—	—
		B	4.45	5.74	6.74	8.74	11.47	14.47	16.47	22	27.7	33.25	42.75	51.11	59.95
e	产品等级	A	6.01	7.66	8.79	11.05	14.38	17.77	20.03	26.75	33.53	39.98	—	—	—
		B、C	5.88	7.50	8.63	10.89	14.20	17.59	19.85	26.17	32.95	39.55	50.85	60.79	72.02
k 公称			2	2.8	3.5	4	5.3	6.4	7.5	10	12.5	15	18.7	22.5	26
r			0.1	0.2	0.2	0.25	0.4	0.4	0.6	0.6	0.8	0.8	1	1	1.2
s 公称			5.5	7	8	10	13	16	18	24	30	36	46	55	65
l(商品规格范围)			20 ~ 30	25 ~ 40	25 ~ 50	30 ~ 60	40 ~ 80	45 ~ 100	50 ~ 120	65 ~ 160	80 ~ 200	90 ~ 240	110 ~ 300	140 ~ 360	160 ~ 400
l 系列			12,16,20,25,30,35,40,45,50,55,60,65,70,80,90,100,110,120,130,140,150,160,180,200,220,240,260,280,300,320,340,360,380,400,420,440,460,480,500												

注:① A 级用于 $d \leqslant 24$mm 和 $l \leqslant 10d$ 或 $l \leqslant 150$mm 的螺栓, B 级用于 $d > 24$mm 和 $l > 10d$ 或 $l > 150$mm 的螺栓。

② 螺纹规格 d 范围:GB/T 5780—2016 为 M5 ~ M64;GB/T 5782—2016 为 M1.6 ~ M64。

③ 公称长度 l 范围:GB/T 5780—2016 为 25 ~ 500;GB/T 5782—2016 为 12 ~ 500。

④ 材料为钢的螺栓性能等级有 5.6、8.8、9.8、10.9 级,其中 8.8 级为常用。

附表 A-5　双头螺柱 $bm=d$(GB/T 897—1988)、$bm=1.25d$(GB 898—1988)、$bm=1.5d$(GB 899—1988)、$bm=2d$(GB/T 900—1988)　　(单位:mm)

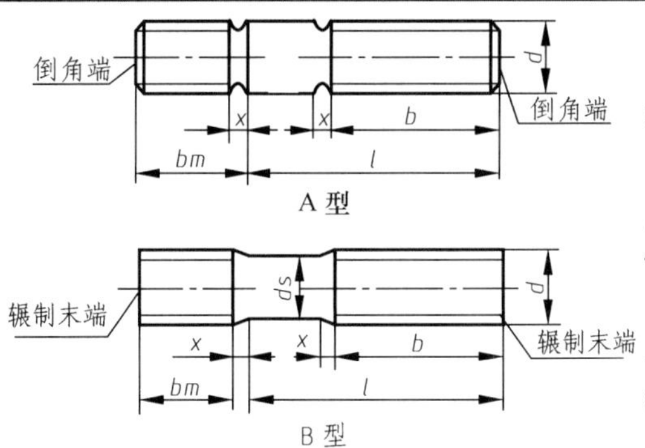

标记示例

① 两端均为粗牙普通螺纹,$d=10$mm、$l=50$mm、性能等级为4.8级,不经表面处理,B型,$bm=d$的双头螺柱:

螺柱 GB/T 897—1988 M10×50

② 旋入机体一端为粗牙普通螺纹,旋螺母一端为螺距$P=1$mm的细牙普通螺纹,$d=10$mm、$l=50$mm、性能等级为4.8级,不经表面处理,A型,$bm=d$的双头螺柱:

螺柱 GB/T 897—1988 AM10—M10×1×50

③ 旋入机体一端为过渡配合螺纹的第一种配合,旋螺母一端为粗牙普通螺纹,$d=10$mm、$l=50$mm、性能等级为8.8级、镀锌钝化、B型、$bm=d$的双头螺柱:

螺柱 GB/T 897—1988 AM10—M10×1×50—8.8—Zn·D

螺纹规格 d	bm				l/b
	GB/T 897—1988	GB 898—1988	GB 899—1988	GB/T 900—1988	
M6	6	8	10	12	(18~22)/10、(25~30)/14、(32~75)/18
M8	8	10	12	16	(18~22)/12、(25~30)/16、(32~90)/22
M10	10	12	15	20	(25~28)/14、(30~38)/16、(40~120)/30、130/32
M12	12	15	18	24	(25~30)/16、(32~24)/20、(45~120)/30、(130~180)/36
(M14)	14	18	21	28	(30~35)/18、(38~45)/25、(50~120)/31、(130~180)/40
M16	16	20	24	32	(30~38)/20、(40~55)/30、(60~120)/38、(130~200)/44
(M18)	18	22	27	36	(35~40)/22、(45~60)/35、(65~120)/42、(130~200)/48
M20	20	25	30	40	(35~40)/25、(45~65)/38、(70~120)/46、(130~200)/52
(M22)	22	28	33	44	(40~45)/30、(50~70)/40、(75~120)/50、(130~200)/56
M24	24	30	36	48	(45~50)/30、(55~75)/45、(80~120)/54、(130~200)/60
(M27)	27	35	40	54	(50~60)/35、(65~85)/50、(90~120)/60、(130~200)/66
M30	30	38	45	60	(60~65)/40、(70~90)/50、(90~120)/66、(130~200)/72、(210~250)/85
M36	36	45	54	72	(65~75)/45、(80~110)/60、120/78、(130~200)/84、(210~300)/91
l(系列)	16、(18)、20、(22)、25、(28)、30、(32)、35、(38)、40、45、50、55、60、65、70、75、80、85、90、95、100、110、120、130、140、150、160、170、180、190、200、210、220、230、240、250、260、280、300				

注:① $bm=d$一般用于旋入机体为钢的场合;$bm=(1.25\sim1.5)d$一般用于旋入机体为铸铁的场合;$bm=2d$一般用于旋入机体为铝的场合。

② 不带括号的为优先系列,仅 GB 898—1988 有优先系列。

③ b不包括螺尾。

④ $d_s\approx$螺纹中径。

⑤ $x_{max}=1.5P$(螺距)。

附表 A-6　开槽圆柱头螺钉(GB/T 65—2016)、开槽沉头螺钉(GB/T 68—2016)、开槽盘头螺钉(GB/T 67—2016)　(单位:mm)

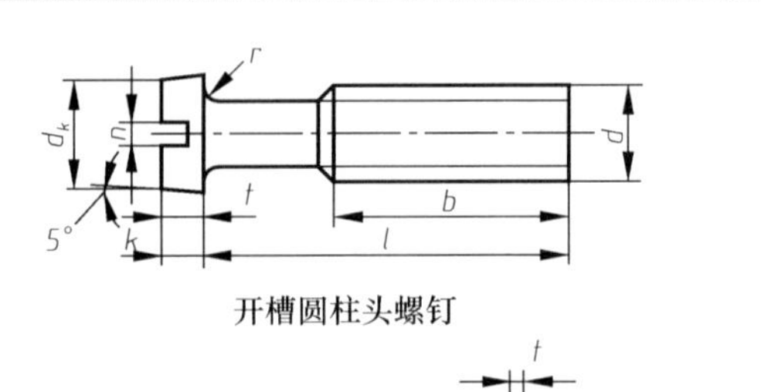

开槽圆柱头螺钉

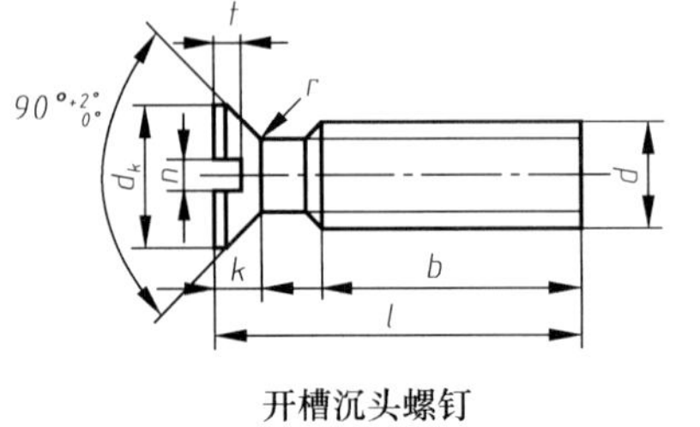

开槽沉头螺钉

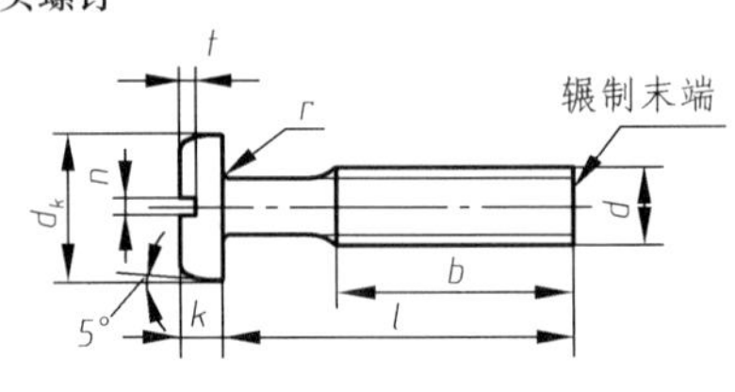

开槽盘头螺钉

标记示例

螺纹规格 d = M5,公称长度 l = 20mm、性能等级为 4.8 级,不经表面处理的 A 级开槽圆柱头螺钉:

螺钉 GB/T 65—2016 M5 × 20

螺纹规格 d		M1.6	M2	M2.5	M3	M4	M5	M6	M8	M10
GB/T 65—2016	d_k					7	8.5	10	13	16
	k					2.6	3.3	3.9	5	6
	t					1.1	1.3	1.6	2	2.4
	r					0.2	0.2	0.25	0.4	0.4
	l					5 ~ 40	6 ~ 50	8 ~ 60	10 ~ 80	12 ~ 80
	全螺纹时最大长度					40	40	40	40	40
GB/T 67—2016	d_k	3.2	4	5	5.6	8	9.5	12	16	20
	k	1	1.3	1.5	1.8	2.4	3	3.6	4.8	6
	t	0.35	0.5	0.6	0.7	1	1.2	1.4	1.9	2.4
	r	0.1	0.1	0.1	0.1	0.2	0.2	0.25	0.4	0.4
	l	2 ~ 16	2.5 ~ 20	3 ~ 25	4 ~ 30	5 ~ 40	6 ~ 50	8 ~ 60	10 ~ 80	12 ~ 80
	全螺纹时最大长度	30	30	30	30	40	40	40	40	40
GB/T 68—2016	d_k	3.6	4.4	5.5	6.3	9.4	10.3	12.6	17.3	20
	k	1	1.2	1.5	1.65	2.7	2.7	3.3	4.65	5
	t	0.25	0.6	0.75	0.85	1.3	1.4	1.6	2.3	2.6
	r	0.4	0.5	0.6	0.8	1	1.3	1.5	2	2.5
	l	2.5 ~ 16	3 ~ 20	4 ~ 25	5 ~ 30	6 ~ 40	8 ~ 50	8 ~ 60	10 ~ 80	12 ~ 80
	全螺纹时最大长度	30	30	30	30	45	45	45	45	45
n		0.4	0.5	0.6	0.8	1.2	1.2	1.6	2	2.5
b		25				38				
l(系列)		2.5、3、4、5、6、8、10、12、(14)、16、20、25、30、35、40、45、50、(55)、60、(65)、70、(75)、80								

附表 A-7　开槽锥端紧定螺钉(GB/T 71—1985)、开槽平端紧定螺钉(GB/T 73—2017)、开槽长圆柱端紧定螺钉(GB/T 75—1985)　(单位:mm)

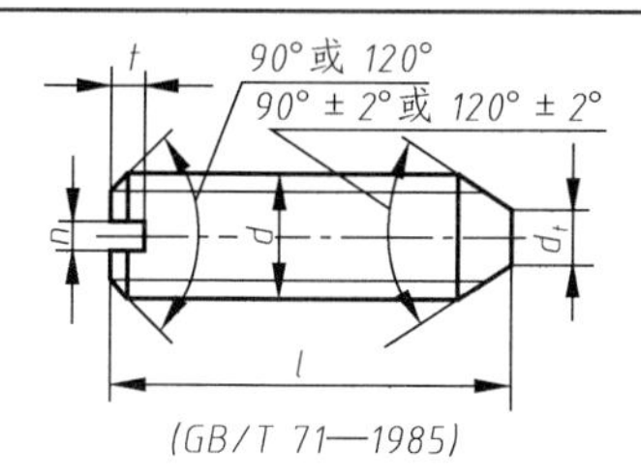

(GB/T 71—1985)

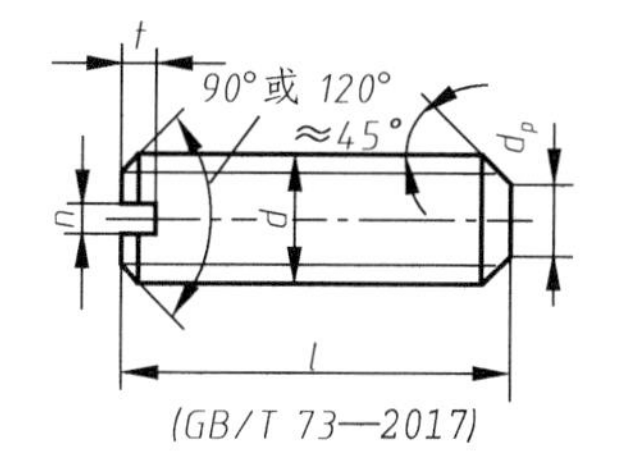

(GB/T 73—2017)

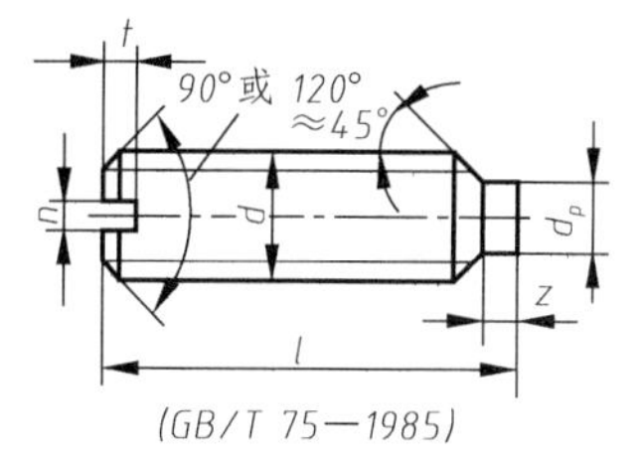

(GB/T 75—1985)

标记示例

螺纹规格 d = M5,公称长度 l = 12mm、性能等级为 14H 级、表面氧化的开槽锥端紧定螺钉

螺钉 GB/T 71—1985 M5 × 12

螺纹规格 d		M1.2	M1.6	M2	M2.5	M3	M4	M5	M6	M8	M10	M12
n		0.2	0.25	0.25	0.4	0.4	0.6	0.8	1	1.2	1.6	2
t		0.5	0.74	0.84	0.95	1.05	1.42	1.63	2	2.5	3	3.6
d_t		0.1	0.16	0.2	0.25	0.3	0.4	0.5	1.5	2	2.5	3
d_p		0.6	0.8	1	1.5	2	2.5	3.5	4	5.5	7	8.5
z		—	1.05	1.25	1.5	1.75	2.25	2.75	3.25	4.3	5.3	6.3
公称长度 l	GB 71—1985	2 ~ 6	2 ~ 8	3 ~ 10	3 ~ 12	4 ~ 16	6 ~ 20	8 ~ 25	8 ~ 30	10 ~ 40	12 ~ 50	14 ~ 60
	GB 73—2017	2 ~ 6	2 ~ 8	2 ~ 10	2.5 ~ 12	3 ~ 16	4 ~ 20	5 ~ 25	6 ~ 30	8 ~ 40	10 ~ 50	12 ~ 60
	GB 75—1985	—	2.5 ~ 8	3 ~ 10	4 ~ 12	5 ~ 16	6 ~ 20	8 ~ 25	8 ~ 30	10 ~ 40	12 ~ 50	14 ~ 60
l(系列)		2、2.5、3、4、5、6、8、10、12、(14)、16、20、25、30、35、40、45、50、(55)、60										

附表 A-8　1 型六角螺母——C 级(GB/T 41—2016)、1 型六角螺母——A 级和 B 级(GB/T 6170—2015)　(单位:mm)

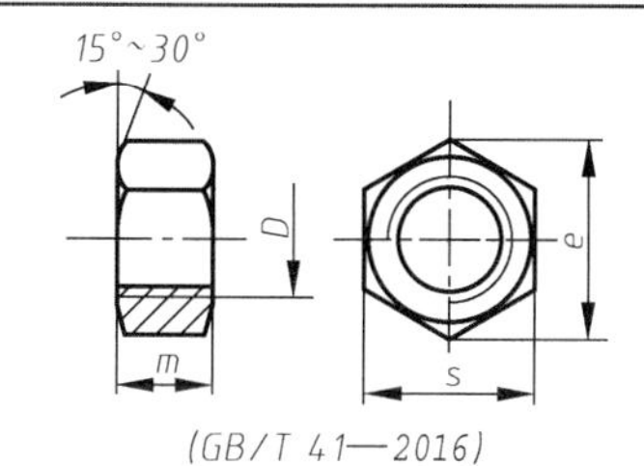

(GB/T 41—2016)

标记示例

螺纹规格 D = M12,性能等级为 5 级,不经表面处理,C 级的 1 型六角螺母:

螺母 GB/T 41—2016 M12

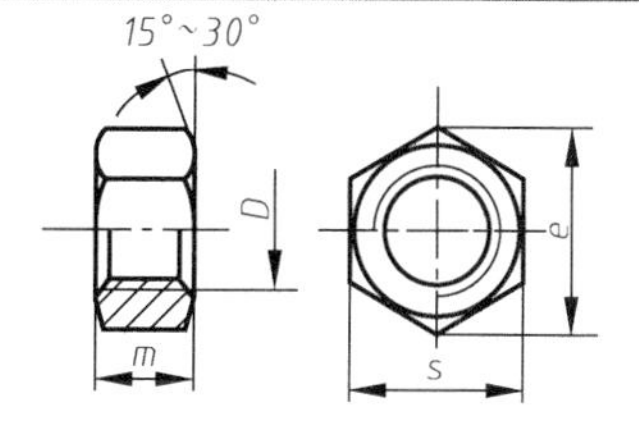

(GB/T 6170—2015)

标记示例

螺纹规格 D = M12,性能等级为 10 级,不经表面处理,A 级的 1 型六角螺母:

螺母 GB/T 6170—2015 M12

螺纹规格 D		M3	M4	M5	M6	M8	M10	M12	M16	M20	M24	M30	M36	M42
e	GB/T 41—2016	—	—	8.63	10.89	14.20	17.59	19.85	26.17	32.95	39.55	50.85	60.79	72.02
	GB/T 6170—2015	6.01	7.66	8.79	11.05	14.38	17.77	20.03	26.75	32.95	39.55	50.85	60.79	72.02
s	GB/T 41—2016	—	—	8	10	13	16	18	24	30	36	46	55	65
	GB/T 6170—2015	5.5	7	8	10	13	16	18	24	30	36	46	55	65
m	GB/T 41—2016	—	—	5.6	6.1	7.9	9.5	12.2	15.9	18.7	22.3	26.4	31.5	34.9
	GB/T 6170—2015	2.4	3.2	4.7	5.2	6.8	8.4	10.8	14.8	18	21.5	25.6	31	34

注:A 级用于 $D \leqslant 16$;B 级用于 $D > 16$。产品等级 A、B 由公差取值决定,A 级公差数值小。材料为钢的螺母:GB/T 6170—2015 的性能等级有 6、8、10 级,8 级为常用;GB/T 41—2016 的性能等级为 4 和 5 级。螺纹端部无内倒角,但也允许内倒角。GB/T 41—2016 规定螺母的螺纹规格为 M5 ~ M64;GB/T 6170—2015 规定螺母的螺纹规格为 M1.6 ~ M64。

附表 A-9　大垫圈——A 级和 C 级(GB/T 96.1—2002、GB/T 96.2—2002)、平垫圈——A 级(GB/T 97.1—2002)、平垫圈 倒角型——A 级(2002、GB/T 97.2—2002)、小垫圈——A 级(GB/T 848—2002)　(单位:mm)

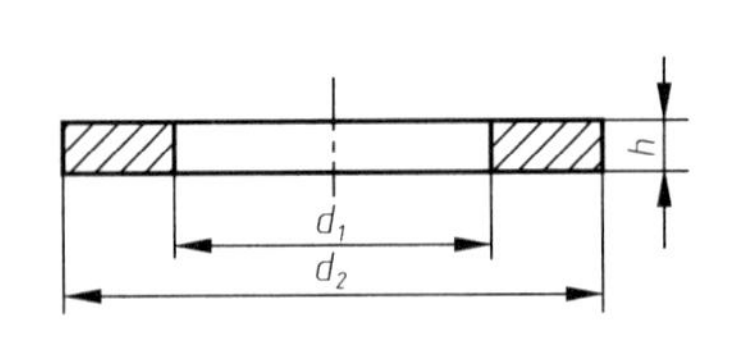

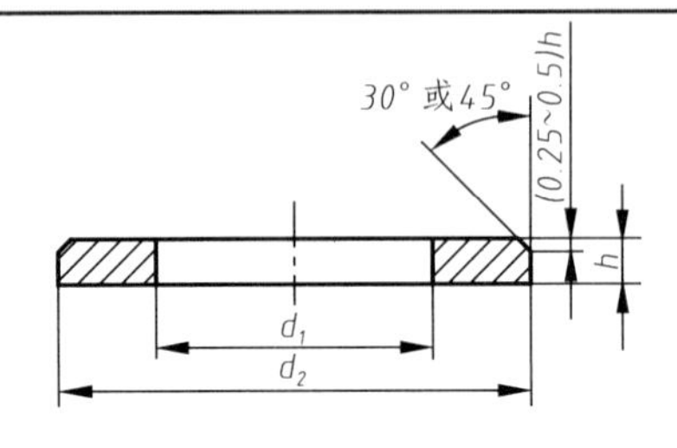

标记示例

标准系列,公称尺寸 $d=8$mm,性能等级为 140HV 级,倒角型,不经表面处理的平垫圈:

垫圈 GB/T 97.2—2002 8—140HV

公称尺寸(螺纹规格)	标准系列			大系列			小系列		
	GB/T 97.1—2002、GB/T 97.2—2002			GB/T 96.2—2002			GB/T 848—2002		
	d_2	h	d_1(GB 97.1、GB 97.2)	d_1	d_2	h	d_1	d_2	h
1.6	4	0.3	1.7				1.7	3.5	0.3
2	5		2.2				2.2	4.5	
2.5	6	0.5	2.7				2.7	5	0.5
3	7		3.2	3.2	9	0.8	3.2	6	
4	9	0.8	4.3	4.3	12	1	4.3	8	
5	10	1	5.3	5.3	15	1.2	5.3	9	1
6	12	1.6	6.4	6.4	18	1.6	6.4	11	1.6
8	16		8.4	8.4	24	2	8.4	15	
10	20	2	10.5	10.5	30	2.5	10.5	18	
12	24	2.5	13	13	37	3	13	20	2
14	28		15	15	44		15	24	2.5
16	30	3	17	17	50		17	28	
20	37		21	22	60	4	21	34	3
24	44	4	25	26	72	5	25	39	4
30	56		31	33	92	6	31	50	
36	66	5	37	39	110	8	37	60	5

注:① GB/T 97.2—2002:d 的范围为 5~36mm;GB/T 96.2—2002:d 的范围为 3~36mm;GB/T 848—2002;GB/T 97.1—2002:d 的范围为 1.6~36mm。

② 表列 d_1、d_2、h 均为公称值。

③ GB/T 848—2002 主要用于带圆柱头的螺钉,其他用于标准的六角螺栓、螺钉和螺母。

④ 精装配系列适用于 A 级垫圈,中等装配系列适用于 C 级垫圈。

附表 A-10　标准型弹簧垫圈(GB 93—1987)　(单位:mm)

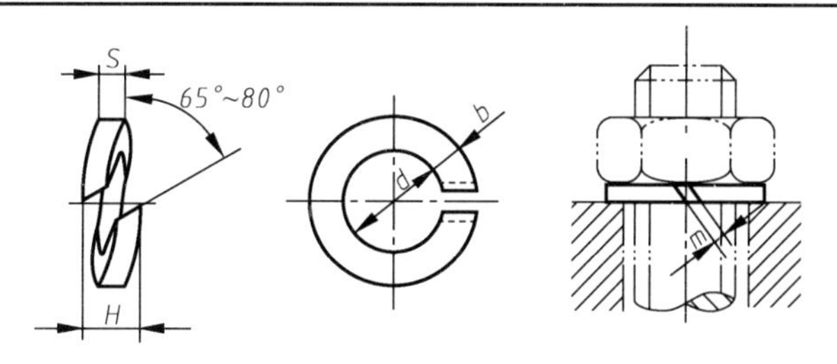

标记示例

规格 16mm,材料 65Mn,表面氧化的标准型弹簧垫圈

垫圈 GB 93—1987 16

公称规格(螺纹大径)	3	4	5	6	8	10	12	(14)	16	(18)	20	(22)	24	(27)	30
d	3.1	4.1	5.1	6.1	8.1	10.2	12.2	14.2	16.2	18.2	20.2	22.5	24.5	27.5	30.5
H	1.6	2.2	2.6	3.2	4.2	5.2	6.2	7.2	8.2	9	10	11	12	13.6	15
$s(b)$	0.8	1.1	1.3	1.6	2.1	2.6	3.1	3.6	4.1	4.5	5	5.5	6	6.8	7.5
$m\leqslant$	0.4	0.55	0.65	0.8	1.05	1.3	1.55	1.8	2.05	2.25	2.5	2.75	3	3.4	3.75

注:① 括号内的规格尽可能不采用。

② m 应大于零。

三、紧固件通孔及沉孔尺寸

附表 A-11　紧固件通孔及沉孔尺寸(GB/T 5277—1985、GB 152.2~152.4—1988)

螺栓或螺钉直径 d		3	3.5	4	5	6	8	10	12	14	16	20	24	30	36	42	48
通孔直径 d_h (GB/T 5277—1985)	精装配	3.2	3.7	4.3	5.3	6.4	8.4	10.5	13	15	17	21	25	31	37	43	50
	中等装配	3.4	3.9	4.5	5.5	6.6	9	11	13.5	15.5	17.5	22	26	33	39	45	52
	粗装配	3.6	4.2	4.8	5.8	7	10	12	14.5	16.5	18.5	24	28	35	42	48	56
六角头螺栓和六角螺母用沉孔 (GB/T 152.4—1988)	d_2	9	—	10	11	13	18	22	26	30	33	40	48	61	71	82	98
	t	只要能制出与通孔轴线垂直的圆平面即可															

续表

螺栓或螺钉直径 d			3	3.5	4	5	6	8	10	12	14	16	20	24	30	36	42	48
沉头用沉孔（GB/T 152.2—2014）		d_2	6.4	8.4	9.6	10.6	12.8	17.6	20.3	24.4	28.4	32.4	40.4	—	—	—	—	—
开槽圆柱头用的圆柱头沉孔（GB/T 5277—1985）		d_2	—	—	8	10	11	15	18	20	24	26	33	—	—	—	—	—
		t	—	—	3.2	4	4.7	6	7	8	9	10.5	12.5	—	—	—	—	—
内六角圆柱头用的圆柱头沉孔（GB/T 152.3—1988）		d_2	6	—	8	10	11	15	18	20	24	26	33	40	48	57	—	—
		t	3.4	—	4.6	5.7	6.8	9	11	13	15	17.5	21.5	25.5	32	38	—	—

四、键联结

附表 A-12　平键键槽的剖面尺寸（GB/T 1095—2003）、普通型平键（GB/T 1096—2003）　（单位：mm）

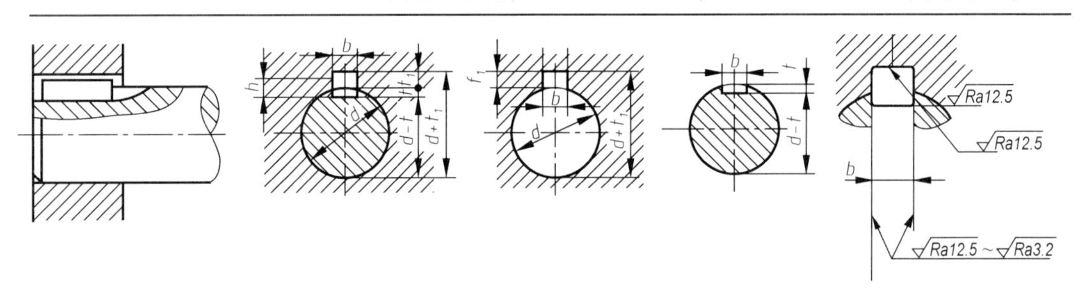

注：在工作图中，轴槽深用 t 或（$d-t$）标注，轮毂槽深用（$d+t_1$）标注，图中为了说明槽深尺寸，键省略没画。

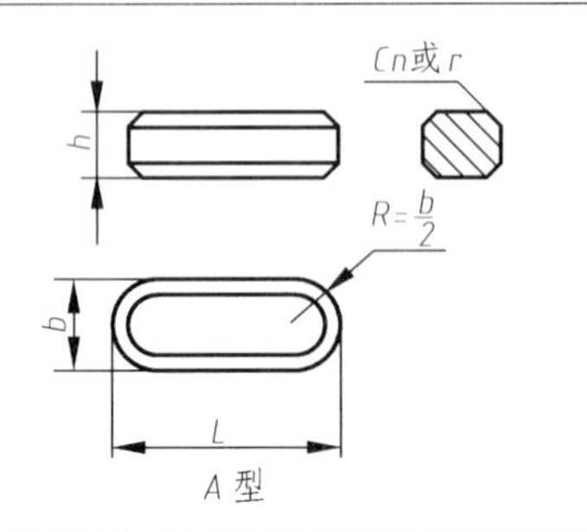

圆头普通平键（A 型）$b=16$mm、$h=10$mm、$L=10$mm
键 16×100GB/T 1096—2003

续表

轴	键		键槽											
			宽度 b						深度				半径 r	
				极限偏差					轴 t		毂 t_1			
				较松键连接		一般键连接		较紧键连接						
公称直径 d	公称尺寸 $b\times h$	长度 L	公称尺寸 b	轴 $H9$	毂 $D10$	轴 $N9$	毂 $JS9$	轴和毂 $P9$	公称尺寸	极限偏差	公称尺寸	极限偏差	最小	最大
自6~8	2×2	6~20	2	+0.025 0	+0.060 +0.020	-0.004 -0.029	±0.0125	-0.006 -0.031	1.2	+0.1 0	1	+0.1 0	0.08	0.16
>8~10	3×3	6~36	3						1.8		1.4			
>10~12	4×4	8~45	4	+0.030 0	+0.078 +0.030	0 -0.030	±0.015	-0.012 -0.042	2.5		1.8			
>12~17	5×5	10~56	5						3.0		2.3			
>17~22	6×6	14~70	6						3.5		2.8			
>22~30	8×7	18~90	8	+0.035 0	+0.098 +0.040	0 -0.036	±0.018	-0.015 -0.051	4.0	+0.2 0	3.3	+0.2 0	0.16	0.25
>30~38	10×8	22~110	10						5.0		3.3			
>38~44	12×8	28~140	12	+0.043 0	+0.120 +0.050	0 -0.043	±0.0215	-0.018 -0.061	5.0		3.3			
>44~50	14×9	35~160	14						5.5		3.8		0.25	0.40
>50~58	16×10	45~180	16						6.0		4.3			
>58~65	18×11	50~200	18						7.0		4.4			
>65~75	20×12	56~220	20	+0.052 0	+0.149 +0.065	0 -0.052	±0.026	-0.022 -0.074	7.5		4.9		0.40	0.60
>75~85	22×14	63~250	22						9.0		5.4			
>85~95	24×14	70~280	25						9.0		5.4			
>95~110	28×16	80~320	28						10.0		6.4			
>110~130	32×18	90~360	32	+0.062 0	+0.180 +0.080	0 -0.062	±0.031	-0.026 -0.088	11.0		7.4			
>130~150	36×20	100~400	36						12.0	+0.3 0	8.4	+0.3 0	0.70	1.0
>150~170	40×22	100~400	40						13.0		9.4			
>170~200	45×25	110~450	45						15.0		10.4			

注:① $(d-t)$ 和 $(d+t_1)$ 两组组合尺寸的极限偏差按相应的 t 和 t_1 的极限偏差选取,但 $(d-t)$ 极限偏差应取负号(-)。

② L 系列:6、8、10、12、14、16、18、20、22、25、28、32、36、40、45、50、56、63、70、80、90、100、110、125、140、160、180、200、220、250、280、320、360、400、450。

五、销连接

附表 A-13　圆柱销(GB/T 119—2000)　　　　(单位:mm)

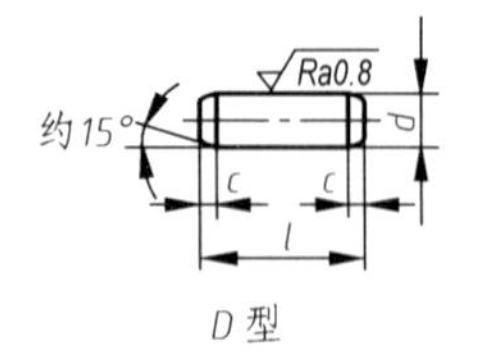

标记示例

公称直径 $d=8\text{mm}$,长度 $l=30\text{mm}$,材料为 35 钢,热处理硬度 HRC28 ~ 38,表面氧化处理的 A 型圆柱销

销 GB/T 119—2000 A8 × 30

d(公称)	0.6	0.8	1	1.2	1.5	2	2.5	3	4	5
c ≈	0.12	0.16	0.20	0.25	0.30	0.35	0.40	0.50	0.63	0.80
l(商品规格范围公称长度)	2 ~ 6	2 ~ 8	4 ~ 10	4 ~ 12	4 ~ 16	6 ~ 20	6 ~ 24	8 ~ 30	8 ~ 40	10 ~ 50
d(公称)	6	8	10	12	16	20	25	30	40	50
c ≈	1.2	1.6	2.0	2.5	3.0	3.5	4.0	5.0	6.3	8.0
l(商品规格范围公称长度)	12 ~ 60	14 ~ 80	18 ~ 95	22 ~ 140	26 ~ 180	35 ~ 200	50 ~ 200	60 ~ 200	80 ~ 200	95 ~ 200
l 系列	2,3,4,5,6,8,10,12,14,16,18,20,22,24,26,28,30,32,35,40,45,50,55,60,65,70,75,80,85,90,95,100,120,140,160,180,200									

附表 A-14　圆锥销(GB/T 117—2000)　　　　(单位:mm)

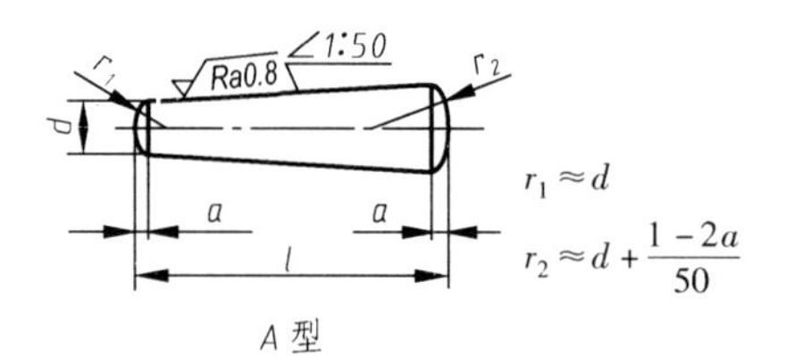

$r_1 \approx d$

$r_2 \approx d + \frac{1-2a}{50}$

标记示例

公称直径 $d=10\text{mm}$,长度 $l=60\text{mm}$,材料为 35 钢,热处理硬度 HRC28 ~ 38,表面氧化处理的 A 型圆锥销

销 GB/T 117—2000 A10 × 60

d(公称)	0.6	0.8	1	1.2	1.5	2	2.5	3	4	5
a ≈	0.08	0.1	0.12	0.16	0.20	0.25	0.3	0.4	0.5	0.63
l(商品规格范围公称长度)	4 ~ 8	5 ~ 12	6 ~ 16	6 ~ 20	8 ~ 24	10 ~ 35	10 ~ 35	12 ~ 45	14 ~ 55	18 ~ 60
d(公称)	6	8	10	12	16	20	25	30	40	50
a ≈	0.8	1	1.2	1.6	2	2.5	3	4	5	6.3
l(商品规格范围公称长度)	22 ~ 90	22 ~ 120	26 ~ 160	32 ~ 180	40 ~ 200	45 ~ 200	50 ~ 200	55 ~ 200	60 ~ 200	65 ~ 200
l 系列	2,3,4,5,6,8,10,12,14,16,18,20,22,24,26,28,30,32,35,40,45,50,55,60,65,70,75,80,85,90,95,100,120,140,160,180,200									

附录B 滚动轴承

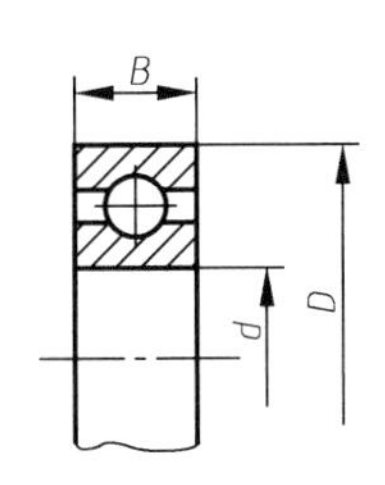

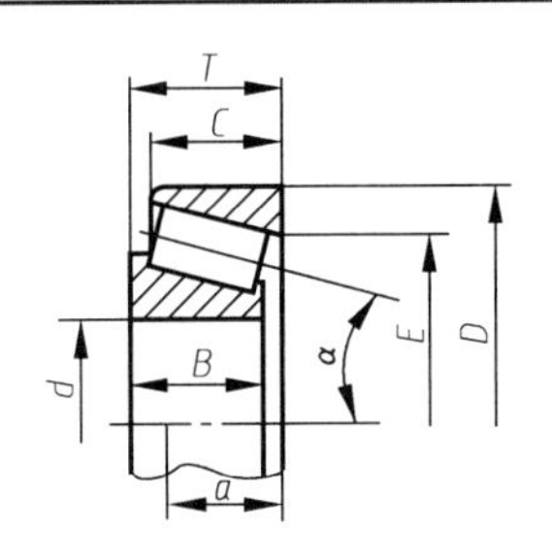

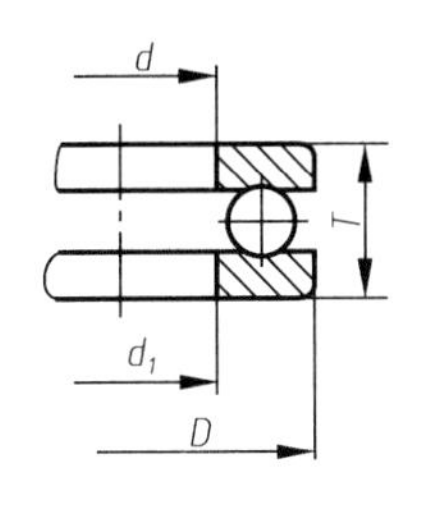

6000 型
深沟球轴承 (GB/T 276—2013)

30000 型
圆锥滚子轴承 (GB/T 297—2015)

51000 型
推力球轴承 (GB/T 301—2015)

附表 B-1　深沟球轴承

轴承代号	尺寸/mm		
	d	*D*	B
(1)0 系列			
6000	10	26	8
6001	12	28	8
6002	15	32	9
6003	17	35	10
6004	20	42	12
6005	25	47	12
6006	30	55	13
6007	35	62	14
6008	40	68	15
6009	45	75	16
6010	50	80	16
6011	55	90	18
6012	60	95	18
6013	65	100	18
6014	70	110	20

附表 B-2　圆锥滚子轴承

轴承代号	尺寸/mm						
	d	D	B	C	T	$a\approx$	α
02 系列							
30203	17	40	12	11	13.25	9.9	12°57′10″
30204	20	47	14	12	15.25	11.2	12°57′10″
30205	25	52	15	13	16.25	12.5	14°02′10″
30206	30	62	16	14	17.25	13.8	14°02′10″
30207	35	72	17	15	18.25	15.3	14°02′10″
30208	40	80	18	16	19.75	16.9	14°02′10″
30209	45	85	19	16	20.75	18.6	15°06′34″
30210	50	90	20	17	21.75	20.0	15°38′32″
30211	55	100	21	18	22.75	21.0	15°06′34″
30212	60	110	22	19	23.75	22.3	15°06′34″
30213	65	120	23	20	24.75	23.8	15°06′34″
30214	70	125	24	21	26.25	25.8	15°38′32″

附表 B-3　推力球轴承

轴承代号		尺寸/mm			
		d	D	T	$d_{1\min}$
12 系列(单向)、22 系列(双向)					
51202	52202	15	32	12	17
51204	52204	20	40	14	22
51205	52205	25	47	15	27
51206	52206	30	52	16	32
51207	52207	35	62	18	37
51208	52208	40	68	19	42
51209	52209	45	73	20	47
51210	52210	50	78	22	52
51211	52211	55	90	25	57
51212	52212	60	95	26	62
51213	52213	65	100	27	67
51214	52214	70	105	27	72

附录 C 常用标准结构

一、倒圆与倒角

附表 **C-1** 零件倒圆与倒角(摘自 GB/T 6403.4—2008) (单位:mm)

形式				
装配方式	$C_1>R$	$R_1>R$	$C<0.58R_1$	$C_1>C$

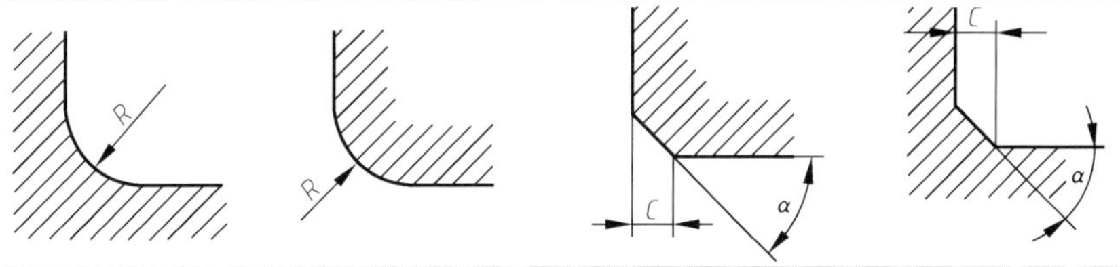

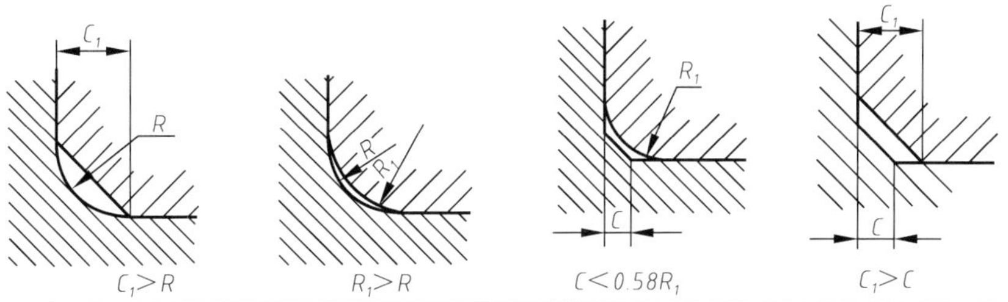

直径 D	~3		>3~6		>6~10		>10~18	>18~30	>30~50		>50~80
R, C, R_1	0.1	0.2	0.3	0.4	0.5	0.6	0.8	1.0	1.2	1.6	2.0
C_{max}($C<0.58R_1$)	—	0.1	0.1	0.2	0.2	0.3	0.4	0.5	0.6	0.8	1.0
直径 D	>80~120	>120~180	>180~250	>250~320	>320~400	>400~500	>500~630	>630~800	>800~1000	>1000~1250	>1250~1600
R, C, R_1	2.5	3.0	4.0	5.0	6.0	8.0	10	12	16	20	25
C_{max}($C<0.58R_1$)	1.2	1.6	2.0	2.5	3.0	4.0	5.0	6.0	8.0	10	12

注:α 一般采用 45°,也可采用 30°或 65°。

二、砂轮越程槽

附表 **C-2** 回转面及端面砂轮越程槽(摘自 GB/T 6403.5—2008) (单位:mm)

回转面及端面砂轮越程槽

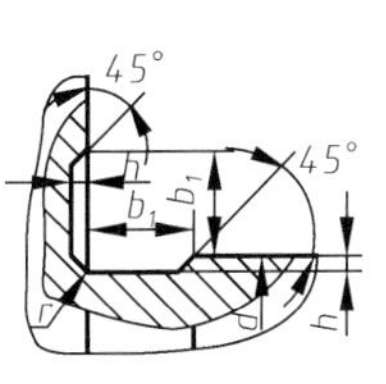

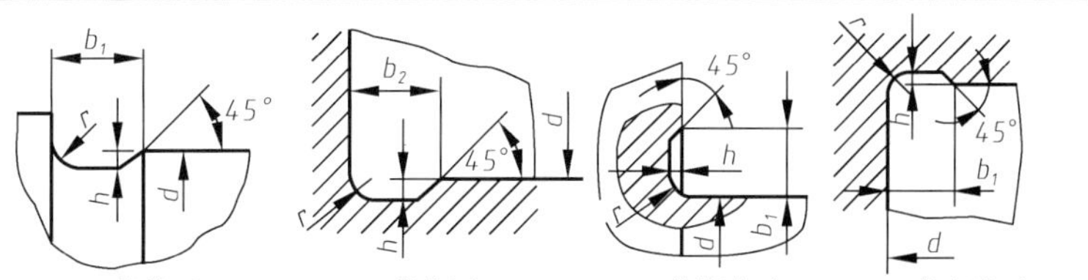

(a) 磨外圆 (b) 磨内圆 (c) 磨外端面 (d) 磨内端面

(e) 磨外圆及端面

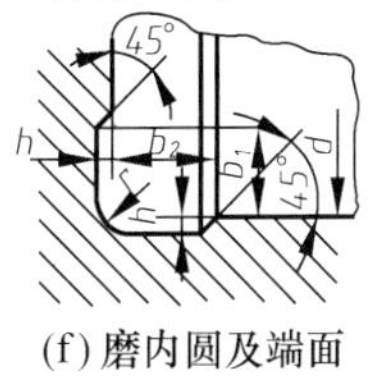

(f) 磨内圆及端面

b_1	0.6	1.0	1.6	2.0	3.0	4.0	5.0	8.0	10
b_2	2.0	3.0		4.0		5.0		8.0	10
h	0.1	0.2		0.3	0.4		0.6	0.8	1.2
r	0.2	0.5		0.8	1.0		1.6	2.0	3.0
d	~10			>10~50		>50~100		>100	

注:① 越程槽内二直线相交处,不允许产生尖角;
② 越程槽深度 h 与圆弧半径 r,要满足 $r<3h$。

附录D 技术要求——极限与配合

附表 **D-1** 孔的基本偏差数值

基本尺寸/mm		下偏差EI																		
		所有标准公差等级												IT6	IT7	IT8	≤IT8	>IT8	≤IT8	>IT8
大于	至	A	B	C	CD	D	E	EF	F	FG	G	H	JS	J			K		M	
—	3	+270	+140	+60	+34	+20	+14	+10	+6	+4	+2	0	偏差 = $\pm\frac{ITn}{2}$，式中ITn是IT值数	+2	+4	+6	0	0	-2	-2
3	6	+270	+140	+70	+46	+30	+20	+14	+10	+6	+4	0		+5	+6	+10	$-1+\Delta$		$-4+\Delta$	-4
6	10	+280	+150	+80	+56	+40	+25	+18	+13	+8	+5	0		+5	+8	+12	$-1+\Delta$		$-6+\Delta$	-6
10	14	+290	+150	+95		+50	+32		+16		+6	0		+6	+10	+15	$-1+\Delta$		$-7+\Delta$	-7
14	18																			
18	24	+300	+160	+110		+65	+40		+20		+7	0		+8	+12	+20	$-2+\Delta$		$-8+\Delta$	-8
24	30																			
30	40	+310	+170	+120		+80	+50		+25		+9	0		+10	+14	+24	$-2+\Delta$		$-9+\Delta$	-9
40	50	+320	+180	+130																
50	65	+340	+190	+140		+100	+60		+30		+10	0		+13	+18	+28	$-2+\Delta$		$-11+\Delta$	-11
65	80	+360	+200	+150																
80	100	+380	+220	+170		+120	+72		+36		+12	0		+16	+22	+34	$-3+\Delta$		$-13+\Delta$	-13
100	120	+410	+240	+180																
120	140	+460	+260	+200		+145	+85		+43		+14	0		+18	+26	+41	$-3+\Delta$		$-15+\Delta$	-15
140	160	+520	+280	+210																
160	180	+580	+310	+230																
180	200	+660	+340	+240		+170	+100		+50		+15	0		+22	+30	+47	$-4+\Delta$		$-17+\Delta$	-17
200	225	+740	+380	+260																
225	250	+820	+420	+280																
250	280	+920	+480	+300		+190	+110		+56		+17	0		+25	+36	+55	$-4+\Delta$		$-20+\Delta$	-20
280	315	+1050	+540	+330																
315	355	+1200	+600	+360		+210	+125		+62		+18	0		+29	+39	+60	$-4+\Delta$		$-21+\Delta$	-21
355	400	+1350	+680	+400																
400	450	+1500	+760	+440		+230	+135		+68		+20	0		+33	+43	+66	$-5+\Delta$		$-23+\Delta$	-23
450	500	+1650	+840	+480																
500	560					+260	+145		+76		+22	0					0		-26	
560	630																			
630	710					+290	+160		+80		+24	0					0		-30	
710	800																			
800	900					+320	+170		+86		+26	0					0		-34	
900	1000																			
1000	1120					+350	+195		+98		+28	0					0		-40	
1120	1250																			
1250	1400					+390	+220		+110		+30	0					0		-48	
1400	1600																			
1600	1800					+430	+240		+120		+32	0					0		-58	
1800	2000																			
2000	2240					+480	+260		+130		+34	0					0		-68	
2240	2500																			
2500	2800					+520	+290		+145		+38	0					0		-76	
2800	3150																			

注：① 基本尺寸小于或等于1mm时，基本偏差A和B及大于IT8的N均不采用。

② 公差带JS7至JS11，若ITn值数是奇数，则取偏差 = $\pm\frac{ITn-1}{2}$。

③ 对小于或等于IT8的K、M、N和小于或等于IT7的P至ZC，所需Δ从表内右侧选取。
例如，18～30mm段的K7：$\Delta = 8\mu m$，所以 $ES = -2+8 = +6\mu m$
18～30mm段的S6：$\Delta = 4\mu m$，所以 $ES = -35+4 = -31\mu m$

④ 特殊情况：250～315mm段的M6，$ES = -9\mu m$（代替 $-11\mu m$）。

（摘自 GB/T 1800.1—2009） （单位：μm）

基本偏差数值															Δ					
上偏差 ES																				
≤IT8	>IT8	≤IT7	标准公差等级大于 IT7												标准公差等级					
N		P 至 ZC	P	R	S	T	U	V	X	Y	Z	ZA	ZB	ZC	IT3	IT4	IT5	IT6	IT7	IT8
-4	-4	在大于 IT7 的相应数值上增加一个 Δ	-6	-10	-14		-18		-20		-26	-32	-40	-60	0	0	0	0	0	0
-8+Δ	0		-12	-15	-19		-23		-28		-35	-42	-50	-80	1	1.5	1	3	4	6
-10+Δ	0		-15	-19	-23		-28		-34		-42	-52	-67	-97	1	1.5	2	3	6	7
-12+Δ	0		-18	-23	-28		-33		-40		-50	-64	-90	-130	1	2	3	3	7	9
								-39	-45		-60	-77	-108	-150						
-15+Δ	0		-22	-28	-35		-41	-47	-54	-63	-73	-98	-136	-188	1.5	2	3	4	8	12
						-41	-48	-55	-64	-75	-88	-118	-160	-218						
-17+Δ	0		-26	-34	-43	-48	-60	-68	-80	-94	-112	-148	-200	-274	1.5	3	4	5	9	14
						-54	-70	-81	-97	-114	-136	-180	-242	-325						
-20+Δ	0		-32	-41	-53	-66	-87	-102	-122	-144	-172	-226	-300	-405	2	3	5	6	11	16
				-43	-59	-75	-102	-120	-146	-174	-210	-274	-360	-480						
-23+Δ	0		-37	-51	-71	-91	-124	-146	-178	-214	-258	-335	-445	-585	2	4	5	7	13	19
				-54	-79	-104	-144	-172	-210	-254	-310	-400	-525	-690						
-27+Δ	0		-43	-63	-92	-122	-170	-202	-248	-300	-365	-470	-620	-800	3	4	6	7	15	23
				-65	-100	-134	-190	-228	-280	-340	-415	-535	-700	-900						
				-68	-108	-146	-210	-252	-310	-380	-465	-600	-780	-1000						
-31+Δ	0		-50	-77	-122	-166	-236	-284	-350	-425	-520	-670	-880	-1150	3	4	6	9	17	26
				-80	-130	-180	-258	-310	-385	-470	-575	-740	-960	-1250						
				-84	-140	-196	-284	-340	-425	-520	-640	-820	-1050	-1350						
-34+Δ	0		-56	-94	-158	-218	-315	-385	-475	-580	-710	-920	-1200	-1550	4	4	7	9	20	29
				-98	-170	-240	-350	-425	-525	-650	-790	-1000	-1300	-1700						
-37+Δ	0		-62	-108	-190	-268	-390	-475	-590	-730	-900	-1150	-1500	-1900	4	5	7	11	21	32
				-114	-208	-294	-435	-530	-660	-820	-1000	-1300	-1650	-2100						
-40+Δ	0		-68	-126	-232	-330	-490	-595	-740	-920	-1100	-1450	-1850	-2400	5	5	7	13	23	34
				-132	-252	-360	-540	-660	-820	-1000	-1250	-1600	-2100	-2600						
-44			-78	-150	-280	-400	-600													
				-155	-310	-450	-660													
-50			-88	-175	-340	-500	-740													
				-185	-380	-560	-840													
-56			-100	-210	-430	-620	-940													
				-220	-470	-680	-1050													
-66			-120	-250	-520	-780	-1150													
				-260	-580	-840	-1300													
-78			-140	-300	-640	-960	-1450													
				-330	-720	-1050	-1600													
-92			-170	-370	-820	-1200	-1850													
				-400	-920	-1350	-2000													
-110			-195	-440	-1000	-1500	-2300													
				-460	-1100	-1650	-2500													
-135			-240	-550	-1250	-1900	-2900													
				-580	-1400	-2100	-3200													

附表 D-2　轴的基本偏差数值

基本尺寸/mm		上偏差 es														
大于	至	所有标准公差等级												IT5和IT6	IT7	IT8
		a	b	c	cd	d	e	ef	f	fg	g	h	js	j		
—	3	-270	-140	-60	-34	-20	-14	-10	-6	-4	-2	0	偏差 $= \pm \frac{ITn}{2}$，式中 ITn 是 IT 值数	-2	-4	-6
3	6	-270	-140	-70	-46	-30	-20	-14	-10	-6	-4	0		-2	-4	
6	10	-280	-150	-80	-56	-40	-25	-18	-13	-8	-5	0		-2	-5	
10	14	-290	-150	-95		-50	-32		-16		-6	0		-3	-6	
14	18															
18	24	-300	-160	-110		-65	-40		-20		-7	0		-4	-8	
24	30															
30	40	-310	-170	-120		-80	-50		-25		-9	0		-5	-10	
40	50	-320	-180	-130												
50	65	-340	-190	-140		-100	-60		-30		-10	0		-7	-12	
65	80	-360	-200	-150												
80	100	-380	-220	-170		-120	-72		-36		-12	0		-9	-15	
100	120	-410	-240	-180												
120	140	-460	-260	-200		-145	-85		-43		-14	0		-11	-18	
140	160	-520	-280	-210												
160	180	-580	-310	-230												
180	200	-660	-340	-240		-170	-100		-50		-15	0		-13	-21	
200	225	-740	-380	-260												
225	250	-820	-420	-280												
250	280	-920	-480	-300		-190	-110		-56		-17	0		-16	-26	
280	315	-1050	-540	-330												
315	355	-1200	-600	-360		-210	-125		-62		-18	0		-18	-28	
355	400	-1350	-680	-400												
400	450	-1500	-760	-440		-230	-135		-68		-20	0		-20	-32	
450	500	-1650	-840	-480												
500	560					-260	-145		-76		-22	0				
560	630															
630	710					-290	-160		-80		-24	0				
710	800															
800	900					-320	-170		-86		-26	0				
900	1000															
1000	1120					-350	-195		-98		-28	0				
1120	1250															
1250	1400					-390	-220		-110		-30	0				
1400	1600															
1600	1800					-430	-240		-120		-32	0				
1800	2000															
2000	2240					-480	-260		-130		-34	0				
2240	2500															
2500	2800					-520	-290		-145		-38	0				
2800	3150															

注：① 基本尺寸小于或等于 1mm 时，基本偏差 a 和 b 均不采用。

② 公差带 js7 至 js11，若 ITn 值数是奇数，则取偏差 $= \pm \frac{ITn-1}{2}$。

基本偏差数值															
下偏差 ei															
IT4至IT7	≤IT3 >IT7	所有标准公差等级													
k		m	n	p	r	s	t	u	v	x	y	z	za	zb	zc
0	0	+2	+4	+6	+10	+14		+18		+20		+26	+32	+40	+60
+1	0	+4	+8	+12	+15	+19		+23		+28		+35	+42	+50	+80
+1	0	+6	+10	+15	+19	+23		+28		+34		+42	+52	+67	+97
+1	0	+7	+12	+18	+23	+28		+33		+40		+50	+64	+90	+130
									+39	+45		+60	+77	+108	+150
+2	0	+8	+15	+22	+28	+35		+41	+47	+54	+63	+73	+98	+136	+188
							+41	+48	+55	+64	+75	+88	+118	+160	+218
+2	0	+9	+17	+26	+34	+43	+48	+60	+68	+80	+94	+112	+148	+200	+274
							+54	+70	+81	+97	+114	+136	+180	+242	+325
+2	0	+11	+20	+32	+41	+53	+66	+87	+102	+122	+144	+172	+226	+300	+405
					+43	+59	+75	+102	+120	+146	+174	+210	+274	+360	+480
+3	0	+13	+23	+37	+51	+71	+91	+124	+146	+178	+214	+258	+335	+445	+585
					+54	+79	+104	+144	+172	+210	+254	+310	+400	+525	+690
+3	0	+15	+27	+43	+63	+92	+122	+170	+202	+248	+300	+365	+470	+620	+800
					+65	+100	+134	+190	+228	+280	+340	+415	+535	+700	+900
					+68	+108	+146	+210	+252	+310	+380	+465	+600	+780	+1000
+4	0	+17	+31	+50	+77	+122	+166	+236	+284	+350	+425	+520	+670	+880	+1150
					+80	+130	+180	+258	+310	+385	+470	+575	+740	+960	+1250
					+84	+140	+196	+284	+340	+425	+520	+640	+820	+1050	+1350
+4	0	+20	+34	+56	+94	+158	+218	+315	+385	+475	+580	+710	+920	+1200	+1550
					+98	+170	+240	+350	+425	+525	+650	+790	+1000	+1300	+1700
+4	0	+21	+37	+62	+108	+190	+268	+390	+475	+590	+730	+900	+1150	+1500	+1900
					+114	+208	+294	+435	+530	+660	+820	+1000	+1300	+1650	+2100
+5	0	+23	+40	+68	+126	+232	+330	+490	+595	+740	+920	+1100	+1450	+1850	+2400
					+132	+252	+360	+540	+660	+820	+1000	+1250	+1600	+2100	+2600
0	0	+26	+44	+78	+150	+280	+400	+600							
					+155	+310	+450	+660							
0	0	+30	+50	+88	+175	+340	+500	+740							
					+185	+380	+560	+840							
0	0	+34	+56	+100	+210	+430	+620	+940							
					+220	+470	+680	+1050							
0	0	+40	+66	+120	+250	+520	+780	+1150							
					+260	+580	+840	+1300							
0	0	+48	+78	+140	+300	+640	+960	+1450							
					+330	+720	+1050	+1600							
0	0	+58	+92	+170	+370	+820	+1200	+1850							
					+400	+920	+1350	+2000							
0	0	+68	+110	+195	+440	+1000	+1500	+2300							
					+460	+1100	+1650	+2500							
0	0	+76	+135	+240	+550	+1250	+1900	+2900							
					+580	+1400	+2100	+3200							

附表 **D-3** 标准公差数值(摘自 GB/T 1800.2—2009)

基本尺寸/mm		公差等级																	
		IT1	IT2	IT3	IT4	IT5	IT6	IT7	IT8	IT9	IT10	IT11	IT12	IT13	IT14	IT15	IT16	IT17	IT18
大于	至	μm											mm						
—	3	0.8	1.2	2	3	4	6	10	14	25	40	60	0.10	0.14	0.25	0.40	0.60	1.0	1.4
3	6	1	1.5	2.5	4	5	8	12	18	30	48	75	0.12	0.18	0.30	0.48	0.75	1.2	1.8
6	10	1	1.5	2.5	4	6	9	15	22	36	58	90	0.15	0.22	0.36	0.58	0.90	1.5	2.2
10	18	1.2	2	3	5	8	11	18	27	43	70	110	0.18	0.27	0.43	0.70	1.10	1.8	2.7
18	30	1.5	2.5	4	6	9	13	21	33	52	84	130	0.21	0.33	0.52	0.84	1.30	2.1	3.3
30	50	1.5	2.5	4	7	11	16	25	39	62	100	160	0.25	0.39	0.62	1.00	1.60	2.5	3.9
50	80	2	3	5	8	13	19	30	46	74	120	190	0.30	0.46	0.74	1.20	1.90	3.0	4.6
80	120	2.5	4	6	10	15	22	35	54	87	140	220	0.35	0.54	0.87	1.40	2.20	3.5	5.4
120	180	3.5	5	8	12	18	25	40	63	100	160	250	0.40	0.63	1.00	1.60	2.50	4.0	6.3
180	250	4.5	7	10	14	20	29	46	72	115	185	290	0.46	0.72	1.15	1.85	2.90	4.6	7.2
250	315	6	8	12	16	23	32	52	81	130	210	320	0.52	0.81	1.30	2.10	3.20	5.2	8.1
315	400	7	9	13	18	25	36	57	89	140	230	360	0.57	0.89	1.40	2.30	3.60	5.7	8.9

注:基本尺寸小于 1mm 时,无 IT14 ~ IT18。

附表 D-4　公称尺寸到 500mm 的基轴制优先、常用配合（GB/T 1801—2009）

基准轴	孔																				
	A	B	C	D	E	F	G	H	JS	K	M	N	P	R	S	T	U	V	X	Y	Z
	间隙配合								过渡配合			过盈配合									
h5						F6/h5	G6/h5	H6/h5	JS6/h5	K6/h5	M6/h5	N6/h5	P6/h5	R6/h5	S6/h5	T6/h5					
h6						F7/h6	◤G7/h6	◤H7/h6	JS7/h6	◤K7/h6	M7/h6	◤N7/h6	◤P7/h6	R7/h6	◤S7/h6	T7/h6	◤U7/h6				
h7					E8/h7	F8/h7		◤H8/h7	JS8/h7	K8/h7	M8/h7	N8/h7									
h8				D8/h8	E8/h8	F8/h8		H8/h8													
h9				◤D9/h9	E9/h9	F9/h9		◤H9/h9													
h10				D10/h10				H10/h10													
h11	A11/h11	B11/h11	◤C11/h11	D11/h11				◤H11/h11	标注◤的配合为优先配合												
h12		B12/h12						H12/h12													

附表 D-5　公称尺寸到 500mm 的基孔制优先、常用配合（GB/T 1801—2009）

基准孔	轴																				
	a	b	c	d	e	f	g	h	js	k	m	n	p	r	s	t	u	v	x	y	z
	间隙配合								过渡配合			过盈配合									
H6						H6/f5	H6/g5	H6/h5	H6/js5	H6/k5	H6/m5	H6/n5	H6/p5	H6/r5	H6/s5	H6/t5					
H7						H7/f6	◤H7/g6	◤H7/h6	H7/js6	◤H7/k6	H7/m6	◤H7/n6	◤H7/p6	H7/r6	◤H7/s6	H7/t6	◤H7/u6	H7/v6	H7/x6	H7/y6	H7/z6
H8					H8/e7	◤H8/f7	H8/g7	◤H8/h7	H8/js7	H8/k7	H8/m7	H8/n7	H8/p7	H8/r7	H8/s7	H8/t7	H8/u7				
				H8/d8	H8/e8	H8/f8		H8/h8													
H9			H9/c9	◤H9/d9	H9/e9	H9/f9		◤H9/h9													
H10			H10/c10	H10/d10				H10/h10													
H11	H11/a11	H11/b11	◤H11/c11	H11/d11				◤H11/h11	标注◤的配合为优先配合												
H12		H12/b12						H12/h12													

注：$\frac{H6}{n5}$、$\frac{H7}{p6}$在基本尺寸小于等于 3mm 和$\frac{H8}{r7}$在小于等于 100mm 时，为过渡配合。